Rapid Assessment Program

10

RAP
Working
Papers

A Biological Assessment of Parque Nacional Noel Kempff Mercado, Bolivia

CONSERVATION INTERNATIONAL

FUNDACIÓN AMIGOS DE LA NATURALEZA
MISSOURI BOTANICAL GARDEN
MUSEO DE HISTORIA NATURAL
NOEL KEMPFF MERCADO

RAP Working Papers are published by:
Conservation International
Department of Conservation Biology
2501 M Street NW, Suite 200
Washington, DC 20037
USA
202-429-5660
202-887-0193 fax
www.conservation.org

Editors:
Timothy J. Killeen and Thomas S. Schulenberg
Assistant Editors: Jed Murdoch and Leeanne Alonso
Design: Catalone Design Company
Cover Photographs: Timothy J. Killeen
Translations: Cristina Goettsch Mittermeier

ISBN 1-881173-50-X

Suggested citation:
Killeen, T. J., and T. S. Schulenberg (Editors). 1998.
A biological assessment of Parque Nacional Noel
Kempff Mercado, Bolivia. RAP Working Papers 10,
Conservation International, Washington, D.C.
✪ Printed on recycled paper.

This publication has been funded in part by CI-USAID
Cooperative Agreement #PCE-5554-A-00—4028-00

TABLE OF CONTENTS

PARTICIPANTS AND AUTHORS
PARTICIPANTES Y AUTORES

Timothy J. Killeen, botanist (report editor)
Museo de Historia Natural Noel Kempff Mercado
Santa Cruz, Bolivia
tel: (591) 3-371216, 3-366574
email: killeen@mobot.org

Missouri Botanical Garden
Box 299
St. Louis, Missouri 63166-0299 USA
314-577-5100 (telephone)
314-577-9596 (fax)

Thomas S. Schulenberg, ornithologist
(report editor)
Conservation International
2501 M. Street, NW, Suite 200
Washington, DC 20037 USA

Environmental and Conservation Programs
Field Museum of Natural History
Roosevelt Road at Lake Shore Drive
Chicago, Illinois 60605
tel: (202) 429-5660
fax: (202) 887-0193
email: tschulenberg@fmnh.org

John M. Bates, ornithologist
Field Museum of Natural History
Roosevelt Road at Lake Shore Drive
Chicago, Illinois 60605 USA
tel: (312) 922-9410

Douglas F. Stotz, ornithologist
Field Museum of Natural History
Roosevelt Road at Lake Shore Drive
Chicago, Illinois 60605 USA
tel: (312) 922-9410
email: stotz@fmnh.org

Louise H. Emmons, mammalogist
National Museum of Natural History
Smithsonian Institution
Mammalogy Department
Washington, DC 20560 USA
tel: (202) 357-1864
email: emmons.louise@nmnh.si.edu

Michael B. Harvey, herpetologist
Department of Biology
University of Texas, Arlington
Arlington, TX 76019 USA
tel: (817) 272-2871
email: mbh0417@utarlg.uta.edu

Jaime Sarmiento, ichthyologist
Colección Boliviana de Fauna
Museo de Historia Natural
La Paz, Bolivia

Adrian Forsyth, entomologist
National Museum of Natural History
Smithsonian Institution
Entomology Department, MRC-105
Washington, DC 20560 USA
tel: (202) 357-1856
fax: (202) 786-2894
email: adrianforsyth@msn.com

Sacha Spector, ecologist
University of Connecticut
Dept. of Ecology and Evolutionary Biology
U-43
Storrs, CT 06269
email: shs96002@unconnvm.uconn.edu

Bruce Gill, entomologist
Centre for Plant Quarantine Pests,
Entomology Unit
Canada Food Inspection Agency
960 Carling Ave.
Ottawa, Ontario, Canada KIA OC6

Fernando Guerra, entomologist
Colección Boliviana de Fauna
Museo de Historia Natural
La Paz, Bolivia

Sergio Ayzama, entomologist
Universidad de San Simon
Facultad de Tecnologia
Carrera de Biologia
Cochabamba, Bolivia
Fax (591) 423-1765

Hermes Justiniano
Fundación Amigos de la Naturaleza
Calle Izozoy 384
Casilla 2241
Santa Cruz, Bolivia
(541 3) 329692
(541 3) 329717
email: justinianoh@fan.scbbs-bo.com

ORGANIZATIONAL PROFILES

CONSERVATION INTERNATIONAL

Conservation International (CI) is an international, non-profit organization based in Washington, D.C. CI believes that the Earth's natural heritage must be maintained if future generations are to thrive spiritually, culturally, and economically. Our mission is to conserve the Earth's living heritage, our global biodiversity, and to demonstrate that human societies are able to live harmoniously with nature.

Conservation International
2501 M. Street NW, Suite 200
Washington D.C. 20037 USA
202-429-5660 (telephone)
202-887-0193 (fax)
http://www.conservation.org

Conservación Internacional - Bolivia
Calle Macario Pinilla #291
Esq. Av. 6 de Agosto
Zona San Jorge
La Paz Bolivia
(591-2) 434058 (telephone/fax)
email: ci-bolivia@conservation.org

FUNDACIÓN AMIGOS DE LA NATURALEZA

Fundación Amigos de la Naturaleza (FAN) is a Bolivian private, non-profit organization committed to the conservation of biological diversity in Bolivia. To achieve its mission, FAN supports the establishment of a national system of protected areas that is representative of the country's biological diversity, promotes the reduction of human pressure upon biological resources by strengthening the capacity of rural communities to plan the sustainable use of their resource base, participates in the formulation of legislation and policies that guarantee the conservation of Bolivia's biological heritage, and works to develop national awareness of the importance of conservation and sustainable use of natural resources.

Fundación Amigos de la Naturaleza (FAN)
Calle Izozog 384
Casilla 2241
Santa Cruz, Bolivia
(591 3) 342818 (telephone)
(591 3) 329692 (fax)
email: fan@fan.scbbs-bo.com

MISSOURI BOTANICAL GARDEN

The Missouri Botanical Garden, a nonprofit organization founded in 1859, is the oldest continuously operating botanical garden in the United States. Its mission is to discover and share knowledge about plants and their environment in order to preserve and enrich life. The major projects of the Research Division center on studies of diversity, classification, conservation, and uses of plants, especially in the tropics. The Garden houses a rapidly expanding herbarium, currently containing more than 4 million collections from around the world, and a library with approximately 115,000 volumes.

Missouri Botanical Garden
Box 299
St. Louis Missouri 63166-0299 USA
314-577-5100 (telephone)
314-577-9596 (fax)
www.mobot.org

MUSEO DE HISTORIA NATURAL NOEL KEMPFF MERCADO

The Museo de Historia Natural Noel Kempff Mercado is a research and educational institute affiliated with the Universidad Autónoma Gabriel René Moreno in Santa Cruz de la Sierra, Bolivia. The Museo was founded in 1986 by a group of students and has evolved into an important center dedicated to conservation research in Bolivia. Two of the Museo's goals are to conduct biological inventory and ecological research in Bolivia, with a special emphasis in the lowland and montane tropical regions of the country. As a university affiliated institution, it is dedicated to forming top quality human resources in the field of conservation, and to contribute to the conservation and management of Bolivia's natural resources. The Museo has departments dedicated to botany, zoology, information management, remote sensing, and earth science, as well as a public outreach program that includes exhibits, environmental education and extension for the Department of Santa Cruz.

Museo de Historia Natural Noel Kempff Mercado
Universidad Autónoma Gabriel René Moreno
Av. Irala 565; Casilla 2489
Santa Cruz de la Sierra, Bolivia
(591 3) 366574 (telephone)
(591 3) 371216 (fax)
museo@museo.scz.net

PERFILES DE LAS ORGANIZACIONES

CONSERVACIÓN INTERNACIONAL

Conservación Internacional (CI) es una organización internacional sin fines de lucro establecida en Washington D.C. CI cree que la herencia natural de la Tierra la cual debe ser mantenida por las generaciones futuras para que crezcan espiritualmente, culturalmente y económicamente. Nuestra misión es conservar esta herencia viva, la biodiversidad global y demostrar que las sociedades humanas pueden vivir armoniosamente con la naturaleza.

FUNDACIÓN AMIGOS DE LA NATURALEZA

La Fundación Amigos de la Naturaleza (FAN) es una organización privada sin fines de lucro dedicada a la conservación de la diversidad biológica en Bolivia. Para alcanzar este objetivo, FAN apoya el establecimiento de un sistema nacional de áreas protegidas que sean representantes de la diversidad biológica del país; promueve la reducción de la presión del hombre sobre recursos biológicos reforzando la capacidad que las comunidades rurales tienen para la planificación y uso de sus recursos, en adicción, participa en la creación de leyes para garantizar la conservación de la herencia biológica de Bolivia y trabaja para desarrollar conciencia nacional acerca de la importancia de conservación y el sustento de los recursos naturales.

MISSOURI BOTANICAL GARDEN

El Jardín Botánico de Missouri, una organización sin fines de lucro fundada en el 1850, es el Jardín Botánico que mas tiempo ha permanecido en operacion en los Estados Unidos. Su misión es descubrir y compartir su conocimiento acerca de plantas y su medio ambiente, para preservar y enriquecer la vida. Los proyectos principales del Centro de la División de Investigación son estudiar la diversidad, clasificación, conservación y el uso de plantas, especialmente en los trópicos. El herbario del jardín botánico se expande rápidamente, actualmente contiene más de 4 millones en colecciones de todo el mundo y también una biblioteca con aproximadamente 115,000 volúmenes.

MUSEO DE HISTORIA NATURAL NOEL KEMPFF MERCADO

El Museo de Historial Natural Noel Kempff Mercado es un instituto de investigación y educacional afiliado a la Universidad Autónoma Gabriel Rene Moreno en Santa Cruz de la Sierra, Bolivia. El Museo fue fundado en el 1986 por un grupo de estudiantes y ha evolucionado en un centro muy importante dedicado a la investigación de la conservación de Bolivia. Dos de las metas del Museo son conducir inventario biológico e investigación ecológica en Bolivia con un énfasis especial en la llanura baja y las regiones montanas tropicales del país. Como institución afiliada a la universidad la

misma esta dedicada a formar una calidad de
recursos humanos en el campo de conservación
y contribuir a la conservación y manejo de los
recursos naturales de Bolivia. El Museo tiene
departamentos dedicados a la botánica, zoología,
administración de información, "remote sensing",
y ciencia, como también un programa de servicio
publico el cual incluye exhibiciones de educación
del medio ambiente y una extensión para el
Departamento de Santa Cruz.

ACKNOWLEDGMENTS

The biological investigations that form the basis for this report have been facilitated by the support and assistance of many organizations and individuals. First and foremost, we would like to acknowledge the collaboration and support of the Dirección Nacional de la Conservación de la Biodiversidad.

The Museo de Historia Natural Noel Kempff Mercado acknowledges the support of the Environmental Account of the Initiative for the Americas (EIA), which is administered by the Bolivian Government through the Fondo Nacional para el Medio Ambiente (FONAMA). The Museo wishes to express its sincere appreciation to the residents of Florida, Piso Firme, Porvenir, Pimenteiras, and San José de Campamento for their support and friendship during the execution of this research.

The Museo de Historia Natural and the authors of this report appreciate the financial and logistical support from the Reserva Ecológico El Refugio, Randy Brooks, and Alan Weeden to support the research conducted within the confines of that property.

The research of the Missouri Botanical Garden in Parque Nacional Noel Kempff Mercado was made possible by grants from the National Science Foundation (DEB 0201026) and US Agency for International Development (USAID), as well as a grant from the Tinker Foundation that supports the Garden's research and conservation activities in Bolivia.

We thank Marc Stieninger, John Townsend, Vivre Komaroff, Arthur Desch, and the rest of the team at the National Aeronautics and Space Administration (NASA) Landsat Pathfinder Tropical Deforestation Project at the Department of Geography of the University of Maryland, for access to satellite data and technical assistance in the production of the vegetation map.

The Louisiana State University Museum of Natural Science expeditions to the park were made possible by the generous support of the late John H. McIlhenny, H. Irving and the late Laura Schweppe, and Mr. and Mrs. John Hageman, as well as through a grant (4089-89) from the National Geographic Society to Dr. J. V. Remsen, Jr. The initial invitation to conduct avifaunal surveys in the park came from The Nature Conservancy's Bolivia program, and we particularly wish to thank Carlos E. Quintela. Hermes Justiniano made it possible to visit many remote sites during these surveys. Participants in the field surveys were Angelo P. Capparella, Abel Castillo, R. Terry Chesser, Tristan J. Davis, María Dolores Carreño, Mary Garvin, Edilberto Guzman, Andrew W. Kratter, Curtis Marantz, John P. O'Neill, Gary Rosenberg, Manuel and Marta Sánchez, Donna C. Schmitt, C. Gregory Schmitt, T. Scott Sillett, and Armando Yepez; we are grateful to one and all for their assistance and their companionship. Susan Davis, Steve Hilty, Lois Jammes, Sjoerd Mayer, and Bret Whitney also generously shared their observations in the park with us.

Adrian Forsyth and Sacha Spector also acknowledge the assistance of Ivan Garcia, Julieta Ledezma and the Entomology Department at the Museo de Historia Natural Noel Kempff Mercado.

The 1991 RAP expeditions that visited the park were funded by the John D. and Catherine T. MacArthur Foundation.

The 1995 RAP field training course, and the publication of this report, was funded by USAID through a cooperative agreement with CI. We wish to thank our partners on the Global Bureau of the Environment at USAID for their continued interest in our programs. Dr. Debra Moskovits of the Office of Environmental and Conservation Programs at the Field Museum of Natural History helped mold the basic concept of "training" into something with tangible form. The complicated logistics of the 1995 field course were superbly handled by Lois Jammes and his staff at Fundación Armonía, in Santa Cruz. This course also would not have been possible without the support of the staff at CI-Bolivia, especially Teresa Tarifa, Ana Maria Martinet de Moinedo and Guillermo Rioja.

We thank Bryan Kelly, Glenda Fabregas, Ivia Martinez, and Lorien Belton for helpful assistance in editing this report.

CI and the authors of this report would like to express their appreciation to Kim Awbrey, who so adeptly coordinated this and many other RAP surveys over the years.

RECONOCIMIENTOS

Las investigaciones biológicas que forman la base de este reporte han sido facilitadas debido a el apoyo y asistencia de muchas organizaciones e individuos. Ante todo, queremos agradecer la colaboración y el apoyo brindado por la Dirección Nacional de la Conservación de la Biodiversidad.

El Museo de Historia Natural Noel Kempff Mercado agradece el apoyo brindado por el Environmental Account of the Initiative for the Americas (EIA), el cual es administrado por el Gobierno Boliviano a través del Fondo Nacional para el Medio Ambiente (FONOMA). El Museo desea expresar su mas sincera apreciacion a los residentes de Florida, Piso Firme, Porvenir, Pimenteiras y San José de Campamento por su apoyo y amistad durante esta investigación.

El Museo de Historia Natural y los autores de este reporte agradecen el apoyo financiero y logístico de la Reserva Ecológico El Refugio, Randy Brooks y Alan Weeden por el apoyo de la investigación llevada a cabo dentro de los limites de esta propiedad.

La investigación del Jardín Botánico de Missouri en el Parque Nacional Noel Kempff Mercado fue posible gracias a la donación de la Fundación Nacional de Ciencia (DEB 0201026) y la Agencia para el Desarrollo Internacional (USAID), como también la donación de la Fundación Tinker la cual apoya la investigación del Jardín Botánico y actividades de conservación en Bolivia.

Queremos agradecer Marc Stieninger, John Townsend, Vivre Komaroff, Arthur Desch y al resto del equipo del National Aeronautics and Space Administration (NASA) LANDSAT Pathfinder Projecto de Deforestacion del Departamento de Geografía de la Universidad de Maryland, por el acceso a la data colectada por el satélite y asistencia técnica en la producción del mapa de vegetación.

Las expediciones del Museo de Ciencia Natural de La Universidad de Louisiana fueron posible por el apoyo generoso de los ya fallecidos John H. McIlhenny y Laura Schweppe, Sr. y Sra. John Hageman, como también la donación de La Sociedad Geográfica Nacional (4089-89) del Dr. J.V. Remsen, Jr. La invitación inicial de los estudios de avifauna en el parque fueron hechos por Nature Conservancy del programa de Bolivia, y queremos agradecer particularmente a Carlos E. Quintela. Hermes Justiniano que hizo posible visitar lugares remotos durante estos estudios. Los participantes de campo de estos estudios fueron Angelo P. Capparella, Abel Castillo, R. Terry Chesser, Tristan J. Davis, Maria Dolores Carreño, Mary Garvin, Edilberto Guzman, Andrew W. Kratter, Curtis Marantz, John P.O'Neill, Gary Rosenberg, Manuel y Marta Sánchez, Donna C. Schmitt, C. Gregory Schmitt, T. Scott Sillett y Armando Yapez; estamos bien agradecidos por cada uno de ellos por sus asistencia y su compañía. Gracias a Susan Davis, Steve Hilty, Lois Jammes, Sjoerd y Bret Whitney por su generosidad de compartir con nosotros observaciones del parque.

Adrian Forsyth y Sacha Spectro agradecen la asistencia de Ivan García, Julieta Ledezma y al Departamento de Entomología del Museo de Historia Natural Noel Kempff Mercado.

El parque fue visitado por la expedición RAP en el 1991, fue financiad a por la Fundación John D. y Catherine T. MacArthur.

El curso de Capacitación en Evaluación Biológica Rápida del programa RAP llevado a cabo en el 1995 y la publicación de este reporte fue financiado por USAID por medio de un acuerdo cooperativo con CI. También queremos agradecer nuestra asociacion con el "Global Bureau of the Environment" del USAID por su continuo interés en nuestros programas. Dr. Debra Moskovits de la oficina de Programas de Medio Ambiente y Conservación del Museo de Historia Natural de Chicago, ayudo a moldear el concepto básico de "curso" en una forma tangible. La logística del curso RAP en el 1995 fueron excelentemente manejada por Lois James y su personal de La Fundación Armonía en Santa Cruz. Este curso no se hubiese podido llevar acabo sin el apoyo del personal de CI-Bolivia, especialmente Teresa Tarifa, Ana María Martinet de Molinedo y Guillermo Rioja.

Agracemos a Bryan Kelly, Lorian Belton, Ivia Martinez y Glenda Fabregas por su gran asistencia en la edición de este reporte.

CI y los autores de este reporte expresan su apreciación a Kim Awbrey; quien con su habilidad, coordinó este curso y otros estudios RAP durante varios años.

PREFACE

Overwhelming evidence confirms that we live on a unique planet within the universe. Humans are just one among many living forms that depend upon this planet for survival. With every advancement in knowledge about life's origins and evolution over the last centuries, our appreciation and affection for the organisms around us has increased.

Over the millennia, we have made strenuous efforts to enhance the scope of human knowledge in every field. Observational hypotheses and experiments test the laws of nature. Man unearths principles that allow him to dominate many aspects of life, from atomic and molecular manipulation to resource preservation and modern space programs.

Today, however, a paradox seems to govern our relationship with nature: Just as we learn the natural laws we must respect in order to ensure our survival and increase our quality of life, we also realize that there are limits that we may not be able to overcome. We find that our rate of natural resource consumption may have already pushed us close to the total planet carrying capacity.

The fragile ecological balance formerly found in many areas has been superceded by highly impacted environments that have been designed to comply with urban-industrial values and norms. We have created for ourselves a reality separate from interactions with other species except those with some utilitarian value. In ignoring the world around us we deny ourselves the benefits we could gain from understanding it. Many species become extinct before any research on their potential productive or ecological roles can be carried out.

Unquestionably gifted at finding solutions to troublesome issues, man has uncovered growing evidence that bears witness to the interdependence of all living things. This awareness has spread slowly but surely, influencing policy makers around the globe.

Our newfound knowledge catalyzed the formation of groups of visionaries who strive to integrate attitudes of respect for the value of the natural world into our behavior and decision making. These attitudes and values are grounded mainly on the awareness gained through scientific knowledge. The conservation movement embodies a growing alternative to the manifest threats humankind poses to itself and to the continued existence of the great variety of life on Earth.

In spite of growing world population and unceasing global environmental degradation, some fairly large areas of the planet remained unexplored until recently. Of these, a few are still untouched, evidence of the workings of a pristine natural design. This is the case in the unique Bolivian highlands of Caparús, or Huanchaca, which until the early 1970's, had been visited by only a few explorers and surveyors, most in the early 20th century.

By the late 1970's, geological research had taken place on the Precambrian Shield, which includes the Huanchaca Plateau. In 1979, inspired by its natural beauty, the Bolivian government created the Huanchaca National Park. Noel

Kempff Mercado, a prominent scientist studying the park, died in 1986 during his second research visit to the plateau. Two years later, the park was renamed in his honor. Since that time, renewed interest has developed in learning about and conserving this and other ecologically significant areas of Bolivia.

Conservation International (CI) has contributed in several ways to the gathering and dissemination of important information about Parque Nacional Noel Kempff Mercado, including short expeditions by the CI Rapid Assessment Program Team and a one-month course in the park to instruct the attendees in rapid ecological assessment methodologies. The first expeditions, characterized by excellence and confidence, involved the participation of renowned scientists, two of whom, Ted Parker and Al Gentry, unfortunately, have passed away. Ted Parker led the way to the study of the park's bird species, Al Gentry and Robin Foster contributed to the knowledge of the different plant communities, and Louise Emmons added her findings of new species of mammals to an already impressive list.

The training course, set up by CI in September 1995, has helped to suggest and foster new research programs for the park. The released data are a valuable tool for park management and have been presented jointly by Bolivian and foreign researchers and students. Some of these people and data contributed to the later development of the Park's Management Plan, prepared by the Friends of Nature Foundation (FAN), which led

to the expansion of the protected area to 1,523,000 hectares, reaching new, more manageable and natural boundaries.

The RAP report that follows constitutes an excellent example of cooperation among members of the conservation community. Key institutions in Bolivia and from abroad have linked their efforts to improve knowledge of the Park's natural history. In its current mission as administrator and manager of the Park, the Friends of Nature Foundation welcomes such initiatives as a valuable way to contribute to the collective conservation mission of the country. Over time, such efforts will prove valuable for nurturing the visionaries of the future. May the world enjoy and benefit from many more experiences like this!

Hermes Justiniano
Executive Director
Fundación Amigos de la Naturaleza (FAN)
Administration for Parque Nacional
Noel Kempff Mercado

PRÓLOGO

Según todas las evidencias recogidas hasta la fecha, vivimos en un planeta único en el universo. En él se albergar el tipo de vida de la cual nosotros los humanos somos parte integrante y dependiente. En la medida en que se van encontrando respuestas a las interrogantes sobre los orígenes y la evolución de la vida, mayor se ha tornado el valor que como humanos deberíamos asignar a cada organismo viviente. Nuestras limitadas facultades para entender la complejidad del cosmos tienen hoy en día un poco más de luz que en el pasado.

Los esfuerzos por ampliar el conocimiento humano en todos los campos de la ciencia han sido enormes. Durante milenios se han invertido tiempo y recursos en observar, teorizar, experimentar y entender la existencia de leyes naturales. La humanidad ha descubierto los elementos que le han permitido ejercer algún control sobre algunos campos de la vida, tanto en el extremo de las especialidades moleculares, atómicas y cuánticas, como en el de las ecológicas, espaciales y astronómicas.

Sin embargo vivimos atrapados en una increíble paradoja: Cuando empezamos a entender las leyes mayores que debemos respetar para poder subsistir como género, y cuando consideramos la realización de cambios en nuestro comportamiento para tener una oportunidad de permanencia en nuestro medio, encontramos que nos acercamos también a los límites de nuestra propia existencia. Ahora sabemos que se están rebasando de manera irreversible las capacidades de carga del planeta que nos alberga.

Con la transformación de las áreas habitadas por los diferentes grupos humanos, estos han destruido en general a su paso, el frágil equilibrio que originalmente encontraron. En gran medida, el hombre ha vivido una realidad relativamente separada de la del resto de las especies, excepto de aquellas que les resultaron inmediatamente útiles. La mayor parte ha sido tradicionalmente tratada como de cosecha fácil o de dudosa utilidad; muchas han sido destruidas antes de haberse explorado su potencial.

En los últimos tiempos, con su innegable ingenio para buscar soluciones y mejoras a los problemas de su existencia, el hombre ha abierto la conciencia para poder entender la cada vez más evidente interrelación entre todos los elementos de la vida en sus diferentes reinos. Lentamente, este conocimiento se ha ido divulgando de manera creciente, hasta llegar a influenciar, incluso, a decisores de varios países del mundo.

De manera espontánea también han surgido puñados de visionarios entre las poblaciones de base que, gozando de cierto conocimiento científico, cierta conciencia de las leyes naturales y cierta actitud de respeto hacia la vida en sus diferentes formas, tratan actualmente de enriquecer al resto de la humanidad con tales valores y actitudes. El movimiento conservacionista aparecido en las últimas décadas, representa una alternativa aún débil, pero creciente, a la evidente amenaza de autodestrucción de la raza humana y con ella, a la desaparición de una gran cantidad de formas representativas de la vida en la Tierra.

La humanidad ha dejado muy pocos lugares que pudieran permanecen como testigos de la vida intocada. Aunque parezca increíble, estando el planeta mayormente poblado y en un estado de creciente deterioro, han existido hasta hace pocos años, grandes áreas prácticamente desconocidas. A inicios de la década de los setenta, la Serranía de Caparús o Huanchaca estaba aún inexplorada, excepto por la visita de muy pocos personajes de principios de siglo. En esa esquina deshabitada de Bolivia, se alza esta formación geológica, parte mito y parte leyenda, diferente de todo cuanto se encuentra en el resto del país.

A fines de la década de los años setenta se realizaron estudios geológicos de todo el Precámbrico y en ellos se incluyó muy especialmente la Meseta. En 1979 se creó el Parque Nacional de Huanchaca y en 1986, en su segundo viaje a la región, Noel Kempff Mercado murió en un intento por conocer los valores que albergaba el nuevo parque. Con su muerte, se nombró al área protegida en su honor e inmediatamente se levantaron cantidad de iniciativas para enriquecer el conocimiento del área, pero también de los otros grandes ecosistemas del país. A partir de esa fecha, muchas instituciones han contribuido a colectar datos sobre la flora y la fauna de esa y otras áreas hasta hace poco desconocidas en Bolivia.

Conservación Internacional ha contribuido de diferentes maneras al conocimiento del Parque Nacional Noel Kempff Mercado, a través de varias expediciones cortas inicialmente, y luego con la organización de un curso para enseñar la metodología de sus evaluaciones ecológicas rápidas. Las expediciones iniciales estuvieron impregnadas de calidad y confianza con la participación de algunos destacados científicos, algunos ya desaparecidos desafortunadamente. Theodore Parker lideró en gran medida el desarrollo del conocimiento de la avifauna del parque, de manera especial; Alwin Gentry y Robin Foster contribuyeron al conocimiento de las diferentes formaciones vegetales y sus especies; Louise Emmons al descubrimiento de algunas nuevas especies de mamíferos. El curso organizado en Septiembre de 1995, ha contribuido a abrir nuevas áreas de investigación y a sugerir algunas otras para el parque.

Además de constituirse en herramienta valiosa para su manejo, los datos del informe tienen como característica sobresaliente el haber sido producidos en estrecha colaboración con investigadores bolivianos, varios de los cuales a su vez han contribuido en la elaboración del Plan de Manejo del Parque Nacional Noel Kempff Mercado. Este plan maestro representa la mejor justificación para la existencia y conservación del área protegida que posteriormente fue ampliada a límites naturales, dando al parque un superficie de 1.523.000 hectáreas.

El informe adjunto representa una muestra de la valiosa colaboración que puede existir dentro del sector conservacionista. En esta ocasión, varias instituciones han estrechado vínculos para contribuir a la causa del conocimiento de la vida y sus procesos, de la interrelación del hombre con su entorno y del desarrollo sostenible, hasta ahora tan elusivo en los diferentes intentos que se han dado por llevarlo a la práctica. En la medida en que se haga uso de sus datos y de la metodología aprendida, se tendrá una esperanza más para la conservación de las especies y para la justificación de otras áreas protegidas, lugares cada vez más difíciles de crear y mantener ante la opresora expansión del hombre.

Una de las pocas maneras de contribuir a la misión de la conservación, es con el involucramiento directo de personas e instituciones. Esfuerzos como el que fueron necesarios para realizar el curso de RAP en el Parque Noel Kempff, representan el tipo de esperanza que desarrollan los nuevos visionarios del futuro. ¡Que otras iniciativas similares se desarrollen en el mundo!

Hermes Justiniano
Director Ejecutivo
Fundación Amigos de la Naturaleza (FAN-Bolivia)
Administración del Parque Nacional
Noel Kempff Mercado

REPORT AT A GLANCE

REPORT OF AN EXPEDITION, TRAINING COURSE, AND ONGOING RESEARCH BY THE RAPID ASSESSMENT PROGRAM (RAP):

A Biological Assessment Of The Parque Nacional Noel Kempff Mercado, Bolivia

1) Dates of Studies:
RAP Expedition: 1991
RAP Training Course: September 15 - October 10, 1995
Ongoing Research in the Park: 1986 - 1997

2) Description of Location:
The park is located across part of a transitional zone where Amazonian forest integrates with the dry forest and savanna habitats of the biogeographical province of Cerrado. By 1988, the park had become a functional unit which incorporated approximately 750,000 hectares of forest and savanna. Habitat types of the region can be grouped into five basic units that each represent a distinct ecosystem: upland evergreen forest, deciduous forest, upland cerrado savanna, savanna wetlands, and forest wetlands. The savanna wetlands found below the Huanchaca plateau are linked to the great swamp ecosystems of the Gran Pantanal.

3) Reason for RAP Studies:
By the early 1990's, field biologists and conservationists had become aware that the easternmost areas of the Department of Santa Cruz, Bolivia contained a rich mosaic of habitats endowed with high species diversity. Today, much of this biodiversity has been protected through the creation and subsequent expansion of Parque Nacional Noel Kempff Mercado. The park and surrounding undisturbed areas of Bolivia are of global importance, both in terms of size and ecosystem uniqueness. The purpose of these RAP expeditions has been the continued inventory of the Huanchaca region and the training of Bolivian biologists.

4) Major Results:
The region has a rich assortment of wetlands and floodplains that offer specialized habitats and contribute greatly to the spatial diversity of the landscape. Due to its large size and pristine state, Parque Nacional Noel Kempff Mercado may be the single most important reserve for cerrado bird species anywhere in South America. A striking feature of the park is the large number of rare, small mammal species present. The herpetofauna of the region is among the most diverse in the

New World with species richness exceeding that of the most collected sites in South America.

Plants:	2705 species identified to date
Birds:	597 species
Mammals:	124 species
Reptiles &	
Amphibians:	127 species
Fish:	246 species
Scarab beetles:	97 species

5) New species discovered:

Plants:	26 species of plants
Mammals:	a rodent currently under study, *Juscelinomys* sp.
Reptiles:	3 undescribed species of lizards of the genus *Tropidurus*

6) Conservation activities resulting from RAP Studies:

The work of conservationists has contributed to the protection of biodiversity found within Parque Nacional Noel Kempff Mercado. At the same time, biological knowledge of the park remains incomplete. Conservation International believes that the information in these studies provide the groundwork for the next phase of planning for the park and will foster the type of research needed to protect the natural resources found in the region.

INFORME DE UN VISTAZO

INFORME SOBRE UNA EXPEDICIÓN, UN CURSO DE ENTRENAMIENTO, Y ESTUDIOS SCIENTIFICOS DE LA PROGRAMA DE EVALUACIÓN BIOLÓGICA RAPIDA (RAP):

Evaluación Biológica Del Parque Nacional Noel Kempff Mercado, Bolivia

1) Fecha de la Expedición:
Fecha de la Expedición del RAP: 1991
Fecha del Curso de entrenamiento de RAP: 15 septiembre - 10 octubre 1995
Estudios scientificovarios: 1986 - 1997

2) Descripción de la Localidad:
El parque está localiizado en parte de la zona transicional donde el bosque amazonico integra con el bosque seco y sabanas de la provincia biogeografica del Cerrado. El parque fue establecido oficialmente en 1988 y tenía aproximadamente 750,000 hectares de bosque y sabana. Los tipos de habitat de la región coresponden a cinco clasificaciones basicas que representan ecosistemas distinctas: bosque alto siempreverde, bosque deciduo, sabana de tierras altas del cerrado, pantanos de sabana, y pantanos de bosque. Los pantanos de sabana abajo de la meseta de Huanchaca están asociados con las ecosistemas de pantanos del Gran Pantanal.

3) Motivo por los estudios de RAP:
Desde los primeros años de los 1990s, biólogos y conservacionistas han estado conscientes de la riqueza alta de especies del mosaico de habitats en el este del Departamento de Santa Cruz, Bolivia. Hoy, mucha de esta biodiversidad ha estado protegida por la creación y expansión subsequente del Parque Nacional Noel Kempff Mercado. El parque y las áreas alrededores son de una importancia global, en relación a su gran tamaño de área y la singularidad de sus ecosistemas. El motivo por los estudios del parque fue para continuar inventarios de la flora y fauna de la región de Huanchaca y para entrenar nuevos scientificos de Bolivia.

4) Resultados Principales:
La región tiene una variedad alta de pantanos y bosques inundados que ofrecen habitats specializados y que contribuyen a la diversidad espacial del paisaje. Debido a su gran tamaño y estado puro, Parque Nacional Noel Kempff Mercado puede ser la reserva más importante para especies de aves del cerrado en toda Sur America. Una caracteristica importante del parque es el numero grande de especies de pequeñnos mamiferos raros. La fauna de reptiles y anfibios de la región es una de las faunas mas diversa del Mundo

Nuevo, con una riqueza mas alta que las faunas de otras localidades mejor conocidas en Sur America.

Plantas: 2705 especies
Aves: 597 especies
Mamíferos: 124 especies
Reptiles y anfibios: 127 especies
Peces: 246 especies
Escarabajos: 97 especies

5) Nuevas especies descubiertas:

Plantas: 26 especies
Mamíferos: un rodent en investigación, *Juscelinomys* sp.
Reptiles: 3 especies de lagartija del genero *Tropidurus*

6) Acciones de conservación resultando de los estudios de RAP:

Los estudios de conservacionistas han contribuido a la protección de la biodiversidad del Parque Nacional Noel Kempff Mercado. Al mismo tiempo, el conocimiento biologico del parquese queda incompleto. Conservation International cree que los estudios presentado aqui han estabecido el base para la proxima fase de planificación para el parque y promoveran el tipo de estudios necesario para la protección de los recursos naturales de la région.

EXECUTIVE SUMMARY

Timothy J. Killeen and Thomas S. Schulenberg

INTRODUCTION

By the early 1990s, field biologists and local conservationists had accumulated abundant evidence showing that the eastern-most areas of the Department of Santa Cruz, Bolivia contained a rich mosaic of habitats, resulting in potentially high species diversity both for plants and animals. Today, much of this biodiversity has been protected due to the creation, and subsequent expansion of, Parque Nacional Noel Kempff Mercado.

In terms of its national significance, the park is important as a biological reserve because it provides protection for the flora and fauna of a biogeographic region that is unlike any of the other ecosystems represented in Bolivia's National System of Protected Areas. In global terms, the park and surrounding areas in Bolivia are extremely important because they cover a very large area, are undisturbed and, unlike similar ecosystems elsewhere on the planet, have low human population densities.

The northeastern sector of the Department of Santa Cruz, where the park is located, is part of a climatic transition zone where Amazonian forest intergrades with the dry forest and savanna habitats of the biogeographical province of the Cerrado. Habitat types of the region can be grouped into five basic units that represent distinct ecosystems: upland evergreen forest, deciduous forest, upland cerrado savanna, savanna wetlands, and forest wetlands. Three of the major ecosystems found in the park (cerrado savannas, semideciduous forest, and savanna wetlands) are globally threatened (Dinerstein et al. 1995; see also Stotz et al. 1996). In addition, two additional ecoregions (riverine forest and humid evergreen forest) are considered to be threatened on a regional scale.

The earliest scientific expedition to the region, in 1908 and 1909, was organized by Percy Fawcett, who was contracted by the Bolivian and Brazilian governments to survey the boundary along this section of their frontiers (Fawcett 1953). Fawcett later described the area to his friend Arthur Conan Doyle, who used these descriptions of the Huanchaca Plateau as the setting for his novel "The Lost World". Scientists would not return to this remote region for almost seventy years, until geologists contracted by the British Overseas Development Agency and the Bolivian Geological Survey began to map the rock formations of the Precambrian Shield region in Bolivia (Litherland and Powers 1989). These expeditions to the Huanchaca Plateau attracted the interest of Noel Kempff Mercado, a distinguished biologist and conservationist from Santa Cruz. Noel Kempff Mercado soon initiated his own biological explorations to the region, which he had the foresight to recognize as an area of conservation importance of global significance, and he began a campaign to establish a national park centered on and around the Huanchaca Plateau. Kempff renamed the mountain, calling it the Serranía de Caparuch. "Caparuch" refers to a species of lung fish that inhabits the savanna wetlands of the region, and is a term derived from the language of the Guaragsug'we, a now extinct indigenous group.

Unfortunately, Noel Kempff Mercado was killed in 1986 during one of his expeditions to the region before his dream of protecting this area was realized. His brutal murder by drug traffickers at a remote air strip on top of the Huanchaca Plateau had a profound impact on the residents of his native city, many of whom had grown up in the Zoological and Botanical Gardens founded by this illustrious citizen. The national government, acting in response to popular demand, soon established the national park sought by Noel Kempff Mercado and named it in his honor. The park underwent a period of organization and consolidation but by 1988 was a functional entity that incorporated approximately 750,000 hectares of forest and savanna. It included all of the Huanchaca Plateau on the Bolivian side of the frontier and a small strip of land on the piedmont at the base of the western escarpment.

Recently, the park has been the focus of renewed efforts to improve the conservation of biodiversity in northeastern Santa Cruz. In 1997 the park was expanded and now extends westward to the Río Bajo Paraguá (Figure 1). The expansion of the park was organized by the Fundación Amigos de la Naturaleza (FAN), a conservation organization that manages the park in close collaboration with the Bolivian government. Financial support for the expansion was provided by a carbon offset project implemented under the auspices of the Initiative for Joint Implementation of the United Nation's Convention for Climate Change. This initiative was facilitated by The Nature Conservancy, with support from American Electric Power, PacifiCorp, and BP America.

Following its establishment, word soon spread among field biologists in the Neotropics that the park was a potentially interesting place in which to conduct research. Since it was an area that never had been inventoried, biologists from around the world were eager to visit and to sample the biota of the park and its ecosystems. Preliminary botanical expeditions were organized in 1987 and 1989 by botanists associated with Iowa State University and the New York Botanical Garden (Killeen 1990, W. W. Thomas unpublished data). Aavifaunal surveys sponsored by the Louisiana State University Museum of Natural Science (Bates et al. 1989, 1992, Kratter et al. 1992) showed that the area was important for the conservation of birds and other wildlife. There were several short collecting expeditions organized by mammologists from the University of New Mexico in 1991 and the Doñana Experiment Station of Spain in 1988 and 1989. The Wildlife Conservation Society initiated a long-term research project in 1991 that focused on peccaries and that later incorporated other ungulate species and primates (Karesh et al. 1997, Herrera and Taber in press). In 1993, the Missouri Botanical Garden and the Museo de Historia Natural Noel Kempff Mercado in Santa Cruz began an intensive study of the flora and vegetation types of the region (Killeen 1995). This effort was assisted by botanists associated with the Botanical Garden of Santa Cruz, who contributed their specialized knowledge of the many species with economic potential that we now know to exist in the region.

Biologists of the Rapid Assessment Program (RAP) of Conservation International paid their first visit to the Huanchaca Plateau in 1991, with subsequent visits to the region in 1994 and 1995. Conservation International organized a four week training course (15 September - 10 October 1995) in rapid ecological field techniques that included over 30 biologists, primarily Bolivians. Due to the energetic participation of those involved, this field course allowed for a systematic sampling of several poorly studied habitats and greatly expanded our information on some of the park's lesser known fauna.

This training workshop coincided with efforts by the Bolivian Ministry for Sustainable Development and the Environment to develop the first comprehensive management plan for the Parque Nacional Noel Kempff Mercado. Simultaneously, the Fundación Amigos de la Naturaleza was working on its plan to expand the Park's boundaries to incorporate forest and savanna habitats situated to the west of the Huanchaca Plateau. The information derived from the workshop and all previous studies was summarized and immediately made available to FAN and the Bolivian government so that the park expansion project could be justified on technical criteria. Key to this effort was the remote sensing expertise provided by scientists affiliated with the LANDSAT Pathfinder Humid Tropical Deforestation Project at the Department of Geography at the University of Maryland and the Goddard Space Flight Center (NASA). The vegetation map produced by that collaboration clearly and

In terms of national significance, the park is important as a biological reserve because it provides protection for the flora and fauna of a biogeographic region that is unlike any of the other ecosystems represented in Bolivia's National System of Protected Areas.

graphically demonstrated how park expansion would benefit the conservation of biodiversity in this part of the South American continent (Killeen et al. 1998; Figures 6 and 7).

As conservationists we are extremely gratified that our work has contributed to the protection of the biodiversity found within Parque Nacional Noel Kempff Mercado. As biologists we are aware that our knowledge of these ecosystems and their biotas remains incomplete. Nonetheless the time seems right to bring together the results accumulated by the different investigations that have been conducted in and around the park over the last decade. Many of these studies recognize complementary patterns of endemism and species richness. All studies reinforce the importance of habitat heterogeneity as the principal factor contributing to the very high level of species diversity that characterizes this region. This habitat heterogeneity is directly attributable to the complex geomorphology of the Brazilian shield and the latitudinal position of the park across a climatic transition zone.

We believe that our research has established the groundwork for the next phase of planning for the park and will foster the type of research needed to protect the natural resources found in the region. Global change is an important issue facing park managers, who must confront the real possibility that climate change will have a very large impact on this intricate mosaic of forest and savanna. Will precipitation levels rise or fall? Will the frequency of wildfire increase or decrease? How will inundation levels be changed? Will the cold fronts that characterize the austral winter decrease in frequency and intensity? These questions, and others like them, are important because physical phenomena affect the ecological processes that have produced the remarkable habitat diversity of the region. The task for future conservation research is to document how these ecological processes interact so that future climate change can be mitigated to conserve the biodiversity that makes Parque Nacional Noel Kempff Mercado a biological reserve of global importance.

The conservation importance of the park stems from the extraordinary diversity of threatened habitats and species found within its borders.

SUMMARY OF RESULTS

Parque Nacional Noel Kempff Mercado is located at the interface of humid Amazonian forests and the drier woodlands and savannas that predominate across central South America. The savanna wetlands found below the Huanchaca plateau are also linked to the great swamp ecosystems of the Gran Pantanal. Many of the biological communities, and the species found within them, face grave threats elsewhere on the continent. The conservation importance of the park stems from the extraordinary diversity of threatened habitats and species found within its borders.

Plants

The tall, humid forests of the park are floristically distinct from the moist forests of western Amazonia and the Andean piedmont. A comparison of the flora of the Huanchaca Plateau and surrounding areas (~2700 species) to a similar sized flora from Amboró National Park on the Andean Piedmont (~ 3300 species; M. Nee, unpublished data) reveals very little species overlap. A single plant family, the Chrysobalanaceae, can serve as an example of the stark differences between these two regions; Huanchaca contains more than 33 species in four genera, while Amboró has only two species in a single genus. Humid high forest is the most species rich formation in the region, but levels of species diversity here are well below those for humid forest formations in other parts of the Neotropics. This fact highlights the importance of habitat diversity in explaining the high overall levels of biodiversity when considered for the region as a whole.

Most Bolivian savannas are geographically peripheral to the heart of the *Cerrado* biogeographic region of the Brazilian uplands. Previous reports for Bolivian savanna floras (Killeen and Nee 1991, Haase and Beck 1989) show only moderate levels of diversity and a predominance of taxa with widespread distributions. This pattern indicates that many of these savanna formations have developed in a recent geological time frame. In contrast, the Huanchaca Plateau has a rich cerrado flora that incorporates many species that are poorly represented in herbaria or that were thought to have a distribution restricted to central Brazil. Huanchaca is physically separated from similar plateaus, to the north and east, by the wide valley of the Río Iténez; this indicates that the cerrado savannas on the Plateau have a long history of isolation that may well stretch back several millions of years.

Unfortunately, the dry forest communities of Eastern Bolivia are poorly represented within the confines of Parque Nacional Noel Kempff Mercado. They exist only as scattered pockets within the park, as the primary distribution of this subtropical forest formation tapers off just to the south of the park (see Figure 7). This formation, known in Bolivia as the Chiquitano Semideciduous Forest, is similar in composition and structure to the dry forests of the Misiones region of eastern Paraguay and northeastern Argentina, the Caatinga region of Brazil, and the Andean piedmont in northwest Argentina (Prado and Gibbs 1993). This is one of the most endangered ecosystems on the continent; habitat loss due to agricultural development has occurred in the more densely settled regions where it once was the predominant vegetation type. Bolivia currently contains the largest portion of this dry forest formation, and quite possibly the largest extant dry forest formation in the world (Parker et al. 1993). Hopefully, the people of Bolivia will work to conserve this important ecosystem through wise management and the creation of other protected areas situated to the south of Huanchaca.

The region has a rich assortment of wetland habitats. Along the major rivers where large scale fluctuation of water levels occur, the riverine forest is composed largely of Amazonian taxa. Rivers in Bolivia are aligned north/south, and come together hundreds of kilometers to the north. Consequently there is little reason to anticipate that these communities will show much similarity to riparian communities in the western regions of the Bolivian lowlands. The vast savanna wetlands of the Paraguá and Iténez floodplains offer many specialized habitats and contribute to the spatial diversity of the landscape. These plant communities contain a mixture of plants, some of which are Amazonian, while others are more

typical of the Gran Pantanal. However, many wetland species have widespread distributions throughout the Neotropics. This can be attributed to their ability to take advantage of recurrent disturbance phenomenon typical of floodplains.

Birds

The avifauna of the park is relatively well known, having been surveyed to date at 14 locations in the region by researchers from Louisiana State University, the Museo de Historia Natural Noel Kempff Mercado, Conservation International, and other institutions. Almost six hundred bird species have been recorded from the region, reflecting the habitat heterogeneity found in the park. Bird species diversity is highest in the humid forests; however, the humid forests of the park actually are somewhat depauperate compared to Amazonian forests farther north. Nonetheless, the park is very important to the conservation of the Amazonian avifauna. Species of special concern are those, such as *Aburria cujubi* (Red-throated Piping-Guan), *Pyrrhura perlata* (Crimson-bellied Parakeet), *Capito dayi* (Black-girdled Barbet), *Selenidera gouldii* (Gould's Toucanet), *Pipra nattereri* (Snowy-capped Manakin), and *Odontorchilus cinereus* (Tooth-billed Wren), that are restricted to Amazonia south of the Amazon and east of the Rio Madeira, a portion of Amazonia that has undergone very rapid deforestation. The park also is the only protected area within which is found the extremely range-restricted *Picumnus fuscus* (Rusty-necked Piculet), which is known only from seasonally flooded forests along the Rio Iténez (Rio Guaporé).

Despite its location at the periphery of the cerrado region, the park is extremely important for the conservation of birds of cerrado habitats. The bird species diversity in cerrado and campo grasslands and seasonally-flooded grasslands in the park is comparable to that of the richest areas in central Brazil. The park has populations of 20 open habitat bird species that are considered to be vulnerable, including four species (*Anodorhynchus hyacinthinus* Hyacinth Macaw, *Euscarthmus rufomarginatus* Rufous-sided Pygmy-Tyrant, *Sporophila hypochroma*

Rufous-rumped Seedeater, and *Sporophila nigror-ufa* Black-and-tawny Seedeater that are listed in the Red Data Book of threatened birds (Collar et al. 1992). The majority of the most threatened species are restricted to cerrado and campo habitats on the Huanchaca plateau. A few rare species, however, such as *Sporophila hypochroma* and *S. nigrorufa*, are restricted to the seasonally inundated termite savannas situated in the lowlands, and particularly in those grasslands adjacent to the Río Iténez (S. Davis, unpublished data). Many of the cerrado and grassland species are common within preferred habitats in the park, but now are rare or extirpated from much of their former range in Brazil. Due to its large size and pristine state, Parque Nacional Noel Kempff Mercado may well be the single most important reserve for cerrado bird species anywhere in South America.

Mammals

To date 124 mammal species have been recorded from the park. The large mammal fauna is relatively well known, in part due to ongoing studies in the park by researchers from the Wildlife Conservation Society. Much less is known about the small mammal fauna of the park, particularly of the bats, and 50 or more additional species may occur. A striking feature of the mammal fauna of the park is the large number of rare species of small mammals. The park is an important repository for many rare mammals of Bolivia, and is the only large national park where some of these may occur. The park also has four species of canids, an exceptionally high number, and one or two additional fox species should be found in the grasslands of the meseta, which if confirmed would make this the richest park for canids in South America.

An interesting feature of the small mammal community structure in the park, based on our preliminary trapping results, was that common frugivorous species that normally dominate humid forest habitats were relatively rare, and their place was taken by more insectivorous species. This was especially true of the bat community, but the same pattern also was evident among non-flying mammals. The non-flying small mammal fauna of both evergreen forest and savanna woodland was dominated by a marsupial (a group that generally is insectivorous), while the most common bat species was a nectar feeder and the second most common bat was an aerial insectivore. Another peculiar feature of the humid forests is that some species of monkeys that typically are common in Amazonian forests were scarce (howler monkey *Alouatta*), or absent (squirrel monkey *Saimiri*, titi monkey *Callicebus*).

Over 80% of the mammal species of the park were recorded from the humid Amazonian forests. Good populations of agoutis, pacas, tapirs, brocket deer, both species of peccaries, puma, and jaguar inhabit the upland humid forests of the park. Most of these mammal species are geographically widespread and are protected in a number of other reserves and parks. Spider monkeys (*Ateles belzebul chamek*) have large populations throughout the tall evergreen forests of the park, and silvery marmosets (*Callithrix argentata melanura*), brown capuchins (*Cebus apella*) and night monkeys (*Aotus infulatus*) also are common. Three species of *Pteronotus* bats are found the park, which is the only known location in Bolivia for this genus.

Dry forests and woodlands, cerrado, and savanna habitats harbor less than half as many mammals as do the tall evergreen forests. These habitats include all of the taxa currently at greatest risk. Therefore the importance of these habitats to mammal conservation is much greater than species diversity alone would suggest. Several very rare (or very poorly known) marsupials, such as the bushy-tailed opossum (*Glirona venusta*) and the pygmy opossum (*Monodelphis kunsi*) were found in dry woodlands. Several extremely rare rodents, *Kunsia tomentosus* and *Juscelinomys* sp., have been collected in campos and grasslands in the park. The open grassland habitats on the southern portion of the meseta have possibly one of the largest remaining populations of the threatened pampas deer (*Ozotoceros bezoarticus*). Two other threatened species of large mammals, the maned wolf (*Chrysocyon brachyurus*) and the marsh deer (*Blastocerus dichotomus*), are found in the seasonally flooded termite savannas below the plateau at Los Fierros. Other threatened species, such as giant anteaters (*Myrmecophaga tridactyla*) and giant armadillos (*Priodontes maximus*), are found both in humid forests and in the drier habitats, but appear to reach their greatest population densities in the termite savannas.

Reptiles and Amphibians

At present, 127 species of reptiles and amphibians are known to inhabit Parque Nacional Noel Kempff Mercado and adjacent areas. However, a species accumulation curve and experience elsewhere in South America suggest that this number will rise considerably with further collecting effort. The known species richness is greater than that of most well collected sites in the South American lowlands, and, when completely known, the herpetofauna of the region is expected to be one of the most diverse in the New World. Such large numbers of species are likely due to the park's geographic location and patchwork of diverse habitats. The largest component (almost 50%) of the herpetofauna consists mostly of Amazonian species, with species from southern and eastern open formations comprising an additional 23% of the herpetofauna. Several reptile and amphibian species enter Bolivia only in this area of the country. Several reptile species that are listed by CITES are found in the park, including some that are endangered throughout their range (*Eunectes murinus, E. notaeus, Caiman crocodilus yacare, Melanosuchus niger, Podocnemis unifilis, P. expansa, Geochelone carbonaria,* and *G. denticulata*).

Fish

Parque Nacional Noel Kempff Mercado has a rich ichthyofauna. 246 species of fish have been recorded from the park, representing 60% of the Amazonian ichthyofauna known from Bolivia. Furthermore, the park also is an important area for the protection of geographically restricted fish species. The Iténez basin is the only major river system in Bolivia that originates on the Brazilian Shield, causing it to be dramatically different from other rivers of eastern Bolivia in the physical and chemical characteristics of its waters. These

features have produced significant differences in its ichthyofauna. Some 65 fish species of the Iténez basin (26% of the total number recorded from the basin) either are endemic or have relatively restricted distributions. Several of these species are restricted to black water systems and have a peripheral distribution in the northern and eastern edges of Bolivia. Among the most outstanding of these species are *Helogenes marmoratus, Carnegiella strigata, Hypopygus lepturus,* several species of the genus *Hyphessobrycon, Bryconops melanurus, Bryconops* sp. nov. (Huanchaca plateau), *Jobertina lateralis, Poecilobrycon harrisoni, Tatia* cf. *intermedia,* and *Acanthodoras spinosissimus.*

The high overall diversity reflects the variety of aquatic systems in the park, ranging from small clear water streams to large black water lakes and rivers. The extensive floodplains covered with both savanna and forest formations offer many specialized habitats and abundant food resources to sustain fish populations. The Huanchaca Plateau remains largely unexplored by ichthyologists and we suspect that several new species will be found there, once it has been adequately explored and its ichthyofauna carefully studied. The upper watershed of the Río Paucerna is isolated by two waterfalls, the Catarata Ahlfeld (40 m) and Arco Iris (70 m); this isolation may date back more than 6 million years. The other major watershed of the Huanchaca Plateau is the Río Verde, a clear water river with a total vertical drop of 700 m that is broken by a series of small waterfalls and rapids.

Like other areas in the seasonal tropics, fish populations are very susceptible to water level fluctuations. Population density plummets during high water periods as fish spread out into the floodplain and backwaters. In contrast, fish densities attain spectacularly high levels at the end of the dry season when fish become concentrated in major rivers and lakes. This seasonality puts fish populations at great risk as fish can be caught in extraordinarily high numbers with little effort at the end of the dry season. There are a number of economically important fish species found in the park, including benton (*Prochilodus nigricans*), yeyu (*Hoplerythrinis unitaeniatus*), surubí (*Pseudoplatystoma fasciatum*), chuncína

(*P. tigrinum*) and pacú (*Colossoma macropomun*). These species are subject to fairly intensive exploitation on the Río Iténez by Brazilian commercial fishermen. Fortunately, the lower stretches of the Río Paraguá, which now functions as the western limit for the park (Figure 1), avoids over-exploitation due to the presence of large floating mats of vegetation that make transit in both large and small craft virtually impossible.

Scarab beetles

The dung scarab beetle fauna in the park and adjacent regions, totaling 97 species, is the most diverse yet recorded in the Neotropics for a restricted area of this size. This unexpected species richness largely seems to be the result of the high habitat heterogeneity of the park and a high rate of species turnover between habitats. The habitat with the greatest species richness was the humid forest at Los Fierros, with 64 species and a scarab beetle community that is typical for a moist lowland Amazonian site. There was also considerable species turnover even between relatively similar habitats. The dung beetle faunas of the termite savanna and the campo cerrado are distinct. In addition to being habitat-specific, dung beetles also are sensitive to habitat alteration. The disturbed areas around Los Fierros support a much diminished fauna, both in terms of species richness and biomass. A highly depauperate beetle fauna of only 5 species was found in disturbed areas such as airstrips and clearings, despite the immediate proximity of these sites to primary forest with much higher species richness (62 species). The Los Fierros station area essentially is a small island of disturbance surrounded by forest; it has been colonized by *Diabroctis mimas*, a species typical of anthropogenically altered open habitats such as cattle pasture.

CONSERVATION RECOMMENDATIONS

1) Habitat heterogeneity and fire. Perhaps the most important management goal for Parque Nacional Noel Kempff Mercado will be to maintain the diversity of habitats that currently are included within the park's borders. Many savanna communities are formed and maintained by fire while most forest ecosystems in the park also are subject to periodic fire of differing intensities. Fire is not just responsible for the formation of different habitats, but it also contributes to the heterogeneity of structure and species composition within habitats. Fire (natural and anthropogenic) has been a prominent feature in the development of these ecosystems for many years; future management options must recognize the role of fire. Controlled burns should be considered when and where deemed appropriate, although at this time it is not clear what burning regime can be considered to be "appropriate."

A great deal of further research is necessary and the establishment of a program to monitor the frequency of fire throughout the park should be a priority. The use of remote sensing technology makes such a program feasible and cost-effective. Research opportunities also exist near campsites and guard stations where each burn, including those from natural fires, represents a potential opportunity to accumulate data and to study patterns of community succession. Particular questions related to burning that should be addressed include: 1) what is the relationship between the frequency of fire and the intensity of fire in different habitats; 2) how do plant and animal populations respond to low-frequency, high-intensity fires compared to high-frequency low-intensity fires; and 3) what are the minimum habitat sizes needed to maintain viable 'patches' of particular fire-maintained habitats in order to develop a detailed management plan for burning.

2) Population surveys of selected species. It has been established that a number of threatened animal species are present within the park, but we do not know whether these populations are sufficiently large to be viable over the long term. Endangered species for which it is most important to conduct censuses include the pampas deer, marsh deer and maned wolf. An initial census should involve the participation of both scientists and park guards, so as to combine their knowledge of natural history and methodology, and to ensure the proper interpretation of results. Annual surveys should be conducted by guards. These surveys should be combined with more intensive periodic efforts involving scientists, so that long term population fluctuations can be monitored and related to phenomenon such as fire frequency or interannual climate variability.

Similar monitoring programs should be established for threatened reptile species. Particularly important is the need to identify and to protect nesting sites for the endangered freshwater turtle *Podocnemis expansa*. In addition, the population status and natural history of commercially important fish species found in the park urgently requires further study. Especially important is the need for information on the breeding behavior and seasonal movements of these fish species. It is known that threatened bird species (such as *Sporophila nigrorufa*) have seasonal movements, but little is known about the nature of such movements. The pattern and nature of seasonality of such threatened species needs to be better understood to maintain an effective level of protection for threatened species and their habitats.

3) Removal of all domesticated animals. Populations of threatened maned wolves, pampas deer, and marsh deer, are potentially vulnerable to diseases borne by domesticated animals (dogs, cattle, etc.). To the greatest extent possible, this potential threat should be minimized by removing from the park all domestic or feral stock. The removal of these animals would have the added benefit of improving the natural experience of visiting tourists. One possible exception may be the use of horses or mules as pack animals to facilitate back country expeditions; however, this should be carefully evaluated to weigh the risk of disease transmission to native mammals.

4) Management practices must extend beyond the boundaries of the park. This is particularly important for the management and protection of fish. Aquatic species inhabit river basins that extend well beyond the current park boundaries. To the greatest extent possible, management of these systems should be coordinated between the park and other governmental and private agencies that have jurisdiction outside the park, possibly including the use of buffer zones and extractive reserves.

5) Promotion of ecotourism. The long-term viability of the park is dependent on many factors. One of the most important is the need to establish a viable economic base so that the park has sufficient revenue to maintain basic activities of control and vigilance. Over the medium-to long-term, the most obvious source of this income is ecotourism. Park officials urgently need to develop a coherent ecotourism strategy. The park has become an annual stop for several tour companies that specialize in bird watching groups. The principal attraction for these bird watchers are the same bird species that are of conservation interest, primarily those species that are restricted to cerrado habitats and the 'Rondônian' component of the park's humid forests. This type of highly specialized tourism is important, but the long-term sustainability of the tourism program in the park is unlikely to succeed if it is based only on this and other "high-end" visitors who have the economic resources to rent small airplanes and stay in expensive lodges.

Although access is somewhat difficult due to its remote location, the park has huge potential as a tourist attraction and this will grow as road conditions improve in eastern Santa Cruz over the next few years. The park offers a wide range of scenic vistas including cliffs, waterfalls, and winding rivers that are attractive to the general public. Likewise, the park is one of the few places in South America where a tourist might be able to view rare mammal species such as maned wolves and pampas deer. The park can support a much greater visitor base without compromising the ecology of the park or the conservation of its

Fire (natural and anthropogenic) has been a prominent feature in the development of these ecosystems for many years; future management options must recognize the role of fire.

biota. A special effort should be made to attract visitors of more modest resources, especially visitors from Brazil, Argentina, and Chile, as well as the rapidly growing middle class of Bolivia. A diversified strategy targeted at different market niches will be more sustainable in economic terms and would greatly assist the development of an ecological conscience within Bolivia. To obtain this goal, park managers should open trails to the inner part of the park for backpacking and utilize the many abandoned logging roads on the lowland plain to the west of the Huanchaca Plateau.

Another important potential tourist market is sport fishing along the Río Iténez and Río Paraguá; these areas have been classified as integrated management zones and their use by sport fishermen could be permitted if accompanied by appropriate guidelines and restrictions. Both backpacking and sport fishing would require the services of guides and result in significant job opportunities for local inhabitants. In contrast, "high-end" visitors usually demand bilingual guides that cannot be provided by the local communities. Although budget-minded tourists might not produce the large profit margins when calculated on a per visit basis, the overall benefits both in volume and the involvement of local communities make their development a priority.

RESUMEN EJECUTIVO

Timothy J. Killeen y Thomas S. Schulenberg

INTRODUCCIÓN

Desde el principio de la década de los noventa, tanto biólogos de campo como conservacionistas locales han acumulado una gran cantidad de evidencia que confirma que las regiones orientales del Departamento de Santa Cruz, Bolivia contienen un rico mosaico de hábitats, y potencialmente una gran diversidad de especies tanto de plantas como de animales. Actualmente, gran parte de esta biodiversidad se encuentra protegida gracias a la creación y a la subsecuente expansión del Parque Nacional Noel Kempff Mercado.

En términos de su trascendencia a nivel nacional, el parque es una importante reserva biológica ya que proporciona protección a la flora y fauna de una región biogeográfica única entre los ecosistemas representados dentro del Sistema Nacional de Áreas Protegidas de Bolivia. En términos globales, el parque y sus áreas circundantes dentro de Bolivia son sumamente importantes, ya que cubren una gran extensión, no han sido perturbados y, a diferencia de otros ecosistemas similares en otras partes del planeta, tienen muy baja densidad de población.

El sector nordeste del Departamento de Santa Cruz, donde se localiza el parque, es parte de una zona de transición climática en la cual los bosques amazónicos se mezclan a los bosques secos y hábitats de sabana de la provincia biogeográfica del Cerrado. Los tipos de hábitats de la región pueden agruparse dentro de cinco unidades básicas que representan ecosistemas distintos: bosque siempreverde de tierras altas, bosques deciduos y semideciduos, sabanas de *cerrado* de tierras altas, humedales de sabana y humedales de bosque. Tres de los ecosistemas principales que se encuentran en el parque (sabanas de *cerrado*, bosque semideciduo y humedales de sabana) se encuentran amenazados globalmente (Dinerstein et al. 1995; ver también Stotz et al. 1996). Además, hay dos ecoregiones adicionales (bosques inundados y ribereños y bosque siempreverde de tierras altas) que se consideran amenazadas a nivel regional.

La primera expedición científica a la región, en 1908 y 1909, fue organizada por Percy Fawcett, quien fuera contratado por los gobiernos de Bolivia y Brasil para llevar a cabo un reconocimiento de la zona limítrofe a lo largo de esta sección de sus fronteras (Fawcett 1953). Más adelante, Fawcett describió esta área a su amigo, Arthur Conan Doyle, quien utilizó estas descripciones de la Meseta de Huanchaca como el escenario para su novela "Un Mundo Perdido". No hubo más expediciones científicas a esta remota región durante casi setenta años, hasta que un grupo de geólogos contratados por la Agencia de Desarrollo de Ultramar de la Gran Bretaña (ODA) y el Servicio Geológico de Bolivia (GEOBOL) comenzaron a realizar los mapas de las formaciones geológicas de la región del Escudo Precámbrico en Bolivia (Litherland y Powers 1989). Estas expediciones a la Meseta de Huanchaca atrajeron el interés de Noel Kempff Mercado, un distinguido biólogo y conservacionista de Santa Cruz. Poco después, Noel Kempff inició sus propias expediciones biológicas a la región, y

*En términos
de su trancen-
denca a nivel
nacional, el
parque es una
importante
reserva biológ-
ica ya que
proporciona
protección a la
flora y fauna
de una región
beiogeográphi-
ca única entre
los ecosistemas
representados
dentro del
Sistema
Nacional de
Areas
Protegidas de
Bolivia.*

tuvo la previsión de reconocer esta área como una región cuya conservación era de gran importancia a nivel global, por lo que inició una campaña para establecer un parque nacional centrado alrededor de la Meseta de Huanchaca. Kempff le cambió el nombre a la montaña, llamándola Serranía de Caparuch. "Caparuch" se refiere a una especie de pez pulmonado que habita los humedales de sabana de esta región y es un nombre derivado del idioma de los Guaragsug'we, un grupo indígena ya extinto.

Desafortunadamente, Noel Kempff Mercado fue muerto en 1986 durante una de sus expediciones a la región antes de que se vieran realizados sus sueños de ver protegida esta área. Su brutal asesinato, a manos de narcotraficantes en una remota pista de aterrizaje en la Meseta de Huanchaca, tuvo un profundo impacto sobre los residentes de su ciudad natal, muchos de los cuales habían crecido en los Jardines Botánicos y Zoológicos fundados por este ilustre ciudadano. El Gobierno Nacional, actuando en respuesta a la demanda popular, pronto estableció el parque nacional que con tanto ahínco había procurado Noel Kempff Mercado y lo nombró en su honor. El parque sufrió un período de organización y consolidación y en 1988 ya era una entidad funcional en la cual se incorporaron aproximadamente 750,000 hectáreas de bosques y sabanas. El parque incluía la totalidad de la Meseta de Huanchaca en el lado boliviano de la frontera y una pequeña franja de tierra en el piedemonte de la base del escarpado occidental.

Recientemente, el parque fue objeto de renovados esfuerzos para mejorar la conservación de la biodiversidad en el nordeste de Santa Cruz. En 1997, el parque fue expandido y actualmente se extiende hacia el occidente hasta el Río Bajo Paraguá (Figura 1). La expansión del parque fue organizada por la Fundación Amigos de la Naturaleza (FAN), una organización conservacionista que se encarga del manejo del parque en colaboración con el gobierno boliviano. El apoyo financiero para llevar a cabo esta expansión fue proporcionado por un proyecto de canje de carbono llevado a cabo bajo el auspicio de la Iniciativa para la Implementación Conjunta (IJI) de la Convención Marco de las Naciones Unidas para el Cambio Climático. Esta iniciativa fue facilitada por la organización The Nature

Conservancy con el apoyo de American Electric Power, PacifiCorp y BP America.

Poco después de su establecimiento se corrió la palabra entre los biólogos de campo que trabajan en la región neotropical de que el parque era un lugar potencialmente interesante para llevar a cabo investigaciones. Debido a que se trataba de un área que nunca había sido inventariada, los biólogos de todo el mundo estaban ansiosos por visitar la región para tomar muestras de la flora y fauna del parque y sus ecosistemas. Las expediciones botánicas preliminares fueron organizadas en 1987 y 1989 por botánicos asociados con la Universidad Estatal de Iowa y los Jardines Botánicos de Nueva York (Killeen 1990, W.W. Thomas, datos no publicados). Los reconocimientos de avifauna se llevaron a cabo de manera similar, esta vez patrocinados por el Museo de Ciencias Naturales de la Universidad Estatal de Luisiana (Bates et al.1989, 1992, Kratter et al. 1992) y éstos mostraron que esta era un área muy importante para la conservación tanto de aves como de otra vida silvestre. Se llevaron a cabo varias expediciones de colecta de corta duración en 1988 y 1989; éstas fueron organizadas por mastozoólogos de la Universidad de Nuevo Mexico y de la Estación Experimental de Doñana en España. En 1991, la Sociedad para la Conservación de la Vida Silvestre (Wildlife Conservation Society, WCS) inició un proyecto de investigación a largo plazo inicialmente enfocado solamente a pecaríes pero que más adelante incorporó a otras especies de ungulados y primates (Karesh et al. 1997, Herrera y Taber en prensa). En el año de 1993, el Jardín Botánico de Missouri y el Museo de Historia Natural Noel Kempff Mercado en Santa Cruz, iniciaron un estudio intensivo de la flora y vegetación de la región (Killeen 1995). Este esfuerzo fue asistido por botánicos asociados con el Jardín Botánico de Santa Cruz, quienes contribuyeron con su especializado conocimiento de las muchas especies con potencial económico que hoy en día sabemos existen en esta región.

Los biólogos del Programa de Evaluación Rápida (RAP) de Conservation International llevaron a cabo su primera visita a la Meseta de Huanchaca en el año de 1991, con visitas posteriores en 1994 y 1995. Conservation International organizó un curso de entrenamiento con una duración de cuatro semanas (15 de septiembre - 10 de octubre de 1995) sobre las técnicas ecológicas rápidas de campo, en el cual participaron 30 biólogos, principalmente bolivianos. Gracias a la entusiasta participación de todos los involucrados, este curso de campo hizo posible el muestreo sistemático de varios hábitats hasta entonces muy pobremente estudiados, permitiéndonos ampliar nuestra información sobre la fauna menos conocida del parque.

Este taller de entrenamiento coincidió con los esfuerzos del Ministerio del Desarrollo Sostenible y el Medio Ambiente para desarrollar el primer plan comprensivo de manejo del Parque Nacional Noel Kempff Mercado. De manera simultánea, la Fundación Amigos de la Naturaleza se encontraba trabajando en su plan para expandir los límites del parque para incorporar hábitats de bosque y sabana situados al occidente de la Meseta de Huanchaca. La información producida por el taller, así como todos los estudios anteriores, fue compilada e inmediatamente fue puesta a la disposición de FAN y del gobierno boliviano para que el proyecto de expansión del parque pudiera ser justificado bajo criterios técnicos. Un aspecto clave de este esfuerzo fue la experiencia en sensores a remoto que aportaron los científicos afiliados con el Proyecto de Deforestación de las Regiones Tropicales Húmedas del Landsat Pathfinder del Departamento de Geografía de la Universidad de Maryland y del Centro de Vuelos Espaciales de Goddard (NASA). El mapa de vegetación producido gracias a esta colaboración demuestra de manera clara y gráfica la manera en la que la expansión del parque podría beneficiar a la conservación de la biodiversidad en esta parte del Continente Sudamericano (Killeen et al. 1998; Figuras 6 y 7).

Como conservacionistas, nos sentimos sumamente gratificados de que nuestro trabajo haya contribuido a la protección de la biodiversidad del Parque Nacional Noel Kempff Mercado. Como biólogos, estamos conscientes de que nuestro conocimiento de estos ecosistemas y su fauna y flora silvestre aún está incompleto. Sin embargo, parece que el momento es propicio para conjugar los resultados acumulados durante las diferentes investigaciones que se han llevado a cabo, tanto dentro como en los alrededores del parque durante la última década. Muchos de estos

estudios reconocen patrones complementarios de endemismo y riqueza de especies. Todos ellos reiteran la importancia de la heterogeneidad de hábitats como el factor principal para que exista el alto grado de diversidad de especies que caracteriza a esta región. Esta heterogeneidad de hábitats se atribuye directamente a la compleja geomorfología del Escudo Brasileño y a la posición latitudinal del parque a través de una zona de transición climática.

Creemos que nuestra investigación ha establecido una primera base para la siguiente fase de planificación para el parque y que fomentará el tipo de investigación que se requiere para proteger los recursos naturales de la región. Los cambios climáticos son uno de los principales asuntos a los que se tienen que enfrentar los administradores de parques, quienes tienen que afrontar la muy real posibilidad de que ellos tengan una enorme impacto sobre el intrincado mosaico de hábitats de bosque y sabana. ¿Se elevarán o se reducirán los niveles de precipitación? ¿Aumentará o disminuirá la frecuencia de los incendios naturales? ¿Cómo se afectarán los niveles de inundación? ¿Disminuirán en intensidad y frecuencia los frentes fríos que caracterizan a los inviernos australes? Estas preguntas, y muchas otras parecidas, son de gran importancia ya que los fenómenos físicos afectan a los procesos ecológicos que han producido la extraordinaria diversidad de hábitats de la región. La futura tarea de los investigadores para la conservación es la de documentar la manera en la que estos procesos ecológicos interactúan de manera que los cambios climáticos que se espera ocurran en el futuro puedan ser mitigados para conservar la biodiversidad que hace del Parque Nacional Noel Kempff Mercado una reserva de importancia global.

RESUMEN DE RESULTADOS

El Parque Nacional Noel Kempff Mercado se localiza en la interfase entre los bosques amazónicos húmedos y los bosques secos y sabanas que predominan en el centro de Sudamérica. Los pantanos de sabana que ocurren por debajo de la Meseta de Huanchaca también están vinculados a los grandes humedales del Gran Pantanal. Muchas de las comunidades biológicas, así como de las especies que ocurren en ellas, se enfrentan a serias amenazas en otras partes del continente. La importancia de la conservación del parque se desprende de su extraordinaria diversidad de hábitats amenazados, así como de las especies que se encuentran dentro de sus fronteras.

Plantas

El bosque alto húmedo que se encuentra en el parque es florísticamente distinto a los bosques húmedos de Amazonia Occidental y del piede-monte andino. Una comparación entre la flora de la Meseta de Huanchaca y sus áreas circundantes (~2700 especies) con una flora de talla similar del Parque Nacional Amboró en el piedemonte andi-no (~3300 especies; M. Nee, datos no publicados) revela que hay muy poca superposición de especies. Una sola familia de plantas, la Chrysobalanaceae, sirve como ejemplo de las pronunciadas diferencias que hay entre estas dos regiones; Huanchaca contiene más de 33 especies en cuatro géneros, mientras que Amboró tiene sólo dos especies en un único género. El bosque alto húmedo es la formación más rica en especies de la región, pero los niveles de diversidad de especies se encuentran muy por debajo de aquellos de las formaciones de bosque húmedo en otras partes de la región neotropical. Este hecho sirve para subrayar la importancia de la diversi-dad de hábitats y para explicar los elevados nive-les de biodiversidad en general cuando la región se considera como un todo.

La mayoría de las sabanas bolivianas ocurren de una manera geográficamente periferia al núcleo de la región biogeográfica del *Cerrado* en el Planalto del Mato Grosso de Brasil. Reportes anteriores de las floras de las sabanas bolivianas (Killeeen y Nee 1991, Haase y Beck 1989) mues-tran niveles moderados de diversidad y una pre-dominancia de taxones de amplia distribución. Este patrón indica que muchas de estas forma-ciones de sabana se han desarrollado dentro de un marco temporal geológico reciente. En contraste, la Meseta de Huanchaca posee una flora de Cerrado muy rica, en la cual se incorporan muchas especies que se encuentran pobremente representadas en herbarios o que se creía tenían una distribución restringida al centro de Brasil. Huanchaca se encuentra separada físicamente de otras mesetas similares, al norte y oriente, por el amplio Valle del Río Itenéz; esto indica que las sabanas de *Cerrado* de la meseta tienen una larga historia de aislamiento que data de hace varios millones de años.

Desafortunadamente, las comunidades de los bosques secos de Bolivia Oriental se encuentran pobremente representadas dentro de las fronteras del Parque Nacional Noel Kempff Mercado. Éstas existen solamente en parches dispersos dentro del parque, siendo que la distribución principal de esta formación forestal subtropical llegan justo al sur del parque (ver Figura 6). Esta formación, conocida en Bolivia como Bosque Chiquitano Semideciduo, tiene una composición y estructura similares a las de los bosques secos de la región de Misiones en el oriente de Paraguay y nordeste de Argentina, la región de la Caatinga de Brasil, y el piedemonte andino en el noroeste de Argentina (Prado y Gibbs 1993). Este es uno de los ecosis-temas más amenazados en el continente; la pérdi-da de este hábitat debido al desarrollo agrícola ha ocurrido principalmente en las regiones más den-samente pobladas, en donde este fue alguna vez el tipo de vegetación predominante. Actualmente, Bolivia contiene la mayor porción de esta forma-ción forestal xerofitica extensión de bosque seco que todavía existe en el planeta (Parker et al. 1993). Esperamos que los bolivianos logran con-servar este importante ecosistema a través de un manejo adecuado y de la creación de otras áreas protegidas al sur de Huanchaca.

Esta región posee una rica variedad de hábitats de humedales. A lo largo de los ríos principales, donde ocurre una gran fluctuación en los niveles de inundación, el bosque ribereño está compuesto principalmente por taxones amazónicos. Los ríos amazónicos de Bolivia están dispuestos de norte a sur y se unen a cientos de kilómetros al norte. Consecuentemente, no hay muchos motivos para anticipar que estas comunidades presenten muchas similitudes con las comunidades ribereñas de las regiones occidentales de las tierras bajas de Bolivia. Los enormes humedales de sabana de las llanuras aluviales del Paraguá y el Itenéz ofrecen una gran variedad de hábitats especializados que

La importancia de la conser-vación del parque se desprende de su extraordi-naria diversi-dad de hábitats amenazados, así como de las especies que se encuentran dentro de sus fronteras.

contribuyen a la diversidad espacial del paisaje. Estas comunidades botánicas contienen una mezcla de plantas, algunas de las cuales son amazónicas, mientras que otras son más típicas del Gran Pantanal; sin embargo, muchas especies de humedal tienen una distribución muy amplia a lo largo de la región neotropical. Esto puede atribuirse a su habilidad para tomar ventaja del fenómeno recurrente de perturbación típico de las llanuras aluviales.

Aves

La avifauna del parque se conoce bastante bien y, hasta el momento, investigadores de la Universidad Estatal de Luisiana, el Museo de Historia Natural Noel Kempff Mercado, Conservation International y otras instituciones han realizado reconocimientos en 14 localidades. Se han registrado alrededor de seiscientas especies de aves en esta región, lo cual es un reflejo de la heterogeneidad de hábitats que se encuentra en el parque. La diversidad de especies del parque encuentra sus niveles más elevados en los bosques húmedos; sin embargo, los bosques húmedos del parque tienen una diversidad más bien paupérrima en comparación con los bosques amazónicos que se encuentran más al norte. Aún siendo así, el parque es muy importante para la conservación de la avifauna amazónica. Las especies más preocupantes son aquellas, como *Aburria cujubi, Pyrrhura perlata, Capito dayi, Selenidera gouldii, Pipra nattereri, y Odontorchilus cinereus,* que se encuentran restringidas a Amazonia al sur del Amazonas y al oriente del Río Madeira, que es la zona de Rondônia que está sufriendo la más rápida deforestación. El parque es también el única área protegida donde es posible encontrar al *Picumnus fuscus,* una especie de distribución sumamente restringida que se conoce solamente de los bosques estacionalmente inundados que corren a lo largo del río Itenéz (Río Guaporé).

A pesar de su ubicación en la periferia de la región del cerrado, el parque es sumamente importante para la conservación de las aves de los hábitats de cerrado. La diversidad de especies de aves en el cerrado, pastizales de campo y pastizales estacionalmente inundados del parque es comparable a la de las áreas más ricas de Brasil Central. El parque posee poblaciones de 20 especies de aves de hábitat abierto que se consideran vulnerables, incluyendo cuatro (*Anodorhynchus hycianthinus, Euscarthmus rufimarginatus, Sporophila hypochroma, y Sporophila nigrorufa*) que están listadas en el Libro Rojo de Aves Amenazadas (Collar et al. 1992). La mayoría de las aves más amenazadas están restringidas a los hábitats de *cerrado y campo rupestre* de la Meseta de Huanchaca. Sin embargo, algunas especies raras, como *Sporophila hypochroma* y *S. nigrorufa* están restringidas a las sabanas de termiteros estacionalmente inundadas que se encuentran en las tierras bajas, especialmente en los pastizales adyacentes al Río Itenéz (S. Davis, datos sin publicar). Muchas de las especies de cerrado y pastizal son comunes dentro del parque en sus hábitats preferidos, pero son raras o han sido extirpadas de la mayor parte de su antiguo rango de distribución en Brasil. Debido a su gran tamaño y a su prístina condición, el Parque Nacional Noel Kempff Mercado podría ser la reserva más importante para las especies de aves de cerrado en todo el continente sudamericano.

Mamíferos

Hasta el momento se han registrado 124 especies de mamíferos en el parque. La fauna de mamíferos grandes se conoce bastante bien, en parte gracias a los estudios que se han venido realizando en el parque por parte de investigadores de la Sociedad para la Conservación de la Vida Silvestre (Wildlife Conservation Society). Se sabe mucho menos acerca de la fauna de mamíferos pequeños del parque, especialmente lo que se refiere a murciélagos, y se piensa que podrían encontrarse hasta 50 especies más de las que se han registrado. Una característica interesante de la fauna de mamíferos del parque, es el gran número de especies raras de mamíferos pequeños. El parque es un repositorio importante para muchas especies de mamíferos raros de Bolivia, y es el único parque nacional grande donde algunas de estas especies ocurren. El parque también tiene cuatro especies de cánidos, una cifra excepcionalmente elevada; se espera encontrar una o dos especies más de zorras en los pastizales de la meseta, y de confirmarse su presencia, éste sería el parque más rico en cánidos en Sudamérica.

Una característica interesante de la estructura de la comunidad de mamíferos pequeños del parque, basándonos en nuestros resultados preliminares de muestreo, fue que las especies comunes de frugívoros que normalmente dominan los hábitats de bosque húmedo, resultaron ser relativamente raras y en su lugar se encontraron especies más insectívoras. Esto es especialmente cierto en la comunidad de murciélagos, pero el mismo patrón se hizo evidente también entre las especies no voladoras. La fauna de mamíferos pequeños no voladores, tanto en el bosque siempreverde como en la sabana arboleada, estaba dominada por un marsupial (un grupo que generalmente es insectívoro), mientras que la especie de murciélago más común era un nectarívoro y la segunda más común era un insectívoro aéreo. Otra característica peculiar de los bosques húmedos es que algunas de las especies de monos que son comunes en los bosques amazónicos resultaron escasas (mono aullador, *Alouatta*), o totalmente ausentes (mono ardilla, *Saimiri*; mono tití *Callicebus*).

Más del 80% de las especies del parque se registraron en el bosque amazónico húmedo. Existen poblaciones substanciales de agutí, paca, tapir, ciervo, ambas especies de pecarí, puma y jaguar en los bosques húmedos de tierras altas del parque. La mayoría de estas especies de mamíferos tienen una amplia distribución geográfica y se encuentran protegidas en varias reservas y parques. Los monos araña (*Ateles belzebuth chamek*) presentan grandes poblaciones en todos los bosques altos siempreverdes del parque, y la marmoseta plateada (*Callithrix argentata melanura*), mono capuchino (*Cebus apella*) y mico de noche (*Aotus infulatus*) también son comunes.

Los hábitats del bosque seco, arboleda, cerrado y sabana albergan menos de la mitad de los mamíferos que se encuentran en el bosque alto siempreverde. Sin embrago, estos hábitats incluyen a todos los taxones que se encuentran más amenazados en la actualidad, y por ello, la importancia de estos hábitats para la conservación de mamíferos es muchos mayor de lo que se podría creer basándose solamente en su diversidad de especies. Hay varias especies raras (o poco conocidas) de marsupiales, como la zarigüeya de cola peluda (*Glirona venusta*) y la zarigüeya pigmea (*Monodelphis kunsi*), que se encuentran en las bosques y matorrales secos. Hay varias especies de roedores sumamente raras, como *Kunsia tomentosus* y *Juscelinomys* sp., que han sido colectadas en los campos y pastizales del parque. Los hábitats de pastizal abierto de la porción sur de la meseta albergan una población, quizás una de las más grandes de aún existen, de ciervo de las pampas o gama (*Ozotocerus bezoarticus*). Dos especies más de mamíferos grandes que se encuentran amenazadas son el lobo de crin o boroche (*Chrysocyon brachyurus*) y el ciervo de pantano (*Blastocerus dichotomus*); ambas se encuentran en las sabanas de termiteros estacionalmente inundadas que ocurren bajo la meseta, en Los Fierros. Algunas otras de las especies amenazadas, como el tamandúa (*Myrmecophaga tridactyla*) y el armadillo gigante (*Priodontes maximus*) se encuentran tanto en los bosques húmedos como en los hábitats más secos, pero parecen alcanzar su mayor densidad poblacional en las sabanas de termiteros.

Reptiles y Anfibios

Hasta el momento se sabe que existen 127 especies de reptiles y anfibios en el Parque Nacional Noel Kempff Mercado y sus áreas adyacentes. Sin embargo, la curva de acumulación de especies y la experiencia que se tiene en otras partes de Sudamérica, sugieren que esta cifra se incrementará considerablemente al realizarse mayores esfuerzos de colecta. La riqueza de especies conocida es mayor que la que existe en la mayoría de las localidades de tierras bajas sudamericanas que han sido extensamente colectadas, y cuando se conozca por completo, se espera que la herpetofauna de esta región sea una de las más diversas del Nuevo Mundo. El gran número de especies se debe a la situación geográfica del parque y a su diverso agregado de hábitats. El componente más abundante de la herpetofauna (casi 50%) consiste principalmente de especies amazónicas, mientras que las especies de las formaciones abiertas del sur y del oriente suman un 23% adicional de la herpetofauna. Hay varias especies de anfibios y reptiles que entran a Bolivia sólo en esta parte del país. Varias especies de reptiles que forman parte de la lista de CITES se encuentran en el parque, incluyendo algunas que están amenazadas a lo largo de todo su rango de distribución como *Eunectes murinus, E. notaeus, Caiman crocodilus yacare, Melanosuchus niger, Podocnemis unifilis, P. expansa, Geochelone carbonaria y G. denticulata.*

Peces

El Parque Nacional Noel Kempff Mercado posee una rica ictiofauna. Se han registrado 246 especies de peces en el parque, las cuales representan 60% de la ictiofauna amazónica conocida para Bolivia. Además, el parque es también una importante área para la protección de especies con distribución geográfica restringida. La cuenca del Itenéz es el único sistema ribereño mayor de Bolivia que se origina en el Escudo Brasileño, lo cual ocasiona que sea dramáticamente diferente de otros ríos del oriente de Bolivia en cuanto a las características físicas y químicas de sus aguas. Estas características producen diferencias significativas en su ictiofauna. Unas 65 especies de la cuenca del Itenéz (26% del número total registrado en la cuenca) son endémicas, o tienen una distribución relativamente restringida. Varias de estas especies están restringidas a sistemas de agua negra y presentan una distribución periférica en los márgenes norte y oriente de Bolivia. Algunas de las especies más sobresalientes son *Helogenes marmoratus, Carnegiella strigata, Hypopygus lepturus,* varias de las especies del género *Hyphessobrycon, Bryconops melanurus, Bryconops* sp. nov. (Meseta de Huanchaca), *Jobertina lateralis, Poecilobrycon harrisoni, Tatia* cf. *intermedia y Acanthodoras spinosissimus.*

La enorme diversidad que existe, en términos generales, refleja también la diversidad de los sistemas acuáticos del parque, los cuales van desde pequeños arroyos de agua clara hasta los grandes ríos y lagos de agua negra. Las extensas llanuras aluviales cubiertas tanto de sabana como de formaciones boscosas ofrecen una gran cantidad de hábitats especializados y abundantes recursos comestibles para sostener a las poblaciones de peces. La Meseta de Huanchaca, en su mayor parte, no ha sido todavía explorada por ictiólogos y sospechamos que una vez que sea adecuadamente explorada y su ictiofauna haya sido cuidadosamente estudiada se encontrarán varias especies nuevas y endémicas. La cuenca alta del Río Paucerna se encuentra aislada por dos cataratas, la catarata Ahlfeld (40 m) y la Arco Iris (70 m); este aislamiento podría datar de hace 6 millones de años. La otra gran cuenca de la Meseta de Huanchaca es la del Río Verde, un río de agua clara con una caída vertical total de 700 m que se encuentra interrumpida por una serie de pequeñas cataratas y rápidos.

Al igual que en otras áreas en los trópicos estacionales, las poblaciones de peces son susceptibles a las fluctuaciones en el nivel del agua. La densidad de las poblaciones se desploma durante la subida de las aguas, ya que los peces se dispersan hacia las llanuras aluviales y los remansos de agua. En contraste, la densidad de peces adquiere niveles espectaculares al final de la temporada de seca, cuando los peces se concentran en los ríos y lagos. Esta estacionalidad hace que las poblaciones de peces sean muy vulnerables a ser capturadas en grandes cantidades con muy poco esfuerzo al final de la temporada de seca. Hay varias especies de peces de importancia comercial en el parque, entre ellas el *benton (Prochilodus nigricans), yeyu (Hoplerythrinis unitaeniatus), surubí (Pseudoplatystoma fasciatum), chuncína (P. triginum)* y *pacú (Colossoma macropomun).* Estas especies son sujetas a una explotación relativamente intensa en el Río Itenéz por pescadores comerciales del Brasil. Afortunadamente, el cauce bajo del Río Paraguá, que en la actualidad hace las veces del límite occidental del parque (Figura 1), evita que haya sobreexplotación, gracias a la presencia de marañas flotantes de vegetación que hacen que el tráfico de embarcaciones, tanto grandes como pequeñas, sea virtualmente imposible.

Escarabajos escarabeidos

La fauna de escarabajos escarabeidos del parque y sus regiones adyacentes suma 97 especies, y es la más diversa que se han registrado hasta el momento en la región neotropical en una área de tamaño tan limitado. Esta inesperada riqueza parece ser, en parte, el resultado de una gran heterogeneidad de hábitats en el parque y de una elevada tasa de cambio en el complemento de especies entre distintos hábitats. El hábitat donde se encontró la mayor riqueza de especies fue el bosque húmedo de Los Fierros, donde se hallaron 64 especies y una comunidad de escarabajos escarabeidos típica de una localidad de bosque amazónico húmedo de tierras bajas. Hay también un considerable cambio en el complemento de especies, incluso entre hábitats similares; por ejemplo, las faunas de escarabajos escarabeidos de la sabana de termiteros y del campo cerrado son distintas. Además de tener especificidad de hábitat, los escarabajos escarabeidos son muy sensibles a las alteraciones del hábitat. Las áreas perturbadas que se encuentran alrededor de Los Fierros albergan una fauna menoscabada, tanto en términos de la riqueza de especies como de su biomasa. Una fauna empobrecida de escarabajos escarabeidos que cuenta con tan sólo 5 especies se encontró en áreas tales como pistas de aterrizaje y zonas desmontadas, a pesar de la proximidad de estos sitios al bosque primario, en el cual se encuentra un riqueza de especies mucho mayor (62 especies). El área de la estación de Los Fierros es básicamente una pequeña isla de perturbación rodeada de bosque; ésta ha sido colonizada por *Diabroctis mimas,* una especie típica de los hábitats abiertos antropomórficamente alterados, como por ejemplo los campos de pastura para el ganado.

RECOMENDACIONES PARA LA CONSERVACIÓN

1) Heterogeneidad de hábitats y fuego. Quizás la meta de manejo más importante para el Parque Nacional Noel Kempff Mercado sea la de mantener la diversidad de hábitats que existen actualmente dentro de los límites del parque. Muchas de las comunidades de sabana son formadas y mantenidas gracias al fuego, mientras que la mayoría de los ecosistemas forestales del parque también son

sujetos a incendios periódicos de intensidad variable. El fuego no sólo es responsable de la formación de hábitats diferentes, sino que también contribuye a la heterogeneidad de estructuras y de composición de especies dentro de cada hábitat. El fuego (tanto natural como antropogénico) ha sido una característica sobresaliente en el desarrollo de estos ecosistemas durante muchos años; las acciones de manejo que se tomen en el futuro deben reconocer el papel que juega el fuego. Las quemas controladas deben tomarse en consideración, cuando y donde sea apropiado, aunque por el momento no está claro cual es el régimen de fuego más "apropiado".

Es necesaria mucha más investigación a este respecto y el establecimiento de un programa para monitorizar la frecuencia de los incendios en todo el parque debe ser una prioridad de manejo. El uso de tecnología de sensores remotas hace que este tipo de programa sea, no sólo factible, sino también eficiente en términos de costo. También existen oportunidades para la investigación cerca de los campamentos y de las estaciones de guarda parques, donde cada quema, incluyendo los incendios naturales, representa una oportunidad potencial para acumular datos que nos permitan estudiar los patrones de sucesión en las comunidades. Los cuestionamientos específicos con respecto a los incendios que se deben atender de inmediato de manera que se pueda desarrollar un plan de manejo detallado para las quemas son: 1) ¿cuál es la relación que existe entre la frecuencia de los incendios y la intensidad del fuego en los diferentes hábitats?; 2) ¿de qué manera responden las poblaciones de animales y de plantas a los fuegos que ocurren con poca frecuencia pero que presentan una elevada intensidad en comparación con fuegos más frecuentes pero de menor intensidad?; y 3) ¿cuál es el área mínima que se requiere para mantener "parches" viables de aquellos hábitats específicos que son mantenidos gracias a los incendios?

2) Censos poblacionales de especies selectas. Se ha establecido que hay una cantidad importante de especies animales amenazadas dentro del parque, pero no sabemos si las poblaciones de estas especies son suficientemente grandes para ser viables a largo plazo. Las especies amenazadas que requieren de censos urgentemente son lagama de crin el ciervo de pantano y el lobo. Un censo inicial involucraría la participación tanto de científicos como de guarda parques, de manera que se combine su conocimiento de la historia natural y la metodología y para asegurar la interpretación correcta de los resultados. Los guarda parques deben llevar a cabo censos anuales. Estos censos deben combinarse con esfuerzos periódicos intensivos que involucren a científicos, de manera que las fluctuaciones de las poblaciónes a largo plazo puedan ser monitorizadas y relacionadas con fenómenos como las frecuencia de los incendios y la variabilidad climática interanual.

Programas similares de monitorización se deben establecer para las especies de reptiles amenazadas. Es particularmente importante, identificar y proteger los sitios de anidación de la especie amenazada de tortuga de agua dulce, *Podocnemis expansa*. De igual manera, la situación de las poblaciones y la historia natural de las especies de peces de importancia comercial que ocurren en el parque requiere urgentemente de mayores estudios; es especialmente importante la información referente al comportamiento reproductivo y los movimientos estacionales de dichas especies. Se sabe que algunas especies amenazadas de aves (como *Sporophila nigrorufa*) presentan movimientos estacionales, pero se sabe poco acerca de la naturaleza de dichos movimientos. Es necesario entender mejor los patrones y la naturaleza de la estacionalidad de estas especies amenazadas de manera que se pueda mantener un nivel efectivo de protección para las especies amenazadas y sus hábitats.

3) Remoción de todas las especies de animales domésticos. El parque alberga poblaciones de varias especies amenazadas, como lobo de crin, ciervo de pantano y gama las cuales podrían ser potencialmente vulnerables a enfermedades propias de animales domésticos (perros, ganado, etc.). Hasta donde sea posible, esta amenaza potencial debe ser minimizada a través de la eliminación de todos los animales domésticos y salvajes ajenos al parque. La eliminación de estos animales podría tener un beneficio adicional ya que se mejoraría la experiencia natural de los turistas. Una posible excepción podría ser la del uso de caballos o mulas para facilitar las expediciones al monte; sin embargo, este tipo de actividades deben considerarse cuidadosamente para evaluar el riesgo de la transmisión de enfermedades a los animales nativos.

4) Las practicas de manejo deben extenderse más allá de los límites del parque. Esto es particularmente importante para el manejo y protección de peces. Las especies acuáticas habitan en las cuencas de los ríos que se extienden mucho más allá de los límites actuales del parque. Hasta donde sea posible, el manejo de estos sistemas debe coordinarse entre el parque y otras agencias gubernamentales y privadas que tengan jurisdicción fuera del parque, además, de ser posible, se deben incluir las zonas de amortiguamiento y las reservas extractivas.

5) Promoción del ecoturismo. La viabilidad del parque a largo plazo depende de muchos factores. Uno de los más importantes es el de establecer una base económica viable para que el parque genere suficientes ingresos para mantener sus actividades básicas de control y vigilancia. En el mediano y largo plazo, la fuente más obvia de ingresos es el ecoturismo, por lo que el parque necesita urgentemente desarrollar una estrategia de ecoturismo coherente. Actualmente el parque se ha convertido en el destino anual de varias compañías turísticas que se especializan en llevar grupos de observadores de aves. La principal atracción para estos observadores de aves son las mismas especies que son de interés para la conservación, especialmente aquellas que están restringidas a los hábitats de *cerrado* y al componente "Rondoniano" de los bosques húmedos del parque. Este tipo de turismo altamente especializado es muy importante, pero la sostenibilidad del programa de turismo del parque a largo plazo muy probablemente no va a tener éxito si está basado únicamente en los visitantes de más "alto nivel" que tienen los recursos económicos para rentar avionetas y quedarse en albergues turísticos caros.

Aunque el acceso al parque es un tanto difícil dada su remota ubicación, el parque tiene un tremendo potencial como atracción turística, la cual seguirá aumentando al irse mejorando las condiciones de las carreteras al este de Santa Cruz durante los próximos años. El parque ofrece una gran variedad de vistas panorámicas, incluyendo precipicios, cataratas, y ríos serpenteantes que son atractivos para el público en general. De igual forma, el parque es uno de los pocos lugares en Sudamérica en donde un turista puede ver algunas de las más raras especies de mamíferos como el boroche y la gama. El parque puede tolerar una mayor tasa de visitación sin comprometer su ecología o la conservación de su vida silvestre. Debe hacerse un esfuerzo especial para atraer visitantes de recursos económicos más modestos, especialmente turistas de Brasil, Argentina y Chile, así como de la rápidamente creciente clase media de Bolivia. Una estrategia diversificada con diferentes tipos de alojamientos dirigidos a los diferentes nichos en el mercado seguramente sería más sostenible en términos económicos y ayudaría enormemente al desarrollo de una consciencia ecológica en Bolivia.

Para lograr este objetivo, los administradores del parque deben abrir senderos hacia el interior del parque para acampadores y además se deben utilizar los muchos caminos abandonados por los madereros en la planicie de tierras bajas, al oeste de la Meseta de Huanchaca para expediciones con bicicletas deportivas de montaña. Otro mercado turístico potencial es el de la pesca deportiva a lo largo del Río Itenéz y el Río Paraguá; estas áreas han sido clasificadas como zonas de manejo integrado y su uso para la pesca deportiva es adecuado si está sujeto a reglas y restricciones apropiadas. Tanto el campismo como la pesca deportiva requerirían de servicios de guías, lo cual resultaría en importantes oportunidades de trabajo para los habitantes locales. En contraste, los visitantes de "alto nivel" generalmente demandan guías bilingües que no pueden ser provistos por las comunidades locales. Aunque los turistas sujetos a un presupuesto no produzcan grandes márgenes de ganancia cuando se hace un cálculo en base a cada visita, los beneficios totales, tanto en volumen como en participación de las comunidades locales, hacen que su desarrollo sea una prioridad.

CONSERVATION INTERNATIONAL

INTRODUCTION

GEOMORPHOLOGY OF THE HUANCHACA PLATEAU AND SURROUNDING AREAS

Timothy J. Killeen

Parque Nacional Noel Kempff Mercado (Figure 1) offers biologists an excellent opportunity to study distribution patterns of individual organisms across several different habitats. The distribution of the major habitat types is closely linked to the geomorphology of the Precambrian Brazilian Shield. This is the main reason why remarkably different habitats occur over relatively short distances (Figure 2). The area can be divided into two main landscapes, the Huanchaca plateau and the adjacent lowland plain. The development of the great variety of habitats is, in large degree, the result of the heterogeneous nature of the edaphic features found in these two different landscapes.

The most visible feature in Parque Nacional Noel Kempff is the large sandstone plateau known as Serranía de Huanchaca. This plateau is formed by Precambrian sandstone and quartzite rocks that were deposited between 900-1,000 million years ago. The plateau has a maximum height of 900 m and is characterized by steep escarpments on its northern, western and southern faces, while numerous canyons and a broken topography characterize its eastern face. It is believed that the Huanchaca plateau was formed by successive erosional cycles that began approximately 20 million years ago (Litherland and Power 1989) and that have left the plateau isolated from other similar table mountains in central Brazil. The flat to slightly sloping surfaces on the plateau have a shallow layer of Tertiary sediments that frequently have lateritic soil profiles. Near the edges of the escarpments and in the southern sector, rocky superficial soils have been derived directly from quartz and sandstone rocks. Most of the plateau is covered by savanna vegetation that varies from open grassland to dense scrubland (also known as *campo cerrado* in Brazilian literature). Evergreen forest patches and gallery forests occur on these savanna dominated landscapes only in valleys or associated with volcanic intrusions where more fertile soil retain significant moisture in the dry season. Likewise, a large part of the basin of the Río Verde contains tall evergreen forest where a geological formation composed of mudstones and friable sandstones produce younger, more fertile soils (see Vegetation Map).

West of the Huanchaca plateau is an open peneplain composed of Tertiary sediments, which is estimated to be 6 to 20 million years old. In places, this ancient alluvial material has been eroded away to expose the Precambrian granitic basement rocks of the Brazilian Shield, which have been estimated to be between 1.2 and 1.4 billion years old. The resulting landscape has a slight topography that ranges from 200 to 300 m in elevation; soils vary from deep, red and highly meteorized to shallow and rocky. Evergreen forests are the dominant vegetation type in the northern landscape, presenting a clear distribution pattern: upslope the forest is shorter and is dominated by lianas, while downslope forests are taller and better developed. Dispersed across this landscape are low hills and small outcrops that reach heights of up to 300 m above the surrounding terrain; most are composed of quartzite rocks but granitic inselbergs also are found. Liana forest predominates on quartzite hills, while semideciduous forest is found on the outcrops surrounding granite inselbergs.

The distribution of the major habitat types is closely linked to the geomorphology of the Precambrian Brazilian Shield.

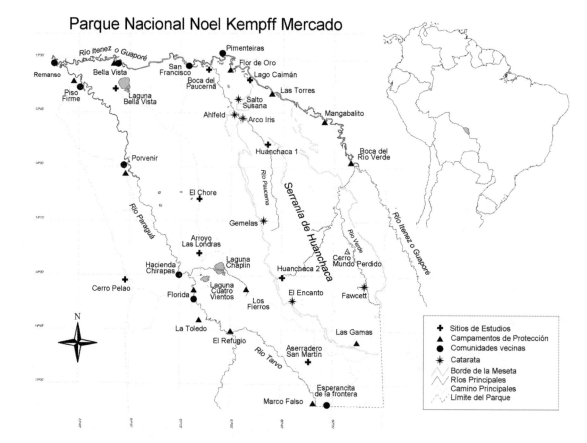

Figure 1. A map of Parque Nacional Noel Kempff Mercado showing its geographic position in the country and the continent.

CONSERVATION INTERNATIONAL

Rapid Assessment Program

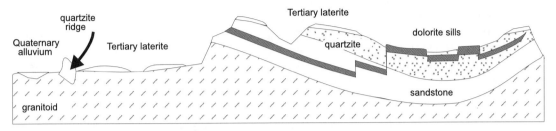

Northern transect

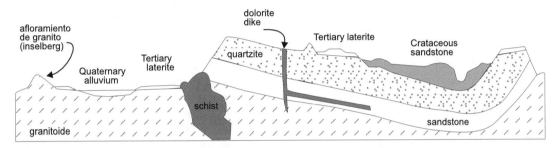

Southern transect

Lowland Landscape

Quaternary Alluvium
  inundated savana, palm swamp
  inundated & riverine forests

Tertiary Laterite
  high forest, liana forest

Precambrian Schist
  semideciduous forest, bald outcrops

Precambrian Quartzite
  liana forest

Precambrian Granitoid
  liana forest, semideciduous forest, bald outcrops

Meseta Landscape

Tertiary Laterite
  dwarf evergreen forest, cerradao, cerrado

Cretaceous Sandstone
  high evergreen forest

Precambrian Dolorite Dikes & Sills
  evergreen high forest, liana forest

Precambrian Sandstone & Conglomerate
  cerrado, cerradão, gallery forest

Precambrian Quartzite
  campo rupestre, campo cerrado, cerradão, liana forest

Figure 2. Two geomorphological profiles of Parque Nacional Noel Kempff Mercado. Both have an East – West orientation; the upper profile shows the geology of the northern sector of the Huanchaca plateau (~ 14° 00' S), the lower one shows the Southern sector (~ 14° 30' W); modified from Litherland (1982).

HYDROLOGY OF THE HUANCHACA PLATEAU AND SURROUNDING AREAS
Jaime Sarmiento and Timothy J. Killeen

The principal rivers found in the park are part of the basin of the Río Iténez (or Guaporé), including the sub-basins of the Río Verde, Paucerna and Paraguá. Lacustrine systems include lakes derived from rivers, as well as subsidence lakes. Palustrine wetlands are found within the Río Paraguá basin, where they form extensive areas of seasonally flooded forests and savanna wetlands.

The largest river in the area is the Río Iténez, which forms the border with Brazil (Figures 1 and 2). It joins the Río Mamoré in northern Bolivia and together they form the Río Madeira, one of the main tributaries of the Amazon. Another important river is the Paraguá, a tributary of the Río Iténez that flows from south to north and is the western border of the park. The Iténez is different from most of Bolivia's rivers, particularly the ríos Beni and Mamoré. The latter are systems that originate in the Andes and are characterized by their nutrient rich, sediment laden "white" waters. In contrast, the Río Iténez originates on the Brazilian Shield and is characterized by its nutrient poor, low sediment "black" waters (Roche et al. 1986, Roche and Fernandez 1988).

Although the waters of the Río Iténez are black, the river does not conform to the formal criteria for the classification of Amazonian black water rivers. The dark coloration and low concentration of chemicals that are characteristic of true black water rivers are the result of the lixification of humic material from podzolic soils derived from white sand sediments; typically, these black waters have a pH of 3.8 to 4.9 (Sioli 1975). The waters of the Río Iténez, in contrast, have an almost neutral pH; two samples taken from the Río Paraguá within the Ecological Reserve in January (high water) and July (low water) showed a pH that varied between 6.3 and 6.8 (Killeen, unpublished data). Similarly, black water rivers from the Department of Beni are distinct from those found in the central Amazon; these are formed by intensive biodegradation of plant matter in savanna wetlands, which is a phenomenon similar to the limnologic processes responsible for the tannin rich streams and rivers found in the park. As such, this preliminary classification of the Río Iténez system refers only to the dark coloration of the water and the term "black water" is used merely for descriptive purposes.

There are two main rivers on the Huanchaca plateau, both of which are tributaries to the Río Iténez. The Río Paucerna flows north, while the Río Verde drains towards the east. Both river systems are characterized by having clear to slightly black water, a rapid stream flow, and well defined river channels. The headwaters of the Río Paucerna are isolated from the Río Iténez by two large waterfalls (Ahlfeld, with a drop of about 40 m and Arco Iris, of about 70 m) that act as barriers for the dispersal of aquatic organisms. As such, the upper basin of the Río Paucerna has a high potential as a repository of endemic aquatic species. In addition, there are many independent streams in the plateau that drain towards the Río Paraguá. These small streams pass over small waterfalls located on the western escarpment, where they form scenic valleys with microclimates characterized by relatively high levels of humidity.

Fluvial (River and Stream) Systems

The Río Iténez is a *large black water river* characterized by its large dimensions; the main channel is greater than 30 m in width and 10 m deep. The color of the water varies depending on the time of year, ranging from dark brown (November) to light brown (May). The Iténez is characterized by low electric conductivity and by relatively high levels of potassium. River banks are abrupt during the high water period, at least on one side of the river; there is a sandy bottom and extensive beaches are present during the dry season. This river is navigable throughout the year, although there may be a few shallow areas during the dry season. The river channel is relatively stable, but there are numerous ox-bow lakes. Aquatic vegetation is characterized by large masses of floating mats while the adjacent wetland areas are covered by successional and inundated forest communities.

The Paraguá and the Tarvo rivers are classified as *black water rivers* (ran) that are similar to the

Iténez with respect to their chemical properties. These two rivers have channels that vary between 10 and 30 m in width, and depths of up to 10 m. The river banks vary in height but for the most part are abrupt. Beaches are not commonly observed and the bottom is less sandy compared to the Río Iténez due to a higher content of loam and decaying plant matter. Both rivers are navigable over parts of their course, but the main channels disappear over large stretches that are dominated by dense mats of floating vegetation. Sections of these two rivers are associated with seasonally flooded savannas or flooded forests (see Vegetation Map).

There are two *clear-water rivers* in the park, the Río Paucerna and the Río Verde. Both have smaller dimensions as well as distinct physical and chemical characteristics when compared to the rivers described above. In December, at the beginning of the rainy season, water is slightly muddy in the downstream sections, with a lead-white color. However, at the end of the rainy season the water becomes clear or slightly black. Upstream, above the waterfalls and rapids, the water is clear throughout the year. Generally these rivers are less than 15 m wide and 5 m deep with a sandy or rocky stream bed. The river channel is stable and well defined, both in the lowland sector and on the plateau. Below the Ahlfeld waterfall on the Río Paucerna and the first series of rapids on the Río Verde the rivers are navigable in the rainy season, although they are too shallow during the dry season to permit transit. Aquatic vegetation is not highly developed, but there are patches of rooted grasses with cutting margins as well as some emergent shrubs. The vegetation over the lower sector is mostly flooded forest.

Clear-water lowland streams (aac-p) are found in narrow canyons that drain from the escarpments towards the ríos Paraguá, Tarvo and Iténez. Water in the smaller creeks is clear, while in the larger ones it is somewhat muddy. Generally this type of fluvial system is characterized by having small dimensions of 1 to 5 m in width, although occasionally it may reach 15 m at localities with rock rapids. The depth seldom is greater than 2 m and often is quite shallow during the dry season. The bottom is mostly sandy with some decaying plant matter. Usually these streams pass through forest formations with a lot of shade from the trees. Consequently, aquatic vegetation such as green filamentous algae and macrophytes are found only in open areas with slow stream flow. Some streams are associated with open areas where one finds marshes dominated by the burriti palm (*Mauritia flexuosa*).

There are numerous *clear-water streams* on the plateau that are the headwaters of the Paucerna and Verde rivers. The water is clear allowing light to penetrate to the stream bed. Channels are narrow with widths of 1 to 5 m and a maximum depth of 2 m. River banks vary in height, but they are usually abrupt. Bottoms are mostly sandy and have a large amount of decaying plant matter. Streams often are associated with gallery forests, but may pass through cerrado or low cerradão woodland. Aquatic vegetation is not well developed in the shady portions of the stream courses, but green filamentous algae and graminoids root themselves on submerged rocks in open areas. These streams are particularly interesting due to their physical isolation created by the waterfalls downstream and they probably harbor many undescribed endemic species of fish and invertebrates.

Black water streams are tributaries of the Paraguá and Tarvo rivers that traverse the lowland plain situated west and south of the Huanchaca plateau. These waters are dark brown with few sediments. Stream dimensions are small with a maximum width of up to 2 m, but increase in size considerably during the rainy season when the adjacent plains are flooded. Stream banks vary in height but generally are abrupt; stream bottoms are either sandy or loamy. Aquatic vegetation varies; streams in the forest shade usually have few aquatic plants, but in clearings streams are dominated by floating and emergent vegetation. The vegetation of the adjacent landscape is covered with forest subjected to varying degrees of flooding.

Lacustrine (Lake) Systems

There are two basic types of lake systems in the park. Ox-bow lakes, known locally as *bahias*, are formed by changes in the course of a larger river.

The most visible feature in Parque Nacional Noel Kempff Mercado is the large sandstone plateau known as Serranía de Huanchaca.

The degree of isolation of an ox-bow varies, but ox-bow lakes usually are fairly close to the river and maintain seasonal connection with it. In certain cases, isolation may be greater and the lake may lack a direct connection with the river. Lake banks usually retain the shape and characteristics of river banks. Water depth depends upon that of the river from which the lake originated, but may be quite deep. Surface area tends to vary widely. Ox-bow lakes usually are surrounded by forest formations, while the aquatic vegetation is composed of macrophytes that form floating mats. The fish fauna usually is similar to that of the adjacent river and during high waters there is an exchange of individuals between the river and the lake.

Subsidence lakes are formed as a result of sinking of the underlying rock substrate along geologic fault lines of the Brazilian Shield. They generally have a square shape and are oriented from northeast to southwest. These lagoons usually have one or more tributaries of various sizes, and a single drainage channel that connects it with the Paraguá or Iténez rivers. Input and outflow through these waterways may decrease or stop entirely during dry spells. There are no morphometric data for these lakes, but they generally are shallow (1 to 3.5 m) and have bottom substrates that vary from loamy to sandy. Lake sides tend to be abrupt but in certain cases they are flat and loosely defined. Most of these lakes are in more or less advanced stages of succession and contain significant amounts of floating or rooted aquatic vegetation coverage and even may have incipient shrub growth.

Palustrine (Marsh) Systems

Wetlands in the area include savanna wetlands and flooded forests that are subject to pronounced seasonal flooding. These aquatic systems have clear to dark water with few suspended sediments. Flood levels vary between 20 cm in the termite pampas to up to 2 m in palm swamps. Satellite images from different years and seasons reveal that horizontal displacement of rivers in this area is highly variable; in certain areas, alluvial plains are confined to a narrow fringe, while in others (e.g. the Alta Paraguá) the displacement

of water is extensive. These flat floodplains are important in terms of habitat diversity because they harbor a broad range of different types of flooded savannas and marshes, as well as a series of successional communities within the inundated and riverine forest formations.

CLIMATE AND PALEOCLIMATE
Timothy J. Killeen

Unfortunately there are no precise data for the regional climate and the little information that does exist has not been sufficiently replicated to provide reliable data for calculating the mean annual precipitation, nor to quantify the interannual variation that is known to occur. Data from nearby meteorological stations (Concepción, Magdalena, San Ignacio) as well as that derived from precipitation maps (Figure 3) indicate that the mean annual precipitation in the park is between 1400 and 1500 mm, with a mean annual temperature between 25° and 26° C (Montes de Oca 1982, Roche and Rocha 1985, Killeen et al. 1990, Hanagarth 1993). As is the case elsewhere in eastern Bolivia, northeastern Santa Cruz experiences a dry season during the austral winter. The warmest months of the year are October and November, when temperatures of 38° C have been recorded in Concepción. The coldest month is July when temperatures can be as low as 3° C (Killeen et al. 1990).

Several climatic models have described the principal meteorological patterns for the continent. These show that the predominant factor influencing the regional weather is the displacement, over the course of a year, of the intertropical convergence zone (ITCZ) surrounding the equator (Servant et al. 1993). During the austral summer the ITCZ typically is located between 10° and 15° S. This system brings warm, wet winds from the Atlantic Ocean that turn southward over the central Amazon basin and are the source of the humid northerly winds characteristic of the Bolivian lowlands during the wet season (Figure 4). A contrasting meteorological pattern occurs when the southern Pacific and Atlantic anticyclonic systems interact to cause the formation of high pressure cells over Patagonia during the austral winter (Ronchail 1986, 1992). These high pressure systems push cold air masses known as "*surazos*" (southern winds) northward during the winter, and sporadically during other months. *Surazos* displace warm humid air, causing rain along the interface of the two weather systems. However, the average rainfall associated with these events is significantly less than that associated with the prevalent equatorial humid winds that originate over Amazonia (Ronchail 1986, 1989, 1992). *Surazos* have their greatest effect over northern Argentina, Paraguay and eastern Bolivia, while their effect decreases eastwards towards Brazil. The northerly movement of cold dry air and the regional geography, particularly the east-to-west orientation of the Bolivian Andes, results in a region with drier climate in lowland Bolivia (Figure 3).

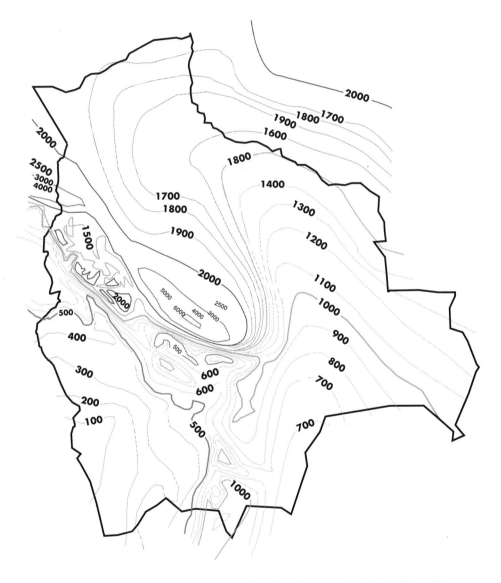

Figure 3. A precipitation map of Eastern Bolivia; modified from Roche and Rocha (1985) and Hanagarth (1993). Values are millimeters of precipitation per year.

The interaction between the ITCZ and the surazo systems is not a constant phenomenon, and one noteworthy characteristic is the pronounced interannual variation in precipitation. Over the past two decades, studies of the El Niño/Southern Oscillation (ENSO) phenomenon over the South Pacific have shown that the South Pacific's climatic processes have an effect on the climate of other regions. According to this model, during El Niño events when the warm equatorial Pacific current reaches its peak, the ITCZ becomes stationary over its southern position for 2 to 4 months longer than normal. This results in drought in the northern Amazon basin, and higher precipitation in southerly latitudes (Iriondo and Latrubesse 1994). Analysis of eleven years worth

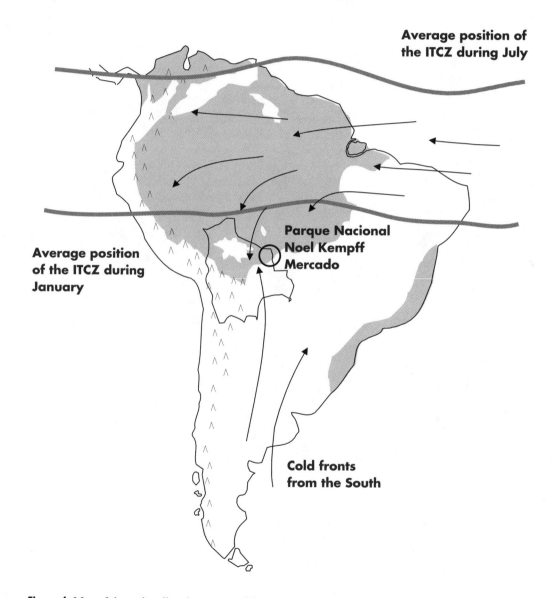

Figure 4. Map of the major climatic systems of South America; modified from Latrubesse and Ramonell (1994). ITCZ=Intertropical convergence zone.

of data obtained from the NOAA satellite has shown that the occurrence of two contrasting climatic states in the South American continent clearly is related to the ENSO phenomenon. The maximum expression of the opposite ENSO state (known as "La Niña") occurs when the Humboldt current is shifted to a more northerly position. When this occurs, the Gran Chaco and Argentinean Pampas experience drought (Myneni et al. 1996) and the central Amazon basin experiences either average or above average rainfall. This regional pattern may also affect the Bolivian lowlands where periodic droughts occur on approximately 7 to 8 year cycles. However, lowland Bolivia is situated approximately midway between these two oscillating and essentially contrasting climatic centers. Unfortunately there are insufficient data to determine whether Parque Nacional Noel Kempff Mercado is affected by El Niño and whether that affect is an increase in rainfall (Pampa-Chacoan) or drought (Amazonian).

There is a great deal of interest in past climatic processes because diversity and biogeographic patterns may be related to the distribution of the different ecosystems over the continent during the Pleistocene and Pliocene (Ab'Sáber 1982, Prance 1982). Latrubesse and Ramonell (1994) have proposed a model for the region that hypothesizes that past drier and cooler climatic periods were the result of an increase in the frequency of surazos or southerly winds. Part of this interest in past climatic processes is the need to better understand current climatic processes and the changes that may occur due to global warming. This topic is important for the future management of the park, because the park is located on the transition area between evergreen forests and dry forests and savannas. Global climate change and the impacts that it will have on tropical biodiversity should first be visible in transition regions such as northeastern Santa Cruz.

INTRODUCCIÓN

GEOMORFOLOGÍA DE LA MESETA DE HUANCHACA Y SUS ALREDEDORES

Timothy J. Killeen

Parque Nacional Noel Kempff Mercado (Figura 1) ofrece a los biologos una excelente oportunidad para estudiar patrones de distribución de organismos en habitats diferentes. La distribución de los tipos de vegetación está estrechamente relacionada con la geomorfología del Escudo Precámbrico Brasileño, razón por la cual hábitats extremadamente diferentes pueden concurrir separados por distancias relativamente cortas (Figura 2). Se ha clasificado la zona en dos paisajes principales: la meseta de Huanchaca y una planicie Precámbrica con cubierto en parte por sedimentos terciarios y cuaternarios. La variación de las características edáficas en estos paisajes son los factores ambientales principales que influyen en el desarrollo de los distintos hábitats de la zona.

El rasgo más conspicuo del Parque Nacional Noel Kempff Mercado es la gran meseta de arenisca, conocida como Serranía de Huanchaca. La meseta está formada principalmente por rocas areniscas y cuarcitas de orígen Precámbrico depositadas hace 900 a 1.000 millones de años. La meseta tiene una elevación máxima de 900 m y se caracteriza por sus farallones escarpados en las caras Norte, Oeste y Sur, con numerosos valles y laderas empinadas en la zona Este. Se estima que la meseta de Huanchaca se formó por ciclos sucesivos de erosión comenzando hace 20 millones de

años antes del presente (Litherland y Power 1989), dejando la meseta como un formación seperada y aislado de otras mesetas similares hacia el Este en Brasil. Las superficies planas, hasta ligeramente inclinadas, sobre la meseta conservan sedimentos terciarios, mientras que cerca de los farallones, en el sector Sur y sobre las laderas de numerosos valles se presentan suelos superficiales derivados directamente de rocas de cuarcita y arenisca. La meseta de Huanchaca está cubierta en su mayoría por una vegetación de sabana que varía desde pastizales abiertos hasta matorrales densos (el "*cerrado*" de la literatura brasileña). No obstante, bosques siempreverdes existen como islas de bosques o bosques de galería en los valles donde los suelos son más profundos. El valle del Río Verde tiene una extensión grande de bosque y este está caracterizado por un complejo de formaciones geológicas con superficies erosionadas y, por tanto, suelos más jóvenes y, supuestamente, de mayor fertilidad (ver Mapa de Vegetación).

Al Oeste de la meseta de Huanchaca, se ubica una amplia peneplanicie cubierta por sedimentos del Terciario, que se estima datan de hace 6 hasta 20 millones de años; en varios lugares, este material aluvial antigüa se ha erosionado exponiendo la roca Precámbrica del Escudo Brasileño, que ha sido fechada en 1.200 a 1.400 millones de años de antigüedad. El paisaje resultante tiene una topografía con elevaciones suaves y con una elevación que fluctúa entre los 200 y 300 m; los suelos varían desde suelos profundos, rojos y altamente meteorizados, hasta suelos poco profundos, rocosos

de formación más reciente. Los bosques siempreverdes en sus distintas manifestaciones predominan
en este paisaje en el Norte, con un claro patrón de
distribución; encima de la cadena edáfica los
bosques son de menor porte y son dominados por
lianas, mientras que en las laderas de los valles el
bosque tiene un mayor desarrollo. Dispersos en este
paisaje, se encuentran colinas y pequeños contrafuertes que pueden elevarse hasta 300 m sobre el
terreno circundante; estos contrafuertes están formados típicamente por rocas cuarcitas, mientras que
grupos de inselbergs graníticos aparecen en varios
lugares. A menudo, un bosque decíduo ocurre en
los contrafuertes alrededor de inselbergs de granito.

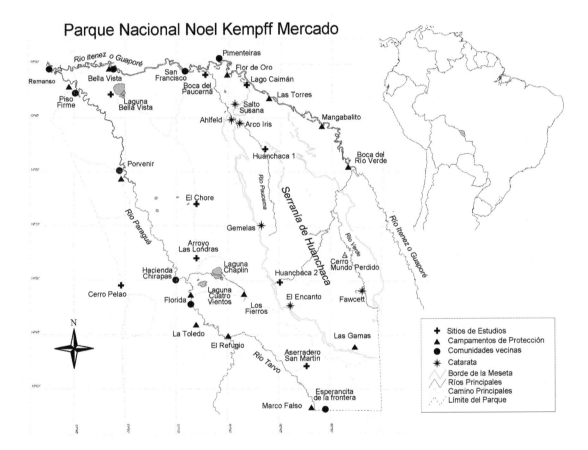

Figura 1. Mapa del Parque Nacional Noel Kempff Mercado mostrando su posición geográfica
en el continente.

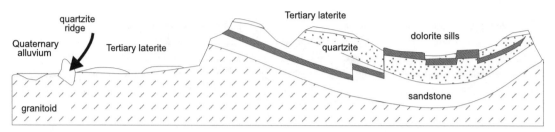

Northern transect

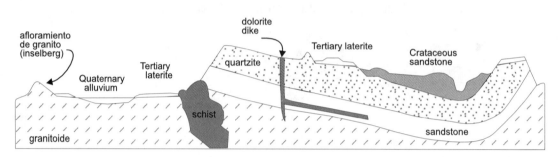

Southern transect

Paisaje de la Planicie

Sedimentos Aluviales del Cuaternario
  sabanas inundadas y pantanos de palmares

Sedimentos Lateríticos del Terciario
  bosque alto siempreverde, bosque de lianas

Esquisto Precambrico
  bosque semideciduo, afloramientos de āroca

Cuarcitos del Precámbrico
  bosque de lianas

Granitoide Precámbrico
  bosque de lianas, bosque semideciduo,
  afloramientos de roca

Paisaje de la Meseta

Sedimentos Lateritos del Terciario
  bosque enano siempreverde, cerradão, cerrado

Areniscos del Cretaceo
  bosque alto siempreverde, bosque de lianas

Diques y Intrusiones Doloriticos
  bosque alto siempreverde, bosque de lianas

Areniscos y Conglomerados del Precámbrico
  cerrado, cerradão, bosque de galería

Curacitos del Precámbrico
  campo rupestre, campo cerrado

Figura 2. Dos perfiles geomorfolócas del Parque Nacional Noel Kempff Mercado. Muestran una orientación de Este-Oeste; el perfil superior muestra la geología del sector norte (~ 14° 00' S), mientras el inferior muestra un perfil del sector Sur (~ 14° 30' W) modificados de Litherland (1982).

HIDROLOGÍA DE LA MESETA DE HUANCHACA Y SUS ALREDEDORES
Jaime Sarmiento y Timothy J. Killeen

Los cuerpos de agua del Parque forman parte de la cuenca del Río Iténez o Guaporé que incluye las subcuencas de los Ríos Verde, Paucerna y Paraguá. Los sistemas lacustres incluyen principalmente lagos de orígen fluvial y lagos tectónicos, los cuales son, en su mayoría, sistemas senescentes asociados con los humedales de sabanas. Los sistemas palustres se encuentran en la cuenca del Paraguá, donde se encuentra grandes extensiones de bosques inundados y humedales de sabanas.

El río más grande de la zona es el Iténez, que sirve de límite con Brasil al Norte del Parque Noel Kempff (Figuras 1 y 2); éste se une al Río Mamoré en el Norte de Bolivia para formar el Río Madera, uno de los principales tributarios de Amazonas. La otra cuenca principal de la región la forma el Río Paraguá, tributario del Iténez, que fluye de Sur a Norte y que está situado al Oeste de la meseta de Huanchaca. La Cuenca del Iténez difiere radicalmente de lo demás ríos de Bolivia, especialmente de los ríos Beni y Mamoré que nacen en los Andes y se caracterizan por sus "aguas blancas" que llevan muchos sedimentos. En cambio, el Iténez nace en el Escudo Brasileño y es clasificado como un río de "aguas negras" por Roche et al. (1986) y Roche y Fernández (1988).

Aunque a simple vista, las aguas del Iténez parecen ser negras, no corresponden a los criterios estrictos del sistema formal de los ríos amazónicos de ser clasificadas como "aguas negras". Aparte de la coloración y bajo porcentaje de sedimentos, los ríos negros amazónicos se forman por lixiviación de materia húmica de podsoles en áreas donde los suelos son derivados de arena blanca y tiene un pH de entre 3.8 y 4.9 (Sioli 1975). En cambio, la cuenca del Iténez aparentemente tienen un pH casi neutro y dos muestreos del Río Paraguá a nivel de la Reserva Ecológica en enero y julio tenía un pH que variaba entre 6.3 y 6.8 (datos inedito). Los ríos de "aguas negras" del Beni son también distintos de los de la Amazonía central porque se originan por la biodegradación de materia vegetal proveniente de las humedales de sabanas, un proceso que probablemente es similar a los fenómenos limnológicos que son responsables del desarrollo de las aguas negras de la zona del Parque Noel Kempff. Entonces, valga la aclaración que la clasificación preliminar de los ríos y otras cuerpos de aguas presentados aquí en lo referente a una coloración muy oscura y el término "agua negra" tiene un carácter puramente descriptivo.

La meseta tiene dos ríos principales que desembocan en el Iténez; el Paucerna que fluye hacia el Norte y el Río Verde que se drena hacia al Este. Estos dos ríos están caracterizados por aguas cristalinas hasta ligeramente negras, una corriente rápida y un lecho bien encajonado. La cuenca alta del Río Paucerna está aislados de la cuenca del Iténez por dos cataratas grandes que funcionan como un parapeto para la dispersión de organismos acuáticos, razón por que la cuenca alta del Río Paucerna tiene un alto valor como repositorio organismos acuáticos, de los cuales muchos son probablemente endémicos. La meseta tiene numerosos arroyos independientes que se drenan hacia el Río Paraguá mediante pequeñas cataratas ubicadas sobre los farallones occidentales; estos valles hermosos cuentan con microambientes caracterizados por alto grado de humedad.

Sistemas Fluviales

El Río Iténez es el único representante de un *río grande de agua negra* y se caracteriza por sus dimensiones, con un cauce principal superior a los 30 m de ancho y con profundidades mayores a los 10 m en muchas partes. El color del agua varia dependiendo de la época y tiene desde un color café oscuro (noviembre) hasta café claro (mayo). El Iténez se caracteriza por su baja conductividad eléctrica y por la dominancia alta de potasio lo. Las orillas se presentan abruptas en la época de aguas altas, pero se observan playas extensas en la época seca; el fondo es predominantemente arenoso. Es navegable sin problemas la mayor parte del año, aunque pueden presentarse zonas bajas en la época seca. El Iténez se caracteriza por la presencia de bahías que son antiguos cursos que constituyen una especie de ramificaciones del río. La vegetación acuática

La distribución de los tipos de vegetación está estrechamente relacionada con la geomorfología del Escudo Precámbrico Brasileño.

está tipificada por la presencia de grandes masas de tarope y colchas flotantes, mientras que atrás de ésta se encuentran comunidades succesionales del bosque ribereño.

Los ríos Paraguá y Tarvo son clasificados como *ríos de aguas negras* por sus aguas con una coloración café oscuro similar a la del Iténez, pero estos dos ríos cuentan con un cauce que varía entre 10 a 30 m y con profundidades superiores a los 10 m. Las orillas varían en profundidad, pero en general se presentan abruptas, por lo menos en la época de aguas altas no se observan playas extensivas. El fondo es menos arenoso con una mayor presencia de arcilla y material vegetal. Estos dos ríos son navegables en una parte de su curso, aunque suelen presentarse zonas donde el cauce propiamente desaparezca siendo replazado por pantanos difusos o por vegetación flotante. En varias partes estos dos ríos están asociados a formaciones abiertas con inundaciones estacionales o presentan bosques inundados sobre las llanuras adyacentes (ver Mapa de Vegetación).

Los *ríos de aguas cristalinas* están representados en el Parque por los Ríos Paucerna y Verde, que los diferencia de los otros por sus dimensiones y características físico-químicas. El agua en diciembre, al inicio de las lluvias, presenta una coloración blanca-plomiza, pero al final de la época de lluvia es cristalina o ligeramente negra. En general, son menores a 15 m de ancho y la profundidad es menor de los 5 m. Sus cauce son estables y bien encajonadas, tanto en la planicie como en la meseta;, con fondos predominantemente arenosos. La parte de abajo de las cataratas y cachuelas de la meseta es navegable en la época húmeda, aunque se presentan zonas muy bajas en la época seca. La vegetación acuática no es tan desarrollada, pero se encuentran agrupaciones de gramíneas (cortaderas) enraizadas, con algunas arbustos emergentes. La vegetación de sus orillas presenta bosques inundados en las partes más bajas de las orillas.

Los *arroyos de aguas cristalinas de la planicie* están representados por varias quebradas que drenan desde los farallones hasta los ríos Paraguá, Tarvo y Iténez. El agua presenta una coloración clara, casi transparente, en los arroyos más chicos y de color blancuzco en los más grandes. En general, este clase de sistema fluvial se caracterizan por sus dimensiones pequeñas de 1 a 5 m, aunque a veces pueden alcanzar hasta 15 m en un tramo de rocas y cachuelas. Las profundidades, en general, no exceden los dos metros y los niveles son notoriamente inferiores en época seca. El fondo es predominantemente arenoso con alta presencia de material vegetal alóctono. Usualmente, estos arroyos están relacionados con formaciones boscosas y debido a la sombra del bosque, la vegetación acuática se observa sólo en las partes abiertas, con algas verdes filamentosas y macrófitas sumergidas sobre piedras y en bordes de menor corriente. En algunas partes, los arroyos incluyan una parte abierta con algunos pantanos de palma real (*Mauritia flexuosa*).

Los *arroyos de aguas cristalinas de la meseta* están representados por los numerosos arroyos que forman las cabeceras de los Ríos Paucerna y Verde. El agua presenta una coloración clara, casi transparente, con penetración de luz hasta el fondo; las cauces tienen dimensiones menores con una ancho que varía entre 1 a 5 m, con un máximo de hasta unos 2 m. Las orillas varían en profundidad, pero en general se presentan abruptas. El fondo es predominantemente arenoso con un alta presencia localizada de material vegetal alóctono. Usualmente, se encuentran relacionados a bosques de galería, pero en algunas partes están rodeados por cerrado o bosques bajos de cerradão. La vegetación acuática está poca desarrollada en los lechos ubicados a la sombra del bosque, pero presentan algas verdes filamentosas y monocotiledóneas graminoides sumergidas o enraizadas sobre piedras. Es especialmente interesante por el aislamiento que representan las cataratas más abajo. Probablemente se caracteriza por un nivel alto de endemismos.

Los *arroyos de aguas negras* (aan) están representados por los arroyos que son tributarios de los Ríos Paraguá y Tarvo, pasan por la mayor parte de su curso sobre las planicies al Oeste y Sur de la Serranía de Huanchaca. El agua presenta una coloración café oscuro con poco sedimentos. Sus dimensiones son menores con un ancho máximo de hasta 10 m, aumentando notablemente durante las inundaciones de las llanuras adyacentes. Las orillas varían en profundidad, pero en general se presentan abruptas, mientras que el fondo es arenoso o arcillosos. La vegetación acuática es variable; con frecuencia, se encuentra a la sombra del bosque, pero a veces se presenta un cauce ancho (20 m) con una gran cantidad de vegetación flotante. La vegetación de sus orillas es principalmente bosque inundado, con diferentes niveles de inundación.

Sistemas Lacustres

La lagunas de origen fluvial son conocida localmente como *bahías* y presentan típicamente la forma de una herradura. Se originan por el cambio de curso de los ríos que provoca su aislamiento en tramos más o menos largos. El grado de aislamiento es variable, pero con frecuencia se encuentran cerca de los cursos del río y mantiene una comunicación al menos estacional. En algunos casos el proceso de aislamiento puede ser mayor, hasta perder contacto con el "río madre" y, en estos casos, usualmente se inicia un proceso de sucesión ecológica. Las orillas tienen la forma y características del río con barrancas más o menos profundas y usualmente abruptas. La profundidad depende del río de orígen, pero pueden ser bastante profundos, mientras que la superficie es muy variable. Las bahías, en su mayoría, están rodeadas por formaciones boscosas y la vegetación acuática está formada por macrófitas flotantes formado por taropes y colchas flotantes. La ictiofauna es esencialmente similar al "río madre" y durante las aguas altas se produce el intercambio de individuos entre las bahias y el río madre.

Las *lagunas tectónicas* se han formadas debido a un hundimiento de la roca madre, un fenómeno asociado con las fallas geológicas antigüas del Escudo Brasilero; en general, tienen un forma cuadrangular y están orientadas del Noreste hasta el Sudoeste. Estas lagunas presentan uno o más afluentes de diferentes calibres y, usualmente, tienen un canal de drenaje que los comunica con otros arroyos que finalmente desembocan al Paraguá o el Iténez. El aporte y drenaje por estos arroyos, pueden reducirse o hasta agotarse durante el período seco. No se cuenta con datos morfométricos precisos de estas lagunas, pero por lo general son poco profundas

(1-3.5 m) y tienen un fondo arcilloso hasta arenoso. Las orillas son usualmente abruptas y poco profundas, pero en algunos casos son planas con bordes poco diferenciados. La mayoría de estas lagunas se encuentran en procesos más o menos avanzados de sucesión y presentan superficies importantes de vegetación flotante o enraizada; en algunos casos se puede reconocer el desarrollo incipiente de formaciones arbustivas.

Sistemas Palustres

Los sistemas palustres de la zona se refieren a las "tierras húmedas", que incluyen las humedales de sabanas y los bosques inundados (ver capítulo de vegetación) que experimentan inundaciones estacionales. Estos sistemas acuáticos están caracterizados por aguas claras hasta una coloración ligeramente oscura y una baja cantidad de sedimentos. El nivel de inundación varia desde 20 cm en las pampas termiteros hasta 2 m de profundidad en los pantanos de palmares. La inspección de imágenes satelitales ha revelado que el nivel de desplazamiento de los ríos principales es variable; en ciertos lugares, la planicie aluvial está confinada a un área relativamente angosta, mientras que el paisaje de otras áreas (ej. el Alto Paraguá) es plano y expansivo y el desplazamiento del cauce del río es mayor. Estas llanuras extensas son importantes en términos de la diversidad de hábitats porque en ellas se encuentran una serie de complejos de sabanas inundadas y pantanos, además de una serie de comunidades sucesionales de los bosques inundados.

CLIMA Y PALEOCLIMA
Timothy J. Killeen

Desafortunadamente, no existen datos precisos sobre el clima del Parque; los pocos datos que existen no cuentan con referencias de años suficientes para mostrar tanto el promedio anual verdadero, ni las variaciones interanuales que son comunes en estas latitudes del trópico. Los datos de las estaciones meteorológicas en zonas cercanas (Concepción, Magdalena, San Ignacio) y los mapas de isoyetas (Figura 3) indican que el Parque debe

El rasgo más

conspicuo

del Parque

Nacional Noel

Kempff

Mercado es

la gran meseta

de arenisca,

conocida como

Serranía de

Huanchaca.

tener un promedio anual de precipitación entre 1.400 y 1.500 mm, con un promedio anual de temperatura entre de 25° y 26° C (Montes de Oca 1982, Roche y Rocha 1985, Killeen et al. 1990, Hanagarth 1993) Como en las otras partes del oriente de Bolivia, el Noreste de Santa Cruz experimenta una estación seca durante el invierno austral. Los meses más calientes del año son octubre y noviembre cuando temperaturas hasta los 38°C ha sido registradas en Concepción; en cambio, el mes más frío es julio cuando las temperaturas pueden bajar hasta 3°C (Killeen et al. 1990).

Varios modelos climáticos han descrito los patrones meteorológicos principales del continente y el factor predominante es el desplazamiento sobre el curso del año de la zona intertropical de convergencia (ITCZ) alrededor de la linea ecuatorial (Servant et al. 1993). En el verano austral el ITCZ está situado entre 10° y 15° del latitud Sur, presentandose vientos cálidos de orígen Atlántico que traen las lluvias de la época húmeda. Estos vientos doblan hacia al Sur en el centro de la Amazonía y resultando ser los vientos prevalentes norteños del oriente boliviano (Figura 7). Un patrón meteorológico contraste ocurre cuando interacciones entre el anticiclón del Pacífico Sur y el anticiclón del Atlántico Sur fomentan la formación de movimientos de aire desde el Sur del continente hacia el Norte (Ronchail 1986, 1992). Conocidos como "surazos", estas masas de aire

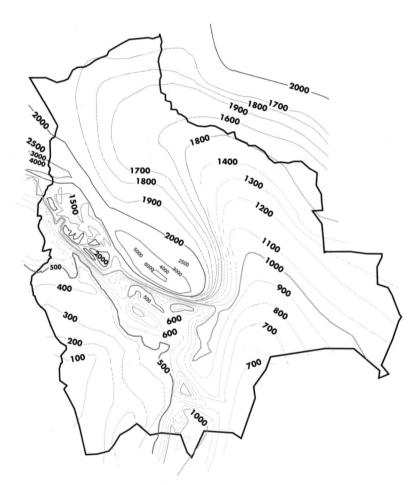

Figura 3. Mapa de precipitación del oriente de Bolivia; modificada de Roche y Rocha (1985) y Hanagarth (1993); los valores son milimetros de precipitación por año.

fría son comúnes en el invierno, pero ocurren frentes esporádicos durante los otros meses del año. Los surazos desplazan el aire húmedo tropical produciendo lluvias asociadas con los frentes fríos, pero el promedio de las precipitaciones asociados con estos eventos son significativamente menores en comparación a los vientos prevalentes ecuatorianos (Ronchail 1986, 1989, 1992). Los surazos tiene su mayor desarrollo sobre el Norte de Argentina, Paraguay y el Oriente de Bolivia, mientras que su impacto disminuye hacia el Este en Brasil y en la faja subandina de Bolivia resultando en un lengua en el mapa de isoyetes (Figura 3).

La interacción de estos dos sistemas meteorológicos no es un proceso muy uniforme y la característica más notable de este interacción es la variación entre los años. Las cifras anuales de precipitación máxima y mínima muestran valores que varia entre 600 y 2000 mm. Los habitantes antigüas de la zona mencionan un ciclo que varía entre siete y diez años, cuando la zona experimenta una sequía fuerte que puede durar hasta dos años. En las últimas dos décadas, los estudios relacionados al fenómeno ENSO (El Niño/Southern Oscillation) del Pacífico Sur ha mostrado que sus procesos climáticos tienen un efecto sobre el tiempo en muchos otras partes del mundo. Cuando la

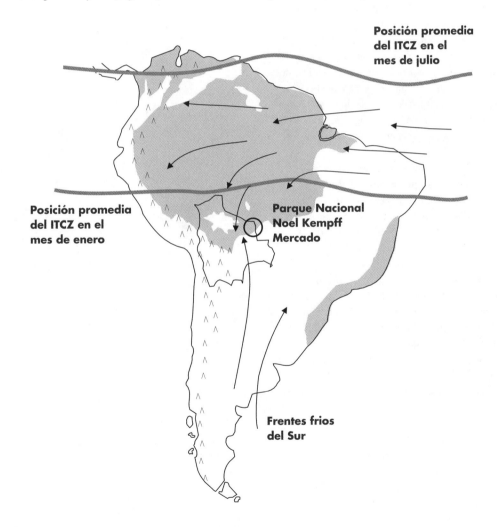

Figura 4. Mapas de los sistemas climáticas principales del continente de Sudamérica; modificado de Latrubesse y Ramonell (1994). ITCZ = Zona intertropical de convergencia.

corriente cálida del Pacifico ecuatorial (El Niño) está en su apogeo, el ITCZ se permanece estacionado sobre su posición sureño de dos hasta cuatro meses más larga que normal; este resulta en años lluviosas en Mato Grosso y el Pantanal (Iriondo y Latrubesse 1994). En cambio, datos preliminares provenientes de un análisis de once años por el banco de datos de imágenes satelitales del sistema AVHRR (Advanced Very High Resolution Radiometry) muestran un fenómeno opuesto, que está también relacionado al ENSO. En este caso, corresponden a la expresión máxima de "La Niña, cuando la corriente Humbolt está situado más al Norte que lo normal; simultáneamente, el Gran Chaco y las pampas argentinas experimentan una sequía prolongada (Myneni et al. 1996). Esta sequía regional (subcontinental) aparentemente afecta hasta los llanos orientales de Bolivia y corresponde a las sequías periódicas del oriente boliviano. Latrubesse y Ramonell (1994) ha propuesto un modelo para el clima de la región, que implica de que se trata de un clima más árida está relacionado de una mayor frecuencia de los frentes surazos.

Existe interés en los procesos climáticos del pasado, porque los patrones de diversidad y endémismo están relacionados con la distribución de los ecosistemas principales del continente en el Pleistoceno (Ab'Saber 1982, Prance 1982). Relacionado con este interés, está la necesidad de entender con mayor exactitud los proces os actuales y los cambios que podrían ocurrir debido a los cambios climáticos ocasionados por el calentamiento de la tierra. Este tema es importante para el manejo futuro del Parque, porque está ubicado sobre la zona de transición entre la zona de los bosques siempreverdes y los bosques secos y sabanas. Los cambios climáticos globales se expresarán primero en estas zonas transicionales.

TECHNICAL REPORTS

VEGETATION AND FLORA OF PARQUE NACIONAL NOEL KEMPFF MERCADO

Timothy J. Killeen

INTRODUCTION

Parque Nacional Noel Kempff Mercado has been recognized as an important conservation unit because of its high habitat diversity. This type of diversity (known as *beta* diversity) has resulted in overall high species diversity, because each habitat contains specialized and characteristic organisms. Beta diversity can be documented by developing individual assessments of each of the different vegetation types in the region.

During the last several years, the park's vegetation has been studied through a project organized by the Noel Kempff Mercado Natural History Museum (Gabriel René Moreno Autonomous University), with technical assistance from the Missouri Botanical Garden. This project includes both a traditional floristic inventory and the characterization of the vegetation types found in the park and adjacent areas. After four years of intensive research, we now know a great deal about the principal vegetation formations in the area. Studies initiated in 1993 have established a total of 32 permanent plots with the goal of documenting the diversity, structure, and composition of the main vegetation formations in the park. The large area ($\sim$40,000 km^2) and the difficult access make a direct interpretation of the entire area difficult. Consequently, it is necessary to take the information that has been obtained in the better known areas and extrapolate it to areas that are less accessible. The classification of the vegetation has been achieved through the use of

digital data obtained from satellite images. The vegetation map (Killeen et al. 1998; see insert) covers an area of about 60,000 km^2, including the area that was incorporated recently into the park, the eastern section of the Bajo Paraguá Forest Reserve, and adjacent areas of Rondônia and Mato Grosso (Brazil). The classification is based on 25 map units that are organized according to five distinct ecosystems. The relative surface area of each unit is presented in Figure 5, which provides a summary of land use for the region, the park with its new boundaries, and the park prior to its expansion in 1997.

DIGITAL CLASSIFICATION OF SATELLITE IMAGES

The vegetation map was made using Landsat™ satellite images; processing of digital data was done in collaboration with the Pathfinder Program of the National Aeronautics and Space Administration (NASA) and the Geography Department of the University of Maryland.

The basis for the interpretation of the satellite images lies in the relationship between vegetation structure and the reflectance of light. The physiognomic characteristics of each vegetation type, such as thickness of the green mass, degree of deciduousness, density of wood branches, canopy heterogeneity, color of the ground, humidity of the ground, and presence of superficial water on the ground all influence how much light of different wave lengths is reflected back to space. A digital classification is a reliable predictor of habitat type, but one must be cautious since some different vegetation communities may have similar structural or spectral characteristics.

The classification was based on data from the Landsat™ bands: 2 (green), 3 (red), 4 (near infrared), 5 (mid infrared) and 7 (far infrared). The park is located on three different scenes (a digital file from a specific region) that include different sections of the park; the three scenes that were used were 230/69, 230/70 and 229/70 (see

LAND COVER IN PARQUE NACIONAL NOEL KEMPFF MERCADO AND SURROUNDING REGIONS

Park Prior to Expansion

Park After Expansion

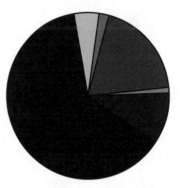

Regional Cover (Bolivia and Brazil)

Northeast Santa Cruz, Bolivia

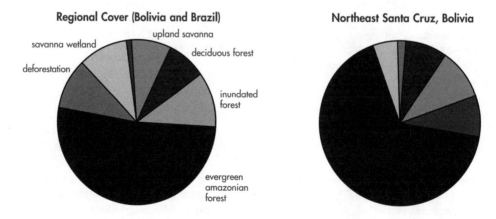

Figure 5. Land use in Parque Nacional Noel Kempff Mercado and surrounding regions; the pie charts show the proportion of the major habitat types in the park before and after its expansion in 1997, as well as the regional proportions for adjacent regions of Bolivia and Brazil.

Figure 6). The scenes were georeferenced using landmarks that were easily recognizable on the image, such as crossroads, landing strips, settlements and villages, as well as natural features, such as forest islands, waterfalls and the mouths of rivers and oxbow lakes. The coordinates of these landmarks were measured on the terrain with a hand-held geographic positioning system (GPS) receiver.

The vegetation map is the result of a "supervised classification" in which certain localities where the vegetation is known are used as "training sites". Each vegetation type was characterized by five to twenty training sites, for which between 100 to 2000 pixels were chosen to establish their spectral characteristics; a "pixel" is a datum that corresponds to a terrestrial square 30 x 30 m in size. The selected pixels were used to determine the means and standard deviations for each of the five Landsat™ bands. These two statistical parameters were used by a module of the computer program PCI© to group other pixels from the same image with similar spectral characteristics.

The classification was repeated through several iterations and the preliminary results were used to improve subsequent versions. The photographic results of the images were used during field expeditions carried out in 1994 and 1995 to link spectral characteristics with environmental units. A preliminary map was produced and verified during three field trips that took place in September, October and November of 1995. The map is based on data gathered during land transects (~ 150 points) and through observations made from a small airplane (~ 350 points). The final iteration was performed separately for each scene to produce a raster files (graphical files based on pixels) that then were imported to the program ARCINFO© and transformed into vector files (graphical files based on points, lines, and polygons) to facilitate editing the map. After editing, the three vector files were transformed again into raster files and merged into a single digital map.

It was necessary to edit the digital classification to correct errors where different vegetation types were grouped together due to structural similarities. A common problem was related to hydraulic regime, where seasonally flooded communities were confused with well-drained ones, because satellite images were made in July when flooding levels are low. Hills and valleys with shade or high light reflection introduce errors into the classification, as do periodic fires. A field that has not been burned in several years contains more senescent plant material, which has higher brightness. In contrast, a recently burned field absorbs most of the light due to the presence of black ash and exposed soil; after a few weeks the same locality may present a green and lush turf. The only way of correcting these errors is through access to topographic maps, edaphic data, comparisons over time, or direct observation. This map, being the first map of the area, will have some mistakes; in order to minimize errors, we grouped certain vegetation types when there was not enough confidence in our ability to distinguish among them based solely on spectral data.

VEGETATION TYPES

Upland Savannas (Campos and Cerrados)

One of the most abundant vegetation types in Parque Nacional Noel Kempff National Park is a well drained savanna that occurs on landscapes ranging from shallow, rocky substrates to deep and highly meteorized soil profiles. This formation is widely known by biologists as *Cerrado* and it represents a wide variety of plant communities that range from open grasslands to scrub with a dense cover of trees and shrubs (Eiten 1972, 1978). *Campo limpo* and *campo sujo* (open savannas) are found typically on flat surfaces near the edge of escarpments on the Huanchaca plateau (vegetation map insert, map unit 11). These open savannas develop in areas where the substrate is shallow (20 to 40 cm), and the entire soil profile dries out during the dry season, thus inhibiting the development of a dense and rich woody stratum (vegetation map insert, map unit 11). These areas are frequently associated with *campo rupestre* (rock fields) near the edge of the plateau where the desiccating effects of the prevailing winds alternate with intermittent periods of fog. Several of the woody species found in this association grow in the cracks of the rocky outcrops, thus escaping fires, while occasional lythophytes may be found attached to sandstone and quartz rocks. In areas where the substrate is deep and soil moisture persists for longer periods of time, *campos cerrados* (shrubby savannas) and *cerrados* (open woodland) develop a rich complement of woody and herbaceous species, while *cerradão* (closed woodland) is a more dense vegetation type where the diversity and abundance of grasses and herbs decrease and the structure of the woody stratum approximates forest (vegetation map insert, map units 12, 13, 14).

The physiognomy of cerrado savannas is characteristic and easily recognizable; it is dominated by a continuous grass cover with a stratum of small and tortuous trees and shrubs. The importance of fire on this ecosystem is evident and most woody plants show signs of recent fire. Species have evolved a variety of adaptations to avoid being damaged by fire; woody species have thick, corky bark, while most grasses, perennial herbaceous plants, and many shrubs maintain their meristems below the soil surface. The seasonal rhythms of plants also reflect the presence of fire, as well as the occurrence of a long dry season that lasts up to five months from June to October. Several species only flower after having experienced a recent burn, thus ensuring that their seeds and saplings will be located in an area that will not be burned again within the near future (Coutinho 1982, Killeen 1990). There is intense blooming activity from October to November, when the rainy season begins, but there are significant numbers of plant species that bloom during other months of the year. Leaf change by woody plants usually takes place over the dry season and typically is asynchronous within populations of the same species. This can be interpreted as a strategy to avoid the damaging effects of fire, since plants will lose their foliage after experiencing a fire.

There are several species that occur throughout the entire vegetation gradient; nevertheless, changes in vegetation structure often are accompanied by changes in the life form of individual species. Woody species, such as *Byrsonima coccolobifolia*, *Caryocar brasiliensis* and *Erythroxylum suberosum*, are found as subshrubs in campo rupestre, but may be found in the cerradão as moderately tall trees. Other species have a more restricted distribution and are more abundant at a particular point on the vegetation gradient; for example, *Vellozia variabilis* and *Parinari campestris* form conspicuous colonies in campo limpo communities, where the soil is superficial, while *Vochysia haenkeana* and *Callisthene fasciculata* are more common in cerrado and cerradão communities. The species with the greatest cover vary among the different plant communities within the cerrado formation. The more abundant trees and shrubs found in the areas of study are *Qualea multiflora*, *Emmotum nitens*, *Myrcia amazonica*, *Pouteria ramiflora*, *Diptychandra aurantiaca*, *Kielmeyera coriacea* and *Alibertia edulis*, while sub-shrubs including *Eugenia puncifolia*, *Senna velutina* and the herbs *Chamaecrista desvauxii*, *Ouratea spectabilis* and *Borreria* sp. are found in all the localities we visited (see Appendix 1).

Campos húmedos (seasonally wet open savanna) are wetlands that are physically related to the

One of the most abundant vegetation types in Parque Nacional Noel Kempff Mercado is a well drained savanna that occurs on landscapes ranging from shallow, rocky substrates to deep and highly meteorized soil profiles.

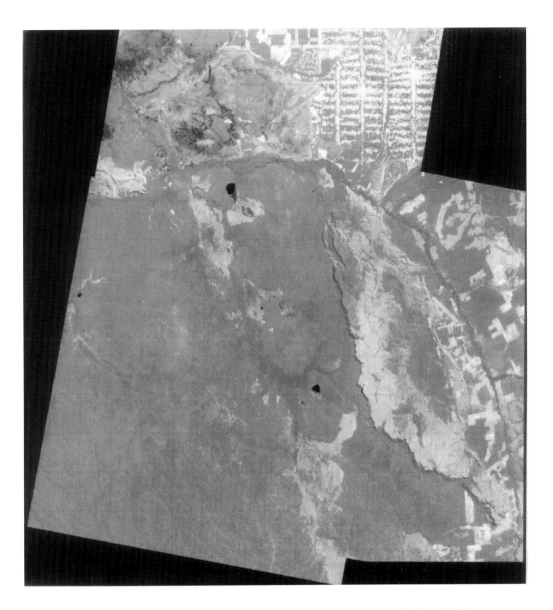

Figure 6. A false color mosaic of three LANDSAT™ satellite images (230/70, 229/70, 230/69); these images were used to make the vegetation classification presented in Figure 7. Red colors are forest vegetation; light blue is cleared agricultural land or natural savanna; dark blue and black represents water or fire scars in savanna vegetation. Note the extensive deforestation in Brazil when compared to Bolivia.

Figura 6. Un mosaico de falso color de tres imágenes de satelite Landsat TM (230/70, 229/70, 230/69), los cuales fueron utilizados para elaborar el mapa de vegetación presentado en Figura 7. Los colores rojos son de vegetación boscoso, azul claro es de tierras agrícolas o sabanas naturales; azul oscuro hasta negro representa agua o cicatrizes de incendios en las sabanas. Se puede notar la deforestación extensiva en Brasil en comparación a Bolivia.

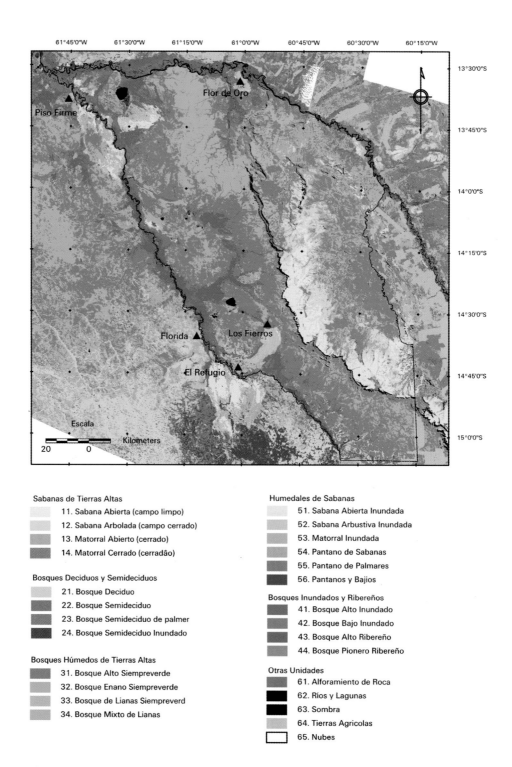

Sabanas de Tierras Altas

	11. Sabana Abierta (campo limpo)
	12. Sabana Arbolada (campo cerrado)
	13. Matorral Abierto (cerrado)
	14. Matorral Cerrado (cerradâo)

Bosques Deciduos y Semideciduos

	21. Bosque Deciduo
	22. Bosque Semideciduo
	23. Bosque Semideciduo de palmer
	24. Bosque Semideciduo Inundado

Bosques Húmedos de Tierras Altas

	31. Bosque Alto Siempreverde
	32. Bosque Enano Siempreverde
	33. Bosque de Lianas Siempreverd
	34. Bosque Mixto de Lianas

Humedales de Sabanas

	51. Sabana Abierta Inundada
	52. Sabana Arbustiva Inundada
	53. Matorral Inundada
	54. Pantano de Sabanas
	55. Pantano de Palmares
	56. Pantanos y Bajios

Bosques Inundados y Ribereños

	41. Bosque Alto Inundado
	42. Bosque Bajo Inundado
	43. Bosque Alto Ribereño
	44. Bosque Pionero Ribereño

Otras Unidades

	61. Alforamiento de Roca
	62. Ríos y Lagunas
	63. Sombra
	64. Tierras Agricolas
	65. Nubes

Figure 7. The vegetation map of Parque Nacional Noel Kempff Mercado; modified from Killeen et al. 1998

Figura 7. El mapa de vegetación del Parque Nacional Noel Kempff Mercado y sus alrededores; modificado de Killeen et al. 1998

CONSERVATION INTERNATIONAL

Rapid Assessment Program

campos cerrados of the Huanchaca Plateau. These open grasslands grow on areas where the water table intercepts slopes or where natural springs produce continuous water seepage. Typically, this type of vegetation forms a dendritic pattern on the landscape and is situated between well-drained savannas on interfluves and streams in narrow valleys. In landscapes found on shallow substrate over sandstone, the adjacent campos húmedos are characterized by large pulses of water volume after rains, as well as by lengthy periods of dry soil conditions. In contrast, campos húmedos adjacent to areas with a deeper soil profile benefit from a more regular water discharge.

Studies carried out in similar habitats in Brazil and Bolivia have shown that these associations contain a highly specialized community of plant species (Killeen and Hinz 1992, Goldsmith 1974). Preliminary observations reveal that *Paspalum malmeanum* and *Rhynchospora globosa* are the dominant species in several sites on the Huanchaca Plateau. There are also various members of the graminoid families Rapatacea (*Cephalostemon microglochin*), Orchidacea (*Cleistes paranaensis*), Iridaceae (*Sisyrinchium* spp.), Xyridaceae (*Xyris* spp.), and Eriocalaceae (*Eriocaulon* spp., *Paepalanthus* spp., *Syngonanthus* spp.), as well as herbs characteristic of savanna wetlands such as *Hyptis* and *Melochia* (see Appendix 1). Even though this type of vegetation is closely related floristically to the flooded savannas described later in this text, the digital classification was not capable of distinguishing them from well-drained campos limpos, campos sujos, and campos rupestres (vegetation map insert, map unit 11).

Cerrado vegetation can be seen within the park at the Los Fierros Station, where cerrado and cerradão are present along the northern edge of a seasonally flooded savanna and on a low quartzite outcrop. This area can be reached by following the old road to the landing strip (the original site of Los Fierros) that splits from the main road 10 km southeast of the station. Examples of campo cerrado, campo rupestre, and campo húmedo can be seen on the trail up to the plateau that originates at the end of the same road (known as the Subida de los Españoles). Likewise, examples of cerrado communities can be seen along the Río Iténez,

near Mangabalitos and along the margins of the seasonally flooded savanna behind the Flor de Oro tourist lodge.

Deciduous and Semideciduous Forests

The dry forest formation with the largest surface area in the park is an unusual deciduous forest (vegetation map insert, map unit 21) that apparently is restricted to the northeastern sector of the plateau, where it is found on rugged terrain formed by soils derived from sandstone. There is a high degree of deciduousness and virtually all the trees shed their leaves for an extended period during the dry season. The dominant species are *Callisthene microphylla*, *Copaifera langsdorfii* and *Terminalia fagifolia*, while *Commiphora leptophleos*, *Erythroxylum tortuosum*, *Acacia multipinnatum* and *Diosporus* sp. are common. There are many vines, but these do not dominate the forest canopy, while colonies of dwarf bamboo, *Actinocladum verticillatum*, are common. In reality, many of these taxa are characteristic of the cerrado, and this formation may be considered as a variant of cerrado, although it is distinct from the typical semi-evergreen cerradão found in the southern and central regions of the Huanchaca Plateau.

The southern sector of the study area is covered by semideciduous forest growing on an eroded peneplain (vegetation map insert, map unit 22). It is characterized by canopy heights of 15-20 m, with emergents rarely exceeding 25 m. This habitat is structurally more complex than the cerrado and the canopy is more closed than in the dry forests described above. Nonetheless, the underforest is relatively dense when compared to an evergreen forest due to the large amount of light that penetrates the canopy. This type of forest may be described as "facultatively deciduous", since it has a flexible phenologic response to water deficiency during the dry season that corresponds to the degree and duration of drought. The dominant species is *Anadenanthera columbrina*, which generally is accompanied by certain characteristic tree species, such as *Casearia gossypiosperma*, *Amburana cearensis*, *Combretum leprosum*, *Tabebuia insignis*, *Tabebuia serratifolia*, *Eriotheca roseorum*, *Poeppigia procera* and *Aspidosperma cyclindrocarpon.* There also may be bamboo scrub dominated by *Guadua paniculata* that exist as patches within the forest, but this species is more commonly found along the edges of the forest-savanna ecotone. The plant communities found in the park are basically a northern extension of the biogeographic formation known as "the Chiquitano dry forest", which covers a large region of Santa Cruz (between the 15° and 18° S,) straddled over the Precambrian Shield. The park contains only a few examples of this plant formation, which is restricted to areas adjacent to granite inselbergs and on the slopes of the piedmont along the southern portion of the plateau.

There is a semideciduous palm forest (vegetation map insert, map unit 23) adjacent to the southern portion of the park that is dominated by the "cuci" palm, *Attalea speciosa.* This species produces an edible oil, which also has been used in the cosmetic industry. This forest type is most abundant on the low terraces (interfluves) of the alluvial plain of the Upper Río Paraguá just north of the town of San José de Campamento. This forest is associated physically with a flooded semideciduous forest (vegetation map insert, map unit 24) that develops on poorly drained soils. The two forest associations form a dendritic pattern on the landscape; detailed inventories have not been carried out in the inundated forest.

The deciduous cerradão forest may be observed by climbing to the base of the rock escarpment behind the Las Torres guard station, or by climbing the trail up the escarpment at Lago Caimán. Examples of Chiquitano semideciduous forest are found as a band of vegetation near granite outcrops along the trail near Los Fierros. This type of forest also is found in association with a group of large granite inselbergs located west of the Río Paraguá near the Cerro Pelão sawmill. Unfortunately, most of the dry forests of this region are not represented in the park and are not adequately protected anywhere in the country.

Humid Upland Forest

High evergreen forest (vegetation map insert, map unit 31) is found on well-drained areas with deep soil, where trees with diameters of 1.5 m reach heights up to 45 m. These forests may be classified as seasonally evergreen forests, because leaf production and the reproduction of many species coincide with the dry season or at the onset of the rainy season. Most emergents are deciduous and remain leafless for an extended period of time during the dry season. Many canopy trees replace their foliage during the dry season, although there is not a generalized leaf drop and the canopy remains green and closed throughout the year. In October there is intense blooming activity coinciding with the beginning of the rainy season; this peak in the availability of flowers coincides with an increase in the size of bee populations, which reach very high levels during these months. Nevertheless, it is important to note that there are many species of plants that bloom at the end of the rainy season and over the dry season.

The most abundant tree in this forest is *Pseudolmedia laevis,* while the most important emergent trees are *Qualea paranesis, Erisma gracile, Apuleia leiocarpa,* and *Moronobea coccinea. Switenia macrocarpa* (mahogany) used to be locally abundant, but it has been exploited over the past 10 years to the point that it no longer can be found in most of the region. *Phenakospermum guianense* is locally abundant and tends to form huge dense colonies. This arboreal herbaceous plant is a rhizomatous species that grows to heights of over 12 m. Each stem is monocarpic and the terminal bud develops into an inflorescence at maturity and, after fruiting, the stem dies. Palm trees are abundant, particularly *Astrocaryum aculeatum* and *Attalea maripa,* while *Euterpe precatoria* and *Socratea exorrhiza* are more common in areas with poor drainage or with a high water table. There are a few places dominated by bamboo within the park and several species of *Guadua* have been collected, but large expanses of bamboo dominated forest do not occur.

There is a forest on the northern part of the plateau that grows on moderately shallow lateritic soils. This presents a different structure than the previous forest type and has been classified as dwarf evergreen forest (vegetation map insert, map unit 32) due to its short stature. The composition of such forests remains poorly known, but the canopy varies between 5 and 10 meters in height and is

Unfortunately, most of the dry forests of this region are not represented in the park and are not adequately protected anywhere in the country.

formed by a mix of species belonging to the families Chrysobalanaceae (*Licania* sp., *Hirtella* sp.), Humiriaceae (*Sacoglottis mattogrosensis* and *Humiria balsamifera*) and Icacinaceae (*Emmotum nitens*). *Ohthocosmus nitens* (Ixonanthaceae) is fairly abundant and apparently is the first record of this family outside of the Guyana Shield (pers. comm., R. Foster). Patches of high forest on this landscape support populations of *Qualea paraensis* and *Erisma gracile*, indicating that this formation may represent a successional stage between the cerradãos and tall evergreen forest.

There is a widely distributed type of forest that grows on well-drained soils, and is characterized by a low and dense canopy with few emergent trees; liana development is impressive and this life form dominates the canopy. This evergreen liana forest (vegetation map insert, map unit 33) most often is found on landscapes with a thick layer of Tertiary sediments or on low mountain ridges composed of quartzite rocks. Periodic fires may play a role in the development of this forest, but the most probable explanation is an interaction between soil fertility and seasonal drought. Landscapes with seasonal drought but mesotrophic soils tend to develop a semideciduous forest, while landscapes with seasonal drought but distrophic soils are dominated by liana forest. Lianas have an adaptive advantage over trees with regard to water transport, which leads to the dominance of this life form under certain conditions. This forest type was easily distinguished from the tall evergreen forest in the Landsat images because it has a very homogenous or uniform canopy structure that is only about 4 m tall.

The composition and structure of this type of forest requires further studies; trees species tend to be typical of secondary forests, such as *Cecropia* spp., *Schizolobium amazonicum, Apeiba tibourbou, Didymopanax morototoni, Cordia alliadora, Heliocarpus americanus, Casearia gossypiosperma, Erythrina* spp., and *Zanthoxylum* spp. The northern portion of the Tertiary plain west of the Huanchaca plateau is dominated by extensive colonies of *Phenakospermum guianensis*. The few emergent species observed were *Hymaenaea courbaril, Amburana caerensis, Ceiba pentandra*

and *Apuleia leiocarpa*. The most common palms were *Astrocaryum aculeatum* and *Attalea maripa*. It is not yet clear if there are dominant liana species that can be considered "characteristic" of this plant formation. In general, lianas tend to have a non-specialized distribution. The main liana species have been collected over a wide range of habitats and belong to the families Bignoniaceae, Leguminosae, Dilleniaceae and Malpighiaceae (see Appendix 1). Liana forests have limited potential for timber extraction, but there are significant reserves of *Amburana caerensis*.

On the southern part of the park and adjacent areas of the Bajo Paraguá Forest Reserve, there is a wide belt of *mixed liana forest* that represents a transition between the Amazonian evergreen forests and the semideciduous forests of Chiquitanía. Lianas are abundant and the distinction between this forest and that described previously is arbitrary, nonetheless there are differences. Particularly striking is the absence of *Phenakospermum guianensis*. Many of the species observed in this region may be considered typical of evergreen forest, such as *Schizolobium amazonicum, Apeiba leiocarpa, Pseudolmedia laevis* and *Astrocaryum aculeatum*, while those typical of semideciduous forests are *Aspidosperma cylindrocarpon, Spondius mombin, Combretum leprosum, Physocalymma scaberrimum, Pseudobombax marginatum* and *Syagrus sancona*. Nevertheless, some characteristic species of the semideciduous Chiquitano forest are either rare or absent, such as *Anadenanthera colubrina, Tabebuia impetigonosa, Astronium urundueva* and *Eriotheca rosearum*.

Evergreen forests are found as *gallery forests* on the plateau, where they are restricted to valleys or other landscapes with deeper soils and where seasonal drought is less pronounced. These forests are floristically and structurally similar to tall evergreen forests with the same dominant or emergent species. Nonetheless, the floristic composition varies when comparing individual vegetation islands, as well as when comparing gallery forests with the more extensive surrounding plains forests. The origin of these vegetation islands is unknown, but there are two possible scenarios. They may be the remains of previously more extensive forests, or they may be islands that established themselves through the dispersal of seeds into the appropriate places.

The best place to visit tall evergreen forests is the Los Fierros field station in the southern sector of the park, where they occur in the immediate vicinity of the station, as well as along the trail to the plateau and the road to the El Encanto waterfall. Liana forest is found 38 km north of the intersection with the Moira-Los Fierros road on the road to the abandoned Choré lumber mill. This lumber road continues north eventually reaching Laguna Bellavista; it traverses high evergreen forest and liana forest dominated by *Phenakospermum guianensis*. Moist gallery forest and forest islands can be seen at the Huanchaca I and the Las Gamas campsites (accessible only by airplane), as well as at the Huanchaca II campsite at the end of the trail that originates at Los Fierros.

Inundated and Riverine Forests

The park has a wide variety of plant communities associated with river systems. Periodic disturbance caused by seasonal flooding, siltation and erosion of the river's margins cause changes in the topography; as a result, vegetation on the river's floodplains experiences both temporal and spatial change. Rivers have a well known sedimentation pattern in which large particles, such as sand, are deposited close to the riverbed, while finer sediments (loam) are deposited further away. This tendency promotes the development of natural levees in the zone immediately adjacent to river channels that offer conditions favorable for the growth of woody species and are often covered by forest. In contrast, backwater areas support a variety of communities that are subject to deeper flooding such as open marsh or dense scrub. Along the course of the Río Paraguá, the landscape often is dominated by savanna, and riparian forests form a narrow fringe of gallery forest between the river and adjacent savanna wetlands. Seasonal changes are very pronounced and water levels may fluctuate as much as three meters between the wet and the dry seasons. During the dry season water is found only in the main waterways and large oxbow lakes or *"bahias"*, while the forest and grass-

land vegetation become dry. Seasonality plays an important role in the regeneration of many plant species that germinate from seeds or root in sandbanks and marshes during the low water period.

Pioneer riverine forest (vegetation map insert, map unit 44) communities vary depending upon the age of a successional sequence that ranges from scrub to relatively tall forest. Young pioneer communities have species typical of tropical secondary forests, such as *Cecropia*, *Sapium*, and *Acacia*, while older communities are characterized by several species of *Ficus*, as well as *Brosimum lactescens, Sorocea guilleminiana, Calophyllum brasiliensis, Tabebuia insignis* and *Rheedia* sp. Quite possibly, the richest elements in this type of forest are the climbing herbaceous plants and the woody lianas.

High riparian forest (vegetation map insert, map unit 43) occurs as narrow strips of forest associated with river channels and levees. Canopy height usually is 18-20 m, with emergents up to 35 m and diameters of 1 m. The most notable characteristic of this forest is the scarcity of herbaceous plants and shrubs in the understory. This probably is due to the long periods of flooding, as well as to the deep shade produced by the dense canopy; nevertheless, stem density is high due to the presence of many tree saplings and lianas. High water marks on the trunks indicate that these forests flood to 0.5-1.5 m. Nevertheless, this vegetation map unit is heterogeneous and also includes areas with more or less well-drained soils on the highest levees adjacent to rivers.

Farther from the main river courses is a high inundated forest (vegetation map insert, map unit 32). This formation is known locally as a *"bosque de sartenjales"*, which refers to its special micro-topography that is characterized by small elevated platforms scattered across a seasonally flooded plain. These mounds vary in diameter from 3 to 10 m and have a height of up to 1.5 m above the floodplain. This is a tall forest with canopy heights of 15-20 m with emergents rarely exceeding 35 m. This formation exhibits a high plant diversity due to the mix of upland species growing on the platforms that coexist with the flood tolerant species that grow between the mounds.

There are several types of low inundated forests (vegetation map insert, map unit 33), most

CONSERVATION INTERNATIONAL

Rapid Assessment Program

of which are characterized by an open canopy and abundant liana development; in some sites, there are dense populations of the palms *Euterpe precatoria* and *Mauritia flexuosa*. An assessment of satellite images led to the identification of several localities that appear to be in a successional state. Subsequent overflights revealed that these were former savanna wetlands that are being colonized by forest species. Other areas are savanna wetland encroaching on forest due to an increase in flooding levels, as evidenced by the presence of numerous tall dead trees.

The family Moraceae reaches its greatest degree of diversity and abundance in the flooded and riparian forest ecosystem, including several species of *Pseudolmedia*, *Brosimum*, *Maquira* and *Sorocea*, and as many as seven species of *Ficus*. One of the most conspicuous species in riparian forests is *Macrolobium acaciafolium*; this species almost always is found within a few meters of active or abandoned river courses. Dominant species in riverine forests along the Río Paraguá within the El Refugio Reserve are *Hevea brasiliensis* and *Maquira coriacea*, while a riparian forest near the Las Torres guard station along the Río Iténez was dominated by an unidentified species of *Qualea* (Vochyseaceae). Other common tree species collected from these communities are *Lacistema aggregatum*, *Mouriri apiranga*, *Pouteria cuspidata*, *Hirtella gracilipes*, *Brosimum guianensis* and *Inga* sp. Lianas are abundant along the river margins and a wide variety of species have been collected in the Compositae (*Mikania*), Cucurbitaceae (*Cayaponia*, *Methria*, *Momordica*), Menispermaceae (*Borismene*, *Orthomene*), Malpighiaceae (*Banisteriopsis*) and Convolvulaceae (*Dicranostyles*, *Ipomea*, *Jacquemontea*), but the most abundant and diverse families are the Leguminosae and Bignoniaceae (Appendix 1).

Swamp forests are characterized by permanently waterlogged soils, although they do not experience significant flooding from nearby rivers. Detailed studies on this type of forest formation have been conducted at a site near Las Torres guard station, where water from underground springs filters through soils at the base of the escarpment. The most noteworthy structural characteristic of this site is the high density of stems, approximately

30% greater than the average of most moist upland sites (Arroyo 1995). Dominant species were *Euterpe precatoria* and *Pseudolmedia rigida*, while the families Annonaceae (*Guatteria* spp., *Xylopia* spp.), Burseraceae (*Protium* spp., *Dacyroides microcarpon*), Lauraceae (*Licaria armeniaca*, *Ocotea* sp.), and Chrysobalanaceae (*Hirtella gracilipes*, *Licania kunthiana*) were important in terms of abundance. There is another type of swamp forest that occurs on the plateau in cerrado dominated landscapes; these gallery swamp forests develop in valleys with water flows that originate from perched water tables that seep out on the upper slopes of the valley sides (e.g., campos húmedos). The most conspicuous species is *Mauritia flexuosa*, which grows along creeks with permanent water flow, while *Mauritiella aculeata* is found along seasonal waterways.

Savanna Wetlands (Pampas and Pantanos)

The alluvial plains of the Paraguá and Iténez rivers have extensive grasslands that experience seasonal flooding to varying degrees. In general, savanna wetlands do not have a well developed stratum of woody plants due to the inability of most tree and shrub species to tolerate the hydrologic conditions that prevail on these landscapes. During the rainy season savanna wetlands offer a marsh-like habitat with standing water and emergent vegetation; during the dry season, the soil dries out and plants suffer from a water deficit. Woody plants occur within these ecosystems, but they tend to be clumped together in restricted microhabitats that provide relief from the extremes of the hydrologic regime. Slight topographic variations produce abrupt changes in the structure and composition of the vegetation. Fire is common during the dry season, but it is probably less frequent than in the upland cerrado savannas.

Inundated shrub savannas or termite pampas (vegetation map insert, map unit 52) are extensive grasslands covered by thousands of termite mounds that give this habitat a distinctive physiognomy. Termite mounds usually are located on top of a small platform 0.5-1.5 m higher than the surrounding flooded plains; this provides enough elevation above maximum water levels for

The alluvial plains of the Paragua and Iténez rivers have extensive grasslands that experience seasonal flooding to varying degrees.

trees and shrubs to grow. The density of termite mounds varies depending upon the degree of flooding with as many as 60 termite mounds occurring in a single hectare, which corresponded to 15% of the land surface in a permanent sample plot located on the northern edge of the termite pampa near Los Fierros (Gutierrez 1995). Each platform is occupied by 1-3 termite mounds; erosion of these cone-shaped nests is what causes the accumulation of land platforms that reach 1-4 m in diameter. Excavations performed between platforms during the dry season revealed extensive termite tunnels; termites apparently search for food between the platforms during the dry season, but restrict their activities to the platforms during high water periods. Termite platforms are important for several species of animals who use them as nesting habitat and as a refuge during the rainy season. Termites may be considered as a "keystone species" in this ecosystem because, without their activities, the structure and composition of the flora and fauna of this area would be radically different and much less diverse.

The distribution of woody and herbaceous species on termite savannas is related to the seasonal fluctuations of flooding; platforms and termite mounds offer a small gradient of microhabitats over a very short distance and the highest plant diversity levels are associated with termite platforms (Gutiérrez 1995). Woody shrub vegetation that grows on the platforms and open flooded grasslands are the two most common plant communities found in termite pampas, but there also are inundated scrub growing near streams, permanently flooded swamps, seasonal ponds, and forest islands that make up part of the termite pampa landscape. At some localities, there is an open inundated savanna (known locally as *pampa aguada;* vegetation map insert, map unit 51) that is distinguished by the absence of termite mounds; this landscape has a few widely dispersed forest islands and presents a dramatically different landscape from that of the termite pampas. In some areas, woody shrubs are more abundant and they form an inundated scrubland (vegetation map insert, map unit 53) as a transitional plant community between savanna and the flooded forest.

Shallowly inundated savannas are characterized by a relative short stratum of grasses (20-40 cm); the most common grasses are *Paspalum lineare*, *Leptocorypheum lanatum*, *Mesosetum* sp., *Sacciolepsis angustissima*, and *Panicum parviflorum*. A total of 18 different species have been collected from an area of only 2 hectares (Gutiérrez 1995), while a total of 70 grasses have been collected in this ecosystem. In more humid areas, the herb component is more diverse, with the most common species belonging to the Sterculiaceae (*Helicteres guazumaefolia*, *Byttneria* spp., *Melochia graminifolia*), Compositae (*Chromalaena ivaefolia*, *Mikania vitifolia*), Lythraceae (*Cuphea* spp.), Labiatae (*Hyptis* spp.) and Verbenaceae (*Lippia* spp.). It is widely believed that termite platforms are colonized by species typical of the cerrado, but this is not the case. Although certain grasses and some shrubs (e.g. *Byrsonima coccolobifolium*, *Byrsonima chrysophylla*, *Virola sebifera*, *Didymopanax distractiflorus*, *Davilla elliptica*) are widely distributed in both plant formations, other species of herbs and shrubs are not common cerrado species (e.g. *Curatella americana*, *Davilla nitida*, *Casearia arborea*, *Vismia minutiflora*, *Sipauruna guianensis*, and *Tapirira guianensis*), and can be considered as species more typical of the termite pampa.

There are three different types of forest islands that vary in structure, composition and flooding levels. The islands that occur on the edges of the *pampa aguada* are medium to small in size and vary in diameter from 10 to 15 meters; canopy height varies between 8 and 10 meters with emergents that reach 18 m. Preliminary observations indicate that most forest islands contain a mixture of savanna and forest species. The most conspicuous elements in these forest islands are *Tabebuia aurea*, *Tabebuia impetiginosa*, *Ocotea cernua*, *Byrsonima chrysophylla*, *Erythroxylon daphnites* and *Curatella americana*, while the spiny palm *Mauritia aculeata* forms very distinctive rings around the edges of islands. A change in the forest island flora occurs closer to the river; the surrounding savanna is more deeply flooded, but the islands apparently have enough topographic relief to permit the growth of trees. The most conspicuous change is the presence of *Attalea phalerata* and the absence of *Mauritia aculeata*, while other species, such as *Cecropia concolor,* *Sterculia apetala, Hymenaea courbaril,* *Enterolobium contortisiliquum* are all typical of semideciduous forests. It is probable that these islands are fragments of riparian forests that grew along the margins of the Río Paraguá in the past and that have been fragmented due to forest fires. A third type of low forest has been observed in the pampa aguada and palm swamps; it occurs in large and irregular patches associated with streams or other depressions that keep water all year around. Species like *Bactris glaucescens, Machaerium aristulatum, Helicteres gardneriana* and *Mauritiella aculeata* occur in it, while *Vochysia divergens* forms almost pure stands in certain places.

Curiches are small isolated marshes (vegetation map insert, map unit 56) dominated by emergent or floating plants that stay flooded all year around. Most are dominated by widely distributed taxa such as *Thalia geniculata* and *Cyperus giganteus*, along with the floating plants of the genera *Echinodorus* and *Eichhornia*. There also is a complement of aquatic sedges and grasses, such as *Eleocharis* spp., *Rhynchospora* spp., *Luziola* spp., and *Leersia hexandra*. There are extensive palm marshes (vegetation map insert, map unit 55) found on the extensive alluvial plains adjacent to the Río Paraguá near Porvenir, around permanent ponds, and along rivers with a diffuse channel. Palm marsh has an arboreal stratum characterized by dense populations of *Mauritia flexuosa* and, to a lesser degree, of *Mauritiella aculeata*. This habitat experiences floods up to 2 meters deep; overflights revealed that the herbaceous stratum is dominated by robust graminoids or by a dense mat of floating vegetation. There is a gradual change in the herbaceous stratum and in the composition of species between the shallowly inundated savanna and the deeply flooded savanna. Savanna marsh (vegetation map insert, map unit 54) is subject to prolonged and deep inundation; it has a robust and dense grass sward, but lacks presence of dense palm populations. In many cases, it forms a transition between the seasonally inundated termite pampa and the more deeply inundated palm swamps.

Rivers have several plant associations that are similar in structure to savanna swamps and *curichales*; these grow behind the natural levees that occur along the principal river channels. Open areas are riparian marsh (*curiches*) that are dominated by one or more species of robust grasses with cutting edges in the genera *Paspalum* or *Echinochloa*, as well as a diverse assortment of herbs, shrubs, and lianas. Intermingling with the grasslands are riparian shrublands (*bajíos*) dominated by spiny shrubs and lianas with some emergent trees of *Tabebuia* sp. that reach 10-15 m in height. Diversity in these shrublands is moderately high, especially for lianas and shrubs, life forms that generally are not incorporated in the standard diversity measurements used by botanists. Some of the most conspicuous plants are *Bactris riparia, Desmoncus orthocanthus, Scleria* spp., *Machaerium* spp., *Sapium* sp., and *Guadua* sp. These shrublands are virtually impenetrable and form stands of between 3 and 100 m in diameter that are not associated with any obvious topographic feature. Maximum flooding at the end of the rainy season (April) varies from 2 to 2.5 m but these areas are completely dry by September. Fire definitely is not an annual phenomenon, but does occur with some frequency in areas where savanna is close to the river course. In contrast with savanna species, shrubs growing in these shrublands are not fire resistant and natural fires are an important factor in the maintenance of a heterogeneous mix of habitats of different successional stages.

Both active and abandoned river courses are characterized by an extensive cover of floating vegetation known as *colchas* or *taropes*. In some cases, these colchas are so extensive that they block river traffic (between Piso Firme and Florida and between Florida and El Refugio). *Colchas* are dominated by *Oxycaryum cubense* and *Fuirena umbelata*, species that are characterized by strong rhizomes that form a dense intertwined mat, providing the basic structure of this habitat (N. Ritter, pers. comm). *Colchas* also play an important role in the riparian ecosystem because they provide a microhabitat for various aquatic invertebrates. These are the base of the aquatic food chain, which provides sustenance for the rich fishery resources of this region. As such, these two sedge species may be considered as "keystone species" because the integrity of the floating mat largely depends on them. Other floating aquatic species are *Eichhornea azurea, Eichhornea diversifolia, Echinodorus paniculatus, Salvinia auriculata, Utricularia foliosa, Urticularia breviscapa, Nymphaea amazonica, Cabomba furcata* and several species of the genus *Ludwigia*. There are other species that attach themselves to the detritus that accumulates in between the rhizomes of the dominant sedge plants, such as *Sagittaria guyanensis* and many graminoid species such as *Panicum* spp., *Luziola* spp., *Isachne polygonoides, Cyperus haspan, Cyperus oderatus, Eleocharis acutangulis* and *Xyris* spp. Many herbaceous forbs and even shrubs will root and grow in floating mat vegetation, particularly in the Malvaceae (*Hibiscus*), Sterculiaceae (*Melochia*), Bignoniaceae (*Tabebuia elliptica*), Melastomataceae (*Tibochina and Clidemia*), and Onagraceae (*Ludwigia*).

The fast, black water rivers on the Huanchaca Plateau usually are found in highly eroded, narrow gorges with rocky river beds. Several species of the family Eriocaulaceae (*Eriocaulon, Paepalanthus*), Alismataceae (*Sagittaria*), and Xyridaceae (*Xyris* sp.) have been collected on the submerged rocks in the headwaters of the Rio Paucerna and the Rio Verde; preliminary studies indicate that several of these species are new to science (Table 1).

Most riparian habitats can be visited at the tourist facilities of Flor de Oro and El Refugio, as well as near the communities of Florida, Porvenir, and Piso Firme. Examples of termite mound savanna are found at Los Fierros and Flor de Oro and there are interesting sites near Mangabalitos and south of Laguna Bellavista. This last locality is particularly interesting, because, unlike Flor de Oro and Los Fierros, it never has been subjected to cattle grazing. Pampa aguada exists only outside the limits of the park, south of the Río Tarvo along a portion of the Río Paraguá known as the Alto Paraguá. The northern section of the pampa aguada is protected by the El Refugio Ecological Reserve, while in the southern section there are several operating cattle ranches. Palm swamps occur near the Cuatro Vientos lake, is located approximately 5 miles north of the crossroads between the El Choré sawmill, Los Fierros and the community of Florida.

Table 1. Species new to science discovered from collections made in the park and adjacent regions.

Taxon	Habitat	Collection Number
Schizaeaceae		
Anemia sp. (pers. com. R. C. Moran)	campo rupestre	Arroyo 190
Compositae		
Aspilia sp.	cerrado	Soto, Panfil Moore & Soliz 310
Calea nematophylla Pruski	sabana húmeda	Gutiérrez, Quevedo & Mamani 899
Psedogynoxys lobata Pruski	laja granítica	Mostacedo, Saldías, Guillén, Gutiérrez & Arroyo 974
Legumiosae		
Mimosa huanchacae Barneby & Grimes	bosque deciduo	Peña & Foster 223
Vigna sp. (pers. com., B. Verdourt)	Laja granítica	Killeen & Wellens 6305
Lythraceae		
Diplusodon bolivianus T. Cavalcanti & S. A. Graham	bosque de galería	Killeen, Panfil & Arroyo 4845
Malphigiaceae		
Janusia sp. (pers. com., W. R. Anderson)	bosque semideciduo	Killeen 6488
Malvaceae		
Pavonia boliviana Fryxell	bosque deciduo	Nee 41283
Hibiscus ferrierae Krapovokas & Fryxell	pampa termitero	Peña & Foster 226
Moraceae		
Ficus sp. (pers. com., C. C. Berg)	bosque húmedo alto	Foster 13950
Rutaceae		
Esenbeckia sp. (pers. com. J. Kalunki)	laja granítica	Killeen 6323
Bromeliaceae		
Fosterella vasquezii E. Gross & P. Ibisch	bosque semideciduo	Ibisch 93.0652,
Cyperaceae		
Bulbostylis sp. (pers. com., R. Kral)		
Eriocaulaceae		
Eriocaulon sp. (pers. com., N. Hensold)	acuatica / rupestre	Arroyo 741
Eriocaulon sp. (pers. com., N. Hensold)	acuatica / rupestre	Killeen 7520
Syngonanthus sp. (pers. com., N. Hensold)	pampa termitero	Peña 333
Orchidaceae		
Catasetum justinianum Vásquez & Dodson (ined.)	cerrado	Vásquez 2458
Epidendrum morenoi Vásquez & Dodson (ined.)	bosque de galería	Vásquez 2501
Epidendrum sp. (pers. com., R. Vasquéz)	bosque húmedo alto	Vásquez 996
Xyridaceae		
Xyris sp. (pers. com., R. Kral)	cerrado	Saldias, Jardim & Surubí 3777
Xyris sp. (pers. com., R. Kral)	pampa termitero	Guillén et al., 3904
Xyris sp. (pers. com., R. Kral)	cerrado	Mostacedo & Cabrera 1985
Xyris sp. (pers. com., R. Kral)	campo húmedo	Guillén, Mayle, Solíz & Surubí 4175
Xyris sp. (pers. com., R. Kral)	campo húmedo/ rupestre	Killeen, Blake & Graham 7480
Xyris sp. (pers. com., R. Kral)	pampa termitero	Guillén, Gutiérrez, Mostacedo & Menacho 2572

Granite and Sandstone Outcrops

Several successional plant communities grow on rock outcrops, ranging from colonies of lichen and moss on essentially bare rocks to outcrops entirely covered by dense scrub. A good example of this type of vegetation is a granite inselberg archipelago located approximately 30 km west of the Río Paraguá, near the Cerro Pelão sawmill (Ibisch et al. 1995). The most striking species in this locality is *Vellozia tubiflora* (Velloziaceae), which has a very characteristic life form with a candelabra-like branching pattern; it forms large clonal colonies that are of unknown age, but that probably are very old. Other conspicuous features of outcrops are colonies of bromeliads (*Pseudoananus, Ananus, Tillandsia*) and spiny shrubs (*Mimosa, Acacia, Commiphora*), while lithophytic orchids such as *Cattleya nobilor* and *Cyrtopodium paranaense* are common. Usually patches of semideciduous forest are associated with the granite outcrops forming small forest patches dominated by *Amburana caerensis* and *Pseudobombax marginatum*.

Sandstone outcrops are found above the cliffs of the Huanchaca Plateau and these offer a type of microhabitat within the campo cerrado and campo rupestre formations. Cliffs on the western side have been little studied because they are difficult to reach, but their physical characteristics indicate a distinct flora. Sandstone outcrops near the guard-post at Las Torres encampment form horizontal pavements within a matrix of deciduous forest. For the most part, plants growing on sandstone pavements belong to the cerrado formation, but in areas with water seepage, there is a very distinct plant community composed of annual species of grass, as well as the herbs *Polygala timoutoides, Polygala glochidiata, Drosera montana, Utricularia* spp., *Xyris paraensis* and *Syngonanthus densiflorus*. On top of the plateau, streams have eroded deep, narrow gorges along their watercourse where rich fern communities may be found. Similarly, the constant dew and high humidity of the El Encanto, Ahlfeld, and Arco Iris waterfalls sustain plant communities that are rich in lithophytic species.

FLORA

Our knowledge of the flora in Parque Nacional Noel Kempff Mercado is well advanced, but the number of species in the checklist will increase through new collections or a more detailed study of the samples that have already been collected and identified. The current vascular plant list includes 2,705 species of plants based on approximately 15,000 samples that have been collected over the last ten years of work (Appendix 1). It is estimated that the area harbors some 4,000 species of vascular plants, of which 1,500 would occur in moist forest, 800 in cerrado, 700 in dry forests, 500 in savanna wetland, and another 500 in aquatic habitats, rock outcrops and disturbed habitats. Some 6,000 additional specimens are in the process of identification and the field work is still underway; without a doubt, a large number of taxa still will be added to the list.

Twenty-six new species to science have been recognized based on specimens collected in the park and surrounding areas (Table 1). Certainly, more new species will be discovered, particularly among specialized groups of plants that occur in island-type habitats, such as granite inselbergs and campo rupestre. These studies have produced many new records for Bolivia, at the family, genus, and species level. For example, eight of the 15 species collected (53%) from the family Eriocaulaceae and 18 out of a total of 33 species (54%) from the family Chrysobalanaceae are new records for Bolivia.

Diversity

The most diverse family is the Leguminosae, which includes a large number of taxa in all the different ecosystems and which occurs in every possible life form category with the exception of epiphytes (Table 2). Certain families are diverse in all the different habitats, such as Rubiaceae, Melastomataceae, Bignoniaceae, Apocynaceae, Euphorbiacae and Orchidaceae, while others are more important in specific ecosystems. The Gramineae, Cyperaceae, Labiatae, and Compositae are most diverse both in savanna wetland and cerrado savanna habitats, while the Lythraceae, Stercurliaceae, Onagraceae, Eriocaulaceae, and Xyridaceae reach greatest diversity in savanna wetlands. Most of the families reach their greatest diversity in evergreen forests, but some families are particularly diverse within this ecosystem and somewhat poorer in the rest, such as Moraceae, Lauraceae, Annonaceae, Chrysobalanaceae, Piperaceae, Heliconiaceae and Olacaceae. In contrast, the deciduous and semideciduous forest flora is particularly rich in Leguminosae as well as in the families Rutaceae, Apocynaceae (especially the genus *Aspidosperma*), Bombacaceae and Sapindaceae (Table 2).

Studies of the floristic diversity of the tropical regions typically are carried out through the use of standardized methods that record trees with diameters greater than 10 cm or trees and lianas with diameters greater than 2.5 cm. This approach is limited when trying the assess the floristic diversity of areas such as Parque Nacional Noel Kempff Mercado, which is characterized by an abundance of non-forest habitats. In order to obtain simple and accurate measurements of the floristic diversity of savanna habitats, we have used the line-intercept method for a quantitative study of grassland vegetation (Tables 3 and 4). We have yet to employ a method that provides a comparative measurement of diversity in habitats such as rock outcrops, riparian communities or other highly fragmented or difficult to access habitats. In all habitats, the contribution to plant species diversity made by shrubs, herbs, lianas and other life forms represents the bulk of the species that are found in those ecosystems (Figure 8).

Upland humid forest formations are the most diverse habitats in the region in terms of species diversity (Tables 2 and 5). Quantitative measurements based on forest inventories of one hectare plots show that species richness is moderate when compared to other regions in Amazonia and that it is similar to other lowland forest formations studied to date in Bolivia (Boom 1984, Siedel 1995, Smith and Killeen 1996). Research carried out to date has focused on tall and liana forest formations. Richness of species in dry forest formations predictably is less if compared to moist forest formations, but is similar to other dry forests of Bolivia, Brazil, Argentina, Paraguay and Central America (Gentry 1995). Studies carried out in other tropical regions show that poorly drained forests generally have lower tree diversity since fewer species are adapted to the harsh conditions presented by the anaerobic condition of soils. The results of studies conducted within the park conform to this generalization (Table 5).

A comparison between the cerrado communities shows that diversity varies according to community structure; moderately wooded communities have higher diversity when compared to densely wooded communities (cerradão) or open sites (campo limpo). This is due to the fact that species diversity is related to diversity of life form and intermediate communities (campo cerrado and cerrado) where the woody stratum is well developed, but still relatively open, show the highest levels of species diversity (Table 3). A comparison between two sites of campo cerrado in the park shows that diversity on top of the plateau is higher when compared to the adjacent lowland plains. The cerrado savanna sites near Los Fierros generally form ecotones between inundated termite savanna and evergreen forest; as such, they probably were formed relatively recently by the action of fire. In contrast, the cerrado communities located on top of the plateau probably persisted over many thousands of years due to the shallow, infertile soils derived from the sandstone substrate and the high frequency of lightening induced fire along the plateau escarpment.

Wetland savanna generally is not considered to be rich in species and the lowest levels of alpha diversity within the park have been recorded in this habitat type (Table 4). Nevertheless, due to the wide range of flooding regimes and often narrow habitat requirements of individual species, total diversity in savanna wetland ecosystems, when considered as a whole, is quite significant (Table 2). In addition, the principal wetland savanna formations differ from one another in species composition and, although they may share some species, the relative abundance of individual species is markedly different. There also is considerable variation between the termite mound pampas of the region; all three termite mound pampas sites that we visited show differences in

their physiognomy, structure and floristic composition (Gutiérrez 1995).

Diversity of riparian habitats generally is considered low when compared to other forest associations; this is confirmed when comparing tree diversity in flooded forest communities as opposed to upland forest communities. Nevertheless, habitat diversity along rivers is quite impressive and the diversity of lianas and shrubs is considerable. The fact that these plant communities grow in dense, often impenetrable scrub and also are flooded throughout most of the year has made the study of their diversity difficult.

Figure 8. The relative abundance of the different life forms in the five main ecosystems present in Noel Kempff National Park.

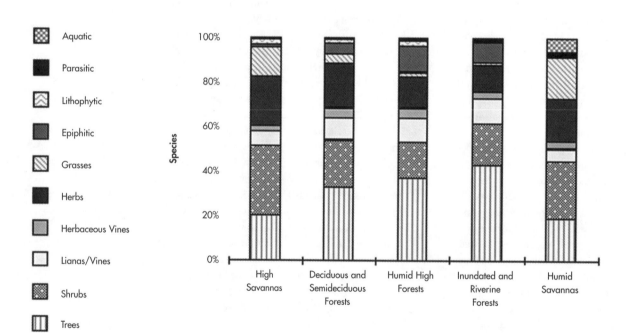

CONSERVATION INTERNATIONAL

Rapid Assessment Program

Table 2. Species richness for each of the five ecosystems present in the region; values are based only on general collections identified to level of species.

	Cerrado	Dry Forests	Humid Forests	Inundated Forests	Savanna wetland	Total
Ferns	**24**	**20**	**85**	**21**	**15**	**151**
Adiantaceae	3	7	8	4	1	20
Polypodiaceae			15	3	1	18
Blechnaceae	1	1	9	1	1	11
Schizaeaceae	5	5	2	2		10
Aspleniaceae			9			9
Monocotyledons	**115**	**97**	**150**	**78**	**180**	**574**
Gramineaea	57	24	22	7	72	153
Orchidaceae	14	23	62	28	13	131
Cyperaceae	22	7	9	8	36	71
Bromeliaceae	4	6	5	7	31	
Palmae	4	3	14	12	5	27
Araceae	2	6	13	2	3	25
Eriocaulaceae	3	1			10	19
Marantaceae		10	5	1	1	16
Heliconiaceae			3	7	1	12
Xyridaceae	1	2	2	1	8	12
Dioscoreaceae	3	3	6		1	10
Alismataceae				1	5	9

	Cerrado	Dry Forests	Humid Forests	Inundated Forests	Savanna wetland	Total
Dicotyledons	**462**	**433**	**749**	**456**	**450**	**1978**
Leguminosae	62	71	72	52	49	233
Rubiaceae	35	26	66	36	31	140
Compositae	43	14	21	13	26	103
Euphorbiaceae	19	17	21	20	21	91
Bignoniaceae	19	25	43	23	17	85
Melastomataceae	16	16	32	15	21	79
Apocynaceae	14	10	23	14	15	63
Malpighiaceae	20	15	25	16	10	60
Sapindaceae	11	12	28	13	10	60
Moraceae	2	12	27	21	2	54
Myrtaceae	17	12	11	9	12	47
Convolvulaceae	14	10	8	3	14	43
Malvaceae	6	6	7	3	8	36
Chrysobalanaceae	7	5	17	17	7	33
Lauraceae	1	4	12	14	9	33
Guttiferae	8	6	9	6	7	29
Sterculiaceae	4	8	14	8	11	29
Acanthaceae	4	6	13	4	3	25
Annonaceae	5	2	11	7	3	25
Sapotaceae	2	7	9	8	2	23
Verbenaceae	7	5	10	6	6	23
Combretaceae	4	8	15	6	6	22
Polygalaceae	5	4	3	3	6	20
Vochysiaceae	8	7	9	3	2	20
Piperaceae		3	17	4		19
Solanaceae	2	3	9	3	5	19
Myrsinaceae	8	4	6	6	5	18
Labiatae	4		2	1	8	17
Lythraceae	6	2	5	1	7	17
Ochnaceae	5	4	6	1	8	17
Olacaceae	2	4	10	3	2	17
Burseraceae	3	7	4	6		16
Meliaceae		5	9	4		16
Bombacaceae	2	9	8	4		15
Dilleniaceae	6	1	8	7	7	15
Rutaceae	3	7	6	2	1	15
Tiliaceae	2	5	8	4	3	14
Polygalaceae	1	2	2	6	6	14
Total	**602**	**550**	**984**	**556**	**645**	**2,705**

CONSERVATION INTERNATIONAL

Rapid Assessment Program

Table 3. The relationship between life form and species diversity in four permanent plots established in cerrado savannas in Parque Nacional Noel Kempff Mercado; the samples are based on a line intercept of 200 m.

Life Form	Open Savanna (Las Gamas)		Shrub Savanna (Los Fierros)		Open Woodland (Las Gamas)		Closed Woodland (Los Fierros)	
	fam	spp.	fam	spp.	fam	spp.	fam.	spp.
graminoids	5	34	3	26	3	28	2	22
forbs	11	16	22	45	14	22	16	31
bamboos?	3	3	1	1	2	3	2	2
lianas			2	2	2	3	1	1
subarbusto?	19	25	17	32	28	79	14	20
shrubs			7	9	26	49	20	26
trees			9	15	12	20	6	10
palms					1	1		
Total		76		110		145		75

Table 4. The relationship between life form and species diversity in three permanent plots established in seasonally inundated savanna in Parque Nacional Noel Kempff Mercado; the samples are based on a line intercept of 200 m.

Life Form	Puerto Pasto		La Toledo		Flor de Oro	
	fam.	spp.	fam.	spp.	fam.	spp.
graminoids	2	20	6	42	5	42
forbs	9	25	15	21	12	15
vines	6	9	3	3	3	4
lianas	4	5	2	2	4	5
subarbusto?	1	1	5	8	3	3
shrubs	7	9	16	20	19	25
trees			4	4	5	5
epiphytes			1	1		
parasites	1	1				
Total		66		96		99

Table 5. A comparison of ten one hectare plots established in the park and adjacent regions for all plants ≥10 cm dbh.

Locality	Forest Type	Family	Species	Abundance	Basal Area (m2)
Las Torres-1	Deciduous Forest (cerradão)	21	40	456	9.90
Las Torres-2	Deciduous Forest (cerradão)	23	32	412	9.50
Cerro Pelao-1	Semi-deciduous Forest	23	46	552	20.30
Cerro Pelao-2	Semi-deciduous Forest	29	62	478	24.53
Los Fierros -1	Tall Evergreen Forest	36	102	615	25.31
Los Fierros - 2	Tall Evergreen Forest	32	81	575	29.96
Las Gamas	Gallery Forest	33	83	665	34.25
Las Torres	Forest Island	30	78	923	23.27

Table 6. Floristic similarity using Sorenson's Index (%) among the five major ecosystems in the park; values are based on general collections.

	Deciduous Forests Semideciduous	Upland Humid Forests?	Inundated Riverine Forests	Humid Savannas
Upland Savanna	114 (19.8)	106 (13.4)	56 (9.7)	159 (25.5)
Deciduous and Semi-Deciduous Forest		170 (22.1)	97 (17.5)	78 (13.1)
Upland Humid Forest			225 (29.2)	103 (12.7)
Inundated Riverine Forest				101 (16.8)

BIOGEOGRAPHY

The Huanchaca region is located in a climatic tension zone where Amazonian upland and flooded forests intermingle with dry forests and cerrado savannas. Furthermore, the savanna wetland complex is closely related to the grassland and swamp ecosystems of the Gran Pantanal region. In no other part of the continent can one find five such dramatically different ecosystems in a single region.

The tall evergreen forest formations are dominated by taxa commonly found in central and eastern Amazonia, a tendency demonstrated by two common emergent tree species (*Erisma gracile* and *Qualea paraensis*). It is clear that these forests are floristically distinct from the moist forests of western Amazonia and the Andean piedmont. A comparison with the forests of the premontane Andes shows that flora of Parque Nacional Noel Kempff Mercado is different from Amboró National Park (Department of Santa Cruz), Beni Biological Station (Department of Beni), and the Pilón Lajas Indigenous Territory (departments of Las Paz and Beni) (Vargas 1995, Smith and Killeen 1997).

It is important to note that the two dry forest formations described here are not two different phases of the same plant association. They are floristically distinct from one another and less than 5% of the trees recorded in four permanent plots have been found in both types of dry forest. Semideciduous forest communities are essentially the northern projection of the more widely distributed forests that occur throughout most of Santa Cruz Department and recently has been designated as Chiquitano Dry Forest (Beck et al. 1993). Chiquitano forest is similar floristically to the deciduous forests that occur in the Misiones region of eastern Paraguay and the premontane forests of northwestern Argentina (Prado and Gibbs 1993); there are also several dominant taxa that are widely distributed in central and northeastern Brazil (Furley and Ratter 1988, Ratter et al. 1978). This pattern shows a link with the seasonally dry climate, but this forest type is restricted to relatively fertile soils (mesotrophic) or calcareous soils. The same

phenomenon is repeated in Bolivia, where this type of forest occurs on soils that may have developed directly from metamorphic rocks (Killeen et al. 1990). Although this semideciduous forest has a geographic distribution similar to the cerrado ecosystem, there are few shared species between them and they should be treated as separate biogeographic entities (Table 6).

In contrast, a comparison of plant specimens collected from deciduous forests (vegetation map insert, map unit 23) shows that most species (~70%) also have been collected in some other cerrado community. Consequently, this forest is most appropriately viewed as a variant of cerrado vegetation (e.g., cerradão); nonetheless, it has distinct characteristics when it is compared to other examples of cerradão. The most common form of cerradão is a plant community dominated by species with evergreen, sclerophyllous foliage; it is essentially a dense version of the more common cerrado savanna that occurs on somewhat deeper soils. In contrast, the deciduous forest located on the northeastern slopes of the Serranía de Huanchaca grows over rocky, superficial soils; the woody stratum is more robust and is completely deciduous, as well as lacking a well developed grass stratum. Dominant species are not the same when compared to the typical cerradãos of the plateau; thus, this type of dry forest is considered to be a previously unknown vegetation type within the cerrado vegetation.

It is important to note that the distribution of many species of the cerrado are restricted to the biogeographic region of the Central Brazilian Plateau. The cerrado region that occurs in central Brazil is generally described as a region covered with savanna vegetation that separates the moist Amazonian forests from the moist coastal Brazilian forests. A more precise view is of a reticulated mosaic of semideciduous forest, cerrado savanna, and savanna wetlands, in which every vegetation type (and flora) is associated with a different geomorphological landscape (Cochrane et al. 1985, Oliviera-Filho and Ratter 1995). This has led to divergent evolution within several taxa and the cerrado biome is well known for containing high numbers of endemic taxa. For example, the family Gramineae is characterized by having many vicariant species pairs, a proliferation of species complexes, and intergrading races that are geographically restricted (Killeen 1990, Killeen and Kirpes 1991, Killeen and Rúgolo 1992). Bolivian cerrados basically are peripheral to the cerrado biogeographic region and the Huanchaca Plateau is separated by the wide valley of the Río Iténez from other similar sandstone plateaus that extend towards the north from Mato Grosso to southern Rondônia.

It is generally recognized that the flora of the cerrado has more similarities at a generic level to Amazonian forests than to the semideciduous forests or the scrublands of the Gran Chaco. A comparison between the flora of these ecosystems reveals the biogeographic similarity between the moist forest and the cerrado, which share species of the same genus (Rizzini 1963): the most note-worthy examples in the Huanchaca region are Vochysiaceace (*Qualea, Vochysia*), Leguminosae (*Dypterix, Hymenea*), Bignoniaceae (*Jacaranda*), Annonaceae (*Annona, Duguetia*), Araliaciae (*Didymopanax*), Chrysobalanaceae (*Hirtella, Licania, Parinari*) and Apocynaceae (*Himantanthus, Aspidosperma*). There are several examples of shared genera between Chiquitano forest and cerrado and semideciduous forest, especially in the families Bignoniaceae (*Tabebuia*), Bombacaceae (*Pseudobombax, Eriotheca*), Combretaceae (*Terminalia*) and Boraginaceae (*Cordia*). Nevertheless, there are more floristic affinities of woody species at the generic level between the cerrado savannas and humid evergreen forest, than between cerrado and semideciduous forests.

Savanna wetland communities are generally formed by species widely distributed in the Neotropical regions. A comparison with studies carried out in the department of Beni (Beck 1984), La Paz (Haase and Beck 1989) and other regions of the department of Santa Cruz (Killeen and Nee 1991) show general similarities in terms of composition and structure.

ECONOMIC BOTANY

The park and the surrounding region have a histo-ry of sustainable use of their natural resources, and continue to provide important plant resources to the Bolivian economy. The extraction of rubber was the main economic activity in the region during the rubber boom of World War II and there were numerous rubber concessions along the Río Iténez and the Bajo Paraguá. Most of the conces-sionaires on the Bajo Paraguá came from San Ignacio de Velasco, while the ones along the Iténez were migrants from Beni and Brazil. Some of these concessions were exploited until the mid 1980s, when subsidies in Brazil ended and prices crashed; currently, rubber is exploited only for local use.

Lumber exploitation started in this region in the beginning of the 1980s and continues to this day; this activity is done mostly by large companies based in Santa Cruz de la Sierra. Initially, timber exploitation targeted mahogany (*Swietenia macro-phylla*), which had a sufficiently high price in export markets to cover the transportation costs to this remote region of Bolivia. With the extirpation of mahogany populations, lumber companies are exploiting *Amburana cearensis* (*roble*) and *Cedrella fissilis* (*cedro*). *Schizolobium amazonicum* (*serebó*) has been exploited in small quantities to build crates to transport mahogany. The current levels of timber extraction in the Bajo Paraguá Reserve is approximately 20% that of what it was during its peak in 1987, and the current sustainability of its operations is dubious. Unless there is a shift to other species, it is improbable that timber stocks will last more than five years.

There are other species that may be exploited in the near future, especially the high quality lumber produced by the "*cambarás*" (*Qualea paraensis* and *Erisma gracile*) and "*almendras*" (*Dipteryx odorata* and *Apuleia leiocarpa*). The commercial viability of these timber species remains in doubt; low prices and a lack of a stable export market could render it unprofitable. Internal Bolivian markets currently are being stocked by high quality lumber produced in forests located closer to the country's three major cities. Nevertheless, the existing road network, which was built during the mahogany boom, and the potential to reduce export costs through direct sale into Brazilian markets could make lumber operations viable in the near term.

Heart of palm (*palmito*) has been exploited for approximately the same period of time as mahogany. The industry is based on a single species, *Euterpe precatoria* (asaí), a slender arboreal palm that forms an important part of the forest canopy. *Asaí* is abundant locally in certain types of swamp forests and as many as 200 trees/ha have been recorded in this type of habitat (Arroyo 1995). The *palmito* is the terminal meristem (bud) and since this species does not produce basal buds, the palm tree must be sacrificed in order to harvest the palmito. Two palm trees are required to produce one can of palm hearts. Fortunately, the meristems of immature plants have no commercial value, since they have an elongated axis instead of the compact buds typical of mature plants. This morphologic characteristic ensures that at least some individuals in each population survive each harvest. Unfortunately, an individual palm tree may take up to 80 years to reach reproductive age and the current intensive harvesting of this species is not sustainable (M. Peña, pers. comm.).

Inhabitants of the towns of Florida, Puerto Rico, Porvenir, and Piso Firme use the forest to obtain a wide variety of plant products. The most important are for materials used to build houses. "*Tejeras*" are tall, slender tree trunks used for rafters in roofs; the most sought after are rot-resistant species in the Annonaceae, also known as *piraquinas* (*Xylopia, Guatteria, Unonopsis*). The bark from the same trees are also the source of a tough fiber that is used to tie the thatch to the roof superstructure. The thatch comes from the same *asaí* palm that is commercially exploited for *palmito*; as many as 200 palms are needed to build a small 10 x 20 m structure. Over-exploitation of this species has forced local residents to make long journeys to find sufficiently abundant populations to fulfill their needs.

Finally, forest and savanna habitats provide a wide variety of edible fruits and seeds that are used to supplement the diet of local inhabitants. In general, the Chiquitano people do not actively search for these products, preferring to dedicate their efforts to farming, hunting and fishing. This ethnic group does not have extensive knowledge of the medicinal plants of the region, as most Chiquitano residents have migrated into the area since the middle of the 1970s. The native indigenous group, the Guarasug'we, are extinct and their knowledge of the forest flora has disappeared with them.

INFORMES TÉCNICOS

VEGETACION Y FLORA DEL PARQUE NACIONAL NOEL KEMPFF MERCADO

Timothy J. Killeen

INTRODUCCIÓN

El Parque Nacional Noel Kempff Mercado es reconocido como una unidad de conservación importante por la alta diversidad de sus hábitats. Este tipo de diversidad (conocida como diversidad *beta*) lleva, como consecuencia natural, una gran riqueza de especies porque cada hábitat cuenta con organismos especializados y característicos. Este tipo de diversidad se manifiesta notoriamente mediante una evaluación de los diferentes tipos de vegetación presente en la región.

En los últimos años, la vegetación ha sido estudiada mediante un proyecto organizado por el Museo de Historia Natural Noel Kempff Mercado (Universidad Autónoma Gabriel René Moreno) con la asistencia técnica del Jardín Botánico de Missouri. Este proyecto contempla un inventario florístico tradicional y la caracterización de las comunidades vegetales del Parque y zonas aledañas. Después de casi cuatro años de investigaciones intensivas, existe ya bastante información sobre las formaciones vegetales principales de la zona. Hasta agosto de 1996, un total de 32 diferentes parcelas permanentes han sido establecidas con el fin de documentar la diversidad, estructura y composición de las formaciones vegetales principales del Parque. La superficie de la zona (~40,000 km^2) y la falta de acceso, no permiten una interpretación directa de todo el área de interés. Consecuentemente, es necesario extrapolar la información recopilada de áreas mejor conocidas y relacionarla a áreas menos accesibles. Se ha logrado una clasificación vegetal utilizando datos digitales provenientes de imágenes satelitales y programas computerizadas para procesarlas.

El mapa de la formaciones vegetales cubre aproximadamente 60,000 km^2 incluyendo el área propuesta para la expansión del Parque, el sector Este de la Reserva Forestal Bajo Paraguá y áreas adyacentes de Rondonia y Mato Grosso (Brasil). Se presenta 25 unidades de mapa organizadas en cinco ecosistemas representadas en la zona. La superficie de cada unidad en todo el área se presente en Figura 5, además de datos similares para la parte del mapa que corresponde a Bolivia, el Parque actual y el Parque después de su expansión hasta los Ríos Paraguá y Tarvo.

CLASIFICACIÓN DIGITAL DE IMÁGENES SATELITALES

El mapa de vegetación fue elaborado en base a imágenes satelitales Landsat TM, que registran la intensidad de reflexión de la radiación solar desde la Tierra hacia el espacio. El procesamiento de los datos digitales ha sido realizado en colaboración con el Programa Pathfinder de la National Aeronautics y Space Administration (NASA) de los Estados Unidos y el Departamento de Geografía de la Universidad de Maryland.

El fundamento para la interpretación de las imágenes satelitales reside en tendencias entre áreas con el mismo tipo de vegetación al tener reflexiones espectrales similares. La reflexión de radiación solar depende de las características fisionómicas de cada tipo de vegetación, tales como: espesura de la masa verde, grado de caduci-folia, densidad de tallos leñosos, heterogeneidad del dosel, color del suelo, humedad del suelo y la presencia de agua superficial sobre el suelo. Una clasificación digital es un predictor confiable del

USO DE LA TIERRA EN PARQUE NACIONAL NOEL KEMPFF MERCADO Y SUS ALREDEDORES

parque antes de su expansión

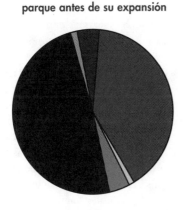

parque despues de su expansión

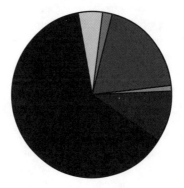

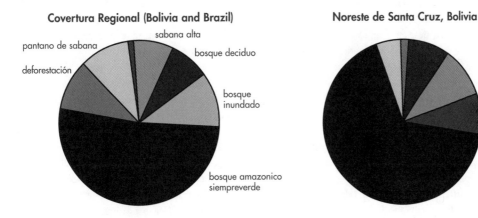

Figura 5. El uso de tierra en el Parque Nacional Noel Kempff Mercado. Los gráficos muestra el porcentage de los hábitats principales del parque antes y despues de su expansión en 1997; además del porcentaje en este región de Bolivia y en las regiones colindantes de Bolivia y Brasil.

Uno de los tipos de vegetación más abundante en el Parque Nacional Noel Kempff Mercado es la sabana de suelos bien drenados, que varían desde poco profundos y rocosos hasta profundos y altamente meteorizados.

hábitat en alguna localidad específica; pero, en algunos casos, hace falta precisión porque ciertas comunidades vegetales, que difieren en su composición florística, pueden tener una estructura y características espectrales similares.

La clasificación fue derivada de los datos de las bandas de Landsat TM: 2 (verde), 3 (rojo), 4 (infrarrojo cercano), 5 (infrarrojo media) y 6 (infrarrojo media). El Parque está situado en tres diferentes *scenes* (un archivo digital de los datos de un cuadrante específico) que incorporan diferente secciones del Parque; los tres *scenes* utilizados fueron 230/69, 230/70 y 229/70 (ver Figura 6). Los *scenes* fueron georeferenciados por puntos de referencia fáciles de reconocer en la imagen; por ejemplo, localidades antropogénicas como cruces de caminos, pistas de aterrizaje, campamentos y pueblos, además de unidades naturales como islas de bosque, cascadas de ríos y bahias ribereñas. Las coordenadas de los puntos de referencia fueron tomados en el terreno mediante un aparato manual de *un sistema de posicionamiento geográfico* (GPS).

El mapa de vegetación es el resultado de una "clasificación supervisada", donde se utilizan ciertas localidades con vegetación conocida como "áreas de entrenamiento". Cada clase de vegetación contó con cinco hasta 20 áreas de entrenamiento, donde se seleccionaron 100 hasta 2000 *pixeles* en la imagen para establecer sus características espectrales; un *pixel* es un dato de información que corresponde a un cuadrante terrestre de 30 x 30 m. Los *pixeles* seleccionados fueron utilizados para determinar los promedios y desviaciones estándar para cada uno de las cinco bandas de Landsat TM. Estos dos parámetros estadísticos fueron utilizados por un módulo del programa de computación PCI® para agrupar otros *pixeles* de la misma imagen con características espectrales similares.

La clasificación fue elaborada de manera repetitiva y los resultados de las primeras iteraciones fueron utilizados para perfeccionar los resultados de las versiones posteriores. Productos fotográficos de las imágenes fueron utilizados durante las expediciones de campo en 1994 y 1995 para relacionar características espectrales

con unidades ambientales. Un mapa preliminar fue producida y verificado en el campo durante tres campañas de campo en septiembre, octubre y noviembre de 1995. En total, el mapa se basa en datos recopilados en transectos en tierra (~150 puntos) y por observaciones de avioneta (~350 puntos). La última iteración fue realizada separadamente por cada *scene* para producir archivos *raster* (archivo gráfico en base a *pixeles*). Los archivos raster fueron importados al programa ARCINFO® y transformados a archivos de *vectores* (archivo gráfico en base a polígonos) para facilitar la redacción del mapa. Después de terminar la redacción de los tres distintos scenes cada archivo vector ha sido transformado de nuevo a un archivo *raster* para ser fusionados en un solo mapa digital.

La clasificación digital fue redactada para corregir errores donde tipos de vegetación distintos se agrupaban erróneamente debido a similitudes en su estructura. Un problema común está relacionado al régimen hídrico, donde comunidades estacionalmente inundadas se confunden con otras bien drenadas porque las imágenes utilizadas fueron del mes de julio, cuando el nivel de inundación es mínimo. Valles y pendientes con sombra o reflexión de luz fuerte distorsionan la interpretación de las imágenes, dando clasificaciones erróneas a la vegetación de estos paisajes. La presencia de incendios periódicos también pueden introducir errores en una clasificación. Un pastizal no quemado por varios años contiene más material vegetal senescente con un alto nivel de reflexión (*albidence*); en cambio, una localidad recién quemada absorbe la mayoría de luz por estar ennegrecido de cenizas, mientras que después de varias semanas la misma localidad presenta un césped denso y verde. La única manera de corregir estas situaciones es mediante información proveniente de otras fuentes, tales como mapas topográficos, datos edáficos, comparaciones temporales u observaciones directas. Este mapa, por ser el primero de esta área, tiene algunos errores; para minimizarlos, se ha fusionado ciertos tipos de vegetación cuando no hubo confianza en la capacidad de distinguirlas en base a datos espectrales.

FORMACIONES VEGETALES

Sabanas de Tierras Altas (*Campos y Cerrados*)

Uno de los tipos de vegetación más abundante en el Parque Nacional Noel Kempff Mercado es la sabana de suelos bien drenados, que varían desde poco profundos y rocosos hasta profundos y altamente meteorizados. Conocida como la formación del cerrado, esta formación representa una gama de comunidades vegetales que varía de pastizales abiertos hasta sabanas densamente pobladas por árboles y arbustos (Eiten 1972, 1978). Los *campo limpos* y *campo sujos* (sabanas abiertas y arbustivas) se encuentran típicamente en superficies planas sobre la meseta de Huanchaca (inserción mapa de vegetación, unidad de mapa 11). Estas sabanas abiertas se desarrollan en lugares donde el suelo tiene poca profundidad (20 a 40 cm) y el perfil completo se seca periódicamente durante períodos prolongados en la estación seca, inhibiendo de este modo el desarrollo de un estrato leñoso denso y más rico (mapa de vegetación, unidad de mapa 11). Frecuentemente, son asociados con *campos rupestres* (sabanas abiertas con rocas) se encuentran en campos rocosos, ubicados sobre la meseta, donde los efectos secantes de los vientos casi constantes se encuentran yuxtapuestos con períodos intermitentes de niebla. Varias de las especies leñosas halladas en esta asociación están arraigadas en las grietas de los afloramientos rocosos, razón por la cual "escapan" al fuego, mientras que se encuentran litófitas ocasionales arraigadas en la rocas areniscas y cuarcitas. En zonas donde los suelos son más profundos y la humedad del subsuelo se retiene por períodos más prolongados, los *campos cerrados* (sabanas arboladas) y el *cerrado* (matorral abierto) desarrollan un complemento rico en especies herbáceas y leñosas, mientras que el cerradão (matorral cerrado) es un tipo de vegetación densa, en el que los pastos y hierbas disminuyen en diversidad y abundancia y donde la estructura del componente leñoso se aproxima a la de la vegetación de un bosque (mapa de vegetación, unidad de mapa 12, 13, 14).

La fisionomía de las sabanas del cerrado es característica y fácilmente reconocible; como todas las sabanas, está dominada por una cobertura continua de pastos. Los árboles y arbustos generalmente presentan formas enanas y torcidas. La importancia del fuego en este ecosistema es evidente y las plantas leñosas muestran casi siempre evidencia de fuegos recientes. Varias especies muestran adaptaciones para evitar el daño producido por el fuego; la mayoría de las especies leñosas tiene una corteza gruesa y suberosa, mientras que la mayoría de los pastos, plantas herbáceas perennes y arbustos mantienen sus puntos de crecimiento debajo de la superficie del suelo. Los ritmos estacionales de las plantas en este ecosistema reflejan la presencia de fuego, así como de una estación seca de cinco meses de duración, que se extiende desde junio hasta octubre. Varias especies florecen sólo después de haber experimentado quemas recientes, asegurando así que las semillas y plantines permanezcan en zonas que no experimentarán fuegos en un futuro próximo (Coutinho 1982, Killeen 1990). Existe una intensa actividad de florecimiento en octubre y noviembre al iniciarse la estación lluviosa; pero existen números significativos de especies de plantas que florecen durante otros períodos del año. La caída de hojas de las plantas leñosas generalmente ocurre durante la estación seca y es típicamente asincrónica entre individuos de la misma especie. Esto se puede interpretar como una estrategia adaptativa para evitar los efectos nocivos del fuego, ya que no es raro observar plantas individuales que pierden el follaje nuevo debido a un fuego de fin de temporada.

Se encuentran varias especies dentro de la gradiente completa de vegetación; sin embargo, la gradación en tipos estructurales frecuentemente se ve acompañada por cambios en la forma de vida de las especies individuales. Algunas especies leñosas, tales como *Byrsonima coccolobifolia, Caryocar brasiliensis* y *Erythroxylum suberosum,* que se presentan como subarbustos en campos rupestres, pueden ser árboles de tamaño mediano en cerradão. Sin embargo, otras especies están restringidas o son más abundantes en un punto particular de la gradiente de vegetación; por ejemplo, *Vellozia variabilis* y *Parinari campestris* forman colonias conspicuas en comunidades de campo limpo con suelos arenosos poco profundos, mientras que *Vochysia haenkeana* y *Callisthene fasciculata* parecen estar restringidas a comunidades de cerrado o cerradão. Las especies con mayor cobertura varían entre las distintas comunidades vegetales dentro la formación del cerrado. Los árboles y arbustos de mayor abundancia encontrados en los diferentes sitios estudiados son *Qualea multiflora, Emmotum nitens, Myrcia amazonica, Pouteria ramiflora, Diptychandra aurantiaca, Kielmeyera coriacea* y *Alibertia edulis,* mientras que los subarbustos *Eugenia puncifolia, Senna velutina* y las hierbas *Chamaecrista diphylla, C. desvauxii, Ouratea spectabilis* y *Borreria* sp. se encuentra en casi todas las localidades visitadas (ver Apéndice 1).

Los *campos húmedos* (sabana abierta estacionalmente anegada) son humedales relacionados físicamente con los campos cerrados de la Meseta de Huanchaca. Estos constituyen pastizales abiertos en zonas donde la napa freática intercepta laderas o son adyacentes a manantiales naturales que producen flujo de agua. Típicamente, este tipo de vegetación forma un patrón dendrítico en el paisaje y ocupa una posición entre las sabanas bien drenadas ubicadas en los interfluvios y los arroyos en el fondo de valles angostos. En paisajes con suelos poco profundos situados sobre roca arenisca, los campos húmedos adyacentes se caracterizan por una periodicidad pronunciada en los flujos de agua, con pulsaciones de grandes volúmenes de agua después de lluvias y prolongados períodos de sequía del suelo. En contraste, otras zonas adyacentes a suelos más profundos o con manantiales naturales gozan de una descarga de agua más regular. Los estudios en hábitats similares del Brasil y Bolivia han mostrado que éstos son el hábitat de una comunidad especializada de especies de plantas (Killeen y Hinz 1992, Goldsmith 1974). Las observaciones preliminares revelan que *Paspalum malmeanum* y *Rhynchospora globosa* son las especies dominantes en varias localidades sobre la meseta de Huanchaca; también, están presentes especies graminoides de las familias Rapateaceae (*Cephalostemon microglochin*), Orchidaceae (*Cleistes paranaensis*), Iridaceae (*Sisyrinchium* spp.), Xyridaceae (*Xyris* spp.), y Eriocaulaceae

(*Eriocaulon* spp., *Paepalanthus* spp., *Syngonanthus* spp.), así como hierbas características de humedales de sabanas *Hyptis* y *Melochia* (ver Apéndice 1). Aunque este tipo de vegetación está más relacionado florísticamente con las pampas inundadas descritas más adelante, no pudo ser discriminada en el proceso de clasificación digital de los campos limpos, campos sujos y campos rupestres (mapa de vegetación, unidad de mapa 11).

La vegetación de cerrado se puede visitar dentro del Parque desde la Estación de Los Fierros; el cerrado y el cerradão están presentes en el margen norte de una sabana estacionalmente inundada y sobre una contrafuerte bajo de cuarcita. Se puede llegar a éste lugar tomando el camino hacia la antigua pista de aterrizaje (sitio original de Los Fierros), que parte del camino principal 10 km al sudeste de la estación. Se pueden observar ejemplos de campo cerrado, campo húmedo, campo rupestre y campo limpo, subiendo a la meseta por la senda que se origina al final del mismo camino (conocido como la senda de Geobol). El rango completo de comunidades de cerrado se puede observar también en los campamentos de Las Gamas y Huanchaca I. Se han documentado comunidades de cerrado sobre el Río Iténez, cerca de Mangabalitos y alrededor de la sabana inundada atrás de las instalaciones turísticas de Flor de Oro.

Bosques Deciduos y Semideciduos

La formación de bosque seco de mayor cobertura en el Parque es un *bosque deciduo* restringida al sector noreste de la meseta en un paisaje con una topografía accidentada y de suelos derivados de rocas areniscas (mapa de vegetación, unidad de mapa 21). El grado de caducifolia es pronunciado, ya que virtualmente todos los árboles pierden sus hojas durante un período prolongado en la estación seca. Las especies dominantes en la localidad Las Torres son *Copaifera langsdorfii* y *Terminalia fagifolia,* mientras que *Commiphora leptophleos, Callisthene microphylla, Erythroxylum tortuosum, Acacia multipinnatum* y *Diosporus* sp. son comunes. Existen numerosas trepadoras, pero éstas no dominan el dosel del bosque, mientras que colonias del bambú enano, *Actinocladum verticillatum* son comunes. En realidad, mucho de estos taxones

Savanna landscape on the Huanchaca Plateau; foreground, evergreen high forest; background, cerrado savanna and gallery forest.

Paisaje de sabana de la meseta de Huanchaca; en frente, bosque alto siempreverde; al fondo sabana del cerrado y bosque de galeria.

Evergreen liana forest.

Bosque siempreverde de lianas.

The western escarpment of the Huanchaca Plateau, with open campo sujo savannas situated near the escarpment and high evergreen forest on the lower slopes.

Los farallones occidentales de la Meseta de Huanchaca, con sabana abierta o campo sujo, ubicado cerca de los farallones y bosque alto siempreverde sobre las laderas inferiores.

Capsules of the banana-like giant patajú plant, *Phenakospermum guianensis*, the seeds are covered with bright red hairs that function as false arils.

Capsulas de la planta banananoide, el patajú gigante, *Phenakospermum guianensis*, las semillas están cubiertas con pelos rojos que funcionan como un falso arilo.

Headwaters of the Río Paucerna with cerrado and cerradão scrubland on valley sides; the vegetation is deciduous upslope and evergreen downslope.

Las caberceras del Rio Paucerna, con matorrales de cerrado y cerradão sobre las laderas del valle; la vegetación es decidua en la parte superior y siempreverde en el parte inferior de la ladera.

Wildfire is known to occur in almost all of the habitats of the park; in humid forest, it is typically a low intensity ground fire.

El fuego se conoce en todo los hábitats del parque; en los bosques húmedos ocurren tipicamente como un incendio de baja intensidad dol sotobosque.

Wetland habitats associated with the "black water" Rio Paraguá, the open grasslike areas are floating mats dominated by the sedges *Oxycaryum cubense* and *Fuirena umbellata*.

Humedales asociados con las aguas negras del Rio Paraguá, la vegetación abierta graminoide son colchas flotantes dominadas por las ciperáceas *Oxycaryum cubense* y *Fuirena umbellata*.

Disturbance events like changes in flooding regime cause forest die back leading to marsh formation.

Eventos de disturbio como los cambios en el regimen de inundación pueden ocasionar la muerte de árboles y la formación de pantanos.

Termite pampa is a shallowly inundated savanna covered with thousands of small raised termite mounds.

Pampa termitero es una sabana ligeramente inundada con miles de monticulos de termites.

Open campo limpo savanna on the Huanchaca plateau, three weeks after being burned at the end of the dry season.

Sabana abierta de campo limpo encima de la Meseta de Huanchaca, tres semanas después de un incendio al final de la epoca seca.

Bromelia balansae, one of eleven terrestrial bromeliads collected in the region.

Bromelia balansae, una de once bromeliáceas terrestres conocidas en la región.

The small tree *Cespedizia spathulata* has only been found growing along the edges of streams in gallery forest on the top of the plateau.

El árbol pequeño *Cerspedizia spathulata* solo se ha encontrado sobre los bordes de los arroyos de los bosques de galeria encima de la meseta.

Anacardium humile, a wild relative of the cashew, endemic to the cerrado savannas of Brasil, Bolivia and Paraguay; in the park it is restricted to the open savannas with superficial or rocky soils.

Anacardium humile, un pariente silvestre del cayú, una especie endemica de las sabannas del cerrado de Brasil, Bolivia y Paraguay; en el parque se encuentra solo en las sabanas abiertas con suelos superficiales y rocosos.

Aspilia leucoglossa, a cerrado endemic; a forb with a tough woody root stock capable of withstanding the frequent fires of the savannas.

Aspilia leucoglossa, una especie endemica del cerrado; una hierba con un raices leñosas capaz de sobrevivir los incendios frecuentes de las sabanas.

Euscarthmus rufimarginatus (Rufus-sided Pygmy Tyrant), a threatened species endemic to cerrado savannas.

Euscarthmus rufimarginatus, una especie amenazada que es endémica a las sabanas del cerrado.

Melanopareia torquata (Collared Crescent-chest), a threatened species endemic to cerrado savannas.

Melanopareia torquata, una especie amenazada que es endémica a las sabanas del cerrado.

Pilnerodius pileatus (Capped Heron), a bird common to backwater lakes and rivers.

Pilnerodius pileatus, un ave común de lagunas y rios.

Open savanna with rock fields (campo rupestre); in the background is a forest island.

Sabana abierta con afloramientos de rocas (campo rupestre); al fondo una isla de bosque.

An unnamed waterfall on a tributary to the Rio Verde in the interior of the Huanchaca Plateau.

Una catarata sin nombre en el interior de la Meseta de Huanchaca sobre un tributario del Rio Verde.

Sporophila nigrorufa (Black- and Tawny-Seedeater), an endangered species endemic to seasonally inundated termite savannas.

Sprophila nigrorufa, una especie amenazada que es endémica a las abanas inundadas de termiteros.

A lizard in the genus *Tropidurus,* probably a species new to science, thermoregulating on a sandstone outcrop near the western escarpment of the Huanchaca Plateau.

Una lagartija de genero *Tropidurus,* probablamente una especie nueva para la ciencia, termoregulandose sobre un afloramiento arenisco cerca de los farallones de la Meseta de Huanchaca.

son característicos del cerrado y esta formación puede ser considerada como un variante más del cerrado, pero es distinta del típico cerradão, que se encuentra en el sector sur del Parque.

En la zona al sur del área del estudio se encuentra un *bosque semideciduo* sobre un paisaje que corresponden una peneplanicie erosionada (mapa de vegetación, unidad de mapa 22). Se caracteriza por una altura del dosel con 15 a 20 m de árboles emergentes que raramente exceden los 25 m. Este hábitat de bosque es estructuralmente más complejo y el dosel es más cerrado, que en el bosque seco anteriormente descrito. Generalmente, el sotobosque es denso debido a que una cantidad substancial de luz penetra del dosel. Este tipo de bosque puede describirse como "facultativamente deciduo", ya que muestra una respuesta fenológica flexible a los déficits hídricos de la estación seca, correspondiendo el grado y la duración de la caída de hojas con el grado de sequía. La especie dominante es *Anadenanthera columbrina,* que generalmente va acompañada de ciertas especies arbóreas características, tales como *Casearia gossypiosperma, Amburana cearensis, Combretum leprosum, Tabebuia insignis, T. serratifolia, Eriotheca roseorum, Poeppigia procera* y *Aspidosperma cylindrocarpon*. Pueden presentarse matorrales de bambú dominados por *Guadua paniculata* en forma de manchas esparcidas dentro del bosque, pero son más comunes a lo largo de los márgenes entre el bosque y la sabana. Las comunidades vegetales en el Parque son básicamente una extensión norteña de la formación biogeografica conocido como el "bosque semideciduo chiquitano" que cubre un gran parte de Santa Cruz entre el 15° y 18° S sobre el Escudo Precámbrico. Este formación se encuenta principalmente fuera los límites del Parque (ver mapa). El Parque cuenta con algunos ejemplos de esta formación vegetal solo alrededor de algunos inselbergs (islotes montanos) graníticos y sobre las laderas inferiores del sector sur de la meseta.

Existe un *bosque semideciduo de palmeras* (mapa de vegetación, unidad de mapa 23) al sur del Parque dominado por la palmera *Attalea speciosa* (cusi). Esta especie produce un aceite comestible, que tiene uso en la industria cosmética. Se desarrolla mayormete sobre terrazas bajas

(interfluvios) de la planicie aluvial del Río Alto Paraguá al norte del pueblo de San José de Campamento. Este bosque se relaciona con un *bosque semideciduo inundado,* el cual se desarrolla en los valles con suelos pobremente drenados; se forma un patrón dendrítico sobre el paisaje, entremezclándose con el bosque de cusi (mapa de vegetación, unidad de mapa 24). No se ha realizado inventarios detallados todavía.

La vegetación del bosque deciduo puede observarse subiendo al contrafuerte ubicado detrás de la estación de guardas de Las Torres o escalando la ladera por medio de la senda del Lago Caimán. Ejemplos de bosque semideciduo chiquitano se encuentran en forma de una banda de vegetación, que crece sobre rocas graníticas y que ocurre en la base de la escarpa en el sector sur del Parque; se lo puede visitar a lo largo de la antigua senda de Geobol cerca de Los Fierros. Este tipo de bosque se encuentra también asociado a un grupo de inselbergs graníticos de gran tamaño, situados al oeste del Río Paraguá, cerca del aserradero de Cerro Pelado. Desafortunadamente, la mayor parte de los bosques secos de la región no se encuentran en el parque y no cuentan con una protección adecuada en todo el país.

Bosques Húmedos de Tierras Altas

El *bosque alto siempreverde* (mapa de vegetación, unidad de mapa 31) se encuentra en localidades con suelos profundos bien drenados, donde los árboles pueden alcanzar los 45 m de altura y hasta 1.5 m de diámetro. Estos bosques se pueden clasificar como formaciones de bosque siempreverde estacionales, porque el cambio de follaje y la reproducción de muchas especies coinciden con la época seca. La mayoría de los árboles emergentes son deciduos y se encuentran sin hojas durante un largo período a finales de la estación seca. Del mismo modo, la mayoría de los árboles del dosel reemplazan su follaje durante la estación seca; pero no se produce una caída generalizada de hojas y el dosel se mantiene cerrado a lo largo del año. En octubre, se produce una gran actividad de florecimiento, la cual coincide con el inicio de la estación lluviosa; esta actividad de florecimiento aparentemente coincide con un incremento de las poblaciones de abejas, las cuales se

Desafortunada mente, la mayor parte de los bosques secos de la región no se encuentran en el parque y no cuentan con una protección adecuada en todo el país.

convierten en una molestia durante estos meses. Sin embargo, existen también varias especies de plantas que florecen a fines de la estación lluviosa y durante la estación seca.

La especie arbórea de mayor abundancia en estos bosques es generalmente *Pseudolmedia laevis*, mientras que los árboles emergentes de gran tamaño son *Qualea paraensis, Erisma gracile, Apuleia leiocarpa* y *Moronobea coccinea*. *Swietenia macrocarpa* (caoba) fue locamente abundante, especialmente al pie de los farallones occidentales de la meseta, pero ha sido explotado intensivamente durante los ultimos 10 años y ya no se encuentra poblaciones en la mayor parte de la zona. *Phenakospermum guianense* es abundante a nivel local y forma grandes colonias; el patujú gigante es una especie monocárpica en la que cada tallo florece una vez hasta llegar a la madurez (generalmente alcanza los 12 m de altura) y luego muere. Las palmeras son abundantes, especialmente *Euterpe precatoria, Socratea exorrhiza* y *Maximiliana maripa*; *E. precatoria* y *S. exorrhiza* son más comunes en zonas con mal drenaje o una napa freática alta. Se tiene conocimiento de bosques dominados por bambú en algunas áreas restringidas del Parque y se han recolectado varias especies de *Guadua*.

Existen bosques en el norte de la meseta sobre suelos lateríticos terciarios medianamente profundos. Estos cuentan con una estructura diferente que el bosque anterior y se ha clasificados como *bosque enano siempreverde* por sus estatura menor (mapa de vegetación, unidad de mapa 32). La composición de estos bosques es aún poco estudiada, pero el dosel es entre 5 a 10 m de altura y tiene una mezcla de las familias Chrysobalanaceae (*Licania, Hirtella*), Humiriaceae (*Sacoglottis mattogrosensis* y *Humiria balsamifera*) y Icacinaceae (*Emmotum nitens*). *Ochthocosmus nitens* (Ixonanthaceae) es comun y un descubrimiento interesante por ser un representante de una familia típica del Escudo Guyana (com. pers., R. Foster). En las partes con mayor desarrollo, se encuentran árboles de *Qualea paraensis* y *Erisma gracile*, lo cual indica que esta formación probablemente representa un estado sucesional entre los cerradãos y el bosque alto siempreverde.

Existe un tipo de bosque ampliamente distribuido sobre suelos bien drenados que se caracteriza por un dosel bajo y denso y por algunos árboles emergentes; el desarrollo de lianas es impresionante hasta dominar el dosel en muchos casos. Estos *bosques siempreverde de lianas* se encuentran con frecuencia en áreas donde los sedimentos terciarios han formado capas duras de laterita u horizontes muy lixiviados; casi siempre se encuentran en la parte más alta de la catena edáfica (mapa de vegetación, unidad de mapa 33). También, el fuego periódico puede tener un rol importante en el desarrollo sucesional de este bosque y se nota con frecuencia señas de fuego sobre los tallos de los árboles. Los estudios preliminares indican que este tipo de bosque puede distinguirse del bosque alto siempreverde en imágenes Landsat, debido a una estructura más homogénea del dosel, que resulta en una menor cantidad de sombra registrada por los sensores de satélite.

La composición y estructura de este tipo de bosque aún requiere estudios detallados; los árboles tienden a tener especies típicas de bosques secundarios, tales como *Cecropia* spp., *Schizolobium amazonicum, Apeiba tibourbou, Didamopanax morototoni, Cordia alliodora, Heliocarpus americanus, Casearia gossypiosperma, Erythrina* spp. y *Zanthoxylum* spp. En el sector norte de la planicie terciara, al oeste de la meseta, el bosque está dominado por enormes colonias de *Phenakospermum guianensis*. Las pocas especies emergentes observadas fueron *Hymenaea courbaril, Amburana cearensis, Ceiba pentandra* y *Apuleia leiocarpa*, mientras se observa con frecuencia las palmeras *Astrocaryum aculeatum* y *Attalea maripa*. No es claro todavía si existen especies de lianas dominantes que pueden ser consideradas como características de esta formación vegetal; en general, las lianas tienden a tener una distribución no muy especializada. Por lo menos, se han coleccionado muchas especies en un amplio rango de hábitats en las familias de lianas principales como Bignoniaceae, Leguminosae, Dilleniaceae y Malpighiaceae (ver Apéndice 1). Los bosques de lianas tienen un potencial limitado para la extracción de madera; pero existen reservas substanciales de *Amburana cearensis*.

En el sur del Parque y zonas colindantes de la Reserva Forestal Bajo Paraguá, existe una franja ancha con un *bosque mixto de lianas* que representa una transición entre los bosques siempreverdes amazónicos y los bosques semideciduos de la Chiquitanía. Las lianas son abundantes y la distinción entre éstos y los bosques húmedos dominados por lianas mencionados previamente es arbitraria; no obstante, existen diferencias notables, especialmente en la ausencia de *Phenakospermum guianensis*. Algunas especies observadas que pueden ser consideradas típicas de los bosques siempreverdes son *Schizolobium amazonicum*, *Apuleia leiocarpa*, *Pseudolmedia laevis* y *Astrocaryum aculeatum*, mientras que especies comunes de los bosques semideciduos son *Aspidosperma cylindrocarpon*, *Spondias mombin*, *Combretum leprosum*, *Physocalymma scaberrimum*, *Pseudobombax marginatum* y *Syagrus sancona*. Sin embargo, aún falta especies comunes de los bosques semideciduos chiquitanos como *Anadenanthera colubrina*, *Tabebuia impetiginosa*, *Astronium urundeuva* y *Eriotheca rosearum*.

Los bosques siempreverdes también se ecuentran como *bosques de galería* sobre la superficie de la meseta donde están restringidos, en su mayoría, a laderas de los valles u otras superficies donde los suelos son más profundos y la sequía estacional es menos pronunciada. Estructural y florísticamente, estos bosques tienen similaritud con los bosques altos siempreverdes. Los árboles grandes dominantes son los mismos, así como varias de las especies más abundantes del dosel y sotobosque. Sin embargo, la composición florística total varía al comparar islas individuales de bosque, así como al comparar los bosques de galería con los bosques más extensos de las planicies circundantes. Se desconoce el origen de estas islas de bosque, pero existen dos posibilidades para éste: pueden ser los relictos de un bosque anteriormente más extenso o pueden ser islas de bosque propiamente dichas, que se establecieron por medio de la dispersión de semillas hacia lugares apropiados.

Se puede visitar el bosque alto siempreverde en las cercanías del campamento de Los Fierros ubicada en la sección sur del Parque cerca al campamento y a lo largo de la senda que conduce a la meseta. También, el camino que lleva a la catarata El Encanto, atraviesa ejemplos intervenidos y no intervenidos de bosque alto. Se puede observar el bosque de lianas hacia el norte, en dirección al campamento del aserradero Choré (38 km al norte del desvío del camino Moira - Los Fierros). Este camino maderero continúa hacia el norte y llega a la Laguna Bellavista; en la ruta atraviesa bosques altos y de lianas. El bosque húmedo de galería y las islas de bosque se pueden visitar en los campamentos Huanchaca 1 y Las Gamas (accesibles sólo por avioneta), así como caminando hacia el campamento Huanchaca 2, ubicado sobre la meseta, a la que se llega por medio de la senda geológica que parte de los Fierros.

Bosques Inundados y Ribereños

La región tiene una variedad de comunidades vegetales asociadas con los sistemas fluviales de la región. La perturbación periódica en forma de inundación estacional, sedimentación y erosión de las orillas causa cambios continuos en la topografía; como resultado, la vegetación en las llanuras de inundación de los ríos cambia constantemente en el espacio y el tiempo. Los ríos tienen un patrón característico de sedimentación y tienden a depositar partículas grandes (arenas) cerca de los cauces, mientras que arrastran los sedimentos más finos (arcillas) lejos de éstos. Esta tendencia promueve el desarrollo de barrancas naturales adyacentes a los canales del río y de bajíos encharcados detrás de las barrancas. Las barrancas presentan condiciones apropiadas para el crecimiento de vegetación leñosa y están generalmente cubiertas por bosque. Las zonas bajas entre las barrancas mantienen una variedad de comunidades sujetas a inundación más profunda, que fluctúan entre pantanos abiertos y bosques bajos. En zonas donde el Río Paraguá pasa por o cerca de paisajes dominados por sabana, los bosques ribereños forman una línea angosta (bosque de galería) entre las comunidades ribereñas y los humedales de sabana adyacentes. La estacionalidad es muy pronunciada en este ecosistema, con niveles de agua que fluctúan hasta 3 m entre las estación seca y la lluviosa. Durante la estación seca, el agua se retiene en los cauces principales y en bahías grandes, pero la vegetación de bosque y pastizal se vuelva esencialmente seca. La estacionalidad juega un rol importante en la regeneración de varias especies de plantas, permitiendo que algunas germinen a partir de semillas o se arraiguen en bancas de arena durante los períodos de poca agua.

Las barrancas del río varían en altura y amplitud, factores que probablemente están relacionados con su edad. Se observan varias comunidades vegetales de *bosque pionero ribereño,* que representan diferentes etapas de una secuencia sucesional, que va desde matorral bajo hasta bosque relativamente alto (mapa de vegetación, unidad de mapa 44). En las comunidades pioneras más jóvenes se encuentran géneros típicos de bosques tropicales secundarios, tales como *Cecropia, Sapium* y *Acacia.* En comunidades de mayor edad, se encuentra varias especies de *Ficus,* así como *Brosimum latescens, Sorocea guillemiana, Calophyllum brasiliensis, Tabebuia insignis* y *Rheedia* sp. Quizás el componente más rico de este tipo de bosque sean las trepadoras herbáceas y las lianas leñosas.

Frecuentemente, una franja de vegetación asociada con las barrancas del río se encuentra un *bosque ribereño alto* (mapa de vegetación, unidad de mapa 43). El dosel es de aproximadamente 18 a 20 m de altura, con árboles emergentes de 35 m de altura y fustes de hasta 1 m de diámetro. La característica más notable de este tipo de bosque es la escasez de plantas herbáceas y arbustos pequeños en el piso del bosque. Esto se debe probablemente al anegamiento prolongado, que se suma a la sombra que produce el denso dosel; no obstante, la densidad de los tallos podría ser alta debido a la presencia de numerosos plantines de árboles y lianas. Las marcas de niveles máximos de anegamiento en los árboles, indican que este hábitat se inunda con una profundidad de 0.5 a 1.5 m. No obstante, esta unidad en el mapa es heterogénea y también incluye ciertas áreas con suelos más o menos bien drenados sobre barrancas altas o lomas adyacentes a los ríos, los cuales se mexclaron con bosques ribereños inundados.

A mayor distancia de los cauces fluviales, existe un *bosque alto inundado* (mapa de vegetación, unidad de mapa 32) que es conocido localmente como un "bosque de sartenejales". Esta formación lleva el nombre "sartenejal" por la presencia de una microtopografía caracterizada por la presencia de plataformas elevadas dispuestas sobre una llanura estacionalmente inundada. Su tamaño varia desde 3 hasta 10 m en diámetro y hasta 1.5 m de altura sobre el nivel del suelo. Es un bosque alto con un dosel superior que varia desde 15 hasta 20 m de alto, con árboles emergentes, raramente excediendo los 35 m de altura. Esta formación probablemente cuenta con una diversidad florística alta por contar con una mezcla de especies de tierras altas que crecen sobre los montículos y otras que crecen en las partes inundadas.

Relacionado con los bosques altos inundados se encuentran varios tipos de *bosques bajos inundados* con un dosel superior abierto. El desarrollo de lianas puede ser espectacular bajo estas condiciones y el sotobosque es denso y cerrado. En algunas casos se encuentran poblaciones densas de las palmeras *Euterpe precatoria* o *Mauritia flexuosa.* Hasta la fecha, se han realizado poco estudios en estos lugares y su existencia fue confirmado en el Parque mediante sobrevuelos. Una evaluación de imágenes satelitales indica que varios lugares parecen encontrarse en estado de sucesión, en el que los humedales de sabana están siendo colonizados por especies del bosque, mientras que otros, aparentemente, se han formados reciente debido a una inundación, porque son caracterizado por la presencia de muchos árboles grandes y muertos.

La familia Moraceae llega a su mayor grado de dominancia en los bosques inundados y ribereños, con varias especies en los géneros Pseudolmedia, *Brosimum, Maquira y Sorocea,* mientras que en el género *Ficus* cuenta hasta siete especies. Una de las especies más notables en los bosques ribereños es *Macrolobium acaciafolium,* un árbol de tamaño considerable que puede alcanzar los 30 m de altura; ésta casi siempre se encuentra poco distante a los cauces actuales o abandonados de los ríos. Las especies dominantes a lo largo del Río Paraguá, cerca de El Refugio, son *Hevea brasiliensis* y *Maquira coriacea,* mientras que los bosques ribereños sobre el Río Iténez están dominados por una especie no determinada de *Qualea* (Vochyseaceae). Otros especies de árboles coleccionados en estas comunidades son

CONSERVATION INTERNATIONAL

Rapid Assessment Program

Lacistema sp., *Mouriri* sp., *Pouteria cuspidata* , *Hirtella gracilipes, Brosimum guianense* y *Inga* spp. Las lianas son abundantes sobre las orillas de los ríos y se han recolectado varias especies de las familias Compositae (*Mikania*), Cucurbitaceae (*Cayaponia, Methria, Momordica*), Menispermaceae (*Borismene, Orthomene*), Malpighiaceae (*Banisteriopsis*) y Convolvulaceae (*Dicranostyles, Ipomea, Jacquemontea*), pero las Leguminosae y Bignoniaceae son las más abundantes y diversas (Anexo 1).

Los *bosques de pantano* se caracterizan por tener suelos permanentemente saturados pero que nunca sufren una inundación acentuada proveniente de ríos cercanos. Los estudios detallados se limitan a una sola localidad (Las Torres) sobre el piedemonte, donde el agua filtran de manantiales en la base de la serranía. La característica estructural más notable de este sitio es la alta densidad de tallos que es aproximadamente 30% mayor a los valores promedio obtenidos para bosques de húmedos de tierra firme (Arroyo 1995). Las especies dominantes fueron Euterpe precatoria y Pseudolmedia rigida, mientras que las familias Annonaceae (*Guatteria* spp., *Xylopia* spp.), Burseraceae (*Protium* spp., *Dacyroides microcarpon*), Lauraceae (*Licaria armeniaca, Ocotea* sp.) y Chrysobalanaceae (*Hirtella gracilipes, Licania kunthiana*) fueron también importantes en términos de abundancia. Existe otro tipo de bosque pantanoso encima de la meseta, donde predominan las sabanas del cerrado; se desarrolla en valles con arroyos pequeños sobre suelos pantanosos donde el agua fluye de los campos húmedos ubicados sobre las laderas superiores de estos valles. La especie más notable es *Mauritia flexuosa* que crece en arroyos con aguas permanentes, mientras que *Mauritiella aculeata* se encuentra a lo largo de cursos de aguas estacionales.

Humedales de Sabanas (Pampas y Pantanos)

La planicie aluvial de los ríos Paraguá e Iténez tienen llanuras extensivas que experimentan inundaciones estacionales con diversos grados de anegamiento. En general, los humedales de sabana no cuentan con un estrato leñoso bien desarrollado debido a la incapacidad de la mayoría de las especies de árboles y arbustos para tolerar el régimen hidrológico que caracteriza estas formaciones vegetales. En el pico de la estación lluviosa, el paisaje se convierte esencialmente en el que tipifica los pantanos, con presencia de agua y vegetación emergente; durante la estación seca, los suelos se secan y las plantas sufren un déficit de agua. Las especies leñosas ocurren en estos ecosistemas, pero tienden a estar altamente agrupadas y restringidas en microhábitats que proporcionan cierta pausa a los dos extremos del régimen hidrológico. Ligeros cambios topográficos pueden causar cambios sorprendentes en cuanto a estructura y composición de la vegetación. El fuego es común durante la estación seca, pero probablemente es menos frecuente en comparación con la vegetación de cerrado.

Las *pampas termiteros* (sabana arbustiva inundada; mapa de vegetación, unidad de mapa 52) son llanuras cubiertas por miles de montículos de termitas, los cuales proporcionan al hábitat una fisionomía distintiva. Los termiteros generalmente ocupan una pequeña plataforma situada de 0.5 a 1.5 m sobre el nivel de la planicie inundada circundante; esto proporciona suficiente espacio en el perfil de suelo sobre el nivel máximo de la napa freática para el crecimiento de árboles y arbustos. La densidad de los termiteros varía dependiendo de la profundidad de la inundación; se han encontrado entre 52 y 56 termiteros por hectárea o alrededor del 15% de la superficie terrestre total en una parcela permanente muestreada en el margen norte de la pampa (Gutiérrez 1995). Cada plataforma está ocupada por 1 a 3 termiteros que tienen entre 1 y 1.5 m de altura adicional. La erosión de estos nidos cónicos es la causa de la acumulación de plataformas de tierra que pueden variar de 1 a 4 m de diámetro. Excavaciones realizadas durante la estación seca en las áreas entre las plataformas revelaron la existencia de túneles extensivos de termitas. Aparentemente, las termitas buscan alimento entre las plataformas durante la estación seca, pero deben restringir sus actividades a las plataformas propias durante las inundaciones de la estación lluviosa. Las plataformas de termiteros son importantes para varias especies de animales, como hábitat de anidación y como refugio durante la estación de lluvias. Se puede considerar que las termitas son una "especie

La planicie aluvial de los ríos Paraguá e Iténez tienen llanuras extensivas que experimentan inundaciones estacionales con diversos grados de anegamiento.

clave" de este ecosistema, ya que sin su actividad, la estructura y composición de la flora y fauna sería totalmente diferente.

La distribución de especies de plantas leñosas y herbáceas en la pampa termitero depende en un alto grado de las fluctuaciones estacionales de humedad del suelo o inundación; las plataformas de los termiteros ofrecen un gradiente resumido de microhábitats, en distancias reducidas y los niveles más altos de diversidad de plantas se encuentran sobre las plataformas de los termiteros (Gutiérrez 1995). La vegetación de matorral leñoso de los termiteros y los pastizales inundados asociados a éstos, son los tipos de vegetación más comunes en las pampas termiteros, pero también se encuentran matorrales inundados cercanos a ríos y arroyos, pantanos permanentemente inundados, charcas estacionales e islas de vegetación. En ciertas localidades, se encuentra una *pampa abierta inundada* (conocida localmente como la pampa aguada), la cual se caracteriza por la ausencia de plataformas de termiteros, pero presenta islas de bosques dispersas, que resultan en una fisionomía muy diferente de la pampa termitero (mapa de vegetación, unidad de mapa 51). En algunas áreas los arbustos leñosos aumentan en abundancia formando *matorrales inundadas* como zonas de transición entre sabanas y bosques inundados (mapa de vegetación, unidad de mapa 53).

Las pampas ligeramente inundadas se caracterizan por un estrato relativamente corto de pastos (20-40 cm); los pastos comunes son *Paspalum lineare, Leptocorypheum lanatum, Mesosetum sp., Sacciolepis angustissima* y *Panicum parviflorum*; se ha recolectado un total de 18 especies distintas de pastos en una superficie de solo dos hectáreas (Gutiérrez 1995), mientras que el total de pastos colectados en este ecosistema es de 70 especies. En las zonas más húmedas, el componente herbáceo adquieren mayor diversidad; algunas hierbas comunes corresponden a varias especies de la familia Sterculiaceae (*Helicteres guazumaefolia., Byttneria* spp., *Melochia graminifolia.*), así como las Compositae (*Chromalaena ivaefolia, Mikania vitifolia*), Lythraceae (*Cuphea* spp.), Labiatae (*Hyptis* spp.) y Verbenaceae (*Lippia* spp.). Se supone que las plataformas de termiteros están colonizadas por especies típicas de la vegetación de cerrado,

pero no es cierto. Aunque ciertos pastos y unos cuantos arbustos (ej. *Byrsonima coccolobifolium, B. chrysophylla, Virola sebifera, Didymopanax distractiflorus, Davilla elliptica*) tienen una amplia distribución en ambos formaciones vegetales. Otras especies de hierbas, trepadoras y arbustos no son comunes en la vegetación adyacente de cerrado (ej. *Curatella americana, Davilla nitida, Casearia arborea, Vismia minutiflora, Siparuna guianensis* y *Tapirira guianensis*) y se pueden considerar como especies típicas de estas pampas.

Se reconocen tres diferentes tipos de *islas de bosques,* que varían tanto en su estructura y composición, como en los niveles de inundación. Las islas en la periferie de la pampa aguada son de tamaño mediano hasta pequeño, variando en diámetro de 10 a 15 metros; la altura del dosel del bosque varía de 8 a 10 m, con árboles emergentes que alcanzan los 18 m. Observaciones preliminares indican que la mayoría de las islas de bosque contienen una mezcla de especies de bosque y de sabana. Los elementos conspicuos de estas islas de bosque son *Tabebuia aurea, T. impetiginosa, Ocotea cernua, Byrsonima chrysophylla, Erythroxylon daphnites* y *Curatella americana,* mientras que la palmera espinosa *Mauritiella aculeata* forma anillos característicos en los márgenes. Existe un cambio en la flora de las islas de bosque al aproximarse al río; las sabanas circundantes se inundan de forma más profunda, pero las islas tienen, aparentemente, suficiente relieve que no se inundan. El cambio más conspicuo es la presencia de *Attalea phalerata* y la ausencia de *Mauritiella aculeata*; mientras que otras especies como *Cecropia concolor, Sterculia apetala, Hymenaea courbaril, Enterolobium contortisiliquum* son características de los bosques semideciduos. Probablemente, estos islas son fragmentos de bosques ribereños formados antiguamente sobre los diques adyacentes a los cauces del Río Paraguá y se fragmentaron por la acción del fuego. Un tercer tipo de isla de bosque bajo ha sido observado en las pampa aguadas y pantanos de palmares; se forman manchones largos e irregulares, asociados con los arroyos o depresiones que mantienen agua durante todo el año. Aquí se encuentran especies de *Bactris glaucescens, Machaerium aristulatum, Helicteres gardneriana* y *Mauritiella aculeata,* mientras que *Vochysia divergens* forma rodales casi puros en ciertos lugares.

Los *pantanos* (curiches) son pequeños humedales aislados dominados por plantas emergentes o flotantes que permanecen inundados durante todo el año (mapa de vegetación, unidad de mapa 56). Las charcas y pantanos permanentemente inundados están dominados por las especies de amplia distribución *Thalia geniculata* y *Cyperus giganteus,* junto con las vistosas plantas acuáticas flotantes de los géneros *Echinodorus* y *Eichhornia.* También, cuenta con un complemento de ciperáceas y pastos acuáticos, tales como *Eleocharis* sp., *Rhynchospora* spp., *Luziola* spp. y *Leersia hexandra.* Existen *pantanos de palmares* en la zona de ampliación del Parque sobre llanuras profundamente inundadas, alrededor de lagunas perennes y a lo largo de ríos donde los cauces principales desaparecen. Observaciones preliminares indican que los pantanos de palmares tienen un estrato arbóreo esparcido con manchas densas de *Mauritia flexuosa* o en menor escala de *Mauritiella aculeata.* Aparentemente, los pantanos de palmares sufren una inundación de hasta casi 2 m de profundidad y son permanentemente anegadas durante todo el año. Sobrevuelos indican que, a veces, estas dos especies de palmeras crecen en llanuras aluviales extensivas, donde predomina una vegetación graminoide y robusta o donde se desarrollan colchones de vegetación flotante. Existe un cambio gradual en la estructura del estrato herbáceo y en la composición de especies entre sabanas con inundación breve y con inundación permanente. El *pantano de sabana* es un área profundamente inundado con un estrato herbáceo robusto o flotante, pero sin el estrato de palmeras que normalmente se encuentra formando una zona de transición entre la pampa abierta inundada y los pantanos de palmares.

Los ríos cuentan con varias asociaciones vegetales similares en su estructura a los pantanos y curichales de sabana, que se encuentran detrás de los diques naturales que delimitan el cauce fluvial y bahías. Las zonas abiertas correspnde a *pantanos ribereños* (curiches) dominados por una o más especies de pastos robustos con márgenes cortantes (cortaderas), que probablemente pertenecen a los géneros *Paspalum* o *Echinochloa;* también está presente una amplia variedad de herbáceas, arbustos

y trepadoras. Intercalados con los pastizales, se encuentran *matorrales ribereños* (bajios) dominados por arbustos espinosos y trepadoras, con algunos árboles emergentes de *Tabebuia* sp. (tajibo), que alcanzan los 10 a 15 m de altura. En estos matorrales la diversidad es moderadamente alta, particularmente en cuanto a trepadoras y arbustos, formas de vida que generalmente no se incorporan en las mediciones estándar de diversidad utilizadas por botánicos. Algunas de las plantas conspicuas observadas son *Bactris riparia, Desmoncus orthacanthos, Scleria spp., Machaerium spp., Sapium* sp. y *Guadua* sp. Estos matorrales virtualmente impenetrables pueden variar de 3 a 100 m de diámetro y no están asociados con ningún rasgo topográfico obvio. El nivel máximo de anegamiento a fines de la estación lluviosa (abril) es aparentemente de 2 a 2,5 m sobre la superficie del terreno; el cual se torna seco durante septiembre. Definitivamente, el fuego no es un fenómeno anual; pero se producen incendios poco infrecuentes, por lo menos en zonas donde la sabana se encuentra cerca al lecho del río. Al contrario de las especies de sabana, los arbustos observados en estos matorrales no son resistentes al fuego y los fuegos naturales pueden ser un factor importante para la mantención de una mezcla heterogénea de hábitats o diferentes etapas de sucesión.

Los cauces activos y abandonados de los ríos se caracterizan por extensas coberturas de plantas flotantes conocidas como *colchas y taropes.* En algunos casos, las colchas son tan extensas que bloquean indefinidamente el tráfico fluvial (entre Piso Firme y Florida) o durante ciertos meses del año (entre Florida y El Refugio). Las colchas están dominadas por *Oxycaryum cubense* o *Fuirena umbellata,* que se caracterizan por rizomas fuertes formando una densa matriz entretejida, que es el elemento estructural clave de este hábitat (N. Ritter, com. pers.). Las colchas juegan un rol importante en el ecosistema ripario al proporcionar un microhábitat importante para los invertebrados acuáticos. Estos son la base de la cadena alimenticia acuática, la cual provee sustento para el importante y rico recurso de pesca de la región. Como tal, estas dos especies de ciperáceas pueden considerarse como "especies claves", ya que la integridad de la cobertura flotante, depende en gran parte de ellas. Otras plantas acuáticas flotantes son *Eichhornea azurea, E. diversifolia, Echinodorus paniculatus, Salvinia auriculata, Utricularia foliosa, U. breviscapa, Nymphaea amazonica, Cabomba furcata* y numerosas especies de *Ludwigia*. También, otras especies se arraigan en los detritus que se acumulan entre los rizomas de las ciperáceas dominantes, tales como *Sagittaria guyanensis* y numerosas especies graminoides de los géneros *Panicum, Luziola, Isachne polygonoides* (Gramineaea), *Cyperus haspan, C. odoratus, Eleocharis acutangulis* y *Xyris* spp. (Cyperaceae). Se observan plantas herbáceas y arbustos ocasionales, especialmente especies de las familias Malvaceae (*Hibiscus*), Sterculiaceae (*Melochia*) Bignoniaceae (*Tabebuia elliptica*), Melastomataceae (*Tibouchina* y *Clidemia*) y Onagraceae (*Ludwigia*).

Los ríos de corriente rápida y aguas negras de la meseta de Huanchaca generalmente presentan barrancos estrechos, altamente erosionados y cauces pedregosos. Varias especies de la familia Eriocaulaceae (*Eriocaulon, Paepalanthus*), Alismataceae (*Sagittaria*) y Xyridaceae (*Xyris*) crecen en los cantos rodados sumergidos en las cabeceras de los ríos Paucerna y Verde; estudios preliminares indican que varias de estas especies son nuevas para la ciencias (Cuadro 1).

El complemento total de las comunidades ribereñas se puede visitar en las instalaciones turísticas de Flor de Oro y El Refugio, además cerca a las comunidades de Florida, Porvenir y Piso Firme. Se pueden ver ejemplos de pampa termitero en Los Fierros y Flor de Oro; también, existe otros sitios interesantes cerca a Mangabalitos y al sur de la Laguna Bellavista. Este último lugar es de especial interés ya que, a diferencia de los sitios anteriormente mencionados, nunca ha estado sujeto al pastoreo de ganado. La pampa aguada existe sólo afuera de los límites del Parque actual; se encuentra al sur del Río Tarvo, a lo largo de un sector del Río Paraguá, conocido como el Alto Paraguá. El sector norte de la pampa aguada recibe protección de la Reserva Ecológica El Refugio, mientras que en la zona sur se encuentra varias haciendas ganaderas en operación. Los pantanos de palmares se pueden ver cerca a la Laguna Cuatro Vientos sobre el camino que va hacia el norte del Aserradero El Choré, aproximadamente 5 km al norte del cruce de los caminos entre Los Fierros y el aserradero Moira.

Cuadro 1. Especies nuevas para la ciencia discubierto a base de muestras coleccionadas del parque y las zonas colindantes.

Taxon	Habitat	Especimen
Schizaeaceae		
Anemia sp. (pers. com. R. C. Moran)	campo rupestre	Arroyo 190
Compositae		
Aspilia sp.	cerrado	Soto, Panfil Moore & Soliz 310
Calea nematophylla Pruski	sabana húmeda	Gutiérrez, Quevedo & Mamani 899
Psedogynoxys lobata Pruski	laja granítica	Mostacedo, Saldías, Guillén, Gutiérrez & Arroyo 974
Legumiosae		
Mimosa huanchacae Barneby & Grimes	bosque deciduo	Peña & Foster 223
Vigna sp. (pers. com., B. Verdourt)	laja granítica	Killeen & Wellens 6305
Lythraceae		
Diplusodon bolivianus T. Cavalcanti & S. A. Graham	bosque de galería	Killeen, Panfil & Arroyo 4845
Malphigiaceae		
Janusia sp. (pers. com., W. R. Anderson)	bosque semideciduo	Killeen 6488
Malvaceae		
Pavonia boliviana Fryxell	bosque deciduo	Nee 41283
Hibiscus ferrierae Krapovokas & Fryxell	pampa termitero	Peña & Foster 226
Moraceae		
Ficus sp. (pers. com., C. C. Berg)	bosque húmedo alto	Foster 13950
Rutaceae		
Esenbeckia sp. (pers. com. J. Kalunki)	laja granítica	Killeen 6323
Bromeliaceae		
Fosterella vasquezii E. Gross & P. Ibisch	bosque semideciduo	Ibisch 93.0652
Cyperaceae		
Bulbostylis sp. (pers. com., R. Kral)		
Eriocaulaceae		
Eriocaulon sp. (pers. com., N. Hensold)	acuatica / rupestre	Arroyo 741
Eriocaulon sp. (pers. com. N. Hensold)	acuatica / rupestre	Killeen 7520
Syngonanthus sp. (pers. com., N. Hensold)	pampa termitero	Peña 333
Orchidaceae		
Catasetum justinianum Vásquez & Dodson (ined.)	cerrado	Vásquez 2458
Epidendrum morenoi Vásquez & Dodson (ined.)	bosque de galería	Vásquez 2501
Epidendrum sp. (pers. com., R. Vasquéz)	bosque húmedo alto	Vásquez 996
Xyridaceae		
Xyris sp. (pers. com., R. Kral)	cerrado	Saldias, Jardim & Surubí 3777
Xyris sp. (pers. com., R. Kral)	pampa termitero	Guillén et al., 3904
Xyris sp. (pers. com., R. Kral)	cerrado	Mostacedo & Cabrera 1985
Xyris sp. (pers. com., R. Kral)	campo húmedo	Guillén, Mayle, Solíz & Surubí 4175
Xyris sp. (pers. com., R. Kral)	campo húmedo/ rupestre	Killeen, Blake & Graham 7480
Xyris sp. (pers. com., R. Kral)	pampa termitero	Guillén, Gutiérrez, Mostacedo & Menacho 2572

Lajas Graníticas y Areniscas

Lajas graníticas contienen una serie de comunidades vegetales succesionales que van desde colonias de líquenes en rocas descubiertas hasta matorrales densos. Un buen ejemplo de este tipo de vegetación es un archipiélago de islotes graníticos situados aproximadamente 30 km al oeste del Río Paraguá, cerca del aserradero de Cerro Pelado (Ibisch et al. 1995). La especie más llamativa de esta localidad es *Vellozia tubiflora* (Velloziaceae) que tiene una forma de vida característica debido a su ramificación como un candelabro; se forman colonias que cuentan, probablemente, con decenas de años de existencia. También se encuentra colonias de bromeliáceas (*Pseudoananus, Ananus, Tillandsia*) y arbustos espinosos (*Mimosa, Acacia*), así como orquídeas rupícolas: *Cattleya nobilor y Cyrtopodium paranaense*. También, hay ejemplos del bosque semideciduo asociados con los afloramientos de graníto, formando pequeñas manchas o islas encima de los cerros y lomas; estos bosques están dominados por *Amburana cearensis* y *Pseudobombax marginatum*.

Los afloramientos de arenisca se encuentran a lo largo de los farrallones de la meseta de Huanchaca y ofrecen un microambiente específico en las formaciones de los campos cerrados y campos rupestres. Los farrallones del lado occidental son poco estudiados debido a su difícil acceso, pero las características físicas aseguran que cuentan con una flora distinta. Los afloramientos de arenisca cerca al campamento de guardas en Las Torres forman planchas horizontales entercaladas con el bosque deciduo de cerradão. En su mayoria, las plantas de estas lajas pertenecen a la formación de cerrado, pero en algunas sitios existen filtraciones de agua y una comunidad vegetal distinta. Estas lajas sustenta varias especies anuales de pastos, así como las hierbas *Polygala timoutoides, P. glochidiata, Drosera montana, Utricularia spp., Xyris paraensis y Syngonanthus densiflorus*. Encima de la meseta, varios arroyos han erosionados quebradas profundas y angostas, donde se encuentran comunidades ricas en helechos. De manera similar, el rocío constante y la alta humedad cerca a las cascadas del El Encanto, Ahlfeld y Arco Iris sustentan comunidades vegetales ricas en plantas rupícolas.

FLORA

El conocimiento de la Flora del Parque Noel Kempff está bastante avanzada en su estudio, pero sigue con muchas perspectivas por complementar la lista de plantas en base a colectas nuevas o por el estudio a mayor detallle de las muestras ya coleccionadas. La lista actual de plantas vasculares contempla 2.705 especies de plantas que está basada en aproximadamente de 15.000 muestras coleccionadas en los últimos 10 años de trabajo (Apéndice 1). Se estima que el área contiene aproximadamente 4.000 especies de plantas vasculares, con 1.500 especies en el bosque húmedo, 800 especies en el cerrado, 700 especies en los bosques secos, 500 especies en comunidades de humedales de sabana y otras 500 especies en hábitats acuáticos, lugares intervenidos y afloramientos rocosos. Unos 6.000 especímenes adicionales están en el proceso ser identificadas y el trabajo de campo continua; sin lugar a duda, un mayor número de taxones será incorporado en la lista.

Se han reconocido viente y cinco especies nuevas para la ciencia en base a especímenes recolectados en el Parque o en áreas circundantes (Cuadro 1). Sin duda, se descubrirán más especies nuevas, particularmente entre plantas especializadas de los hábitats de tipo insular, tales como inselbergs graníticos y campos rupestres. Los estudios florísticos en curso han producidos varios registros nuevos para Bolivia, a nivel de familia, género y especie. Por ejemplo, ocho de las 15 especies (53%) coleccionadas en la familia Eriocaulaceae son registros nuevos para Bolivia, mientras para Chrysobalanaceae, 18 de 33 especies (54%) son nuevos. Estos valores probablemente se incrementarán al procesarse un mayor número de especímenes y al determinarse las especies más raras y difíciles de identificar.

Diversidad

La familia más diversa es la Leguminosae, que cuenta con el mayor número de taxones en los distintos ecosistemas y que ocurre en todas las formas de vida exceptuando epífitas (Cuadro 2). Ciertas familias son diversas en todos los hábitats, tales como Rubiaceae, Melastomataceae, Bignoniaceae, Apocynaceae, Euphorbiaceae y Orchidaceae. Existen varias familias que muestran una mayor diversidad de especies en ecosistemas específicos. Por ejemplo, las Gramineae, Cyperaceae, Labiatae y Compositae tienen mayor diversidad en los humedales de sabanas y del cerrado, mientras que las Lythraceae, Sterculiaceae, Onagraceae, Eriocaulaceae y Xyridaceae son más diversas en los humedales de sabana. La mayoría de las familias cuenta con su mayor diversidad en los bosques siempreverdes, pero existen algunas familias que son especialmente diversas en este ecosistema y algo más pobres en los demás, tales como Moraceae, Lauraceae, Annonaceae, Chrysobalanaceae, Piperaceae, Heliconiaceae y Olacaceae. La flora de los bosques deciduos y semideciduos son particularmente rica en Leguminosae, Rutaceae, Apocynaceae (especialmente del género *Aspidosperma*), Bombacaceae y Sapindaceae (Cuadro 2).

Los estudios en regiones tropicales, enfocados en la diversidad florística, se efectúan tradicionalmente mediante el uso de métodos estandarizados que registran los árboles con diámetros mayores a 10 cm o árboles y lianas con diámetros mayores a 2.5 cm. Este enfoque tiene limitaciones para evaluar la diversidad florística en regiones como el Parque Nacional Noel Kempff Mercado, que se caracteriza por una abundancia de hábitats no forestales. En hábitats de sabana, se ha utilizado un método de "línea de intersección" para el estudio de vegetación y para proporcionar mediciones simples cuantitativas de la diversidad florística (Cuadros 3 y 4). Sin embargo, no se ha empleado ningún método en el Parque que proporcione una medida comparativa de diversidad en hábitats tales como afloramientos rocosos, comunidades ribereñas u otros hábitats altamente fragmentados o difíciles para el trabajo. En todo los hábitats, la presencia de arbustos, hierbas, lianas y demás formas de vida contribuyen la mayor parte de las especies presentes en estos ecosistemas (Figura 8 en el anadir de color).

Las formaciones de bosque húmedos de tierras altas son los hábitats con mayor diversidad en la región en cuanto a diversidad de especies (Cuadros 2 y 5). Las medidas cuantitativas basadas en inventarios forestales muestran que la riqueza de especies es moderada en comparación con otras regiones de la Amazonía y que es similar a otras formaciones de bosque de tierras bajas estudiadas hasta la fecha en Bolivia (Boom 1984, Siedel 1995, Smith & Killeen 1996). Las investigaciones realizadas hasta la fecha se enfocaron en formaciones de bosque alto y las comunidades de bosque dominadas por lianas aún carecen de información cuantitativa. La riqueza de especies en formaciones de bosque seco es pronosticablemente menor si se la compara con formaciones de bosque húmedo, pero es similar a otros bosques secos ubicados en Bolivia, Brasil, Argentina, Paraguay y Centroamérica (Gentry 1995). Los estudios efectuados en otras regiones tropicales generalmente muestran que los bosques mal drenados tienen una menor diversidad de árboles, ya que menos especies están adaptadas a las duras condiciones de los ambientes anaerobios en los suelos. Los resultados del estudio realizado en un sólo sitio en el Parque, se ajustan a esta generalización (Cuadro 5).

La comparación entre las comunidades del cerrado muestra que la diversidad varía de acuerdo a la estructura de la comunidad; los lugares moderadamente arbolados muestran mayor diversidad en comparación con comunidades vegetales densamente arboladas (cerradão) o escasamente arboladas (campo limpo). Esto se produce debido a que la diversidad de especies está correlacionada con la forma de vida y es solamente en comunidades intermedias (campo cerrado y cerrado), donde los estratos leñosos y herbáceos están completamente desarrollados (Cuadro 3). Una comparación de dos sitios de campo cerrado en el Parque, muestra que la diversidad sobre la meseta puede ser mayor, que la encontrada en las comunidades ubicadas en la planicie adyacente. Los sitios de cerrado en las planicies cerca Los Fierros generalmente se

Figura 8. La abundancia relativa de los diferentes formas de vida en los cinco diferentes ecosistemas del Parque Nacional Noel Kempff Mercado.

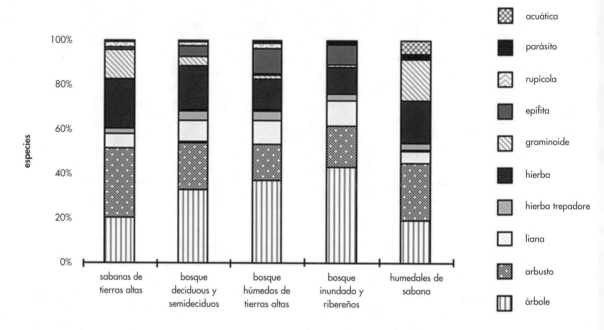

CONSERVATION INTERNATIONAL

Rapid Assessment Program

forman como ecotonos que rodean comunidades de sabana húmeda o inundada; como tales, probablemente son de formación reciente debido a la presencia de fuego. En contraste, las comunidades de cerrado ubicadas sobre la meseta se formaron hace mucho tiempo (probablemente en el Pleistoceno) y han persistido debido a los suelos superficiales y poco fértiles, derivados del substrato de roca arenisca.

Los humedales de sabana generalmente no son considerados ricos en especies y los niveles más bajos de diversidad alfa del Parque se han registrado en estos hábitats (Cuadro 4). Sin embargo, debido al amplio espectro de regímenes de anegamiento y a los requerimientos limitados de hábitat de las especies individuales, la diversidad total de los ecosistemas de humedales de sabana puede ser substancial. Cabe agregar que las principales formaciones de humedal de sabana difieren en cuanto a composición de especies y aunque existen varias especies compartidas; la abundancia relativa de especies individuales es marcadamente distinta. También, existe una variabilidad considerable entre las distintas pampas termitero de la región; en las tres pampas termitero que han sido visitadas, existen diferencias con respecto a su fisionomía, estructura y composición florística (Gutiérrez 1995).

La diversidad en los hábitats ribereños generalmente se considera baja en comparación con asociaciones de bosque, lo que se confirma al comparar la diversidad de árboles en comunidades de bosque inundado y de tierra firme. Sin embargo, la diversidad de hábitats a lo largo de los ríos es impresionante y la diversidad de trepadoras y arbustos es considerable. La naturaleza densa, a menudo impenetrable, de estas comunidades vegetales y el hecho de que se encuentran anegadas durante una gran parte del año ha dificultado la ejecución de estudios que documenten esta diversidad.

Cuadro 2. La Riqueza de especies de los cinco ecosistemas de la región; las cifras se base solo en las colectas generales identificadas a nivel de especies.

	Cerrado	Bosques Secos	Bosques Humedos	Bosques Inundados	Humedales de sabanas	Total
Helechos	**24**	**20**	**85**	**21**	**15**	**151**
Adiantaceae	3	7	8	4	1	20
Polypodiaceae			15	3	1	18
Blechnaceae	1	1	9	1	1	11
Schizaeaceae	5	5	2	2		10
Aspleniaceae			9			9
Monocótiledoneas	**115**	**97**	**150**	**78**	**180**	**574**
Gramineae	57	24	22	7	72	153
Orchidaceae	14	23	62	28	13	131
Cyperaceae	22	7	9	8	36	71
Bromeliaceae	4	6	5	7		31
Palmae	4	3	14	12	5	27
Araceae	2	6	13	2	3	25
Eriocaulaceae	3	1			10	19
Marantaceae		10	5	1	1	16
Heliconiaceae			3	7	1	12
Xyridaceae	1	2	2	1	8	12
Dioscoreaceae	3	3	6		1	10
Alismataceae				1	5	9

	Cerrado	Bosques Secos	Bosques Humedos	Bosques Inundados	Humedales de sabanas	Total
Dicótiledoneas	**462**	**433**	**749**	**456**	**450**	**1978**
Leguminosae	62	71	72	52	49	233
Rubiaceae	35	26	66	36	31	140
Compositae	43	14	21	13	26	103
Euphorbiaceae	19	17	21	20	21	91
Bignoniaceae	19	25	43	23	17	85
Melastomataceae	16	16	32	15	21	79
Apocynaceae	14	10	23	14	15	63
Malpighiaceae	20	15	25	16	10	60
Sapindaceae	11	12	28	13	10	60
Moraceae	2	12	27	21	2	54
Myrtaceae	17	12	11	9	12	47
Convolvulaceae	14	10	8	3	14	43
Malvaceae	6	6	7	3	8	36
Chrysobalanaceae	7	5	17	17	7	33
Lauraceae	1	4	12	14	9	33
Guttiferae	8	6	9	6	7	29
Sterculiaceae	4	8	14	8	11	29
Acanthaceae	4	6	13	4	3	25
Annonaceae	5	2	11	7	3	25
Sapotaceae	2	7	9	8	2	23
Verbenaceae	7	5	10	6	6	23
Combretaceae	4	8	15	6	6	22
Polygalaceae	5	4	3	3	6	20
Vochysiaceae	8	7	9	3	2	20
Piperaceae		3	17	4		19
Solanaceae	2	3	9	3	5	19
Myrsinaceae	8	4	6	6	5	18
Labiatae	4		2	1	8	17
Lythraceae	6	2	5	1	7	17
Ochnaceae	5	4	6	1	8	17
Olacaceae	2	4	10	3	2	17
Burseraceae	3	7	4	6		16
Meliaceae		5	9	4		16
Bombacaceae	2	9	8	4	15	
Dilleniaceae	6	1	8	7	7	15
Rutaceae	3	7	6	2	1	15
Tiliaceae	2	5	8	4	3	14
Polygalaceae	1	2	2	6	6	14
Total	**602**	**550**	**984**	**556**	**645**	**2,705**

Cuadro 3. Relación entre formas de vida y diversidad de especies en cuatro parcelas permanentes en sabanas del cerrado en Parque Nacional Noel Kempff Mercado; los muestreos fueron realizados sobre una línea de intercepción de 200 m.

Forma de vida	campo limpo (Las Gamas)		campo cerrado (Los Fierros)		cerrado (Las Gamas)		cerradão (Los Fierros)	
	fam	sp.	fam	sp.	fam	sp.	fam.	sp.
graminoide	5	34	3	26	3	28	2	22
hierba	11	16	22	45	14	22	16	31
bejuco herbáceo	3	3	1	1	2	3	2	2
liana			2	2	2	3	1	1
subarbusto	19	25	17	32	28	79	14	20
arbusto			7	9	26	49	20	26
árbol			9	15	12	20	6	10
palmera					1	1		
Total		**76**		**110**		**145**		**75**

Cuadro 4. Relación entre formas de vida y diversidad de especies en cuatro parcelas permanentes en sabanas inundadas en Parque Nacional Noel Kempff Mercado; el muestreo fue realizado en una línea de intercepción de 200 m.

forma de vida	Puerto Pasto		La Toledo		Flor de Oro	
	fam.	sp.	fam.	sp.	fam.	sp.
graminoide	2	20	6	42	5	42
hierba	9	25	15	21	12	15
hierba trepadora	6	9	3	3	3	4
liana	4	5	2	2	4	5
subarbusto	1	1	5	8	3	3
arbusto	7	9	16	20	19	25
árbol			4	4	5	5
epífita			1	1		
parásito	1	1				
Total		**66**		**96**		**99**

Cuadro 5. Una comparación de diez parcelas de una hectárea establecidas en el parque y zonas colindantes para plantas ≥ 10 cm dap.

Localidad	Tipo de Bosque	Familias	Especies	Abundancia	Area Basal (m2)
Las Torres-1	bosque deciduo (cerradão)	21	40	456	9.90
Las Torres-2	bosque deciduo (cerradão)	23	32	412	9.50
Cerro Pelao-1	bosque semideciduo	23	46	552	20.30
Cerro Pelao-2	bosque semideciduo	29	62	478	24.53
Los Fierros -1	bosque alto siempreverde	36	102	615	25.31
Los Fierros - 2	bosque alto siempreverde	32	81	575	29.96
Las Gamas	bosque de galería (siempreverde)	33	83	665	34.25
Las Torres	isla de bosque (pantano)	30	78	923	23.27

Cuadro 6. Similitud florística según el Indice de Sorenson (%) en cinco ecosistemas del parque y zonas aledañas; los calculos son formulados en base a colecciónes generales.

	Bosques Deciduos Semideciduos	Bosques Húmedos de Tierras Altas	Bosque Inundados y Ribereños	Humedales de Sabana
Sabanas de Tierras Altas	114 (19.8)	106 (13.4)	56 (9.7)	159 (25.5)
Bosques Deciduos y Semideciduos		170 (22.1)	97 (17.5)	78 (13.1)
Bosques Húmedos de Tierras Altas			225 (29.2)	103 (12.7)
Bosques Inundados y Ribereños				101 (16.8)

CONSERVATION INTERNATIONAL

Rapid Assessment Program

BIOGEOGRAFÍA

La región de Huanchaca está situada en una zona de tensión climática donde los bosques de tierras altas y inundados de la Amazonía se intercalan con bosques secos y sabanas del Cerrado; asimismo, los complejos de humedales de sabana están estrechamente relacionados con los ecosistemas de pastizales y pantanos del Gran Pantanal. Quizás en ninguna otra parte del continente se encuentran en una sola región cinco ecosistemas tan distintos.

Las formaciones de bosque alto siempreverde están dominadas aparentemente por taxones comunes a la Amazonía Central y Oriental; tendencia ejemplificada por dos árboles emergentes comunes (*Erisma gracile y Qualea paraensis*). Es claro que estos bosques son distintos florísticamente de los bosques húmedos de la Amazonía Occidental y del piedemonte Andino. Una comparación de estudios realizadas en la faja preandina demuestra que las similaridades florísticas entre los bosques dentro y alrededor del Parque Noel Kempff son diferentes de las del Parque Nacional Amboró (Departamento de Santa Cruz), de la Reserva de la Biosfera - Estación Biológica del Beni (Departamento del Beni) y la Reserva de la Biosfera - Territorio Indígena Pilón Lajas (Departamentos de La Paz y del Beni) (Vargas 1995, Smith y Killeen 1997).

Es importante enfatizar que las dos formaciones de bosque seco no son dos fases de la misma asociación vegetal. Más bien, son florísticamente distintas y se ha hallado menos del 5% de árboles comartidos en ambos tipos de bosque seco. Las comunidades de bosque semideciduo son extensiones proyectadas hacia el norte de los difundidos bosques secos, hallados en la mayoría del Departamento de Santa Cruz y que recientemente se han designado como bosque seco chiquitano" (Beck et al. 1993). El bosque chiquitano es florísticamente similar a los bosques deciduos de la región de Misiones del este del Paraguay y a los bosques premontanos del noroeste argentino (Prado y Gibbs 1993); también, varios de los taxones dominantes están ampliamente distribuidos en el centro y Noreste brasileño (Furley y Ratter 1978, Ratter et al. 1988). Este patrón demuestra

una correlación con el clima estacionalmente seco; sin embargo, estos bosques aparentemente están restringidos a suelos relativamente fértiles (ej. mesotróficos) o aún a suelos calcáreos. Este fenómeno se repite en Bolivia, donde este tipo de bosque ocurre sobre suelos que pueden haberse desarrollado directamente a partir de rocas metamórficas (Killeen et al. 1990). Aunque muchas veces estos bosques semideciduos son relacionados geográficamente con las sabanas del Cerrado, no existen muchas especies compartidas entre ellas (Cuadro 6).

En cambio, una comparación de las plantas coleccionadas del bosque deciduo (unidad de mapeo 23) demuestra que la mayoría de las especies (~70%) se ha coleccionado en otras comunidades del Cerrado. Consecuentemente, es probable que este bosque seco sea una fase del gradiente vegetacional del Cerrado (ej., cerradão); no obstante, tiene varias características distintas cuando se compara con otros ejemplos de cerradão. La forma más común de cerradão se caracteriza por su follaje siempreverde y esclerófilo; básicamente, es un comunidad vegetal más densa que el cerrado común y que se encuentra sobre suelos más o menos profundos. En cambio, el bosque deciduo ubicado sobre las faldas noreste de la Serranía de Huanchaca se encuentra sobre suelos rocosos y superficiales; el estrato leñoso tiene mayor porte y es caducifolia, además de no tener un estrato de gramíneas bien desarrollado. Las especies dominantes no son las mismas cuando se comparan a los cerradãos típicos de la meseta. Entonces, se considera que este bosque seco es una variante poco conocida de la gradiente de vegetación del Cerrado.

Es importante notar que muchas especies del Cerrado tienen una distribución restringida a la región biogeográfica de la Meseta Central Brasileña. La región del Cerrado en el centro del Brasil generalmente se describe como una región de vegetación de sabana, que separa los bosques húmedos amazónicos de los bosques húmedos costeros del Brasil. Una visión más precisa indica que se trata de un mosaico reticulado de bosque semideciduo, cerrado y humedales de sabana, con cada tipo de vegetación y flora asociado a un distinto paisaje geomorfológico (Cochrane et al. 1985,

Oliveira-Filho y Ratter 1995). Esto ha llevado a una evolución divergente en varios taxones y el bioma del cerrado es conocido por presentar un número significativo de taxones endémicos. Por ejemplo, la familia Gramineae se caracteriza por numerosos pares de especies variantes y la proliferación de complejos de especies con razas intergraduadas y geográficamente restringidas (Killeen 1990, Killeen y Kirpes 1991, Killeen y Rúgolo 1992). Los cerrados bolivianos son esencialmente periféricos a la región biogeográfica del Cerrado y la Meseta de Huanchaca se encuentra separada por el ancho valle del Río Iténez, de otras mesetas similares de arenisca que se extienden hacia el norte desde el Matto Grosso hasta el sur de Rondonia.

Es generalmente reconocido que la flora del Cerrado tiene mayor similatud a nivel genérico con los bosques amazónicos en comparación con los bosques semideciduos o los matorrales del Gran Chaco. Una comparación de flora de estos ecosistemas revela esta distinción biogeográfica que ocurre en bosque húmedo y cerrado, con especies en el mismo género (Rizzini 1963); los ejemplos más notables en la región de Huanchaca son Vochysiaceae (*Qualea, Vochysia*), Leguminosae (*Dipteryx, Stryphnodendron*), Bignoniaceae (*Jacaranda*), Annonaceae (*Annona, Duguetia*), Araliaceae (*Didymopanax*), Chrysobalanaceae (*Hirtella, Licania, Parinari*) y Apocynaceae (*Himatanthus*). Existen varios ejemplos de géneros compartidos entre el bosque seco chiquitano y el cerrado, particularmente para las familias Bignoniaceae (*Tabebuia*) Bombacaceae (*Pseudobombax, Eriotheca*), Combretaceae (*Terminalia*) y Boraginaceae (*Cordia*). No obstante, parece existir mayor afinidad florística, a nivel genérico, para taxones leñosos entre el Cerrado y el bosque húmedo, que la que existe entre el Cerrado y los bosques semideciduos.

Las comunidades de humedales de sabana están compuestas por especies generalmente más distribuidas en las regiones neotropicales. La comparación con otros estudios realizados en el Departamento del Beni (Beck 1984), La Paz (Haase y Beck 1989) y otras zonas del Departamento de Santa Cruz (Killeen y Nee 1991) muestran similitudes generales en cuanto a estructura y composición.

BOTÁNICA ECONÓMICA Y USO DEL PARQUE

El Parque se encuentra rodeado por regiones donde históricamente se ha desarrollado un uso sostenible, el cual continúa proporcionando importantes recursos vegetales a la economía de Bolivia. La extracción de goma ha sido la principal actividad económica de la región y durante el auge de la goma en la segunda guerra mundial, varias personas mantuvieron concesiones caucheras a lo largo de los ríos Iténez y Bajo Paraguá. La mayoría de los concesionarios de la zona del Bajo Paraguá provenía de San Ignacio de Velasco, mientras que en el Iténez eran benianos o brasileños. Algunas de las concesiones fueron explotadas en la década del 80, cuando los precios de la goma en el Brasil dejaron de estar subvencionados; actualmente, el látex se produce sólo para uso local.

La explotación maderera se inició en la región a principios de la década del 80 y continúa actualmente. Esta actividad está en manos de empresas capitalizadas, basadas en Santa Cruz de la Sierra. La explotación inicial estuvo enfocada casi exclusivamente en la mara o caoba (*Swietenia macrophylla*), que goza de precios internacionales suficientemente altos, como para permitir la construcción de extensas redes camineras y cubrir los altos costos de transporte en esta remota región de Bolivia. Con la reducción de las poblaciones de mara hasta niveles mínimos, las compañías madereras han comenzado gradualmente a explotar *Amburana cearensis* (roble) y *Cedrela fissilis* (cedro). También ciertas cantidades de *Schizolobium amazonicum* (serebó) se han aprovechado para uso en la construcción de embalajes para la madera mara de enchape. El nivel de actividades de extracción maderera en la reserva del Bajo Paraguá, es probablemente de un 20% del que alcanzara durante su auge en 1987 y la sostenibilidad actual de las operaciones se encuentra en duda, debido a la escasez de las tres especies explotadas comercialmente. A menos que se produzca un cambio hacia otras especies, es poco probable que las operaciones madereras en curso duren más de cinco años.

Existen otras especies potenciales, particularmente la madera de alta calidad producida por los cambarás (*Qualea paraensis* y *Erisma gracile*) y los almendros (*Dipteryx odorata* y *Apuleia leiocarpa*). Queda por ver si estas especies pueden aprovecharse de manera rentable; los precios bajos y la falta de un mercado de exportación fijo podrían hacer que su explotación no sea rentable. El mercado interno boliviano se encuentra actualmente provisto por maderas de alta calidad, que se producen en bosques más cercanos a los mercados principales de las tres ciudades más grandes del país. Sin embargo, la red de caminos existente, que fuera construida durante el auge de la caoba y el potencial para reducir costos de exportación, a través de la venta directa al mercado brasileño, no elimina la posibilidad de que se lleve a cabo mayor explotación forestal.

El palmito ha sido aprovechado aproximadamente desde la misma época en que se explotaba la mara. La industria está basada en la especie *Euterpe precatoria* (asaí), una palmera esbelta que forma parte del dosel del bosque. El asaí es abundante localmente en ciertos tipos de bosque de pantano y se han registrado hasta 200 árboles/ha en estos hábitats (Arroyo 1995). El palmito es el meristema terminal de la palmera y como esta especie tiene un solo meristema (no produce brotes básales), la palmera muere al aprovecharse el palmito; se requieren dos palmeras para llenar una lata de palmito. Afortunadamente, los meristemas de las plantas jóvenes no tienen valor, ya que tienen estructura alargada, al contrario de los brotes compactos con hojas embrionarias, típicos de las palmeras maduras. Este rasgo morfológico asegura que por lo menos algunos individuos de cada población sobrevivan la cosecha. Desafortunadamente, los individuos tarda hasta 80 años para alanzar al dosel y la edad reproductiva y la explotación intensiva de este especie no es sostenible (M. Peña, com. pers.).

Los habitantes de los pueblos de Florida, Puerto Rico, Porvenir y Piso Firme utilizan el bosque para la obtención de una variedad de productos vegetales. Los más importantes son una serie de materiales utilizados en la construcción de viviendas. Las "tejeras" largos y delgados provenientes de bosques altos son útiles para la construcción de techos; las variedades más buscadas son aquellas resistentes a la putrefacción, generalmente pertenecientes a la familia Annonaceae, conocidas como "piraquinas" (*Xylopia, Guatteria, Unonopsis*). Estas mismas especies son la fuente de fibras largas, que se utilizan para amarrar los componentes de los techos o de la vivienda; generalmente no se usan clavos para este propósito. La cubierta usualmente proviene de las misma palmera asaí que se explota a nivel comercial; requiriéndose hasta 200 palmeras para erigir una pequeña estructura de 20 x 10 m. La sobre explotación de esta especie obliga a los habitantes de la zona a realizar viajes más largos para encontrar poblaciones suficientemente abundantes como para cubrir sus necesidades.

Finalmente, los hábitats de bosque y sabana proporcionan una gran variedad de frutos y semillas comestibles, que se utilizan para suplementar la dieta de los habitantes de la zona. En general, el pueblo chiquitano no se dedica a la búsqueda activa de éstos, prefiriendo dedicar sus esfuerzos a la agricultura, la caza y la pesca. Del mismo modo, este grupo étnico no tiene un conocimiento amplio de las plantas medicinales nativas de la región. Esto se debe a que los residentes chiquitanos migraron en épocas relativamente recientes a la zona, desde mediados de la década de los sesenta. El grupo indígena nativo de la zona, los Guarasug'we se han extinguido junto con el conocimiento que tenían del bosque, que formaba parte de su cultura.

AVIFAUNA OF PARQUE NACIONAL NOEL KEMPFF MERCADO

John M. Bates, Douglas F. Stotz, and
Thomas S. Schulenberg

INTRODUCTION

The bird fauna of Parque Nacional Noel Kempff Mercado and adjacent areas, indeed of all of the eastern portions of the departamento de Santa Cruz, was quite poorly known until very recently. A small collection was made at Los Fierros and in the 'Serrania Caparuch' (i.e., the Huanchaca plateau) in August and September 1986 (Cabot and Serrano 1988, Cabot et al. 1988). A series of bird surveys on the Huanchaca plateau and surrounding areas was conducted annually from 1988-1990 by the Museum of Natural Science of Louisiana State University (LSUMNS) in collaboration with the Museo de Historia Natural Noel Kempff Mercado (MHNNKM) of the Universidad Autónoma Gabriel René Moreno of Santa Cruz. These expeditions resulted in many new distributional records (Bates et al. 1989, Bates et al. 1992, Kratter et al. 1992) and first highlighted the richness of the avifauna in this region. Additional visits to this region were made by the late T. Parker in 1991, with Conservation International's Rapid Assessment Program (RAP); by a RAP field training course in 1995 that included all three authors as instructors, and Saul Arias, Edilberto Guzmán, Romer Miserendina, Carmen Quiroga, and Patricia Zilvetti as participants; and at various times by Susan Davis, Steve Hilty, Sjoerd Mayer, Bret Whitney and other field ornithologists (Mayer 1995, and pers. comms.).

The surveys by LSU/MHN primarily were collecting expeditions, employing mistnets and shotguns. Locality lists based on specimen records were supplemented with sight observations (Appendix 2). Some tape-recording was conducted as well, especially when Parker was accompanying the expedition; copies of these recordings are deposited at the Library of Natural Sounds (LNS), Cornell Laboratory of Ornithology. At each camp, personnel would be in the field from before dawn until late morning and then return to the field in the late afternoon. Each camp was visited for 14-30 days.

RAP surveys were carried out by observations along trails and roads and by limited mistnetting. Observations typically began before sunrise, and continued intensively until midday. Observers usually returned to the field in late afternoon (ca. two hours before sunset), and made observations until dusk. Observers typically carried tape-recorders. Recordings made by Schulenberg will be deposited at the LNS. Each site was surveyed for 1 to 12 days. Point counts were conducted at Flor de Oro, Los Fierros, and Lago Caimán, between sunrise and three hours after sunrise. Points were spaced at 200 m intervals, and each point was sampled, with unlimited distance, for 15 minutes. Six point counts were conducted in a single morning.

Fourteen sites within the park have been more or less well surveyed (Appendix 2). Sites for which data come only from LSU/MHN field work include Piso Firme, the mouth of the Río Paucerna, forest fragments on the northern part of the Serranía (Huanchaca 1), forest fragments on the southern part of the Serranía (Huanchaca 2), El Encanto, and moist forests along the southwestern base of the plateau 86 and 60 km ESE Florida (see Bates et al. 1989, 1992, Kratter et al. 1992 for dates of each site visit). Florida, a small town on the banks of the Rio Paraguá (the western border of the park) was visited only in transit, and only several mornings of surveys were conducted there. Sites visited only by the RAP personnel (including the training course) are Las Torres (1 day; Parker), Flor de Oro (12 days), and Lago Caimán (7 days). Los Fierros (forest and campo) was visited both by LSU/MHN and RAP. The data for El Refugio are from Steve Hilty and Susan Davis (pers. comms.).

A total of 597 bird species have been recorded from the park (Appendix 2). This high diversity results in part from the great variety of habitats found in the park, including cerrados, seasonally flooded grasslands, other open habitats, a variety of forest types, and aquatic habitats.

RESULTS

Moist Forests

At least some forest was surveyed at 13 of the 14 sites (all but the Los Fierros grassland). Eleven of these sites form an arc north and west of the Serranía; the two remaining sites are forest fragments (in grassland) on top of the plateau. Most sites are heterogeneous in terms of the kind of forest they contain (Figure 7). Sites in the southern part of the park (Los Fierros, El Encanto, forests 86 km ESE Florida, forests 60 km ESE Florida) lie in the widest sections of High Evergreen Forest (following the classification of habitats by Killeen, this report). Other sites (Las Torres, Lago Caimán, Flor de Oro, mouth of the Río Paucerna, Piso Firme, and Florida) all are close to large rivers and also contain various types of Riparian Forest.

As expected, sites at which humid forests are the dominant habitats are the richest for bird species within the park. Despite the higher diversity of forest bird species in the region as compared to open habitats (approximately 350

species for all moist forests combined vs. 150 for open habitats), the forest avifauna of the park is somewhat depauperate by Amazonian standards. There are two avifaunal lists from south central Amazonian Brazil that are available for comparison, from Cachoeira Nazaré, Rondônia (09° 45' S, 61° 55' W, Stotz et al. 1997) and Alta Floresta, Mato Grosso (09° 41' S, 55° 54' W, Zimmer et al. 1997). Both sites are north of the park, and both lists are based on somewhat less coverage than the park has received, but nonetheless are relatively complete. The Rondônia list is for a single locality, while the Alta Floresta list covers a larger region (although still a smaller region than has been surveyed within the park). The areas that have been surveyed at both of these sites are almost entirely humid forest (High Evergreen Forest). Each list contains roughly 460 species, 100 of which are not known from the park; 61 of these species occur at both Brazilian sites but have not been found at the park (Table 7). Many of these are widespread, common Amazonian species that occur throughout Amazonia. The lower diversity of forest avifauna of the park probably reflects the position of this region in one of the southernmost extensions of Amazonian moist forests.

The absence of certain species of forest birds from the park has a notable effect on the forest bird communities. Mixed-species flocks are much less regularly encountered in the forests of the park than is typical elsewhere in Amazonia. At most Amazonian sites, understory mixed-species flocks are led by *Thamnomanes* antshrikes. While *Thamnomanes* are present in the park, they are rare and patchily distributed, and the flocks that they typically lead are seldom seen. *Philydor erythrocercus* (Rufous-rumped Foliage-gleaner), *Automolus infuscatus* (Olive-backed Foliage-gleaner), *Myrmotherula longipennis* (Long-winged Antwren), and *Hylophilus ochraceiceps* (Tawny-crowned Greenlet), all typical members of understory flock species in most of Amazonia, have not been recorded from the park. Canopy flocks are also poorly represented, and *Lanio versicolor* (White-winged Shrike-Tanager), the canopy flock leader in southern Amazonia, is absent, along with several other canopy flock insectivores. Terrestrial insectivores and ant-following birds are two guilds that also are under-represented.

Despite the relatively low diversity, the park does harbor populations of several forest bird species with restricted distributions. A surprising discovery in low canopy forest at several sites was *Hemitriccus minimus* (Zimmer's Tody-Tyrant). This small flycatcher previously was known only from a small area near the confluence of the Rio Tapajos and the Amazon (Bates et al. 1992). Its presence in the park demonstrates that the species is more widespread than previously realized; although locally distributed, it now has been found at a number of sites across Amazonia (M. Cohn-Haft and B. M. Whitney, pers. comms). Another species, *Picumnus fuscus* (Rusty-necked Piculet), is known only from seasonally flooded forests along the Rio Guaporé and populations in the park represent the southern limit for this extremely range-restricted species (Parker and Rocha 1991).

The moist forest avifauna of the park has affinities with the Rondônian area of endemism, a region located primarily in Brazil that is bordered on the east by the Rio Tapajos and on the west by the Rio Madeira (see Haffer 1978 and Cracraft 1985). In contrast, the lowland forests of northern Bolivia and southeastern Peru are part of the Inambari area of endemism, which is defined as the lowland forests south of the Amazon and west of the Rio Madeira. Characteristic Rondônian species include *Pyrrhura perlata* (Crimson-bellied Parakeet), *Capito dayi* (Black-girdled Barbet), and *Pipra nattereri* (Snowy-capped Manakin). Other species that are not restricted to the Rondônian area of endemism, but whose western distributional limits coincide with the Rondônian area, include *Aburria cujubi* (Red-throated Piping-Guan), *Malacoptila rufa* (Rufous-necked Puffbird), *Selenidera gouldii* (Gould's Toucanet), and *Odontorchilus cinereus* (Tooth-billed Wren). In the Bolivian headwaters of the Rio Madeira, it appears that the major river dividing Inambari species from Rondônian species is the Río Mamoré, to the west of the park (Gyldenstolpe 1945). Although more detailed surveys are needed, bird populations east of this river appear to have primarily Rondônian

affinities. Humid forests in much of eastern Bolivia are mostly restricted to bands along the larger rivers such as the Mamoré and Beni, dissect the large savanna regions known as the Llanos de Mojos. Thus, the region that is enclosed within the park greatly enhances the avian species diversity of Bolivia by protecting lowland forests with a long history of separation from the humid forests of northwestern Bolivia. Furthermore, the contribution of the park to the conservation of humid forest birds is underestimated by considering only the community composition at the species level. Many of the bird populations found within the park, particularly of forest-dwelling species, are considered subspecifically distinct from other Bolivian populations based on morphology. Molecular data for several species indicate that some of these 'subspecies' show sufficient genetic divergence to be considered different species. In some cases, populations that appear similar in morphology (i.e., are recognized as members of the same subspecies) also show signs of being genetically distinct from one another (Bates 1993). Thus, from a Bolivian perspective, the park protects a unique portion of genetic diversity for many forest species.

Remote sensing studies and botanical research have shown that the park possess a rich mosaic of communities. Bird distributions also reflect this habitat "patchiness" and heterogeneity. Patches of bamboo (*Guadua* sp.) along the Río Tarvo in the south contain the park's only known populations of several "bamboo specialist" species, including *Drymophila devillei* (Striated Antbird), *Ramphotrigon fuscicauda* (Dusky-tailed Flycatcher) and *Ramphotrigon megacephala* (Large-headed Flycatcher), species that are locally distributed across southern Amazonia (Parker 1984, Parker et al. 1997). Although not entirely understood, other moist forest species such as *Malacoptila rufa*, *Sclerurus albigularis* (Gray-throated Leaftosser), and *Thamnomanes caesius* (Cinereous Antshrike) are only known from the Evergreen High Forest at the southwestern piedmont of the Huanchaca plateau (Kratter et al. 1992, Kratter 1997). Several other forest species, including *Psophia viridis* (Dark-winged Trumpeter), *Baryphthengus martii* (Rufous Motmot), and *Microcerculus marginatus*

(Nightingale Wren), are known only from sites on the northern edge of the park. Also, the only Bolivian record for *Tiaris fuliginosa* (Sooty Grassquit), possibly a migrant from Atlantic forests, was from forest at El Encanto (Bates 1997).

Deciduous, Semideciduous and Gallery Forests

The avifauna of deciduous and semideciduous forests have not been a focus of the avifaunal surveys because they are expected to contain a subset of the species found in moister forest. Nonetheless, some species may use these forests to the exclusion of other forest types. These habitats, especially on the far western border of the park, should be more thoroughly surveyed.

Gallery forests are restricted to the top of the plateau and contain a number of species that are either unrecorded elsewhere in Bolivia or are known for only one or two other localities. These species include: *Phyelomyias fasciatus* (Planalto Tyrannulet), *Neopelma pallescens* (Pale-bellied Tyrant-Manakin), *Antilophia galeata* (Helmeted Manakin), and *Herpsilochmus longirostris* (Large-billed Antwren). *Asio stygius* (Stygian Owl) was recorded in moist deciduous woodlands on top of the plateau. This species is poorly known in Bolivia.

Campos, Cerrados, and Other Open Habitats

Six sites within the park that have been well surveyed have substantial areas of open habitats (Flor de Oro, Huanchaca I and II on top of the plateau, Piso Firme, Los Fierros, and El Refugio). These open areas vary substantially from the different classes of campo and cerrado (highland savannas) to seasonally flooded pampas (savanna wetlands).

The avifauna of the park's open habitats is both more complete and more important from a global conservation standpoint than is the park's forest avifauna. There are 132 species that regularly use cerrado, campo grasslands and seasonally-flooded grasslands in central South America (Parker et al. 1996), of which 103 have been recorded from the park. This total makes the diversity of the park comparable to that of the

richest areas in central Brazil, and it is by far the richest avifauna in these habitats for Bolivia. In addition, some 20 of these open habitat species are considered to be vulnerable (Parker et al. 1996; Table 8), and four are listed in the Red Data book of threatened birds (Collar et al. 1992). Populations of many of these species have been greatly reduced or even extirpated from much of their former range (Willis and Oniki 1993, Parker and Willis 1997), but are common in their preferred habitats within the park. Given the size of protected area within these habitats, the park may well be the single most important reserve for these species anywhere in South America, despite being located at or near the western distributional limit for many such populations.

The upland cerrado savannas form a continuum from pure grassland (campo limpo) through various grass and shrub combinations to low forest (cerradão). A number of bird species, including some of the most threatened, largely or entirely are restricted to particular stages of this vegetation gradient (Table 8, Appendix 2).

The greatest diversity of birds restricted to cerrado habitats is found on top of the plateau. Threatened cerrado species whose only Bolivian populations are on the Huanchaca plateau include: *Geobates poecilopterus* (Campo Miner), a specialist on recently burned campo limpo, and cerrado specialists such as *Charitospiza eucosma* (Coal-crested Finch) and *Cyanocorax cristatellus* (Curl-crested Jay). Other species, such as *Thamnophilus torquatus* (Rufous-winged Antshrike; campo sujo), *Euscarthmus rufomarginatus* (Rufous-sided Pygmy-Tyrant; campo sujo), *Culicivora caudata* (Sharp-tailed Tyrant; campo limpo) and *Porphyrospiza caerulescens* (Blue Finch; local to campo rupestre, i.e. cerrado vegetation around rocky outcrops) are known from only a few Bolivian records away from the plateau.

There are some areas with cerrado vegetation on the lowland plain adjacent to the plateau, such as at Los Fierros. The savannas at Los Fierros have a rich avifauna of open habitat species, with at least 15 species of birds that are not known from elsewhere in the park. These are primarily widespread open-country species, such as *Elanus leucurus* (White-tailed Kite), *Parabuteo unicinctus* (Harris' Hawk),

The park may well be the single most important reserve for cerrado bird species anywhere in South America.

and *Speotyto cunicularia* (Burrowing Owl). Few of the bird species that are restricted to campo or cerrado habitats are found at Los Fierros, although the park's only known population of *Rhea americana* (Greater Rhea) occurs here.

The avifauna of seasonally flooded grasslands and pampas is dominated by species that are widespread across South America in open habitats. A notable exception is *Sporophila nigrorufa* (Black-and-tawny Seedeater), which was known from only a few specimen records until Parker observed several individuals in a large, mixed species flock of seedeaters in seasonally flooded grasslands near Los Fierros (Bates et al. 1992). This species appears to be entirely restricted to the seasonally flooded termite pampas; it is not known from the upland cerrado habitats on top of the plateau. Research currently is underway to further study this species in the park, which harbors the only known breeding population (S. Davis, pers. comm.). In addition, the Los Fierros pampa has populations (possibly seasonal) of another threatened seedeater, *Sporophila hypochroma* (Rufous-rumped Seedeater). This species also is not recorded on the Huanchaca plateau.

Aquatic Habitats

The diversity of aquatic birds of the park is about standard for Amazonian localities. Aquatic species generally have wide geographic distributions and include numerous long-distance migrants. The distributions of all 56 bird species associated with aquatic habitats in the park all extend beyond the Amazon basin.

CONSERVATION RECOMMENDATIONS

From a global perspective, it seems clear that the grassland and cerrado of the park, especially those on the Huanchaca plateau, are the most important habitats protected by the park. These habitats are being destroyed rapidly in Brazil (Cavalcanti 1988, Silva 1995, 1997), and the park very well may contain the largest remaining intact expanses of some of these vegetation types in the world. In addition, two globally threatened

species, *Sporophila hypochroma* and *Sporophila nigrorufa*, have been recorded in the seasonally inundated savannas on the lowland plains, but have not been found on the plateau.

The open habitats of the park may require management, including the use of fire, to maintain. A critical need for the development of management guidelines will be an understanding of the short- and long-term effects of different fire regimes on the vegetation and fauna of the park. Four issues that should receive immediate research attention are:

1) What are the effects of different fire frequencies? We suspect that annual fires are probably too frequent, but it will be important to understand what frequency of fire will be necessary to maintain or maximize the populations of species of conservation importance (Table 8). This is especially critical for species that appear to preferentially breed in recently burned habitats (e.g., *Geobates poecilopterus* and *Charitospiza eucosma*).

2) At what season should fires occur? The late dry season is probably the time when most natural fires occur, but it may be that the vegetation and fauna would be served better by fires at a season when they are less stressed.

3) What is the area of patches of open habitat that is needed to maintain the diversity of the avifauna? Flor de Oro has many of the same species of open-habitat birds that occur at Los Fierros, but the spatial extent of open habitats there is much smaller. The spatial requirements needed to maintain viable populations of the species of most concern needs investigation.

4) What are the effects of the pronounced seasonality (relative to the rest of Amazonia) on species behavior and movements? Observations suggest local movements may occur in many species (e.g., *Sporophila nigrorufa*), and these movements need to be understood to develop appropriate conservation plans.

Despite the relatively low diversity of the forest avifauna compared to sites in south-central Amazonian Brazil (above and Table 7), the park is very important to the conservation of Amazonian avifauna. This is particularly the case for bird species that are restricted to Amazonia south of the Amazon and east of the Rio Madeira. This portion of Amazonia is the region undergoing the most rapid rate of deforestation (Skole and Tucker 1993). Especially badly damaged are the forests of the state of Rondônia, immediately to the north of the park. Within this sector of Amazonia, there are 30 endemic species of forest birds (Stotz et al. 1996), 12 of which are known from the park. Given the continuing deforestation and the dearth of established reserves in the Brazilian Amazon, the park is critical to the survival of many of these species. In addition, the park harbors the only known Bolivian populations for some 20 species of forest birds (Bates et al. 1989, 1992, Kratter et al. 1992). Consequently, while the open habitats of the park are the most critical for the conservation of avifauna (Parker et al. 1997, Collar et al. 1997), the forests have an important conservation role as well.

Table 7. Bird species recorded at both Cachoeira Nazaré (Rondônia, Brazil; Stotz et al. 1997) and Alta Floresta (Mato Grosso, Brazil; Zimmer et al. 1997), but not known from Parque Nacional Noel Kempff Mercado. Habitat codes are: Fh, evergreen *terra firme* (upland) forest; Ft, seasonally inundated forest; Fe, forest edge; Sg, second-growth forest; Rm, river margins. Abundance codes as in Appendix 2.

	Cachoeira Nazaré	Alta Floresta	Habitats
Deroptyus accipitrinus	C	U	Ft, Fh
Phaethornis superciliosus	C	F	Fh, Ft
Popelairia langsdorffi	R	R	Ft
Pharomachrus pavoninus	U	U	Fh
Trogon rufus	C	U	Fh
Electron platyrhynchum	C	F	Fh, Ft
Galbula cyanicollis	C	U	Fh
Jacamerops aurea	C	U	Fh, Ft
Bucco capensis	U	R	Fh
Deconychura stictolaema	C	R	Fh
Dendrocolaptes hoffmannsi/picumnus[1]	R	R	Fh
Campylorhamphus procurvoides	R	U	Fh
Hyloctistes subulatus	C	U	Fh, Ft
Ancistrops strigilatus	C	F	Fh, Ft
Philydor erythrocercus	C	F	Fh, Ft
Philydor erythropterus	C	F	Fh
Philydor ruficaudatus	U	U	Fh
Automolus infuscatus	C	U	Fh
Xenops milleri	C	R	Fh, Ft
Sclerurus mexicanus	R	U	Ft
Sclerurus caudacutus	U	U	Fh
Sakesphorus luctuosus	C	U	Ft
Myrmotherula ornata	R	F	Ft
Myrmotherula longipennis	C	F	Fh, Ft
Microrhopias quixensis	C	F	Ft, Fh
Myrmoborus myotherinus	C	U	Fh

The park harbors the only known Bolivian populations for some 20 species of forest birds.

	Cachoeira Nazaré	Alta Floresta	Habitats
Rhegmatorhina hoffmannsi/gymnops[1]	C	U	Fh, Ft
Hylophylax naevia	C	F	Fh
Formicarius analis	C	F	Ft, Fh
Chamaeza nobilis	U	R	Fh
Myrmornis torquata	U	R	Fh
Myrmothera campanisona	C	U	Fh
Grallaria varia	R	U	Fh
Hylopezus macularius	C	U	Fh
Conopophaga melanogaster	U	R	Fh
Conopophaga aurita	U	R	Fh
Poecilotriccus capitalis	R	R	Sg, Fe
Todirostrum maculatum	C	R	Ft, Sg
Rhynchocyclus olivaceus	R	R	Fh
Platyrinchus coronatus	C	R	Ft
Platyrinchus saturatus	R	R	Fh
Myiobius barbatus	C	U	Fh, Ft
Ochthornis littoralis	C	U	Rm
Myiozetetes granadensis	R	R	Fe, Ft
Pachyramphus castaneus	R	U	Fh
Phoenicircus nigricollis	C	R	Fh
Iodopleura isabellae	U	R	Fh, Ft
Thryothorus leucotis[2]	C	F	Sg, Fe, Ft
Cyphorhinus arada	R	U	Fh
Turdus lawrencii	R	U	Fh
Polioptila guianensis	R	R	Fh
Parkerthraustes humeralis	U	U	Fh
Lamprospiza melanoleuca	C	F	Fh
Cissopis leveriana	R	U	Sg, Fe
Lanio versicolor	C	F	Fh, Ft
Euphonia xanthogaster	R	U	Fh
Tangara velia	C	F	Fh, Ft
Cyanerpes nitidus	U	R	Ft
Vireolanius leucotis	C	F	Fh, Ft
Vireo altiloquus	R	R	Fh
Hylophilus ochraceiceps	U	F	Fh

1 Taxa in which there are allospecies replacing one another between Cachoeira Nazaré and Alta Floresta.

2 Replaced by its allospecies T. *guarayanus* in PNNKM

CONSERVATION INTERNATIONAL

Rapid Assessment Program

Table 8. Vulnerable open-habitat birds of Parque Nacional Noel Kempff Mercado (based on Stotz et al. 1996).

Species	Habitat
Rhea americana	Campo grasslands
Micropygia schomburgkii	Campo sujo, Campo limpo, Seasonally flooded grassland
Anodorhynchus hyacinthinus[1]	Gallery forest
Heliactin bilophum	Cerrado
Geobates peocilopterus	Campo limpo (recently burned)
Melanopareia torquata	Camp sujo, Campo limpo
Culicivora caudacuta	Campo limpo, Campo sujo
Euscarthmus rufomarginatus[1]	Campo sujo
Cistothorus (platensis) platensis	Seasonally flooded grasslands
Sicalis citrina	Cerrado
Sporophila hypochroma[1]	Campo sujo, Campo limpo
Sporophila hypoxantha	Campo sujo, Campo limpo
Sporophila nigrorufa[1]	Campo limpo, Seasonally flooded grasslands
Sporophila ruficollis	Campo sujo, Campo limpo
Charitospiza eucosma	Cerrado
Saltator atricollis	Cerrado
Porphyrospiza caerulescens	Cerrado (especially near rocky outcroppings)
Cypsnagra hirundinacea	Cerrado, Campo
Cyanocorax cristatellus	Cerrado

1 Species listed as threatened by Red Data Book (Collar et al. 1992).

AVIFAUNA DEL PARQUE NACIONAL NOEL KEMPFF MERCADO

John M. Bates, Douglas F. Stotz, y Thomas S. Schulenberg

INTRODUCCIÓN

La fauna avícola del Parque Nacional Noel Kempff Mercado y sus áreas colindantes, y la de toda la región oriental del Departamento de Santa Cruz, había sido muy pobremente estudiada hasta hace poco. En 1986 se llevó a cabo una pequeña colección en Los Fierros y en la Serranía de Caparuch (i.e. la meseta de Huanchaca) (Cabot y Serrano 1988, Cabot et al. 1988). Durante los años de 1988-1990 el Museo de Ciencias Naturales de la Universidad Estatal de Louisiana (LSUMNS) en colaboración con el Museo de Historia Natural Noel Kempff Mercado (MHNNKM) de la Universidad Autónoma "Gabriel Rene Moreno" de Santa Cruz, llevó a cabo reconocimientos de aves en la meseta de Huanchaca y sus áreas colindantes. Estas expediciones dieron como resultado, muchos registros de distribución nuevos (Bates et al. 1989, Bates et al. 1992, Kratter et al. 1992) y por primera vez arrojaron a la luz la riqueza de la avifauna de esta región. Otras visitas subsecuentes realizadas a esta región incluyeron una por el hoy finado T. Parker quien visitó el Parque en 1991 con el Programa de Evaluación Rápida de Conservation International; también se realizó un curso de entrenamiento de campo del RAP en 1995 en el que participaron los tres autores en carácter de instructores, así como Saúl Arias, Edilberto Guzmán, Romer Miserendina, Carmen Quiroga y Patricia Zilvetti en carácter de participantes; y se realizaron varias visitas en distintas ocasiones por parte de Susan Davis, Steve Hilty, Sjoerd Mayer, Bret Whitney y otros ornitólogos de campo (Mayer 1995 y com. pers.).

Los reconocimientos realizados por el LSU/MHN fueron principalmente expediciones de colecta en la que se utilizaron redes de malla muy fina y escopetas. Las listas de localidades se basaron en el registro de especímenes y se complementaron con observaciones visuales (Apéndice 2). También se realizaron algunas grabaciones de audio, especialmente cuando Parker acompañó a la expedición; las copias de estas grabaciones fueron depositadas es la Librería de Sonidos Naturales (LNS) en el Laboratorio de Ornitología de Cornell. En cada campamento, el personal salía al campo desde antes del amanecer hasta media mañana y regresaba al campo en la tarde. Cada campamento fue visitado durante un período de entre 14 y 30 días.

Los reconocimientos llevados a cabo por el RAP se hicieron a través de observaciones realizadas a lo largo de los senderos y caminos y con el uso limitado de redes de malla fina. Las observaciones comenzaban típicamente antes del amanecer y continuaban de manera intensa hasta el medio día. Los observadores generalmente regresaban al campo por la tarde (ca. dos horas antes del anochecer) y realizaban observaciones hasta el crepúsculo. Los observadores generalmente llevaban aparatos de grabación; las grabaciones realizadas por Schulenberg serán depositadas en el LNS. El reconocimiento de cada localidad duró entre uno y doce días. Se llevaron a cabo conteos puntuales desde el amanecer hasta tres horas después del mismo en Flor de Oro, Los Fierros y Lago Caimán. Los puntos se establecieron a intervalos de 200 metros y cada punto fue muestreado por una distancia ilimitada durante un periodo de 15 minutos. Se condujeron seis conteos puntuales en una sola mañana.

Hay catorce localidades en el parque que han sido más o menos estudiadas (Apéndice 2). Los datos para estas localidades se obtuvieron únicamente gracias al trabajo de campo del LSU/MHN e incluyen a Piso Firme, la boca del Río Paucerna, algunos fragmentos forestales en la parte norte de la Serranía (Huanchaca 1), fragmentos forestales en la parte sur de la Serranía (Huanchaca 2), El Encanto, y bosques húmedos a lo largo de la base suroccidental de la meseta a 86 y 60 km. ESE de Florida (ver Bates et al. 1989, 1992, Kratter et al. 1992 para obtener datos acerca de cada localidad visitada). La Florida, un pequeño pueblo que se encuentra sobre el banco del Río Paraguá (en el límite occidental del Parque) fue visitado solamente de paso y sólo se llevaron a cabo algunos reconocimientos matutinos allí. Las localidades que fueron visitadas solamente por el personal de RAP (incluyendo el curso de entrenamiento) son Las Torres (1 día; Parker), Flor de Oro (12 días), y Lago Caimán (7 días). Los Fierros (bosque y campo) fue visitado tanto por la expedición del LSU/MHN como por la de RAP. Los datos para El Refugio provienen principalmente de Steve Hilty (com. pers.).

Se han registrado un total de 597 especies de aves en el Parque (Apéndice 2). Esta gran diversidad se debe en parte a la gran variedad de hábitats que se encuentran en el parque, entre los que se incluyen cerrados, pastizales estacionalmente inundados y otros hábitats abiertos, una amplia variedad de tipos de bosque y hábitats acuáticos.

RESULTADOS

Bosques Humedos

En 13 de las 14 localidades (exeptuando los pastizales de Los Fierros) se llevó a cabo el reconocimiento de por lo menos algo de bosque. Once de estas localidades forman un arco dispuesto al norte y occidente de la serranía; las otras dos localidades son fragmentos forestales (en medio de pastizales) que se encuentran sobre la meseta. La mayoría de las localidades son heterogéneas, en términos del tipo de bosque que presentan (Fig. 3). Las localidades ubicadas al sur del Parque (Los Fierros, El Encanto, los bosques a 86 km. ESE de Florida, los bosques a 60 km. ESE de Florida) yacen en las secciones más amplias de bosque alto siempreverde (según la clasificación de hábitats de Killeen, este reporte). Otras localidades (Las Torres, Lago Caimán, Flor de Oro, boca del Río Paucerna, Piso Firme y Florida) se encuentran ubicadas cerca de ríos grandes y también presentan varios tipos de bosque de galería.

Como era de esperarse, las localidades en las que los bosques húmedos son el hábitat dominante, son las que presentan una mayor riqueza de especies de aves dentro del Parque. La diversidad de especies forestales (aproximadamente 350 especies en todos los bosques húmedos) es mucho más de la los hábitats abiertos (150 especies). Sin embargo la avifauna forestal del parque es algo paupérrima, comparada con los estándares amazónicos.

Existen dos listas de avifauna de la región sur centro de la Amazonía brasileña que están disponibles para hacer una comparación; una está en Cachoeira Nazaré, en Rondônia (09°45'S, 61°55'W, Stotz et al. 1997) y la otra en Alta Floresta, Mato Grosso (09°41'S, 55°54'W, Zimmer et al. 1997). Ambas localidades se encuentran al norte el Parque y ambas listas están basadas en una cobertura menor a la que el Parque ha recibido, pero a pesar de esto están bastante completas. La lista de Rondônia cubre una sola localidad, mientras que la lista de Alta Floresta cubre una región mucho mayor (aunque sigue siendo un área menor a la que se ha estudiado en el Parque). Las áreas que se han estudiado en ambas localidades están cubiertas por bosque húmedo (bosque alto siempreverde) casi en su totalidad. Cada lista contiene aproximadamente 460 especies, de las cuales 100 no se sabe que se distribuyan en el Parque; 61 de estas especies ocurren en ambas localidades amazónicas pero no se han encontrado en el Parque (Cuadro 7). Muchas de éstas son especies amazónicas de amplia distribución consideradas comunes en toda Amazonía. La baja diversidad de la avifauna forestal del Parque es posiblemente un reflejo de la posición de esta región en una de las extensiones mas sureñas de los bosques amazónicos húmedos.

La ausencia de ciertas especies de aves forestales en el Parque tiene un efecto muy notorio en las comunidades avícolas forestales. Las parvadas de especies mixtas no ocurren comúnmente en el Parque mientras que son típicas de el resto de Amazonía. En la mayoría de las localidades amazónicas, las parvadas de especies mixtas del sotobosque están encabezadas por las batarás *Thamnomanes*. Aunque los *Thamnomanes* se encuentran presentes en el Parque, su distribución es discontinua y las parvadas a las que típicamente encabezan, rara vez se ven. Algunas especies como *Philydor erythrocercus, Automolus infuscatus, Myrmotherula longipennis,* y *Hylophilus ochraceiceps* son miembros típicos de las parvadas de sotobosque en la mayor parte de Amazonía pero no han sido registradas en el Parque. Las parvadas de dosel se encuentran también pobremente representadas en el Parque y *Lanio versicolor,* quien usualmente encabeza las parvadas de dosel en el sur de Amazonía, está ausente, junto con varias otras especies insectívoras de las parvadas de dosel. Los insectívoros terrestres y los pájaros seguidores de hormigas son otros gremios que tienen baja representatividad en el Parque.

A pesar de tener una diversidad relativamente baja, el parque alberga poblaciones de varias especies de aves forestales de distribución restringida. Un descubrimiento sorprendente en varias localidades de bosque de dosel bajo fue *Hemitriccus minimus.* Este pequeño mosquero antes era conocido solamente de una pequeña área en la confluencia del Río Tapajos y el Amazonas (Bates et al. 1992). La presencia de esta especie en el Parque demuestra que su distribución es más amplia de lo que antes se creía; aunque su distribución está muy localizada, ya se le ha encontrado en varias localidades a lo largo de toda Amazonía (M.Cohn-Haft y B.M. Whitney, com. pers.). Otra especie, *Picumnus fuscus,* es conocido

solamente de los bosques estacionalmente inundados que se encuentran a lo largo del Río Guaporé, por lo que las poblaciones del parque representan el límite sureño de la distribución de esta especie de distribución extremadamente restringida (Parker y Rocha 1991).

La avifauna de los bosques húmedos del Parque presenta afinidades con el área de endemismo de Rondônia, que es un área que se localiza principalmente en Brasil y que está delimitada hacia el este por el Río Tapajos y al oeste por el Río Madeira (ver Haffer 1978 y Cracraft 1985). En contraste con esto, los bosques de tierras bajas del norte de Bolivia y del sureste de Perú forman parte del área de endemismo de Inambari, la cual está definida como los bosques de tierras bajas que ocurren al sur de Amazonía y al occidente del Río Madeira. Las especies características de Rondônia que ocurren en el Parque incluyen a *Pyrrhura perlata, Capito dayi,* y *Pipa nattereri.* Otras especies que no están restringidas al área de endemismo de Rondônia, pero cuyos límites distribucionales coinciden con el área de Rondônia, incluyen a *Aburria cujubi, Selenidera gouldii,* y *Odontorchilus cinereus.* Parece ser que en la cabecera boliviana del Río Madeira, el río principal que separa a las especies de Inambari de las especies de Rondônia es el Río Mamoré, al oeste del Parque (Gyldenstolpe 1945). Aunque se requieren estudios más detallados, parece que las poblaciones de aves que ocurren al oriente de este río tienen mayor afinidad con Rondônia. Los bosques húmedos de una gran parte de Bolivia oriental ocurren de manera restringida sobre bandas que corren a lo largo de los grandes ríos, como el Mamoré y el Beni, y disectan las grandes extensiones de sabana que se conocen como los Llanos de Mojos. Es así, que las región que se encuentra dentro del parque incrementa la diversidad de especies de aves de Bolivia, ya que protege aquellos bosques de tierras bajas que históricamente han estado separados de los bosques húmedos del noroeste de Bolivia. Además, la contribución del Parque Nacional Noel Kempff Mercado a la conservación de las aves del bosque húmedo se ha subestimado, ya que solamente se considera la composición de la comunidad a nivel de especies. Muchas de las poblaciones de aves del Parque, particularmente las especies que ocurren dentro del bosque, se consideran como distintas subespecíficamente de otras poblaciones bolivianas basándose en su morfología. Se han obtenido datos moleculares de varias especies y estos indican que algunas de estas "subespecies" presentan suficiente divergencia genética como para que se les considere como especies distintas. En algunos casos, las poblaciones que aparentemente tienen una morfología similar (y se les reconoce como miembros de la misma subespecie), también presentan señales de ser genéticamente distintas unas de otras (Bates 1993). Por ello, desde una perspectiva boliviana, el Parque protege una porción única de la diversidad genética de muchas especies forestales de aves.

Estudios de teledetección y de botánica que se han llevado a cabo en el Parque han demostrado que el Parque posee un rico mosaico de comunidades. La distribución de las aves también refleja este "mosaico" y heterogeneidad de hábitats. Los manchones de bambú (*Guadua* sp.) que crecen a lo largo del Río Tarvo en el sur, contienen algunas de las únicas poblaciones conocidas de varias especies que se especializan en bambú, incluyendo a *Drymophila devillei, Ramphotrigon fuscicauda* y *Ramphotrigon megacephala*. Estas especies están distribuidas localmente a través del sur de Amazonía (Parker 1984, Parker et al. 1997). Aunque aún no está bien entendido del todo, hay algunas especies forestales como *Malacoptila rufa, Sclerurus albigularis* y *Thamnomanes caesius*, que sólo se conocen del Bosque Alto Siempreverde del piedemonte suroccidental de la meseta de Huanchaca (Kratter et al. 1992, Kratter 1997). Varias otras especies forestales incluyendo a *Psophia viridis, Baryphthengus martii* y *Microcerculus marginatus*, se conocen solamente de algunas localidades en el margen norte del parque. Además, el registro boliviano de *Tiaris fuliginosa*, quien es posiblemente un inmigrante de los bosques Atlánticos, es del bosque de El Encanto (Bates 1997).

Bosques Deciduos, Semideciduos y De Galería

La avifauna de los bosques deciduos y semideciduos no ha sido todavía el objeto de estudios avifaunísticos ya que se espera que éstos contengan una subporción de las especies que se encuentran en los bosques más húmedos. Sin embargo, es posible que algunas especies utilicen este tipo de bosque exclusivamente. Estos hábitats, particularmente los que se encuentran en el límite occidental del Parque, deberían ser estudiados más cuidadosamente.

Los bosques de galería están restringidos a la cima de la meseta y contienen una cantidad de especies que no se han registrado en ningún otro lugar de Bolivia y que además se conocen de apenas unas cuantas localidades. Estas especies incluyen a: *Phaetornis pretrei, Phylomyias fasciatus, Neopelma pallescens, Antilophia galeata,* y *Herpsilochmus longirostris*. Además, *Asio stygus* fue registrado en las arboledas húmedas deciduas que se localizan sobre la meseta. Esta es una especie poco conocida en Bolivia.

Campos, Cerrados y Otros Hábitats Abiertos

Cinco de las localidades que se han estudiado dentro del parque poseen áreas importantes de hábitats abiertos (Flor de Oro, Huanchaca I y Huanchaca II, Piso Firme y El Refugio). Estas áreas abiertas varían substancialmente desde los diferentes tipos de campo y cerrado (sabanas de tierras altas) hasta pampas estacionalmente inundadas (humedales de sabana).

La avifauna de hábitats abiertos del parque es más completa y también más importante, desde un punto de vista global de conservación, que la avifauna forestal del Parque. Hay 132 especies que utilizan el cerrado, los pastizales de campo y los pastizales estacionalmente inundados del centro de Sudamérica de manera regular (Parker et al. 1996); de éstas, 103 se han registrado dentro del Parque. Esta cifra hace que la diversidad del Parque sea comparable a la de aquellas áreas de mayor riqueza de Brasil central y lo convierte, por mucho, en la avifauna más rica en este tipo de hábitats en Bolivia. Además, hay por lo menos 20 de estas especies de hábitat abierto que se consideran vulnerables (Parker et al 1996; Cuadro 8), y cuatro que están enumeradas en el Libro Rojo de las Aves Amenazadas (Collar et al. 1992). Las poblaciones de muchas de estas especies se han

El parque sea la reserva más importante para estas especies (de cerrado) en todo Sudamérica.

visto enormemente disminuidas, o han sido extirpadas del todo de la mayor parte de su antiguo rango de distribución (Willis y Oniki 1993, Parker y Willis 1997) pero que todavía son comunes en sus hábitats preferidos dentro del parque. Dado el gran tamaño del área protegida donde existen estos hábitats, es posible que el parque sea la reserva más importante para estas especies (decerrado) en todo Sudamérica, a pesar de que se localiza cerca o sobre el límite de distribución occidental de muchas de estas poblaciones.

Las sabanas de cerrado de tierras altas forman un continuum desde pastizales puros (campo limpo) a través de varios tipos de combinaciones de pasto y matorral, hasta bosque bajo (cerradão). Hay un gran número de especies de aves, entre las que se incluyen algunas de las más amenazadas, que están parcial, o totalmente restringidas a los hábitats de cerrado que se localizan sobre la cima de la meseta. Algunas de las especies de cerrado amenazadas cuyas únicas poblaciones se encuentran en la meseta de Huanchaca incluyen a *Geobates poecilopterus* y *Euscarthmus rufimarginatus* (campo sujo), *Culicivora caudata* (campo limpo) y *Porphyrospiza caerulescens* (campo rupestre, vegetación de cerrado que circunda afloramientos rocosos), las cuales son especies para las que solamente se conocen pocos registros bolivianos fuera de la meseta.

Hay algunas áreas de vegetación de cerrado en la planicie de tierras bajas que colinda con la meseta, como por ejemplo Los Fierros. Las sabanas de Los Fierros poseen una rica avifauna de especies de hábitat abierto, y hay por lo menos 15 especies de aves que no se conocen en ninguna otra localidad dentro del Parque. Éstas son en su mayoría especies comunes de parajes abiertos, tales como *Elanus leucurus, Parabuteo unicinctus,* y *Speotyto cunicularia.* No obstante, muy pocas de las especies que están restringidas a hábitats de campo o de cerrado se encuentran en las pampas cerca a Los Fierros, aunque la única población conocida en el Parque de *Rhea americana* ocurre ahí.

La avifauna de los pastizales y pampas estacionalmente inundados está dominada por especies ampliamente distribuidas en los hábitats abiertos de toda Sudamérica. Una excepción

extraordinaria es *Sporophila nigrorufa,* el cual era conocido sólo por unos cuantos especímenes registrados hasta que Parker observó a varios individuos que formaban parte de una gran parvada mixta de semilleros que se encontraba en los pastizales estacionalmente inundados que ocurren cerca de Los Fierros (Bates et al. 1992). Aparentemente, esta especie se encuentra completamente restringida a las pampas de termiteros estacionalmente inundadas; no se le ha registrado en los hábitats de cerrado de tierras altas de la cima de la meseta. Actualmente se están llevando a cabo mayores investigaciones para estudiar a esta especie en el parque, donde se alberga la única población reproductora conocida (S. Davis, com. pers.). Además, la pampa de Los Fierros tiene poblaciones (posiblemente estacionales) de otro semillero amenazado, *Sporophila hypochroma.* Esta especie tampoco ha sido registrada en la meseta de Huanchaca.

Habitats Acuáticos

La diversidad de aves acuáticas en el Parque es más o menos parecida a la de otras localidades amazónicas. Las especies acuáticas generalmente tienen distribuciones geográficas muy amplias e incluyen especies que realizan enormes migraciones. La distribución de las 56 aves asociadas a hábitats acuáticos que ocurren en el parque se extiende más allá de la cuenca del Amazonas.

RECOMENDACIONES PARA LA CONSERVACIÓN

Desde un punto de vista global, parece claro que los pastizales y cerrados del Parque nacional Noel Kempff Mercado, especialmente aquellos de la meseta de Huanchaca, son los hábitats más importantes del Parque. Estos hábitats están siendo rápidamente destruidos en Brasil (Cavalcanti 1988, Silva 1995, 1997), y es posible que el Parque contenga los remanentes intactos más extensos de estos tipos de vegetación que todavía existen en el mundo. Además, hay dos especies globalmente amenazadas, *Sporophila hypochroma* y *Sporophila nigrorufa,* que han sido registradas en las sabanas estacionalmente inundadas de las planicies de tierras bajas, pero que no se han hallada en la meseta.

Es posible que los hábitats abiertos del Parque requieran de manejo, incluyendo el uso de fuego, para poder ser mantenidos. Una de las necesidades críticas para el desarrollo de lineamientos de manejo será la de que exista un entendimiento de los efectos a corto y largo plazo de los diferentes regímenes de fuego sobre la fauna y la vegetación del Parque. Hay cuatro asuntos que deberían recibir atención inmediata para su investigación:

1) ¿Cuáles son los efectos que producen diferentes frecuencias en los incendios? Sospechamos que los incendios anuales son probablemente demasiado frecuentes, pero es importante entender cuál es la frecuencia de los incendios indicados para mantener o maximizar las poblaciones de aquellas especies cuya conservación es importante (Cuadro 8). Esto es particularmente crítico para aquellas especies que aparentemente prefieren reproducirse en hábitats que han sido recientemente quemados (e.g. *Geobates poecilopterus* y *Charitospiza eucosma*).

2) ¿En cuáles temporadas deben ocurrir los incendios? La temporada seca avanzada es quizás cuando ocurren la mayoría de los incendios naturales, pero es posible que le sea más útil a la fauna y a la vegetación que los incendios ocurran en estaciones cuando éstos se encuentran menos estresados.

3) ¿Cuál es el área de los fragmentos de hábitat abierto que se requiere para mantener la diversidad de la avifauna? Flor de Oro posee muchas de las mismas especies de aves de hábitat abierto que ocurren en Los Fierros, pero la extensión espacial de los hábitats abiertos ahí es mucho menor. Se requiere de investigación para saber si este espacio es suficiente para mantener poblaciones viables de las especies de mayor preocupación.

4) ¿Cuáles son los efectos de una estacionalidad pronunciada (relativa al resto de Amazonía) sobre el comportamiento y movimiento de las especies. Hay observaciones que sugieren que muchas especies realizan movimientos locales (e.g. *Sporophila nigrorufa*), y estos movimientos deben ser entendidos para que se puedan desarrollar planes de conservación apropiados.

A pesar de la relativa baja diversidad de la avifauna forestal del parque en comparación con localidades del centro de la porción sur de la Amazonía brasileña (arriba y Cuadro 7), el Parque es muy importante para la conservación de la avifauna amazónica. Este es el caso especialmente para especies de aves que se encuentran restringidas a la Amazonía en la región al sur del Amazonas y al oriente del Río Madeira. Esta es la porción de Amazonía que está sufriendo la más rápida tasa de deforestación (Skole y Tucker 1993). Los bosques del estado de Rondônia, en la región que colinda directamente con el norte del PARQUE, han sido particularmente dañados. Dentro de este sector de la Amazonía hay 30 especies endémicas de aves forestales (Stotz et al. 1996), y de éstas, doce se han registrado en el parque. Dada la continua deforestación y la escasez de reservas establecidas en la Amazonía brasileña, el Parque resulta crítico para la supervivencia de muchas de estas especies. Además, el parque alberga las únicas poblaciones bolivianas conocidas de 20 especies de aves forestales (Bates et al. 1989, 1992, Kratter et al. 1992). Por consiguiente, aunque los hábitats abiertos del Parque son los más críticos para la conservación de avifauna (Parker et al. 1997, Collar et al. 1997), los bosques también juegan un importante papel en la conservación.

Cuadro 7. Especies de aves registradas en Cachoeira Nazaré (Rondônia, Brazil; Stotz et al. 1997) y Alta Floresta (Mato Grosso, Brazil; Zimmer et al. 1997), pero no han estado registradas en el Parque Nacional Noel Kempff Mercado. Codigos de los habitats son: Fh, bosque alto seimpreverde; Ft, bosque alto inundado; Fe, margen del bosque; Sg, bosque secundario; Rm, margenes de los ríos.

El parque alberga las únicas poblaciones Bolivianas conocidas de 20 especies de aves forestales.

	Cachoeira Nazaré	Alta Floresta	Habitats
Deroptyus accipitrinus	C	U	Ft, Fh
Phaethornis superciliosus	C	F	Fh, Ft
Popelairia langsdorffi	R	R	Ft
Pharomachrus pavoninus	U	U	Fh
Trogon rufus	C	U	Fh
Electron platyrhynchum	C	F	Fh, Ft
Galbula cyanicollis	C	U	Fh
Jacamerops aurea	C	U	Fh, Ft
Bucco capensis	U	R	Fh
Deconychura stictolaema	C	R	Fh
Dendrocolaptes hoffmannsi/picumnus[1]	R	R	Fh
Campylorhamphus procurvoides	R	U	Fh
Hyloctistes subulatus	C	U	Fh, Ft
Ancistrops strigilatus	C	F	Fh, Ft
Philydor erythrocercus	C	F	Fh, Ft
Philydor erythropterus	C	F	Fh
Philydor ruficaudatus	U	U	Fh
Automolus infuscatus	C	U	Fh
Xenops milleri	C	R	Fh, Ft
Sclerurus mexicanus	R	U	Ft
Sclerurus caudacutus	U	U	Fh
Sakesphorus luctuosus	C	U	Ft
Myrmotherula ornata	R	F	Ft
Myrmotherula longipennis	C	F	Fh, Ft
Microrhopias quixensis	C	F	Ft, Fh
Myrmoborus myotherinus	C	U	Fh
Rhegmatorhina hoffmannsi/gymnops[1]	C	U	Fh, Ft
Hylophylax naevia	C	F	Fh
Formicarius analis	C	F	Ft, Fh
Chamaeza nobilis	U	R	Fh
Myrmornis torquata	U	R	Fh
Myrmothera campanisona	C	U	Fh
Grallaria varia	R	U	Fh
Hylopezus macularius	C	U	Fh
Conopophaga melanogaster	U	R	Fh
Conopophaga aurita	U	R	Fh

CONSERVATION INTERNATIONAL

Rapid Assessment Program

	Cachoeira Nazaré	Alta Floresta	Habitats
Poecilotriccus capitalis	R	R	Sg, Fe
Todirostrum maculatum	C	R	Ft, Sg
Rhynchocyclus olivaceus	R	R	Fh
Platyrinchus coronatus	C	R	Ft
Platyrinchus saturatus	R	R	Fh
Myiobius barbatus	C	U	Fh, Ft
Ochthornis littoralis	C	U	Rm
Myiozetetes granadensis	R	R	Fe, Ft
Pachyramphus castaneus	R	U	Fh
Phoenicircus nigricollis	C	R	Fh
Iodopleura isabellae	U	R	Fh, Ft
Thryothorus leucotis[2]	C	F	Sg, Fe, Ft
Cyphorhinus arada	R	U	Fh
Turdus lawrencii	R	U	Fh
Polioptila guianensis	R	R	Fh
Parkerthraustes humeralis	U	U	Fh
Lamprospiza melanoleuca	C	F	Fh
Cissopis leveriana	R	U	Sg, Fe
Lanio versicolor	C	F	Fh, Ft
Euphonia xanthogaster	R	U	Fh
Tangara velia	C	F	Fh, Ft
Cyanerpes nitidus	U	R	Ft
Vireolanius leucotis	C	F	Fh, Ft
Vireo altiloquus	R	R	Fh
Hylophilus ochraceiceps	U	F	Fh

1 Taxa in which there are allospecies replacing one another between Cachoeira Nazaré and Alta Floresta.

2 Replaced by its allospecies *T. guarayanus* in PNNKM

Cuadro 8. Aves vulnerables de áreas abiertas del Parque Nacional Noel Kempff Mercado (basado en Stotz et al. 1996).

Especies	Hábitat
Rhea americana	Campo grasslands
Micropygia schomburgkii	Campo sujo, Campo limpo, Seasonally flooded grassland
Anodorhynchus hyacinthinus[1]	Gallery forest
Heliactin bilophum	Cerrado
Geobates peocilopterus	Campo limpo (recently burned)
Melanopareia torquata	Camp sujo, Campo limpo
Culicivora caudacuta	Campo limpo, Campo sujo
Euscarthmus rufomarginatus[1]	Campo sujo
Cistothorus (platensis) platensis	Seasonally flooded grasslands
Sicalis citrina	Cerrado
Sporophila hypochroma[1]	Campo sujo, Campo limpo
Sporophila hypoxantha	Campo sujo, Campo limpo
Sporophila nigrorufa[1]	Campo limpo, Seasonally flooded grasslands
Sporophila ruficollis	Campo sujo, Campo limpo
Charitospiza eucosma	Cerrado
Saltator atricollis	Cerrado
Porphyrospiza caerulescens	Cerrado (especially near rocky outcroppings)
Cypsnagra hirundinacea	Cerrado, Campo
Cyanocorax cristatellus	Cerrado

1 Species listed as threatened by Red Data Book (Collar et al. 1992).

CONSERVATION INTERNATIONAL

Rapid Assessment Program

MAMMAL FAUNA OF PARQUE NACIONAL NOEL KEMPFF MERCADO

Louise H. Emmons

INTRODUCTION

The following account gives an overview of the mammal fauna of Parque Nacional Noel Kempff Mercado from the perspective of the combined results from many sources. Numerous people contributed information, and we gratefully acknowledge all of their individual efforts. The large mammals of the park are quite well known due to the work of Wildlife Conservation Society researchers, including Andrew Taber, Lillian Painter and Rob Wallace, as well as from observations by park guards and other personnel of FAN, and many ornithologists and botanists. Prior to this report, the smaller mammal fauna of the park mainly was known from the results of three collecting expeditions: two short expeditions to the Los Fierros area by the Museum of Southwestern Biology of New Mexico, USA (1990); and the Conservation International RAP program (1991), during which observations were made and small mammals collected at Los Fierros and El Encanto. A long expedition in 1986 by the Estación Biológica de Doñana (Spain) and the Santa Cruz Municipal Zoo collected large and small mammals from La Florida (Moira) to Los Fierros and El Encanto. We report the results of recent mammal inventories at Flor de Oro, Lago Caimán, and Los Fierros, made by the 1995 RAP field course (Louise Emmons, Nuria Bernal, Erika Cuellar, José Luis Santivañez, María Cristina Tapia, Alberto Velasco, Mónica Romo, and Teresa Tarifa). Further expeditions to inventory small

mammals at El Refugio were made in 1997 by José Luis Santivañez, and separately by Louise Emmons and José Manuel Rojas, who also briefly sampled the meseta at the Huanchaca II campsite above Los Fierros. Because new species for the park still were being added at a rapid rate during the most recent surveys, it is certain that the attached mammal list remains far from complete, especially for the bat fauna.

Parque Nacional Noel Kempff Mercado is outstanding because of its geographical location at the junction of the two largest tropical biomes in South America: the humid evergreen Amazonian rainforest, and the southern dry forest complex of woodlands and grasslands of the Cerrado. Seasonally flooded, Pantanal-like grasslands also cover a significant surface area. Because of their large geographic extent, each of these habitats has an endemic fauna. The faunas meet within the park and although there is no extraordinarily high diversity of species within any one habitat, among all habitats a large number of mammals is protected within a small geographic region. Currently 124 mammal species are listed for the park, but as many as 50 or more others may remain unrecorded. This is fewer than the known lowland fauna of Manu National Park and Biosphere Reserve (140 species recorded, out of a total of 187 species expected to occur; Voss and Emmons 1996) and many fewer than the total known fauna for the whole Manu Park and Biosphere Reserve of 191 species (over 250 expected). Nonetheless, Noel Kempff is likely to hold one of the largest and most important faunas (for conservation) of any Bolivian park.

EVERGREEN HIGH FOREST AND RIVERINE FOREST HABITATS

On a continental as well as a local scale, the humid high forest (Amazonian forest) is the richest habitat type in the park, with 102 (over 80%) of the recorded mammal species (Table 9). This type of forest is best developed along river levees, and in the northern and western sections of the park. The most extensively studied region of the park is Lago Caimán, which was surveyed for small mammals by the RAP course, and where Taber, Painter and Wallace have spent many years studying large mammal ecology. Forests less extensively inventoried include those at Los Fierros (Estacíon Biológica de Doñana, Museum of Southwestern Biology, 1991 RAP Expedition, 1995 RAP Course); El Refugio (1997, Santivañez, Emmons, and Rojas); and the forest island of the central meseta at Huanchaca II (1997, Emmons and Rojas).

Mammal species of the tall forest habitats of the park fall into two basic groups: those found throughout the evergreen forests, and those restricted only to riverine forest and/or aquatic habitats. Riverine species include capybaras, giant otters, river dolphins, bamboo rats, tree rats, and howler monkeys, but other mammal species, such as carnivores and most primates, are more common in riverside forest than in upland forests far from rivers, especially during the extended dry season (July-October) when most collecting expeditions have occurred. All humid high forest mammal species are widespread, found over large geographic areas and are protected in many reserves and parks. At present their protection in any one park is less critical than is the case for the mammals of dry habitats.

The small mammal communities of the evergreen tall forests of the park are dominated by the rice rat *Oryzomys nitidus* and the arboreal rice rat *Oecomys bicolor*, as are the communities of the semi-deciduous tall forests of most of Bolivia. Exceeding these in biomass are the large (200-

300 g) spiny rats, *Proechimys longicaudatus*. We saw spiny rats sheltering in the holes of large termite mounds within forest. A small opossum (*Marmosops* c.f. *dorothea*) was the most numerous species captured at the time of our survey at Lago Caimán, where the woolly mouse opossum, *Micoureus* c.f. *constantiae*, also was common. Marsupial and rodent densities vary greatly from year to year, so relative abundances recorded during inventories will not always be the same.

Good populations of agoutis, pacas, tapirs, brocket deer, both species of peccaries, puma, and jaguar inhabit the humid high forests. Salt licks (*salitrales*) at Lago Caimán attract great numbers of large mammals. These licks may help maintain high population densities of tapirs and white-lipped peccaries in the Flor de Oro sector of the park. Among primates, spider monkeys have high populations throughout the tall evergreen forests of the park, and this species dominates the biomass of the arboreal mammal community. Silvery marmosets (*Callithrix argentata melanura*) also are common, as are brown capuchins (*Cebus apella*) and night monkeys (*Aotus infulatus*). The marmosets feed on gum exudates from trees of Vochysiaceae (*Qualea, Vochysia*), which are the dominant large trees of this forest type in the park. Marmosets also use gum from other species, such as various legumes. Howler monkeys are uncommon to rare in the park and seem to be restricted to riverside forests. They are absent from Los Fierros, where there is no river, but are present 35 km away at El Refugio, along the Río Tarvo.

Certain parts of the forest have dense groves of *Attalea* palms, especially around *salitrales* and poorly drained soils, and on abandoned pastures (such as at El Refugio). Fruit produced by the palms in these groves attract large numbers of Amazon red squirrels (*Sciurus spadiceus*) and agoutis (*Dasyprocta azarae*), and are a major food resource for brown capuchin monkeys (*Cebus apella*).

Among riverine fauna, river dolphins (*Inia geoffrensis*) occur in the Río Paraguá system and along the Río Guaporé on the park border. Giant otters (*Pteronura brasiliensis*) likewise are present over wide regions of the park, at least from Flor de Oro to El Refugio, but their distribution may be fragmented. Some smaller streams, such as that at

Good populations of agoutis, pacas, tapirs, brocket deer, both species of peccaries, puma, and jaguar inhabit the humid high forests.

Los Fierros, harbor river otters (*Lontra longicaudis*). Parts of the Río Paraguá are so choked with floating vegetation that there is no boat traffic or fishermen: the dolphins and otters (as well as the caiman) of these channels are protected from both hunting and competition with man for fish. Capybara are present, but are uncommon to rare in all of the suitable sites we visited.

In relative numbers of species, the bat fauna of the park is unlike that of more northerly Amazonian forests. The four most common bats near Flor de Oro were the nectar feeder/omnivore *Glossophaga soricina*, the insectivore *Pteronotus parnellii*, and two small frugivores, *Vampyressa pusilla*, and *Carollia perspicillata*. For some reason the park is the only known locality for the genus *Pteronotus* in Bolivia, and three species are found there (Anderson 1997). Possibly the meseta provides caves or crevices for their roosts. Lesser bulldog bats (*Noctilio albiventris*) hunt in large numbers over both rivers and pampas.

Many of the larger "rainforest" mammals of the park, including tapirs, giant anteaters, armadillos, most carnivores, peccaries, gray brocket deer, and even primates, as well as some small mammals such as bats and marsupials, readily use both high evergreen forest and savanna woodland or open savanna vegetation types (Table 9). A few vulnerable species such as giant anteaters and giant armadillos may be more abundant in termite savanna habitats than in forest, and the park may preserve globally important populations of these species. Little is known of the ecology of bushdogs (*Speothos venaticus*), but anecdotal information suggests that they are found most frequently in semideciduous forests or near forest/savanna margins. They are known to occur at Los Fierros, and the park may be the largest protected area of Cerrado-Amazonian forest interface that protects this species. Formerly considered to be very rare, numerous recent sightings suggest that both bushdogs and short-eared dogs (*Atelocynus microtis*) are increasing in numbers.

The humid forest fauna of the park is somewhat depauperate relative to other such forests: for example, directly across the river from Lago Caimán, in Brazil, there are four to five additional species of monkeys (L. Painter and R.

Wallace, pers. comm.). As with the bird fauna (see above), the Río Iténez (Guaporé) seems to divide a reduced Bolivian mammal fauna from a richer Amazonian fauna to the east. However, current knowledge of the mammal communities is insufficient for much more than speculation about this phenomenon.

DRY FOREST, SAVANNA, AND TRANSITIONAL HABITAT TYPES

The open dry forests, woodlands, upland savannas, and savanna wetlands together harbor less than half as many mammals as the tall evergreen forests. Only 43 species have been recorded thus far, but from the perspective of conservation, these include all the taxa currently at greatest risk, and thus are of disproportionate importance. For small mammals, the savanna formations sampled included Flor de Oro (1995 RAP course), Los Fierros (Estacíon Biológica de Doñana, Museum of Southwestern Biology, 1991 RAP Expedition, 1995 RAP Course), El Refugio (1997, Santivañez, Emmons, Rojas), the forested northern meseta (closed upland woodland, 1995 RAP course), and the pampas of the central meseta at Huanchaca II (1997, Emmons, Rojas). Each of these surveys was brief and far from exhaustive, but collectively they cover a wide array of the highly diverse savanna and dry woodland formations within the park (see botanical sections). Our preliminary studies show some species differences from one savanna type to another, but more intensive sampling is needed to verify and quantify these impressions.

Woodland Formations

Our brief survey of the closed dry woodlands and dwarf evergreen forest of the meseta above Lago Caimán uncovered several poorly known species of mammals, such as the extremely rare marsupial *Glirona venusta*. Santivañez also observed this species in tall deciduous forest (with cactus) at El Refugio. In these closed woodlands on the meseta, we also observed, but did not collect, another arboreal marsupial, the bare-tailed woolly opossum (*Caluromys philander*). This is the first report of this species for Bolivia, and represents the westernmost record. This opossum is common in the eastern half of the Amazon Basin, but appears to extend westward only on the Brazilian Shield south of the Amazon wet forest. Its congener *C. lanatus* occurs in the western Amazon basin, and is found in the tall evergreen forests of the park, so that the two species are sympatric at Lago Caimán. Two savanna short-tailed opossums also were collected in dry woodlands, the gray short-tailed opossum (*Monodelphis domestica*) and the pygmy opossum (*M. kunsi*). The latter is known from only eight specimens, two of them from the park. One was found in open savanna woodlands at Flor de Oro, and the other in tall semi-evergreen forest at El Refugio. Woolly mouse opossums (*Micoureus* c.f. *constantiae*) were among the most common small mammals of all shrub and wooded savanna formations, as well as the dry forest of the northern sector of the meseta. It is noteworthy that marsupials seemed to dominate these habitats, where invertebrates may be the chief dry-season resource. Because several rare species are found in the dry woodlands on the northern end of the meseta and on rocky outcrops, these vegetation types may have a special conservation role for mammals.

Upland (Cerrado) Savannas

Little small mammal work has been done yet in larger, open grasslands of the park. On a short survey of the campo cerrado formation on the meseta near Huanchaca II in 1997, we discovered two extremely rare rodents: *Kunsia tomentosus*, the largest New World sigmodontine rodent, and *Juscelinomys* sp. A specimen of the latter also was collected in grassland near Flor de Oro during the RAP course. These are currently under study and may represent a new species. Arguably the most important large mammal protected within the park is the *gama* (pampas deer, *Ozotoceros bezoarticus*), which is restricted to the open grassland habitats on the southern portion of the meseta. On our short visit, we noted that *gama* seem to prefer the new green vegetation of recently burned savanna, where all of the deer seen

were concentrated. Regular fires may be needed to maintain highest deer density, a question that merits research. This deer appears to be the most truly vulnerable of the many CITES-listed mammal species found within the park, which may protect one of the largest existing population units. However, the relative importance of the pampas deer population in the park only will be determined after a population count.

Savanna Wetlands

The Los Fierros/El Refugio termite savannas have a mammal fauna adapted to seasonal flooding. A salient feature of the Los Fierros savanna fauna is the high density of guinea pigs (*Cavia* c.f. *aperea*) that live in the grasslands on higher ground. The wetter grasslands seem dominated by a single species of pantano mouse (*Bolomys lasiurus*). Two large mammals potentially threatened by unregulated international trade frequent this habitat, maned wolves (*Chrysocyon brachyurus*, CITES Appendix II) and marsh deer (*Blastocerus dichotomus*, CITES Appendix I). Presence of tracks show that, at least when conditions are dry, maned wolves use the entire savanna from Los Fierros to the park border at El Refugio Ecological Reserve, and outside the park from El Refugio all the way to the Toledo Station, a linear distance of about 50 kilometers (Emmons, pers. obs.). It is likely that the entire savanna complex is occupied by this species (about 180 km² within the park boundaries), but when the grasslands are flooded in the rainy season, deeply inundated parts would be unsuitable habitat. Because pairs have large territories of 20-30 km² (in Brazil, Dietz 1984), only about four to six pairs may be present. Maned wolves have been heard barking on top of the meseta (T. Killeen, pers. comm.), but the few records suggest a sparse population. There are none at Flor de Oro, where the wet season extent of well-drained savannas may be too small, but a population does occur at Mangabalito guard station approximately 50 kilometers upriver.

Tracks of marsh deer were observed in the savanna three kilometers north of the El Refugio *estancia*, and individuals have been seen on the south side of the river as well, but none are known elsewhere in the park. Marsh deer almost certainly have been nearly extirpated by overhunting on most of the pantano. At present the park has too few individuals to be of importance for the conservation of the species, but populations should recover if the remaining few can be protected. Much larger areas of suitable habitat and larger included populations are protected in the Pampas del Heath and Beni Biosphere Reserves.

Tracks of coypu (*Myocastor coypus*, also known as nutria in English) were seen in the same area as those of the marsh deer. The local manager stated that he had never seen these before and was unfamiliar with the animal. Possibly it is a newly invading species, although there are records from both Santa Cruz and the Beni. Coypu are at risk from hunting for the fur trade in Argentina and are rare in Bolivia (Anderson 1997); they are considered a serious pest where they have been introduced in the Northern Hemisphere.

CONSERVATION ISSUES

The grassland and woodland habitats of the Brazilian Shield elsewhere have been disturbed by grazing or converted to agriculture on massive scales. The species restricted to them, such as marsh and pampas deer and maned wolves, tend to be far more threatened than are evergreen tall forest mammals of Amazonia, due to the scarcity of parks and reserves in these ecosystems. As a protected area, the park has more global importance for the dry habitat mammal species that it protects than for humid forest species. This pertains also to those threatened species that occur in both habitats, but that usually have higher densities in termite savannas, such as giant armadillos and giant anteaters.

The cerrado woodlands complex is stressed by drought, fire, and perhaps by soil nutrient limitation. Slight edaphic changes cause major changes in life forms and species compositions of plant communities, making the dry forests a much more complex mosaic of vegetation types than are the humid evergreen forests. Knowledge of the habitat distribution of mammals among the dry vegetation types of the park is in a preliminary stage, but we propose that the presence of abundant guinea pigs

might be a good indicator of habitat especially suitable for maned wolves. A survey of such habitats coupled with the detailed vegetation map of the park should allow calculation of the area available for protection of this species. For a number of mammals, including guinea pigs and maned wolves, the amount of suitable habitat that remains above water level in the wet season may be the critical issue, whereas other species (marsh deer, coypu, capybara) may be able to forage in habitat where the top of the vegetation remains above water.

The savannas probably all need periodic burning to prevent the encroachment of forest. Most mammals are likely to survive or escape rapid fires that occur at short intervals, but if biomass accumulates and fires are extremely hot and long lasting (the front is deep), all vertebrates are likely to suffer more severely. A study of how best to manage the savannas for optimal species maintenance should be a high priority. Complete fire suppression would eventually lead to loss of savanna habitats and their faunas.

SPECIES HIGHLIGHTS

One of the most striking features of the mammal fauna is the large numbers of rare species of small mammals, especially in the context of Bolivia: 34 of the species recorded (27%), including 5 of the 10 marsupial species, are known from fewer than 15 specimens from Bolivia (as recorded in Anderson 1997); at least 5 species are new records for the country (one has since been collected elsewhere); and at least 12 species are new records for the Department of Santa Cruz. Ten percent of the inventory list represents new records for the department, which attests to the poor state of knowledge of the region. We are not sure whether the presence of many rare species in the park is due to a general lack of collecting effort in Bolivia, or to an unusual habitat array that favors these rare mammals. Whatever the reason, the park is an important repository for many rare mammals of Bolivia, and is the only large national park where some of these may occur. A preliminary evaluation of the biogeographic relationships of the mammal fauna of the park shows that a number of the mam-

One of the most striking features of the mammal fauna of the park is the large number of rare species of small mammals.

mals show affinity with the cerrado faunas of eastern Brazil (such as around Brasilia), and not with the Amazonian faunas to the north. This mirrors the biogeography of the avifauna (see above).

The park has exceptionally high numbers of four canids, three of them rare. Two species occupy the Amazonian and Cerrado vegetation types. One or two other fox species should be found in the grasslands of the meseta. With five to six species likely to occur, the park probably would be the richest park for canids in South America.

Our trapping results showed that the fauna of the areas we sampled had some unusual features in terms of numbers of individuals of different species captured (relative densities). The most striking was a community structure where common frugivorous species that normally dominate humid forest habitats were relatively rare, and their place was taken by more insectivorous species. This was especially true of the bat community, but it also was evident among non-flying mammals. The non-flying small mammal fauna of both evergreen and savanna woodland was dominated by a marsupial (a generally insectivorous group), while the most common bat was a nectar feeder and the second most common an aerial insectivore. Because small mammal populations can vary greatly from one year or season to the next, it remains to be seen whether the relative densities we found are a stable feature of the fauna. Another peculiar feature of the fauna in Amazonian forest formations is the rarity or absence of several usually common primates (howler, titi, and squirrel monkeys).

CONSERVATION RECOMMENDATIONS

The following recommendations pertain mainly to the mammal fauna:

1) Pampas deer, marsh deer, and maned wolves should be censused, with careful notation of the relative numbers in different habitat subtypes within the park. The extent of these subtypes can then be calculated on a vegetation map. Following an initial census, populations should be monitored at least every five years (better yearly) with a standardized method; for example by surveying the same standard transect.

2) Eliminate all domestic animals from the park. These always carry a risk of introducing disease into wild populations. Dogs and cats are a risk to maned wolves, other canids, and felids (parks in Africa recently have lost large numbers of lions to canine distemper, and African wild dogs have mysteriously declined, perhaps for the same reason). Cattle pose a risk to deer and peccary populations (recent drastic declines of white-lipped peccaries, and declines of marsh deer, have been attributed to diseases of domestic livestock, such as brucellosis). Presumably domestic poultry is likewise a risk for wild birds. For the same reason, and also to maintain genetic integrity of species within the park, wild animal pets or "rehabilitated" wild species should never be released into the wild, or kept in the park. Provision needs to be made to provide guards with a source of meat to compensate for loss of livestock.

3) Develop Los Fierros for tourism and research. The maned wolf (or wolves) near the road at Los Fierros have become habituated to vehicles and frequently are seen (for example, about four to six sightings by RAP training course participants). These would provide an unforgettable thrill to tourists and a big attraction. Guards need to be instructed never to feed them or other wild animals. Also trail systems are needed through both forest and pampa. We would suggest a trail through the forest to the pampa on each side of the road (but several hundred meters from the road), looping through the pampa and joining the road.

4) Long-term ecological research should be encouraged, with priority to subjects related to the effects of fire on the flora and fauna. Particularly important are studies of the distribution of smaller species within the mosaic of savanna and woodland habitats, and the temporal dynamics of the flora and fauna of these vegetation types. Naturally occurring fires may be sufficient to maintain the savannas, but for each vegetation type, indices of age since last burn and biomass accumulation need to be developed, so that the natural pattern of fires is better understood and documented. Areas critically in need of burning need to be identified before too much biomass has built up, or invasion of trees has already altered the habitats.

Table 9. Preliminary summary of the expected distribution of 124 species of mammals among habitats in Parque Nacional Noel Kempff Mercado. This compilation is based both on survey records from the park and on known distributions from other regions. River dolphins are excluded.

Probable Habitat Distribution

Mammal Order	Total species	Dry Forest and Pampas	Amazonian Forests	Both Amazonian and Dry Forests
Marsupials	11	7	9	5
Anteaters/Armadillos	9	4	7	7
Bats	47	13?	43?	43?
Primates	6	3	5	3
Carnivores	15	2	13	10
Perissodactyla	1	1	1	1
Artiodacytla	6	2	4	4
Rodents	27	11	19	10
Rabbit	1	1	1	1
Total	**123**	**43**	**102**	**84**

FAUNA DE MAMÍFEROS DEL PARQUE NACIONAL NOEL KEMPFF MERCADO

Louis H. Emmons

INTRODUCCIÓN

El siguiente informe da un recuento de la fauna de mamíferos del Parque Nacional Noel Kempff Mercado desde la perspectiva de los resultados combinados de muchas y diversas fuentes. Muchas personas contribuyeron información y queremos dar un agradecido reconocimiento a todos sus esfuerzos individuales. Los mamíferos grandes del parque son bien conocidos gracias a la labor de los investigadores de la Sociedad para la Conservación de la Vida Silvestre (Wildlife Conservation Society), incluyendo a Andrew Taber, Lillian Painter y Rob Wallace, así como a las observaciones de los guardaparques y otro personal de FAN, como muchos ornitólogos y botánicos que han visitado el área. Antes de que se hiciera este reporte, la fauna de mamíferos pequeños del Parque era conocida gracias a los resultados de tres expediciones de colecta: dos expediciones cortas al área de Los Fierros, que fueron realizadas por el Museum de Biología del Suroccidente de Nuevo México (Museum of Southwestern Biology of New Mexico, USA) (1990); y el Programa de Evaluación Rápida (RAP) de Conservation International (1991). Durante estas expediciones se hicieron observaciones y se colectaron mamíferos pequeños en Los Fierros y en El Encanto. Una larga expedición realizada en 1986 por la Estación Biológica de Doñana (España) y el Museo Municipal de Santa Cruz, colectó mamíferos grandes y pequeños desde La Florida (Moira) hasta Los Fierros y El Encanto. Nosotros reportamos los resultados de inventarios de mamíferos realizados recientemente en Flor de Oro, Lago Caimán y Los Fierros por el curso de entrenamiento de campo de RAP en 1995 (Louis Emmons, Nuria Bernal, Erika Cuellar, José Luis Santivañez, María Cristina Tapia, Alberto Velasco, Mónica Romo, y Teresa Tarifa). Expediciones posteriores para inventariar los mamíferos pequeños de El Refugio fueron realizadas en 1997 por José Luis Santivañez y separadamente por Louis Emmons y José Manuel Rojas, quienes también muestrearon brevemente en el campamento Huanchaca II, en la meseta arriba de Los Fierros. Debido a que se siguen incorporando nuevas especies a la lista de mamíferos del parque, inclusive en los más recientes censos, es seguro que la lista de mamíferos adjunta a este documento está muy lejos de quedar terminada, especialmente en lo que se refiere a la fauna de murciélagos.

El Parque Nacional Noel Kempff Mercado es notable debido a su situación geográfica sobre la unión de los dos biomas más grandes de Sudamérica: los bosques tropicales húmedos siempreverdes de Amazonía y el complejo sureño de bosques secos, arboledas y pastizales del Cerrado. Los pastizales estacionalmente inundados, como el Pantanal, también cubren una extensión importante de esta región. Debido a su enorme extensión geográfica, cada uno de estos hábitats tiene su propia fauna endémica. Estas faunas se encuentran dentro de los límites del parque, y aunque no se presenta una diversidad extraordinaria de especies dentro de ningún hábitat en particular, el conjunto de todos los distintos hábitats presta protección a un gran número de mamíferos en un región geográfica pequeña. Actualmente hay 124 especies de mamíferos registrados en el parque, pero es posible que aún queden unos 50 más que no se han registrado. Esta es una cifra menor que la de la fauna de tierras bajas registrada en el Parque Nacional y Reserva de la Biosfera de Manu (140 especies registradas de un total de 187 que se espera que ocurran ahí; Vos y Emmons 1996) y muchas menos que las del número total de la fauna conocida para el Parque Nacional y Reserva de la Biosfera de Manu en su totalidad, las cuales suman 191 especies (se esperan más de 250). Sin embargo, es posible que el Parque Nacional Noel Kempff Mercado posea una de las faunas más diversas e importantes (para su conservación) entre todos los parques bolivianos.

BOSQUE ALTO SIEMPREVERDE Y BOSQUE RIBEREÑO

En una escala tanto local como continental, el bosque alto húmedo (bosque amazónico) es el hábitat más rico en el parque, con 102 (más del 80%) de las especies de mamíferos registradas (Cuadro 9). Este tipo de bosque se encuentra mejor desarrollado a lo largo de los diques de los ríos y en las secciones Norte y Occidente del parque. La región que ha sido más extensamente estudiada dentro del parque es Lago Caimán, la cual fue censada para mamíferos pequeños por el curso de entrenamiento del RAP, y en donde Taber, Painter y Wallace han pasado muchos años estudiando ecología de mamíferos grandes. Algunos bosques que han sido menos inventariados incluyen a Los Fierros (Estación Biológica de Doñana, Museum of Southwestern Biology, Expedición RAP de 1991, Curso de Entrenamiento RAP de 1995); El Refugio (1997, Santiváñez, Emmons, y Rojas); y la isla forestal de la meseta central de Huanchaca II (1997, Emmons y Rojas).

Las especies de mamíferos de los hábitats de bosque alto que existen en el parque caen dentro de dos grupos básicos: aquellas que ocurren en todos los bosques siempreverdes, y aquellas que se encuentran restringidas a los bosques ribereños y/o a los hábitats acuáticos. Las especies ribereñas incluyen capiguaras, nutrias gigantes, delfines de río, ratas de bambú, ratas arbóreas y monos aulladores, pero otras especies de mamíferos, tales como los carnívoros y la mayoría de los primates, son más comunes en los bosques que crecen a lo largo de los ríos que en los bosques de tierras más altas que se encuentran más lejos de los ríos, especialmente durante la temporada de sequía extensa (julio a octubre), que es cuando se han llevado a cabo la mayoría de las expediciones de colecta. Todas las especies de mamíferos del bosque alto húmedo tienen distribuciones amplias y ocurren a lo largo de grandes extensiones geográficas por lo que se encuentran protegidas en muchas reservas y parques. Actualmente su protección en cualquier parque es mucho menos crítica que la de los mamíferos de hábitats secos.

Las comunidades de mamíferos pequeños del bosque alto siempreverde del Parque están dominadas la rata arrocera *Oryzomys nitidus* y por la rata arrocera arbórea *Oecomys bicolor*, al igual que es el caso en las comunidades de los bosques altos semideciduos de la mayor parte de Bolivia. Mayores que las anteriores en biomasa (200-300 gr.) son las ratas espinosas, *Proechimys longicaudatus*. Nosotros vimos ratas espinosas resguardándose en los agujeros de nidos de termitas que se encontraban dentro del bosque. La pequeña zarigüeya o carachupa, *Marmosops* c.f. *dorothea*, fue la especie más numerosa que se capturó durante el censo realizado en Lago Caimán, aunque la carachupa ratón lanuda *Microureus* c.f. *constantiae* también resultó bastante común. La densidad de marsupiales y roedores varía tremendamente año con año, por lo que las abundancias relativas registradas durante estos inventarios no siempre resultan iguales.

Poblaciones abundantes de agouti (jochi colorado), paca (jochi pintado), tapir (anta), ciervo urina), ambas especies de pecarí, puma y jaguar habitan el bosque alto húmedo. Los salitrales de Lago Caimán atraen grandes cantidades de mamíferos grandes. Es posible que estos salitrales ayuden a mantener densidades poblacionales elevadas de tapir y pecarí de labio blanco en el sector del parque de Flor de Oro.

Poblaciones abundantes de agouti, paca, tapir, ciervo, ambas especies de pecarí, puma, y jaguar habitan el bosque alto húmedo.

Entre los primates, los monos araña presentan poblaciones grandes en todo el bosque alto siempreverde del Parque, y esta especie domina la biomasa de la comunidad de mamíferos arbóreos. El mono tití (*Callithrix argentata melanura*) también es común, al igual que el mono martin (*Cebus apella*) y el mono nocturno o de 'cuatro ojos' como es conocido en Bolivia (*Aotus infulatus*). El mono tití se alimenta de los exudados de goma de los árboles de la familia Vochysiaceae (*Qualea, Vochysia*), los cuales son los árboles de mayor talla dominantes en este tipo de bosque en el parque. Los monos tití también usan la goma de otros árboles leguminosos. Los monos aulladores (manechis) son poco comunes o incluso raros en el parque y parecen estar restringidos a los bosques ribereños. No se encuentran en Los Fierros, ya que ahí no hay río, pero están presentes a 35 kilómetros de distancia, en el Refugio, a lo largo del Río Tarvo.

Algunas partes del bosque presentan densas frondas de palmas de *Attalea*, las cuales crecen alrededor de salitrales en suelos con drenaje pobre y en pastizales abandonados (como El Refugio). La fruta que producen estas frondas de palmas atrae grandes cantidades de ardillas rojas (*Sciurus spadiceus*) y jochi colorado (*Dasyprocta azarae*), y también son una importante fuente de alimento para los mono martínes (*Cebus apella*).

Entre la fauna ribereña hay delfines de río o "bufeos" (*Inia geoffrensis*), los cuales ocurren en el sistema del Río Paraguá y a lo largo del Río Guaporé, en el límite del parque. Las londras (*Pteronura brasiliensis*) se encuentran presentes, de igual manera, en una gran porción del parque, por lo menos desde Flor de Oro hasta El Refugio, pero es posible que su distribución se encuentre fragmentada. Algunos arroyos menores, como el que pasa por Los Fierros, albergan lobitos del río (*Lutra longicaudis*). Algunas partes del Río Paraguá se encuentran sofocadas por la vegetación flotante por lo que no permiten el trafico de botes ni de pescadores: las londras y los lobitos (al igual que los caimanes) que ocupan estos canales se encuentran protegidos tanto de la caza, como de la competencia con el hombre por el pescado. Las capiguaras están presentes, pero son poco comunes e incluso raras en todas las localidades adecuadas que visitamos.

En lo que se refiere al número relativo de especies, la fauna de murciélagos del Parque es muy distinta a la de los bosques Amazónicos del norte. Las cuatro especies de murciélagos más comunes que se hallaron cerca de Flor de Oro fueron la especie nectarívora/omnívora *Glossophaga soricina,* la insectívora *Pteronotus parnellii,* y dos especies de frugívoros pequeños, *Vampyressa pusilla* y *Carollia perspicillata.* Por alguna razón, el Parque es la única localidad conocida para el género *Pteronotus* en Bolivia, y hay tres especies que ocurren ahí (Anderson 1997). Es posible que la meseta les proporcione cuevas y grietas para percharse. El murciélago buldog menor *Noctilio albiventris* caza en grandes grupos tanto en las pampas como en los ríos.

Muchos de los grandes mamíferos del "bosque tropical húmedo" del Parque, incluyendo al tapir, tamandúa gigante (oso hormiguero), armadillo gigante (pejichi), la mayoría de los carnívoros, pecarís, ciervo gris, e incluso los primates, así como algunos de los mamíferos pequeños, como son los murciélagos y los marsupiales, utilizan de buena gana tanto la vegetación del bosque alto siempreverde como las sabanas del cerrados o la sabana abierta (Cuadro 9). Algunas especies vulnerables como el oso hormiguero y el armadillo gigante llegan a ser más abundantes en los hábitats de pampa de termiteros que en el bosque, y es posible que el Parque esté contribuyendo a preservar poblaciones globalmente importantes de estas especies. Se sabe muy poco de la ecología del perro de monte (*Speothos venaticus*), pero la información anecdótica sugiere que se encuentran más frecuentemente en bosques semideciduos o cerca del los márgenes entre el bosque y la sabana. Se sabe que ocurren en Los Fierros y es posible que el Parque sea la mayor área de protección para los bosques de interfase entre Cerrado y Amazonía que protegen a esta especie. Anteriormente se creía que era una especie muy rara, pero numerosos avistamientos que se han llevado a cabo recientemente, sugieren que tanto los perros de monte como los perros de orejas cortas (*Atelocynus microtis*) están incrementando sus poblaciones.

CONSERVATION INTERNATIONAL

Rapid Assessment Program

La fauna del bosque húmedo del Parque es un tanto paupérrima, en comparación relativa con la de otros bosques: por ejemplo, directamente al otro lado del río en Lago Caimán, en el lado de Brasil, hay cuatro o cinco especies adicionales de monos (L. Painter y R. Wallace, com. pers.). Al igual que ocurre con la avifauna (ver sección de aves), el Río Itenéz-Guaporé parece dividir la fauna de mamíferos de Bolivia de la más rica fauna brasileña que ocurre al este. Sin embargo, el conocimiento que se tiene actualmente de las comunidades de mamíferos es insuficiente para más que especulación acerca de este fenómeno.

BOSQUE SECO, SABANA Y TIPOS DE HÁBITATS DE TRANSICIÓN

Los bosques secos abiertos, matorrales, campos cerrados y humedales de sabana albergan juntos, menos de la mitad de los mamíferos que ocurren en los bosques altos siempreverdes. Se han registrado 43 especies hasta el momento, pero desde el punto de vista de la conservación, éstas incluyen a los taxones que se encuentran bajo el mayor riesgo en la actualidad, por lo poseen una importancia desproporcionada. En lo que se refiere a mamíferos pequeños, las formaciones de sabana que fueron muestreadas incluyeron Flor de Oro (curso de entrenamiento RAP en 1995), Los Fierros (Estación Biológica de Doñana, Museum of Southwestern Biology, Expedición RAP 1991, curso de entrenamiento RAP en 1995), y las pampas de la meseta central en Huanchaca II (1997, Emmons, Rojas). Cada uno de estos censos fue breve y no llegó ni de cerca a ser exhaustivo, pero en conjunto cubrieron una gran porción de las muy diversas formaciones de sabana y arboleda seca que se encuentran en el parque (ver secciones referentes a la botánica). Nuestros estudios preliminares muestran algunas diferencias en cuanto a las especies de un tipo de sabana respecto a otro, pero se requiere de un muestreo más intensivo para verificar y cuantificar estas impresiones.

Formaciones De Bosques Enanos Y Matorrales

Nuestro breve estudio de los matorrales (cerradãos) y el bosque enano siempreverde de la meseta que se encuentra arriba de Lago Caimán descubrió varias especies poco conocidas de mamíferos, tales como un marsupial extremadamente raro, *Glirona venusta*. Santivañez también observó a esta especie en el bosque alto semideciduo (con cactus) de El Refugio. En estas matorales que se encuentran en la meseta también observamos, pero no colectamos, otro marsupial arbóreo, la carachupa lanuda de cola pelada (*Caluromys philander*). Este es el primer reporte de esta especie en Bolivia y representa el registro más occidental de esta especie. Esta carachupa es común en la mitad oriental de la cuenca del Amazonas, pero parece que se extiende hacia el occidente sólo sobre el Escudo Brasileño al sur del bosque húmedo de la Amazonía. Su congénere, *C. lanatus* ocurre en la cuenca occidental del Amazonas y se encuentra en el bosque alto siempreverde del parque, por lo que ambas especies ocurren de manera simpátrica en Lago Caimán. Dos carachupas llaneras de cola corta también fueron colectadas en la arboleda seca, la carachupa gris de cola corta (*Monodelphis domestica*) y la carachupa pigmea (*M. kunsi*). Esta última se conoce sólo de ocho especímenes, dos de ellos del parque. Uno fue hallado en la pampa termitero de Flor de Oro y el otro en el bosque alto humedo de El Refugio. La carachupa ratón lanuda (*Microureus* c.f. *constantiae*) es uno de los mamíferos pequeños más comunes que se encontró en todas las formaciones de matorral y de las sabanas del cerrado, así como en los bosques secos que se encuentran en el sector norte de la meseta. Es importante hacer notar que los marsupiales parecen dominar estos hábitats, en donde los invertebrados podrían ser el recurso principal durante la temporada seca. Debido a que varias especies consideradas raras se encuentran en las matorraes de la punta norte de la meseta y en los afloramientos rocosos, estos tipos de vegetación podrían jugar un papel especial en la conservación de mamíferos.

Sabana de tierras altas (Cerrado)

Hasta el momento se han realizado muy pocos trabajos en los grandes pastizales abiertos del parque. Durante un censo corto de la formación de campo cerrado de la meseta, cerca de Huanchaca II, que llevamos a cabo en 1997, descubrimos dos roedores extremadamente raros: *Kunsia tomentosus,* el roedor sigmodontino más grande del Nuevo Mundo, y *Juscelinomys* sp. Un espécimen de este último fue colectado anteriormente en el pastizal que se encuentra cerca de Flor de Oro durante el curso de entrenamiento de RAP. Estas dos especies están siendo estudiadas actualmente y es posible que se trate de especies nuevas. Discutiblemente, es posible que el mamífero grande más importante que goza de la protección del parque sea la gama (ciervo de las pampas o la gama, *Ozotocerus bezoarticus*), el cual está restringido a los hábitats de pastizal abierto (campo limpo hasta campo cerrado) de la porción sur de la meseta. Durante nuestra breve visita, pudimos notar que la gama parece preferir los retoños de vegetación que crecen después de que la sabana ha sido quemada, y todas las gamas que vimos se encontraban concentradas en estas zonas. Es posible que los incendios frecuentes sean necesarios para mantener la más alta densidad de gamas, y esta es una cuestión que amerita mayor investigación. Entre las muchas especies de mamíferos del Parque enumeradas por CITES, este venado es el parece estar realmente más vulnerable, y es posible que el Parque sirva para proteger una de las unidades de población más grandes que existen. Sin embargo, la importancia relativa de la población de gamas en el Parque Nacional Noel Kempff Mercado podrá ser determinada solamente después de que se haga un conteo de la población.

Humedales de sabana

Las sabanas de termiteros de Los Fierros/El Refugio poseen una fauna de mamíferos adaptada a las inundaciones estacionales. Una característica sobresaliente de la fauna de la sabana de Los Fierros es la gran densidad de los conejillos de Indias o "cuís" (*Cavia* cf. *aperea*), los cuales viven en los pastizales sobre el terreno elevado. Los pastizales más anegados parecen estar dominados por una única especie de ratón de pantano (Bolomys lasiurus). Dos especies de mamíferos grandes que frecuentan este hábitat, el lobo de crin o "boroche" (*Chrysocyon brachyurus*) y el ciervo de pantano (*Blastocerus dichotomus),* pueden ser en peligro sin regulación del comercio internacional (CITES). La presencia de huellas muestra que, por lo menos cuando las condiciones son secas, el boroche utiliza la sabana entera, desde Los Fierros hasta la frontera del Parque en la Reserva Ecológica de El Refugio, y fuera de los límites del Parque desde El Refugio hasta llegar a la Estación Toledo; una distancia linear de unos 50 km (Emmons, obs. pers.). Es posible, que el complejo de sabanas en su totalidad se encuentra ocupado por esta especie (aproximadamente 180 km^2 dentro de los límites del parque), pero cuando los pastizales se encuentran inundados durante la temporada de lluvias, las partes más anegadas constituirían un hábitat inadecuado. Debido a que las parejas de estos lobos requieren de extensos territorios de entre 20 y 30 km^2 (en Brasil, Dietz 1984), solamente podría haber entre cuatro y seis parejas presentes. Se han escuchado boroches ladrando sobre la meseta (T. Killeen, com. pers.), pero los pocos registros que existen sugieren una población dispersa. No hay ningún registro en Flor de Oro, donde la extensión de sabanas bien drenadas durante la temporada de lluvias es quizás demasiado pequeña. Sin embargo, hay una población en la estación de guardaparques de Mangabalito, a unos 50 kilómetros río arriba.

Se observaron huellas de ciervo de pantano en la sabana que se encuentra a 3 kilómetros al norte de la estancia El Refugio y también se han visto individuos en el lado sur del río, pero no se conocen registros en ningún otro lugar del parque. Es casi seguro que el ciervo de pantano haya sido casi completamente extirpado por la sobrecaza en la mayor parte del pantano. Actualmente, el parque tiene muy pocos individuos por lo que no es de importancia significativa para la conservación de la especie, sin embargo, de protegerse los pocos individuos que quedan, las poblaciones deben recuperarse. Existen áreas mucho más grandes de hábitat adecuado protegido que albergan mayores poblaciones, como las Reservas de la Biosfera Pampas del Heath y Beni.

Huellas de nutria o coypu (*Myocastor coypus*), fueron vistas en la misma área que las huellas de ciervo de pantano. El administrador local de El Refugio dijo que nunca antes había visto estas huellas y que el animal que las había hecho no le era familiar. Es posible, que se trate de una especie de reciente invasión, aunque existen registros tanto en Santa Cruz como en el Beni. El coypu está amenazado por la cacería para el mercado de pieles de Argentina y es una especie rara en Bolivia (Anderson 1997); en donde quiera que han sido introducidos en el Hemisferio Norte se han convertido en una seria plaga.

ASUNTOS DE CONSERVACIÓN

Los hábitats de pastizal y arboleda del Escudo Brasileño que ocurren en otras partes ya han sido perturbados por el pastoreo o por la conversión a la agricultura en escalas masivas. Las especies que están restringidas a estos hábitats, tales como el ciervo de pantano y el boroche, tienden a estar mucho más amenazados que los mamíferos del bosque alto siempreverde de Amazonía debido a la escasez de parques y reservas que hay en estos ecosistemas. El Parque Nacional Noel Kempff Mercado tiene una mayor importancia como área protegida para aquellas especies de mamíferos que habitan en ecosistemas secos que para aquellas que habitan en el bosque húmedo. Esto se aplica también a aquellas especies amenazadas que ocurren en ambos hábitats, pero que por lo general presentan mayores densidades en las sabanas de termiteros, como es el caso del armadillo gigante (pejichi) y el tamandúa (oso hormiguero).

El complejo de sabanas de cerrado sufre de estrés debido a la sequía, incendios, y talvez también por los limitados nutrientes del suelo. Los menores cambios edáficos causan enormes cambios en las formas de vida y composición de especies de las comunidades de plantas, por lo que los bosques secos forman un mosaico de tipos de vegetación mucho más complejo que el de los bosques húmedos siempreverdes. El conocimiento sobre la distribución de hábitats de los mamíferos en los distintos tipos de vegetación del parque todavía se encuentra en las primeras etapas, pero nuestra propuesta es que la presencia de numerosos conejillos de Indias puede ser un buen indicador de un hábitat particularmente adecuado para el boroche. Un reconocimiento de tales hábitats, aunado a un mapa de vegetación detallado del Parque, deberá permitirnos hacer un cálculo del área disponible para la protección de esta especie. Para varios de los mamíferos, incluyendo al conejillo de Indias y al boroche, la cantidad de hábitat adecuado disponible que permanece sobre el nivel del agua durante la temporada de lluvia podría ser el asunto más crítico, mientras que otras especies (ciervo de pantano, coypu, capiguara) pueden forrajear en aquellos hábitats donde la porción superior de la vegetación permanece fuera del agua.

Es posible que las sabanas requieran de ser quemadas periódicamente para prevenir el asedio del bosque. La mayoría de los mamíferos podrían sobrevivir o escapar los incendios rápidos que ocurren en intervalos cortos, pero si la biomasa se acumula y los incendios arden con demasiado calor y son prolongados (la cabecera es demasiado profunda), es muy probable que todos los vertebrados sufran consecuencias más severas. El estudio de cómo mejor manejar estas sabanas para que exista un mantenimiento óptimo de especies debe ser de primera prioridad. La eliminación total de los incendios eventualmente llevaría a la pérdida de los hábitats de sabana y sus faunas.

PUNTOS SOBRESALIENTES ACERCA DE LAS ESPECIES

Una de las características de la fauna de mamíferos que más resulta es el gran número de especies raras de mamíferos pequeños, especialmente en el contexto de Bolivia: 34 de las especies registradas (27%), incluyendo 5 de las 10 especies de marsupiales, se conocen de menos de 165 especímenes colectados en Bolivia (como está registrado en Anderson 1997); por lo menos 5 especies son registros nuevos para el país (desde entonces una de ellas ha sido colectada en otro lugar); y por lo menos 12 especies son registros nuevos para el

Departamento de Santa Cruz. Diez por ciento de la lista del inventario representa nuevos registros para este departamento, lo que sólo corrobora la pobreza de conocimiento que existe acerca de esta región. No estamos seguros de si la presencia de tantas especies raras en el Parque se debe a la falta en general de un esfuerzo de colecta en Bolivia, o al extraordinario arreglo de hábitats que favorece a estos mamíferos raros. Cualquiera que sea la razón, el Parque es un importante reserva para muchas especies de mamíferos de Bolivia, y es el único parque nacional grande en el que algunas es éstas ocurren. Una evaluación preliminar de las relaciones biogeográficas de la fauna de mamíferos del Parque muestra que una gran cantidad de mamíferos presenta afinidades con la fauna de cerrado de Brasil oriental (como en los alrededores de Brasilia), y no con las faunas amazónicas del norte. Esto refleja la biogeografía de la avifauna (ver arriba).

El Parque alberga la excepcional cantidad de cuatro cánidos, tres de los cuales se consideran raros. Dos de ellos ocupan los tipos de vegetación amazónicos y dos los de cerrado. También, deberían estar presentes una o dos especies de zorras en los pastizales de la meseta. Con las cinco o seis especies que se espera ocurran el Parque, vendría a ser el parque más rico en cánidos de Sudamérica.

Los resultados de nuestras trampas mostraron que la fauna de las áreas que muestreamos tiene algunas características poco usuales en términos del número de individuos de las diferentes especies capturadas (densidad relativa). El ejemplo más extraordinario fue el de la estructura de una comunidad en la cual las especies comunes de frugívoros que normalmente dominan los hábitats de bosque húmedo eran relativamente raras, y su lugar había sido ocupado por un mayor número de especies insectívoras. Este fue especialmente el caso con la comunidad de murciélagos, pero también fue evidente con los mamíferos no voladores. La fauna de mamíferos no voladores pequeños, tanto de la arboleda de sabana como de la siempreverde, estaba dominada por un marsupial (un grupo generalmente insectívoro), mientras que el murciélago más común era un nectarívoro y el segundo más

común era un insectívoro aéreo. Debido a que las poblaciones de mamíferos pequeños pueden varíar enormemente de una año o estación al siguiente, queda por verse si las densidades relativas que encontramos son una característica estable de la fauna. Otra característica extraña de la fauna de las formaciones de bosque amazónico es la rareza o ausencia de varias especies comunes de primates (aullador, tití, y mono ardilla).

RECOMENDACIONES

Las siguientes recomendaciones se refieren principalmente a la fauna de mamíferos:

1) Las poblaciones de gama, ciervo de pantano y lobo de cria deberían ser censadas, haciendo anotaciones cuidadosas respecto al número relativo de animales en cada diferente subtipo de hábitat dentro del Parque. La extensión de estos subtipos puede ser calculada utilizando un mapa de vegetación. Después de un censo inicial, las poblaciones deben ser monitorizadas por lo menos cada cinco años (o mejor aún, anualmente) usando un método estandarizado, por ejemplo muestreando el mismo transecto estándar.

2) Se deben eliminar todas las poblaciones de animales domésticos del parque. Éstos siempre presentan el riesgo de introducir enfermedades a las poblaciones silvestres. Los gatos y perros son un peligro para el lobo guará, ortos cánidos y los felinos (algunos Parques en Africa recientemente perdieron grandes números de leones debido al moquillo canino, y los perros salvajes de Africa han disminuido en número misteriosamente, quizás por la misma razón). El ganado es una amenaza contra las poblaciones de ciervos y de pecarís (disminuciones drásticas recientes de pecarís de labio blanco y de ciervo de pantano se han atribuido a enfermedades del ganado doméstico, como la brucelosis). Es posible que las aves domésticas presenten el mismo tipo de amenaza contra las aves silvestres. Por la misma razón, y también para mantener la integridad genética de las especies del parque, los animales silvestres que se tienen en cautiverio como mascotas o las especies silvestres "rehabilitadas" no deben nunca dejarse en libertad en el medio natural o mantenerse dentro del

Una de las características de la fauna de mamíferos que más resulta es el gran número de especies raras de mamíferos pequeños.

Parque. Se deben tomar precauciones para proveer a los guardias con una fuente de carne para compensarlos por la pérdida de su ganado.

3) Se debe desarrollar a Los Fierros para el turismo y la investigación. El boroche (oboroches) que se han visto cerca del camino de Los Fierros se han habituado a los vehículos y se les puede ver con frecuencia (por ejemplo, hubo entre cuatro y seis avistamientos por parte de los participantes del curso de entrenamiento RAP). Esto podría ser una emoción inolvidable para los turistas y podría convertirse en una gran atracción. Los guardias necesitan ser educados respecto a la importancia de nunca ofrecer alimento ni a los lobos ni a ningún otro animal silvestre. También, se necesita un sistema de senderos tanto a través del bosque como de la pampa. Nosotros sugerimos un sendero que vaya a través del bosque y llegue a la pampa a cado lado del camino (pero ubicado a varios centenares de metros del camino), y que haga un circuito por la pampa y conecte de nuevo con el camino.

4) Se deben alentar las investigaciones ecológicas de largo plazo, siendo la prioridad los temas relacionados con los efectos del fuego sobre la flora y fauna. Es particularmente importante que se hagan estudios sobre la distribución de las especies menores dentro del mosaico de hábitats de sabana y arboleda, así como de las dinámicas temporales de la flora y la fauna de estos tipos de vegetación. Es posible que los incendios naturales sean suficientes para mantener a las sabanas, pero se necesitan desarrollar índices de edad desde la última quema y biomasa acumulada para cada tipo de vegetación de manera que los patrones de los incendios puedan ser mejor entendidos y documentados. Es necesario identificar aquellas áreas que requieren de ser quemadas urgentemente antes de que se acumule demasiada biomasa y/o de que la invasión de árboles haya alterado ya a los hábitats.

Cuadro 9: Resumen de la distribución esperada de 124 especies de mamíferos entre los hábitats en el Parque Nacional Noel Kempff Mercado. Esta lista se basa en los datos de encuestas biológicas del parque y en las distribuciones conocidas de otras regiones. Esta lista no incluye datos del delfín de agua dulce.

Distribución Probable de Hábitat

Mamíferos Order	Total de Especies	Bosque Seco y Pampas	Bosque Amazónicas	Bosque Amazonicas y Seco
Marsupiales	11	7	9	5
Osos Hormigueros	9	4	7	7
Murciélagos	47	13?	43?	43?
Primats	6	3	5	3
Carnívoros	15	2	13	10
Perissodactyla	1	1	1	1
Artiodacytla	6	2	4	4
Roedores	27	11	19	10
Conejos	1	1	1	1
Total	**123**	**43**	**102**	**84**

REPTILES AND AMPHIBIANS OF PARQUE NACIONAL NOEL KEMPFF MERCADO

Michael B. Harvey

INTRODUCTION

At present, 127 species of reptiles and amphibians are known to inhabit Parque Nacional Noel Kempff Mercado and adjacent areas. This study is based primarily on 87 species (Appendix 4) collected or observed by the author, Barbara and Ian Phillips, and participants in the 1995 Rapid Assessment Program training course sponsored by Conservation International (James Aparicio E., Claudia Cortez, Lucindo González A., Juan Fernando Guerra S., María Esther Montaño, and María Esther Pérez B.). Species were collected at the following seven sites in the park and adjacent areas:

(1) **Estancia El Refugio and Estancia Toledo.** Barbara Phillips collected at these sites for two months ending 2 October 1993 and the author for two weeks ending 20 October 1994.

(2) **Los Fierros.** The author collected in seasonally inundated forest near the guard station from 13-14 October 1994.

(3) **Flor de Oro and Lago Caimán.** The RAP herpetological team collected at these sites from 15 September - 10 October 1995.

(4) **Serranía de Huanchaca.** Huanchaca II was visited by the author on 14 October 1994. A second site above Lago Caimán was visited via a trail ascending the northern slope of the serranía by the RAP team from 22-27 September 1995.

(5) **Granitic Inselbergs.** During the day on October 22, 1994, the author visited Cero Pelão one out of several inselbergs in the Bajo Paraguá

Forest Reserve, ca. 30 km east of Florida on the road to Piso Firme.

Additional data from three other sources are also considered in faunal comparisons. Köhler and Böhme (1996) reported several amphibians from inselbergs in the Bajo Paraguá forest. Scrocchi and González (1996) reported reptiles and amphibians from several sites in the park and from sites to be included when park boundaries are extended. This latter collection is particularly important, because Scrocchi and González collected from 8 to 20 December 1995 at the height of the rainy season. Finally, several species are known from the park as specimens in the Museo de Historía Natural Noel Kempff Mercado.

Six hundred thirty-eight voucher specimens were fixed in 10% formalin and preserved in 70% alcohol in the Colección Boliviana de Fauna, Museo Noel Kempff Mercado, and University of Texas at Arlington Collection of Vertebrates. Identification of most species is based on reference to reliable published descriptions or on examination of comparative material from known populations of the species.

Diversity, as usually defined, incorporates two concepts: species richness and evenness. Attempts to quantify the latter parameter using quadrat and transect sampling (techniques described in Heyer et al. 1994) were unsuccessful due largely to the nonrandom distribution of species during the dry season. Considerable effort was directed to finding the largest number of species, the more important component of diversity from the standpoint of conservation and park management. Several species were found only in two drift fence traps placed in forest near Flor de Oro. In forest near El Refugio, *Physalaemus albonotatus* and *Pantodactylus schreibersi* fell into shallow pitfall traps used for the collection of beetles. A specimen of *Tropidurus umbra* was caught in a trap set for mammals. Most collections and observations were made through random encounters by walking along trails and streams during the day and night. Species were found in one or more of eight habitats:

1). High Evergreen Forest: trails west and north of Est. El Refugio, along the road west and north of Est. Toledo, trails leading from Lago Caimán to Flor de Oro and along the base of the Serranía de Huanchaca, trails along the Río Iténez leading west and east from Est. Flor de Oro.

2) Seasonally Inundated Forest: trails along the river west of Est. El Refugio and south of Est. Toledo, in the Lazareto area near Est. Toledo, and leading from Lago Caimán and Flor de Oro. (Most trails in these areas pass through stretches of seasonally inundated and terra firme forests. Species were classified as occurring in one of these forest types upon capture.)

3) Permanent Forest Stream: a moderate stream (13° 35' 59" S, 60° 58' 32" W) under a closed forest canopy 6.4 km east of Flor de Oro along the trail to Lago Caimán. During the dry season, this stream's water was darkly stained by tannins and lacked current. Pools in the stream reached depths of one and a half meters. Most, if not all, of the adjacent forest floods during the wet season.

4) Seasonal Forest Stream: a moist, sandy stream bed leading from the base of the Serranía de Huanchaca near Lago Caimán had a few scattered pools of water not exceeding five centimeters in depth. The stream bed was filled with leaves and was sheltered by a closed canopy.

5) Inundated Savannas: vicinity of Est. Flor de Oro and along the roads leading northeast of Est. El Refugio and south of Est. Toledo.

6) Subterranean: fossorial species collected by laborers for B. Phillips were found at Est. El Refugio in cleared areas.

7) River: Lago Caimán and the Ríos Tarvo, Paraguá, and Iténez including their banks and emergent vegetation. All species collected within the oxbow lake Lago Caimán were also found along the edge of the Río Iténez.

8) Marsh (Curiches): two ponds near Toledo are part of Quebrada Monte Cristo but cut off from the main river. A shallow, grassy pond approximately 1 km west of Est. Flor de Oro lies in high canopy forest and is flooded seasonally by the Río Iténez.

9) Human Habitation: the immediate vicinity of Estancias El Refugio, Toledo, and Flor de Oro.

10) Rock Outcrops and Inselbergs: two specimens of *Hoplocercus spinosus* were collected for B. Phillips from a rocky area 2 km north of Est. El Refugio. This species also was observed near rock outcrops at the base of the Serranía de Huanchaca near Lago Caimán. Several species of lizards and frogs were encountered on inselbergs in the Bajo Paraguá Forest Reserve.

11) Huanchaca Plateau: species referred to this habitat were collected above 500 meters on the slopes or summit of the Serranía.

SPECIES RICHNESS AND FAUNAL COMPOSITION

In 1994, the author collected or observed 13 species of reptiles and 16 species of amphibians in 12 days in the vicinities of Estancias El Refugio and Toledo. The 1995 RAP team collected or observed 37 species of amphibians and 34 species of reptiles during four weeks at Flor de Oro and Lago Caimán. Species reported in two other studies (Köhler and Böhme 1996, Scrocchi and González 1996) and species in the Museo de Historía Natural Noel Kempff Mercado identified by G. Scrocchi, L. González, and M. B. Harvey raise the park's known herpetofauna to 127 species. Frogs, with 51 species, make up 40.2% of the known herpetofauna and are the largest component followed by snakes (33.9%), lizards and amphisbaenians (16.5%), chelonians (7.1%), and crocodilians (2.4%).

Comparisons between the herpetofauna of Parque Nacional Noel Kempff Mercado and other lowland South American sites are complicated by a number of factors. Perhaps most seriously, the list of species from the study area is incomplete. As might be expected, common species were discovered rapidly (Figure 9). However, the growing number of species continued its sharp increase throughout the 1995 RAP trip even though as many as six researchers were searching on any given day of the study. A plateau in the species accumulation curve never was reached suggesting that many species remain to be discovered. Moreover, roughly one-third of the species are represented by single specimens from the study area.

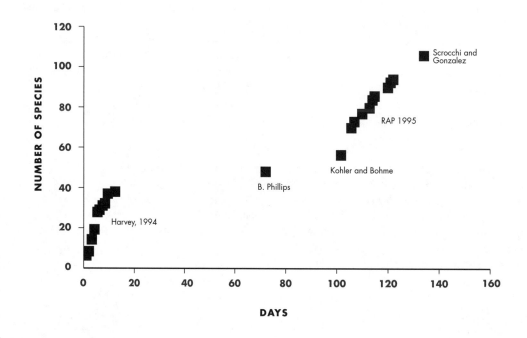

Figure 9. Species accumulation curve relative to days of collecting for reptiles and amphibians during the study.

CONSERVATION INTERNATIONAL

Rapid Assessment Program

Another problem may be bias introduced by the season when collections were made. Most herpetological collections in South America have been made during the rainy season, whereas rainfall was almost completely absent during both the 1994 and 1995 expeditions. In lowland South America, about one-half of the anurans at any site can be collected with 30 days effort and two-thirds with 50 days effort at the beginning of the rainy season (Heyer 1988). However, complete faunas may not be known even after thirty years of effort (Heyer et al. 1990). The known frog diversity is greater than that of most South American lowland sites (Table 10). In light of Heyer's (1988) predictions and the fact that most of the collections were made during the dry season, the number of anurans recorded from the park can be conservatively expected to increase by at least one-fourth. If the actual diversity is close to 65 species rather than 51, then the anuran diversity of the park is exceeded only by that of two lowland Amazonian sites: Cocha Cashu (78 species) and Santa Cecilia (81 species).

Many South American snakes and lizards are very difficult to find due to their cryptic behaviors, and comparisons among sites for these groups may be more misleading than for amphibians. Nonetheless, diversity of squamates at Parque Noel Kempff appears to be higher than that at most of the lowland sites considered in this study (Table 10). Not surprisingly, the intensive and long term collecting efforts at some sites such as Cuzco Amazonico, Santa Cecilia, and Manaus found more species of squamates. What is surprising is that numbers of squamates at these Amazonian sites are only slightly higher than those at the park.

The composition of the park's herpetofauna has been shaped by both ecological and historical factors. Knowledge of ecological parameters affecting species within the park is scant and will not be considered in detail here. The greatest number of species (42, Appendix 4) were found in forest including streams and forest edge. Thirty-two species were found in rivers or ox-bow lakes, thirteen in coriches, eight on the inselbergs, and seven in lowland savannas. Few (seven) species were found on the serranía. Of the fifteen species found around human habitation, roughly half (e.g., *Liophis* sp. 1 a member of the *L. lineatus* complex, see Michaud and Dixon 1987) probably are savanna dwellers and may enter the forest only marginally.

As for other faunal and floral groups, the park's herpetofauna consists of a mixture of species from forest and open formations. Its composition and diversity may be partly explained by its geographic location between two major morphoclimatic domains (Ab'Sáber 1977), Amazonia and Cerrado. The complex patchwork of habitats within the park allows it to be inhabited by a diverse assemblage of species from both of these domains.

Attempting to subdivide species from the park into distributional classes is complicated by taxonomic problems and questionable published collection records. New species and some additional species could not be assigned to distributional classes. *Hemidactylus mabouia* is an introduced species (Vanzolini 1968) or a species that has only recently reached South America by rafting from Africa (Kluge 1969). It appears to be largely restricted to human habitation throughout its now extensive range across much of South America (Ávila-Pires 1995). A subset of the known species from the vicinity of the Serranía de Huanchaca tentatively may be divided into four categories based on their distributions:

1) Cerrado-Chacoan. Species from southern and eastern open formations are derived primarily from the Brazilian cerrados. Most of these same species extend into the Gran Chaco of Paraguay, Argentina, and Bolivia or northward into the Brazilian caatingas. Most are widespread within open formations in Bolivia, with several noteworthy exceptions that may only enter Bolivia along its eastern border. Species that I assign to open formations are absent from Amazonian sites considered in this study (Table 10) and information in selected references (especially Ávila-Pires 1995, Ernst and Barbour 1989, Frost 1985, Peters and Donoso-Barros 1970, Peters and Orejas-Miranda 1970) suggests that they only peripherally enter Amazonia. Species excluded from this category, *Leptodactylus labyrinthicus* and *Phrynops geoffroanus*, probably are best classified as widespread

The anuran diversity of the park is exceeded only by that of two lowland Amazonian sites.

open formation species, as both species occur in Venezuela and the Guianas.

Bufo paracnemis, B. granulosus miran-daribeiroi, Epipedobates pictus, Scinax fusco-marginata, Leptodactylus chaquensis, L. elenae, Physalaemus albonotatus, Pseudopaludicola bolivianus, P. mysticalis, Eunectes notaeus, Apostolepis intermedia, Liophis almadensis, Waglerophis merremii, Micrurus diana, Bothrops moojeni, Cercolophia steindachneri, Hoplocercus spinosus, Mabuya guaporicola, Kentropyx vanzoi, Pantodactylus schreibersi, and *Stenocercus caducus.*

2) Eastern Amazonian. Distributions of reptiles within the Amazon have allowed some researchers to identify western and eastern herpetofaunas (most recently, Ávila-Pires 1995). Species in this category are present at several eastern Amazonian localities (Table 10, and selected references), but are unknown from sites along the Andes (Table 10) and from the Iquitos region (Dixon and Soini 1986, Rodríguez and Duellman 1994).

Liophis poecilogyrus, Mastigodryas boddaerti, and *Kentropyx calcarata.*

3) Widespread Amazonian. Species assigned to this category are present at several sites in both western and eastern Amazonia but also may extend far into open formations surrounding Amazonia.

Hyla bifurca, H. geographica, H. marmorata, H. punctata, Osteocephalus taurinus, Phyllomedusa vaillanti, Adenomera hylaedactyla, Eleutherodactylus fenestratus, Leptodactylus bolivianus, L. leptodactyloides, L. mystaceus, L. podicipinis, Lithodytes lineatus, Hamptophryne boliviana, Pipa pipa, Rana palmipes, Melanosuchus niger, Paleosuchus palpebrosus, Eunectes murinus, Atractus elaps, Chironius scurrulus, Dipsas indica, Drymoluber dichrous, Helicops angulatus, H. leopardinus, Hydrodynastes gigas, Pseudoeryx plicatilis, Pseustes sulphureus, Xenodon severus, Xenopholis scalaris, Micrurus surinamensis, M. spixii, Bothrops atrox, Gonatodes humeralis, Mabuya nigropunctata, Iphisia elegans, Tropidurus umbra, Chelus fimbriatus, Platemys platycephala, Podocnemis unifilis, P. expansa, and *Geochelone denticulata.*

4) Widespread Neotropical. Species assigned to this category enter Central America (Villa et al. 1988).

Hyla fasciata, Phrynohyas venulosus, Scinax ruber, Leptodactylus fuscus, Elachistocleis ovalis, Caiman crocodilus, Boa constrictor, Corallus hortulanus, Epicrates cenchria, Chironius exoletus, Drymarchon corais, Imantodes cenchoa, Leptodeira annulata, Leptophis ahaetulla, Oxybelis fulgidus, Oxyrhopus petola, Spilotes pullatus, Tripanurgos compressus, Lachesis muta, Crotalus durissus, Amphisbaena fuliginosa, Iguana iguana, Ameiva ameiva, Kinosternon scorpioides, Geochelone carbonaria.

Not surprisingly, a western Amazonian element is absent from the study area. Widespread Amazonian species make up the largest percentage of assignable species (46.2%) followed by widespread neotropical species (27.5%), Cerrado-Chacoan species (23.1%), and eastern Amazonian species (3.3%).

BIOGEOGRAPHY AND PARSIMONY ANALYSIS OF ENDEMISM

Above, the herpetofauna of the park has been broken into components apparently endemic to various biotic provinces of the South American lowlands. In this section, the biogeography of the park's herpetofauna is explored more fully. To that end, I forego the use of phenetic clustering methods such as UPGMA and similarity indices in favor of Parsimony Analysis of Endemism (Rosen 1985, Rosen and Smith 1988). Under ideal conditions (i.e., when faunas are completely known) this technique produces dendrograms that link regions on the basis of shared species. Species endemic to one or more areas are treated as apomorphies by computer programs used to conduct parsimony analysis of endemism (PAE). The resulting dendrogram might then demonstrate historical relationships among the faunas; however, linkage between regions might simply reflect shared environmental conditions that result in colonization by similar faunas. For the recovery of shared history, the complicating factor of environmental influences renders PAE, as well as all phenetic clustering techniques, inferior to Cladistic Biogeography, an approach that uses congruence among organismal phylogenies to infer historical relationships among geographic areas (Humphries et al. 1988 provide a recent history and description of Cladistic Biogeography). However, in the case of South American reptiles and amphibians, very few phylogenies have been recovered, and most systematic research is still concerned with alpha taxonomy.

In practice, and as with any other method for discovering patterns among regional faunas, PAE is influenced by sampling errors. The degree to which incomplete data affect the results of PAE has yet to be quantitatively assessed. One possible effect is analogous to the problem of long branch attraction (Hendy and Penny 1989). Regions with fewer species can be incorrectly relegated to a basal (primitive) position on the tree, and areas with nearly complete faunal lists may "attract" some incompletely sampled regions, leading to spurious conclusions. In spite of these shortcomings, PAE provides testable biogeographic hypotheses of faunal relationships and, minimally, suggests avenues for further inquiry.

Parsimony analysis of endemism was used to determine herpetofaunal relationships among the park and five well collected sites in adjacent countries; four of these sites are Amazonian, one is in the wet Chaco. These sites are: Cocha Cashu, southern Peru (Rodríguez and Cadle 1990); Cuzco Amazonico, southern Peru (Duellman and Salas 1991); INPA - WWF Reserve, Manaus, Brazil (Zimmerman and Rodrigues 1990); El Bagual, Biological Reserve, Formosa, Argentina (primarily Yanosky et al. 1993; Dr. James R. Dixon recently has changed some earlier identifications and has informed us of some newly collected species from El Bagual); and Rondônia. For the latter region, data come from two environmental impact studies, one on highway construction (Nascimento et al. 1988), the second in an area where a hydroelectric dam was constructed (da Silva 1993). Data on Cerrado lizards in Rondônia come from Vitt and Caldwell (1993). Unlike the other studies, these studies only report data for squamates. Moreover, the area collected is much larger than that of the

other studies, and it is largely restricted to the area adjacent to highway BR 364 (maps in Nascimento et al. 1988 and da Silva 1993).

New species, species of questionable identity (i.e., those usually demarcated by 'cf.', question marks, or quotations in the faunal lists above), species present at all sites, and species present at only one of these sites were omitted from the data matrix (Table 11). Chelonians and crocodilians were reported neither from Manaus nor Rondônia and were not considered.

To mitigate some of the problems with PAE discussed above, three separate analyses were conducted. Amphibians (analysis 1) and squamates (analysis 3) were analyzed separately, then squamates were analyzed with data from Rondônia removed (analysis 2). We analyzed the data with PAUP 3.1.1 (Swofford 1993) and the branch and bound algorithm of Hendy and Penny (1982) under the criterion of maximum parsimony. Farris's (1989) rescaled consistency index is reported as a measure of "goodness-of-fit" of taxa to the trees. This index is preferred to the more widely used consistency index (Kluge and Farris 1969). Although a consistency index of 1 would mean complete congruence of species with the tree, the lower limit of the consistency index is not zero, but a function of the distribution of character states in the data matrix. Each of the three analyses found a single shortest tree (Figure 10).

Proportionately more amphibians than squamates are of Chacoan origin within the park, and this fact explains the close association between El Bagual and Parque Nacional Noel Kempff Mercado in Figure 10a but not in the dendrograms for squamates. The absence of many western Amazonian species from Manaus and the park excludes these sites from the western clade composed of Cocha Cashu and Cuzco Amazonico (Figure 10b). Although six squamates are shared between Manaus and Huanchaca to the exclusion of the western sites, the number of species endemic to Amazonian sites is greater, and the topology of each dendrogram bears this out.

Problems such as long branch attraction or incomplete sampling may explain the unexpected results in analysis 3 (Figure 10c). Rondônia and Huanchaca share several Cerrado species such as

Liophis almadensis, Kentropyx vanzoi, and *Bothrops moojeni* to the exclusion of all the Amazonian sites. Moreover, eastern Amazonian species (category 2 above) are shared among Rondônia, Manaus, and Huanchaca to the exclusion of the western sites. In light of these facts, failure of the western sites to cluster is somewhat incongruous with expectations.

The topology of Figure 10c may be due to as yet unknown biogeographic patterns or may simply be due to limitations of the analytical technique: long branch attraction, incomplete sampling, or combinations of the two. The number of widespread Amazonian species common to all sites except Huanchaca is greater than the number of eastern species. More complete sampling could affect this imbalance in one of two ways. If these same widespread species also occur at Huanchaca, the "synapomorphies" will be pushed to the branch below Huanchaca allowing the eastern Amazonian component to influence the results more strongly. This might be expected to produce a dendrogram with Manaus, Rondônia, and Huanchaca clustering with one another and western sites clustering with one another: ((((Rondônia, Manaus) Huanchaca))(Cocha Cashu, Cuzco Amazonico)))El Bagual)))). Alternatively, if the absence of widespread Amazonian species is real, Huanchaca should be excluded from a cluster of Amazonian sites. However, within the Amazonian clade, the western and eastern faunas should effectively separate Manaus and Rondônia from Cuzco Amazonico and Cocha Cashu: ((((Rondônia, Manaus)(Cocha Cashu, Cuzco Amazonico)) Huanchaca) El Bagual)))). When more complete faunal lists become available, future attempts to explain the meaning of our preliminary results should provide insight into their significance.

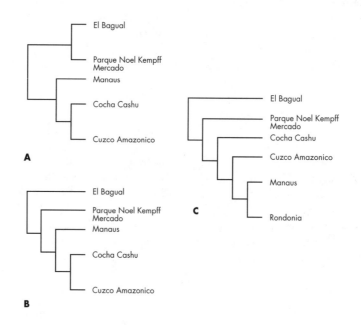

Figure 10. Results of Parsimony Analysis of Endemism using data on anurans and squamates from six lowland South American sites: (a) Dendrogram of anuran faunas (length 81 steps, rescaled consistency index 0.50). (b) Dendrogram of squamate faunas with Rondônia removed (119 steps, rescaled CI 0.45). (c) Dendrogram of squamate faunas from all six sites (146 steps, rescaled CI 0.32).

CONSERVATION RECOMMENDATIONS

The park contains many species of reptiles and amphibians of conservation interest. Within Bolivia, several species are known only from the park and its surrounding areas: *Bufo granulosus mirandaribeiroi, Cochranella* sp., *Hyla* sp. 1, *Osteocephalus* sp. 1, *Pseudopaludicola mysticalis, Apostolepis intermedia, Liophis* sp. 1, *Oxyrhopus* sp., *Bothrops moojeni, Cercolophia steindachneri, Hoplocercus spinosus, Dracaena* sp., *Tropidurus* new species 1-3, and *Phrynops gibbus.* Of these sixteen species, some such as *Phrynops gibbus,* probably also occur in Pando or Beni, whereas others such as *Apostolepis intermedia* and *Hoplocercus spinosus* have restricted ranges in Brazil and probably only enter Bolivia in the vicinity of the park. *Micrurus diana* was previously known only from the Serranía de Santiago (most recently Roze 1996) and is probably restricted to remnant mountains of the Brazilian Shield. Finally, a very fast microteiid (Gymnophthalmidae) commonly was observed in the savanna but was never collected. I strongly suspect that this is *Micrablepharus maximiliani,* a species occurring in similar habitats just across the Brazilian border in Rondônia (Vitt and Caldwell 1993) but, as of yet, unrecorded from Bolivia. As for the other species above, this species probably has a very restricted distribution in Bolivia.

Species known only from the park within Bolivia were found in terra firme and seasonally inundated forests; in disturbed, open areas near the Flor de Oro base camp; and associated with rock outcrops of the Serranía de Huanchaca. Species new to science and, thus, perhaps endemic to the immediate area of the serranía were found in the pampa and on the serranía itself, underscoring the importance of these habitats for conservation.

According to local people, the large and spectacular caiman lizard *Dracaena* invades savannas during the rainy season around El Refugio, and these savannas may be particularly important for this species's survival within the park. Caiman lizards (known locally as *"camaleón"*) feed almost exclusively on snails that may be difficult to find in the main river channel during the rainy season. In similar habitats of the Brazilian pantanal,

D. paraguayensis invades savannas to feed on snails that lie dormant during the dry season but appear in great numbers during seasonal floods. Caiman lizards were not observed during the expeditions led by Harvey, although Ian Phillips saw one near El Refugio in 1993. Either or both of the two species *(D. paraguayensis,* or *D. guianensis* of the Amazon Basin) potentially could occur within the park.

Particularly noteworthy is the discovery of three undescribed species of *Tropidurus* (Harvey and Gutberlet in press) within the Park. An arboreal species is closely related to *Tropidurus spinulosus guarani* and is known from the grounds of Estancia El Refugio. A saxicolous species of the *T. torquatus* group occurs throughout the Serranía as well as on granitic inselbergs in the Bajo Paraguá Forest Reserve. A second saxicolous species with striking sexual dichromatism, wherein females with bright red heads and black bodies are more colorful than the dull gray males, is known only from the northern slopes of the serranía. This rare instance of "reverse" dichromatism will be of considerable interest to lizard ecologists. This lizard's sister species, *Tropidurus melanopleurus,* occurs on the eastern slopes of the Andes and is the only other member of the genus to exhibit such extreme dichromatism.

The park management is urged to develop management plans and provide special protection for several species listed by CITES as potentially threatened or endagered by unregulated trade practices: *Eunectes murinus, E. notaeus, Caiman crocodilus yacare, Melanosuchus niger, Podocnemis unifilis, P. expansa, Geochelone carbonaria,* and *G. denticulata. Podocnemis expansa* is the largest freshwater turtle in South America. Sadly, it has virtually disappeared from its once extensive range covering the entire Amazon basin, and, currently, this species is known to breed at only three or four sites. This species is on the verge of extinction, and considerable effort should be directed toward locating nesting sites along the river and incorporating them into the park's borders. Furthermore, nesting sites should be protected from poachers and fishermen that seasonally harvest turtle eggs for sale in local markets. Park managers are strongly advised to contract professionals experienced in managing river turtles to develop strategies for protecting this critically threatened species.

Particularly noteworthy is the discovery of three undescribed species of Tropidurus.

Epicrates cenchria and Corallus hortulanus are two boids that also occur within the park. Although CITES lists the entire family Boidae as potentially threatened, by doing so it may violate its own criteria adopted at the 1976 Berne conference by failing to consider these species' biological status and extent to which they are threatened by trade. I doubt that either species is threatened, and the park management should not waste its resources developing management plans for these species.

Dwarf caimans, Paleosuchus palpebrosus, are common in forest streams within the park. Unlike the two larger crocodilians in the list above, this species is under no threat from poaching and does not require special management. This beautiful species is easily observed at night in the large stream crossing the path that connects Flor de Oro

and Lago Caimán. Small groups of tourists easily could be taken to this stream to see this species as well as tree boas, the bizarre Surinam toad, and many nocturnal animals.

Black tegus (Tupinambis merianae) and spectacled caimans (Caiman crocodilus yacare) are commonly hunted for their skin, and several South American countries regulate trade in these species. Effort should be directed toward protecting Caiman crocodilus within the park's borders although the former species probably does not require special efforts for its protection. Although heavily hunted (on average 1,900,000 skins were traded annually in the 1980's; Fitzgerald 1994), tegus have never been extirpated from any area where their habitat remains intact (Fitzgerald et al. 1991) due largely to their early age of maturity and large clutch size (Fitzgerald et al. 1993).

Table 10. A comparison of numbers of anurans and squamates known from eight lowland sites in Amazonia and the Gran Chaco.

	Anurans	Lizards and Amphisbaenians	Snakes
Parque Noel Kempff Mercado and Adjacent Areas	51	21	43
Tumi Chucua, Beni, Bolivia Fugler (1986) Several researchers over several months	19	11	28
Cocha Cashu and Pakitza Rodriguez and Cadle (1990) Many months	78	16	31
Cuzco Amazonico Duellman and Salas (1991) Many researchers over several years	64	23	49
Santa Cecilia Duellman (1978) 48 man-months	81	27	51
Manaus Zimmerman and Rodrígues (1990) Many months	49	23	62
Belem Crump (1971) and Duellman (1978) Many months	37	28	47
El Bagual "Wet Chaco" Yanosky et al. (1993) and pers. com. J. R. Dixon Many months	30	14	34
Department of Anta, Salta, Argentina "Dry Chaco" Cruz et al. (1992) Several researchers using traps and collection by hand over 19 months	22	20	20

CONSERVATION INTERNATIONAL

Rapid Assessment Program

Table 11. Species used for Parsimony Analyses of Endemism. Character numbers refer to the following species:

Amphibians: 1. *Bufo paracnemis*, 2. *Epipedobates pictus*, 3. *Hyla bifurca*, 4. *Hyla fasciata*, 5. *Hyla geographica*, 6. *Hyla punctata*, 7. *Hyla raniceps*, 8. *Osteocephalus taurinus*, 9. *Phyllomedusa vaillanti*, 10. *Phrynohyas venulosus*, 11. *Scinax ruber*, 12. *Sphaenorhynchus lacteus*, 13. *Adenomera hylaedactyla*, 14. *Eleutherodactylus fenestratus*, 15. *Leptodactylus bolivianus*, 16. *Leptodactylus chaquensis*, 17. *Leptodactylus elenae*, 18. *Leptodactylus fuscus*, 19. *Leptodactylus mystaceus*, 20. *Lithodytes lineatus*, 21. *Physalaemus albonotatus*, 22. *Physalaemus biloniger*, 23. *Elachistocleis ovalis*, 24. *Hamptophryne boliviana*, 25. *Pipa pipa*, 26. *Bufo glaberrimus*, 27. *Bufo marinus*, 28. *Colostethus marchesianus*, 29. *Epipedobates femoralis*, 30. *Hyla boans*, 31. *Hyla calcarata*, 32. *Hyla granosa*, 33. *Hyla leali*, 34. *Hyla parviceps*, 35. *Hyla rhodopepla*, 36. *Hyla sarayacuensis*, 37. *Hyla triangulum*, 38. *Hyla koechlini*, 39. *Scarthyla ostinodactyla*, 40. *Scinax cruentomma*, 41. *Scinax garbei*, 42. *Phrynohyas coriacea*, 43. *Phrynohyas resinifictrix*, 44. *Phyllomedusa atelopoides*, 45. *Phyllomedusa palliata*, 46. *Phyllomedusa tomopterna*, 47. *Adenomera andreae*, 48. *Ceratophrys cornuta*, 49. *Edalorhina perezi*, 50. *Eleutherodactylus ockendeni*, 51. *Eleutherodactylus toftae*, 52. *Leptodactylus knudseni*, 53. *Leptodactylus pentadactylus*, 54. *Leptodactylus rhodomystax*, 55. *Physalaemus petersi*, 56. *Chiasmocleis ventrimaculata*, 57. *Ctenophryne geayi*, 58. *Pseudis paradoxa*.

Squamates: 1. *Boa constrictor*, 2. *Corallus hortulanus*, 3. *Epicrates cenchria*, 4. *Eunectes murinus*, 5. *Eunectes notaeus*, 6. *Atractus elaps*, 7. *Chironius exoletus*, 8. *Chironius scurrulus*, 9. *Dipsas indica*, 10. *Drymarchon corais*, 11. *Drymoluber dichrous*, 12. *Helicops angulatus*, 13. *Helicops leopardinus*, 14. *Imantodes cenchoa*, 15. *Leptodeira annulata*, 16. *Leptophis ahaetulla*, 17. *Liophis almadensis*, 18. *Liophis poecilogyrus*, 19. *Mastigodryas boddaerti*, 20. *Oxyrhopus petola*, 21. *Pseudoeryx plicatilis*, 22. *Pseustes sulphureus*, 23. *Spilotes pullatus*, 24. *Tripanurgos compressus*, 25. *Waglerophis merremii*, 26. *Xenodon severus*, 27. *Xenopholis scalaris*, 28. *Micrurus surinamensis*, 29. *Micrurus spixii*, 30. *Bothrops moojeni*, 31. *Lachesis muta*, 32. *Crotalus durissus*, 33. *Gonatodes humeralis*, 34. *Hemidactylus mabouia*, 35. *Hoplocercus spinosus*, 36. *Iguana iguana*, 37. *Mabuya guaporicola*, 38. *Ameiva a meiva*, 39. *Kentropyx calcarata*, 40. *Kentropyx vanzoi*, 41. *Pantodactylus schreibersi*, 42. *Tupinambis merianae*, 43. *Stenocercus caducus*, 44. *Tropidurus umbra*, 45. *Gonatodes hasemani*, 46. *Thecadactylus rapicaudus*, 47. *Tropidurus plica*, 48. *Kentropyx altamazonicus*, 49. *Prionodactylus argulus*, 50. *Prionodactylus eigenmanni*, 51. *Tupinambis teguixin*, 52. *Anilius scytale*, 53. *Corallus caninus*, 54. *Clelia clelia*, 55. *Dipsas catesbyi*, 56. *Drepanoides anomalus*, 57. *Helicops polylepis*, 58. *Liophis cobella*, 59. *Liophis reginae*, 60. *Oxyrhopus formosus*, 61. *Pseudoboa coronata*, 62. *Taeniophallus brevirostris*, 63. *Siphlophis cervinus*, 64. *Bothrops atrox*, 65. *Micrurus lemniscatus*, 66. *Atractus latifrons*, 67. *Atractus snethlageae*, 68. *Chironius carinatus*, 69. *Chironius fuscus*, 70. *Dendrophidion dendrophis*, 71. *Erythrolamprus aesculapii*, 72. *Helicops hagmanni*, 73. *Liophis breviceps*, 74. *Liophis miliaris*, 75. *Liophis typhlus*, 76. *Philodryas viridissima*, 77. *Pseustes poecilonotus*, 78. *Tantilla melanocephala*, 79. *Xenodon rhabdocephalus*, 80. *Micrurus hemiprichii*, 81. *Leptotyphlops septemstriatus*, 82. *Bothriopsis bilineatus*, 83. *Polychrus marmoratus*, 84. *Atractus flammigerus*, 85. *Chironius multiventris*, 86. *Oxyrhopus melanogenys*, 87. *Leptotyphlops diaplocius*, 88. *Coleodactylus amazonicus*, 89. *Philodryas olfersi*.

REPTILES Y ANFIBIOS DEL PARQUE NACIONAL NOEL KEMPFF MERCADO: DIVERSIDAD, BIOGEOGRAFÍA, Y CONSERVACIÓN

Michael B. Harvey

INTRODUCCIÓN

Actualmente, existe 127 especies de reptiles y anfibios en el Parque Nacional Noel Kempff Mercado. Este estudio está basado principalmente en 87 especies (Apéndice 4) que fueron colectadas y observadas por el autor principal, Barbara e Ian Phillips, así como por varios estudiantes que participaron en el curso de entrenamiento del Programa de Evaluación Rápida (RAP) que se llevó a cabo en 1995 y que fue patrocinado por Conservation International. Estas especies fueron identificadas por el autor principal y fueron colectadas en alguna de las siete localidades que se encuentran en el parque y sus zonas aledañas:

1) Estancia El Refugio y Estancia Toledo. Barbara Phillips realizó colectas en estas localidades durante dos meses finalizando el 2 de octubre de 1993, mientras que el autor principal colectó durante dos semanas que finalizaron el 20 de octubre de 1994.

2) Los Fierros. El autor principal realizó colectas del 13 al 14 de octubre de 1994 en los bosques estacionalmente inundados que se encuentran cerca de la estación de vigilancia.

3) Flor de Oro y Lago Caimán . El equipo herpetológico de RAP llevó a cabo colectas en estas localidades desde el 15 de septiembre hasta el 10 de octubre de 1995.

4) Serranía de Huanchaca. La localidad Huanchaca II fue visitada por el autor principal el 14 de octubre de 1994 . Una segunda localidad cerca Lago Caimán (13? 37' S, 60? 55' W) fue visitada mediante el sendero que asciende por la cara norte de la serranía, fue visitada por el equipo de RAP del 22 al 27 de septiembre de 1995.

5) Inselbergs de granito. El autor principal realizó una visita a Cero Pelão diurna el 22 de octubre de 1994 a uno de los muchos inselbergs que ocurren en la Reserva Forestal del Bajo Paraguá, aproximadamente a 30 kilómetros al este de Florida, sobre el camino a Los Fierros.

Información adicional obtenida de otras tres fuentes también se utilizó para llevar a cabo comparaciones faunísticas. Köhler y Böhme (1996) reportaron varias especies de anfibios que ocurren en los inselbergs de la región boscosa del Bajo Paraguá. Scrocchi y González (1996) reportaron reptiles y anfibios de varias localidades que actualmente forman parte del parque y de varias otras que formarán parte de éste una vez que se hayan ampliado sus límites actuales. Esta última colección es especialmente importante ya que Scrocchi y González llevaron a cabo sus colectas del 8 al 20 de diciembre de 1995, es decir, durante el punto máximo de la temporada de lluvias. Por último, varias especies que se han identificado dentro del parque, forman parte de la colección de especímenes del Museo de Historia Natural Noel Kempff Mercado.

Seiscientos treinta y ocho especímenes fueron fijados en una solución de formalina al 10% y después fueron preservados en alcohol al 70% dentro de la Colección Boliviana de Fauna del Museo Noel Kempff Mercado y en la Colección de Vertebrados de la Universidad de Texas en

Arlington. La identificación de la mayoría de las especies fue llevada a cabo haciendo referencia a las descripciones confiables publicadas o en base al examen de material comparativo de otras poblaciones conocidas para la especie.

La diversidad, de acuerdo a su definición más común, incorpora dos conceptos: la riqueza de especies y su dispersión. Los intentos que se realizaron por cuantificar este último parámetro utilizando muestreos de cuadrante y de transecto (de acuerdo a las técnicas descritas en Heyer et al. 1994), resultaron infructuosos debido en su mayor parte a la distribución no aleatoria de las especies durante la temporada de sequía. Se hizo un esfuerzo grande por encontrar el mayor número de especies, las cuales forman el componente más importante de la diversidad desde el punto de vista de la conservación y del manejo del parque. Varias de las especies fueron encontradas solamente dentro de dos trampas de caida colocadas en el bosque cerca de Flor de Oro. *Physalaemus albonatus* y *Pantodactylus schreibersi* cayeron dentro de trampas que consistían en excavaciones someras utilizadas para la colecta de escarabajos y que se encontraban ubicadas en el bosque aledaño a El Refugio. Un espécimen de *Tropidurus umbra* fue atrapado en una trampa para mamíferos. La mayor parte de las colectas y observaciones fueron encuentros fortuitos que tuvieron lugar durante caminatas hechas sobre los senderos y a lo largo de arroyos, tanto de día como de noche. Todas las especies fueron halladas en uno de los ocho tipos de hábitat que se describen a continuación:

1) Bosque Alto Siempreverde de tierras altas: sobre los senderos que conducen hacia el oeste y el norte de la Estancia El Refugio; a lo largo del camino que lleva hacia el oeste y norte de la Estancia Toledo; sobre los senderos que van desde lago Caimán hasta Flor de Oro a lo largo de la base de la Serranía de Huanchaca; sobre los senderos que se encuentran a lo largo del Río Itenéz, tanto al este como al oeste de la Estancia Flor de Oro.

2) Bosque Estacionalmente Inundado: sobre los senderos que van a lo largo del río hacia el oeste de la Estancia El Refugio y hacia el sur de la Estancia Toledo; en el área de Lazareto, cerca de la Estancia Toledo y desde Lago Caimán hasta Flor de Oro. (La mayoría de los senderos que se encuentran en estas áreas pasan a través de zonas estacionalmente inundadas y de bosques de terra firme. Las especies se clasificaron como presentes en alguno de estos dos tipos de bosque al momento de su captura).

3) Arroyo Perenne del Bosque: Un arroyo mediano (13° 35' 59" S, 60° 58' 32" W) que corre bajo el dosel de un bosque alto, ubicado a 6.4 kilómetros de Flor de Oro y sobre el sendero que se dirige a Lago Caimán. Durante la estación seca el agua de este arroyo presenta una pigmentación oscura debida a los taninos y a la falta de corriente. Las pozas de este arroyo alcanzan profundidades de un metro y medio. La mayoría de los bosques adyacentes a este arroyo, si no es que todos, se inundan durante la temporada de lluvia.

4) Arroyo Estacional de Bosque: Se trata de un lecho arenoso y húmedo de un arroyo que se origina en la base de la Serranía de Huanchaca cerca del Lago Caimán. Este presentaba algunas pozas ocasionales con no más de 5 centímetros de profundidad. El lecho del arroyo estaba cubierto de hojas y se encontraba resguardado por un dosel cerrado.

5) Sabanas inundadas: en las inmediaciones de la Estancia Flor de Oro y a lo largo de los caminos que se dirigen hacia el noreste de la Estancia El Refugio y hacia el sur de la Estancia Toledo.

6) Subterráneos: especies excavadoras fueron colectadas por los obreros que trabajaban para B. Phillips y fueron halladas en las zonas desmontadas de la Estancia El Refugio.

7) Río: Lago Caimán y los ríos Tarvo, Paraguá e Itenéz, incluyendo sus bancos y la vegetación emergente. Todas las especies colectadas en el lago de madrevieja conocido como Lago Caimán también se encuentran a lo largo de las márgenes del Río Itenéz.

8) Curiches: dos humedales cerca de Toledo que forman parte de la Quebrada Monte Cristo pero que están separadas del río principal. Una laguna somera y con abundantes pastos que se encuentra aproximadamente a un kilómetro hacia el oeste de la Estancia Flor de Oro. Esta laguna

yace en un bosque de dosel alto y es estacionalmente inundada por las aguas del Río Itenéz.

9) Area Antropogénica: las inmediaciones de
las estancias de El Refugio, Toledo y Flor de Oro.

10) Afloramientos de Rocas e Inselbergs: dos
especímenes de Hoplocercus spinosus fueron
colectados por B. Phillips en una región rocosa
ubicada a 2 kilómetros de la Estancia El Refugio.
Esta especie también ha sido observada cerca de
los afloramientos rocosos que se encuentran en la
base de la Serranía de Huanchaca, cerca de Lago
Caimán. Varias especies de lagartijas y ranas
fueron halladas en los inselbergs que ocurren en
la Reserva Forestal de Bajo Paraguá.

11) Serranía de Huanchaca: este hábitat se
refiere a aquellas especies que fueron colectadas
arriba de los 500 metros de altura, ya sea en las
laderas o en la cima de la Serranía.

RIQUEZA DE ESPECIES Y COMPOSICIÓN FAUNÍSTICA

En el año de 1994 el autor principal colectó u
observó 13 especies de reptiles y 16 especies de
anfibios durante un período de 12 días en las
inmediaciones de las estancias de El Refugio y
Toledo. El equipo de RAP de 1995 colectó u
observó 37 especies de anfibios y 34 especies de
reptiles durante un período de cuatro semanas en
Flor de Oro y Lago Caimán. Las especies reportadas en otros dos estudios (Köhler y Böhme
1996, Scrocchi y González 1996) además de las
especies que se encuentran en el Museo de
Historia Natural Noel Kempff Mercado y que
fueron identificadas por G. Scrocchi, L. González
y M. B. Harvey, elevan la cifra de la herpetofauna
conocida para el parque a 127 especies. Las ranas
comprenden 51 especies que equivalen a 40.2%
de la herpetofauna conocida y son el mayor componente de la misma, seguidas por las serpientes
(33.9%), lagartijas y anfisbenidos (15.5%), quelonios (7.1%) y cocodrilianos (2.4%).

Es difícil realizar comparaciones entre la
herpetofauna del Parque Noel Kempff Mercado
y la de otras localidades en las tierras bajas de
Sudamérica debido a varios factores. Quizás el
más serio sea el hecho de que la lista de especies
del área de estudio se encuentra incompleta.
Como era de esperarse, las especies comunes
fueron descubiertas rápidamente (Figura 9). Sin
embargo, el creciente numero de especies contin-
uó incrementándose de manera significativa
durante el viaje realizado en 1995 por el equipo
de RAP, considerando que hubo al menos seis
investigadores realizando búsquedas durante
todos los días de la duración del estudio. La cul-
minación de la curva acumulativa nunca se llegó
a alcanzar, lo que sugiere que aún quedan
muchas especies por descubrir. Además, casi una
tercera parte de las especies se encuentran representadas por especímenes únicos colectados en el
área de estudio.

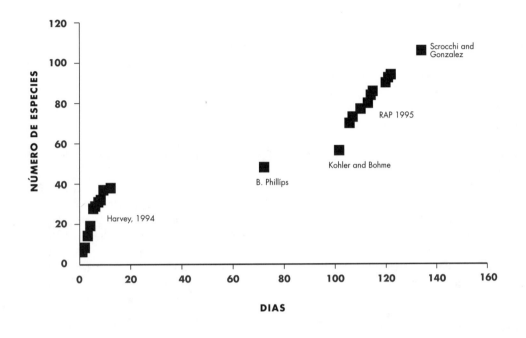

Figura 9. Curva de acumulación de especies relativa al número de días que se dedicaron a colectar reptiles y anfibios durante este estudio.

La diversidad de anuros del parque será superada tan sólo por dos localidades de las tierras bajas de Amazonia.

Otro problema radica en distorción en los datos debida a la época del año en la que se realizaron las colectas. La mayor parte de las colecciones herpetológicas de Sudamérica han sido llevadas a cabo durante la temporada de lluvias, mientras que durante las expediciones tanto de 1994 como de 1995 hubo casi una ausencia completa de lluvia. En las tierras bajas de Sudamérica es posible colectar más o menos a la mitad de los anuros existentes en un período de 30 días de esfuerzo de colecta, mientras que dos terceras partes se pueden colectar con 50 días de esfuerzo al principio de la temporada de lluvias (Heyer 1988). Sin embargo, el componente faunístico total no puede ser conocido sino hasta después de 30 años de esfuerzo (Heyer et al. 1990). La diversidad conocida de ranas es mayor que la de la mayoría de las demás localidades de tierras bajas de Sudamérica (Cuadro 10). En vista de las predicciones de Heyer y del hecho de que la mayor parte de las colectas fueron realizadas durante la temporada seca, es posible hacer una estimación conservadora de que el número de anuros colectados en el parque se verá incrementado por lo menos en una cuarta parte. Si la diversidad actual se aproxima más a 65 especies que a 51, entonces la diversidad de anuros del parque será superada tan sólo por dos localidades de las tierras bajas de Amazonia: Cocha Cashu (78) y Santa Cecilia (81).

Una gran parte de las serpientes y lagartijas de Sudamérica son muy difíciles de encontrar debido a su comportamiento críptico, es por esto que las comparaciones entre las diferentes localidades para estos grupos suelen ser más confusas que las de los anfibios. Sin embargo, la diversidad de los Squamata (lagartijas y serpientes) del Parque Noel Kempff parece ser más elevada que la de la mayor parte de las localidades de las tierras bajas que se tomaron en consideración en este estudio (Cuadro 10). No es de sorprender que un esfuerzo de colecta intensivo y prolongado en localidades como Cuzco Amazónico, Santa Cecilia y Manaus haya encontrado un mayor número de Squamata. Lo que sí resulta sorprendente es que las cifras de Squamata en estas localidades de Amazonia sean apenas superiores a las del Parque Noel Kempff Mercado.

La composisión herpetológica del parque ha sido determinada por factores tanto ecológicos como históricos. El conocimiento que se tiene de los parámetros ecológicos que han afectado a las especies que ocurren dentro del parque es muy limitado por lo que no se le considerará en detalle en este argumento. El mayor número de especies (42, Apéndice 4) fue hallado en el bosque, incluyendo los arroyos que corren en las márgenes del mismo. Treinta y dos especies fueron halladas en ríos y meandros de cauces abandonados; trece se encontraron en curiches, ocho en inselbergs y siete en sabanas de tierras bajas. Muy pocas (siete) especies fueron halladas en la serranía. De las quince especies halladas en zonas de habitación humana, más o menos la mitad (e.g. *Liophis* sp. 1, un miembro del complejo de *L. lineatus,* ver Michaud y Dixon 1987) son especies que habitan en la sabana y que solamente entran de manera marginal al bosque.

En lo que se refiere a otros grupos de flora y fauna, la herpetofauna del parque está formada por una mezcla de especies procedentes del bosque y de formaciones abiertas. Su diversidad y composición pueden deberse en parte a que su situación geográfica se encuentra entre dos dominios morfoclimáticos importantes (Ab'Saber 1977): Amazonia y Cerrado. El intrincado mosaico de hábitats que existe dentro del parque permite que éste se encuentre habitado por un diverso ensamblaje de especies procedentes de estos dos dominios.

Intentar subdividir las especies del parque de acuerdo a clases distribucionales es una tarea que se complica debido a que existen problemas taxonómicos y registros de colecta publicados de veracidad cuestionable. Nuevas especies y algunas especies adicionales no podrían ser asignadas a las clases distribucionales. *Hemidactylus mabouia* es una especie introducida (Vanzolini 1968) o una especie cuya llegada a Sudamérica desde Africa por medio de balsas es reciente (Kluge 1969). Esta especie parece estar en gran parte restringida a zonas de habitación humana a todo lo largo de su extenso rango de distribución en gran parte de Sudamérica (Ávila-Pires 1995). Un subconjunto de las especies conocidas de las inmediaciones de la Serranía de Huanchaca pueden dividirse tentativamente en cuatro categorías de acuerdo a sus distribuciones:

1) Cerrado-Chaqueña. Las especies procedentes de formaciones abiertas sureñas y orientales se derivan principalmente de los cerrados brasileños.

Muchas de estas especies extienden su rango hasta el Gran Chaco de Paraguay, Argentina y Bolivia o hacia el norte, hasta las caatingas brasileñas. La mayoría se distribuye ampliamente en las formaciones abiertas de Bolivia con algunas excepciones importantes, las cuales posiblemente entran a Bolivia solamente a lo largo de su margen oriental. Las especies que asigné a las formaciones abiertas se encuentran ausentes en las localidades amazónicas consideradas en este estudio (Cuadro 10) y la información que se encuentra en las referencias seleccionadas (en especial Ávila-Pires 1995, Ernst y Barbour 1989, Frost 1985, Peters y Donoso-Barros 1970, Peters y Orejas-Miranda 1970) sugiere que éstas entran a Amazonia solamente de manera periférica. Dos especies que se excluyen de esta categoría son *Leptodactylus labyrinthicus* y *Phrynops geoffranus*, las cuales probablemente se pueden clasificar mejor como especies de formaciones abiertas y de amplia distribución, ya que ambas ocurren tanto en Venezuela como en las Guyanas.

Bufo paracnemis, B. granulosus mirandariberoi, Epipedobates pictus, Scinax fuscomarginata, Leptodactylus chaquensis, L. elenae, Phyalaemus albonotatus, Pseudopaludicola bolivianus, P. mysticalis, Eunectes notaeus, Apostolepis intermedia, Liophis almadensis, Waglerophis merremii, Micrurus diana, Bothrops moojeni, Cercolophia steindachneri, Hoplocercus spinosus, Mabuya guaporicola, Kentropyx vanzoi, Pantodactylus schreibersi y Stenocercus caducus.

2) Amazónicas orientales. La distribución de reptiles dentro de Amazonas ha permitido a algunos investigadores identificar las faunas orientales y occidentales (siendo el más reciente Ávila-Pires 1995). Las especies que se incluyen en esta categoría se encuentran presentes en varias localidades de Amazonia oriental (Cuadro 10 y referencias seleccionadas), pero no se les conoce en ninguna localidad a lo largo de los Andes (Cuadro 10) ni en la región de Iquitos (Dixon y Soini 1986, Rodríguez y Duellman 1994).

Liophis poecilogyrus, Mastigodryas boddaerti y Kentropyx calcarata.

3) De amplia distribución en Amazonia. Las especies asignadas a esta categoría se encuentran presentes en varias localidades tanto en Amazonia oriental como occidental, pero también pueden llegar a extenderse hasta muy adentro de las formaciones abiertas que circundan Amazonia.

Hyla bifurca, H. geographica, H. marmorata, H. punctata. Osteocephalus taurinus, Phyllomedusa vaillanti, Adenomera hylaedactyla, Eleutherodactylus fenestratus, Leptodactylus bolivianus, L. leptodactyloides, L. mystaceus, L. podicipinis, Lithodytes lineatus, Hamptophryne boliviana, Pipa pipa, Rana palmipes, Melanosuchus niger, Paleosuchus palpebrosus, Eunectes murinus, Atractus elaps, Chironius scurrulus, Dipsas indica, Drymoluber dichorus, Helicops angulatus, H. leopardinus, Hydrodynastes gigas, Pseudoeryx plicatilis, Pseustes sulphureus, Xenodon severus, Xenopholis scalaris, Micrurus surinamensis, M. spixii, Bothrops atrox, Gonatodes humeralis, Mabuya nigropunctata, Iphisia elegans, Tropidurus umbra, Chelus fimbriatus, Platemys platycephala, Podocnemis unifilis, P. expansa y Geochelone denticulata.

4) De Amplia Distribución en la Región Neotropical. Las especies que fueron asignadas a esta categoría llegan a entrar a Centro América (Villa et al. 1988).

Hyla fasciata, Phrynohyas venulosus, Scinax ruber, Leptodactylus fuscus, Elachistocleis ovalis, Caiman crocodilus, Boa constrictor, Corallus hortulanus, Epicrates cenchria, Chironius exoletus, Drymachron corais, Imantodes cenchoa, Leptodeira annulata, Leptophis ahaetulla, Oxybelis fulgidus, Oxyrhopus petola, Spilotes pullatus, Tripanurgos compressus, Lachesis muta, Crotalus durissus, Amphisbaena fuliginosa, Iguana iguana, Ameiva ameiva, Kinosternon scorpioides, y Geochelone carbonaria.

No es de sorprender que elementos de Amazonia occidental se encuentre ausente en el área de estudio. Las especies de amplia distribución amazónica constituyen el mayor porcentaje de las especies asignables (46.2%), seguidas por las especies de amplia distribución neotropical (27.5%), las especies del Cerrado-Chocó (23.1%) y por último, las especies de Amazonia oriental (3.3%).

BIOGEOGRAFÍA Y ANÁLISIS PARSIMONIOSO DE ENDEMISMO

En la sección anterior, la herpetofauna del parque fue subdividida en componentes aparentemente endémicos a las diversas provincias bióticas de las tierras bajas de Sudamérica. En la presente sección, se analiza la biogeografía de la herpetofauna del parque. Para lograr esto, nos hemos abstenido de usar métodos de agrupación fenéticos tales como el UPGMA y los índices de similitud, favoreciendo en su lugar el Análisis Parsimonioso de Endemismo (Rosen 1985, Rosen y Smith 1988). En condiciones ideales (i.e. cuando la fauna se conoce enteramente) esta técnica produce dendrogramas que vinculan a las distintas regiones en base a las especies que comparten. Aquellas especies que son endémicas a una o más áreas son tratadas como apomorfías por los programas computacionales que se usan para llevar a cabo análisis parsimoniosos de endemismo (PAE). El dendrograma resultante puede entonces demostrar las relaciones históricas que existen entre diferentes faunas; sin embargo, los vínculos entre las regiones pueden ser simplemente un reflejo de condiciones ambientales compartidas que han resultado en una colonización de faunas similares. En la recuperación de la historia compartida, las influencias ambientales son un factor complicante que hace que PAE, así como todas las técnicas de agrupación fenética, resulten inferiores a la Biogeografía Cladística, la cual es un enfoque que utiliza la congruencia que existe entre las filogenias de los organismos para hacer inferencias con respecto a sus relaciones históricas entre distintas áreas geográficas (Humphries et al. 1988, proporciona la historia reciente y la descripción de la Biogeografía Cladística). Sin embargo, en el caso de los reptiles y anfibios sudamericanos se conocen muy pocas filogenias y la mayor parte de la investigación sistemática todavía esta enfocada principalmente a la taxonomía alfa.

En la práctica, y al igual que con cualquier otro método utilizado para descubrir patrones entre las faunas de diferentes regiones, PAE es influenciable por errores de muestreo. Todavía no se ha evaluado cuantitativamente el grado en el que son afectados los resultados de PAE debido a datos incompletos. Uno de los posibles efectos es análogo al problema de la atracción de ramas (Hendy y Penny 1989). Aquellas regiones con menor número de especies pueden ser incorrectamente relegadas a una posición basal (primitiva) dentro del árbol, mientras que aquellas áreas cuyas listas de fauna se encuentran casi completas "atraen" algunas regiones muestreadas de manera incompleta, lo cual puede llevar a que se hagan conclusiones falsas. A pesar de estas limitaciones, PAE proporciona hipótesis biogeográficas comprobables con respecto a las relaciones faunísticas y, por lo menos, sugiere nuevas avenidas para hacer mayores investigaciones.

El análisis parsimonioso de endemismo fue usado para determinar las relaciones herpetofaunísticas entre el parque y cinco localidades exhaustivamente colectadas en países adyacentes. Cuatro de estas localidades son amazónicas y una se encuentra en el Chaco húmedo. Estas localidades son Cocha Cashu, en el sur de Perú (Rodríguez y Cadle 1990), Cuzco Amazónico, en el sur de Perú (Duellman y Salas 1991); Reserva de INPA-WWF en Manaus, Brasil (Zimmerman y Rodrigues 1990); y Reserva Biológica El Bagual en Formosa, Argentina (principalmente Yanosky et al. 1993, pero Dr. James R. Dixon recientemente ha modificado algunas identificaciones hechas anteriormente y nos ha informado de algunas nuevas especies colectadas en El Bagual); Rondônia (la información fue obtenida de dos estudios de impacto ambiental: uno en la construcción de una autopista [Nascimento et al. 1988], el segundo en un área donde se construyó una presa hidroeléctrica [da Silva 1993]. Los datos sobre las lagartijas del Cerrado en Rondônia se obtuvieron de Vitt y Caldwell [1993]. A diferencia de otros estudios, estos estudios reportan datos sobre Squamata. Además, el área de colecta es mucho mayor que la de otros estudios y se encuentra restringida en su mayoría a un área adyacente a la autopista BR 364 [mapas en Nascimento et al. 1988, y en da Silva 1993]).

Las especies nuevas, especies cuya de identidad cuestionable (i.e., aquellas que generalmente se denotan con cf, signos de interrogación o comillas en las listas faunísticas que se presentan arriba),

El descubrimiento de tres especies no descritas de Tropidurus *dentro del parque es particularmente notable.*

especies presentes en todas las localidades y especies presentes en solamente una de las localidades se han omitido en la matriz de datos (Apéndice II). Los quelonios y los cocodrilianos no fueron reportados ni para Manaus ni para Rondônia por lo que no se les tomó en consideración.

Para mitigar algunos de los problemas de PAE que se discutieron arriba, se llevaron a cabo tres análisis separados. Los anfibios (análisis 1) y Squamata (análisis 3) se analizaron por separado, después, los Squamata se analizaron por separado, pero sin incluir la información procedente de Rondônia (análisis 2). Analizamos los datos con PAUP 3.1.1 (Swofford 1993) y con el algoritmo de ramificación y restricción de Hendy y Penny (1982) bajo el criterio de máxima parsimonia. El índice de consistencia de Farris con la escala corregida se reporta como una medida de "que tan bien" se ajustan los taxa a los árboles. Este índice se prefiere sobre el más comúnmente utilizado índice de consistencia (Kluge y Farris 1969). A pesar de que un índice de consistencia de 1 significaría una congruencia completa de la especie para con el árbol, el límite inferior del índice de consistencia no es cero sino una función de la distribución de los estados de carácter en la matriz de datos. Cada uno de los tres análisis halló un único árbol más corto (Figura 10).

Una proporción mayor de anfibios que de Squamata es de origen chaqueño dentro del parque, y este hecho explica la estrecha asociación entre El Bagual y el Parque Noel Kempff que se aprecia en la Figura 10a pero no en los dendrogramas para los Squamata. La ausencia de muchas especies del occidente de Amazonia tanto en Manaus como en el Parque Noel Kempff excluye a estas localidades del clade occidental conformado por Cocha Cashu y Cuzco Amazónico (Figura 10b). Aunque hay seis Squamata que son compartidos por Manaus y Huanchaca, con la exclusión de las localidades occidentales, el número de especies endémicas a las localidades amazónicas es mucho mayor y la topología de cada dendrograma lo demuestra.

Algunos problemas tales como la atracción de ramas largas o muestreos incompletos pueden explicar los sorpresivos resultados que se obtuvieron en el análisis 3 (Figura 10c). Rondônia y

Huanchaca comparten varias especies de Cerrado como *Liophis almadensis*, *Kentropyx vanzoi* y *Bothrops moojeni*, a exclusión de todas las localidades amazónicas. Lo que es más, las especies de Amazonia oriental (categoría 2 arriba) son compartidas por Rondônia, Manaus y Huanchaca a exclusión de todas las localidades occidentales. En vista de estos hechos, la incapacidad de las localidades occidentales para agruparse es un tanto incongruente con las expectativas.

La topología de la figura 10c puede deberse a que todavía se desconocen los patrones biogeográficos o simplemente a las limitaciones de las técnicas analíticas: la atracción de ramas largas, el muestreo incompleto o una combinación de ambos. El número de especies amazónicas de amplia distribución que ocurren en todas las localidades con excepción de Huanchaca es mucho mayor que el número de especies orientales. Un muestreo más completo podría afectar este desequilibrio en una de las siguientes dos maneras: Si las mismas especies de amplia distribución también ocurren en Huanchaca, las "sinapomorfías" serán forzadas a ocupar la rama que se encuentra debajo de Huanchaca permitiendo que el componente de Amazonia oriental ejerza una mayor influencia sobre los resultados. Es de esperar que esto produzca un dendrograma en el cual Manaus, Rondônia y Huanchaca se verán conglomerados y las localidades occidentales se conglomerarán también ((((Rondônia, Manaus) Huanchaca))(Cocha Cashu, Cuzco Amazónico))) El Bagual)))).

Alternativamente, si la ausencia de especies amazónicas de amplia distribución es real, Huanchaca debería ser excluido de un conglomerado de localidades amazónicas. Sin embargo, dentro del clade amazónico, las faunas orientales y occidentales deberían separar de forma efectiva a Manaus y Rondônia de Cuzco Amazónico y Cocha Cashu: ((((Rondônia, Manaus)(Cocha Cashu, Cuzco Amazónico)) Huanchaca) El Bagual)))). Cuando se tengan disponibles listas faunísticas más completas, los intentos que se hagan por explicar el significado de nuestros resultados preliminares deberán proporcionar una percepción clara acerca de su importancia.

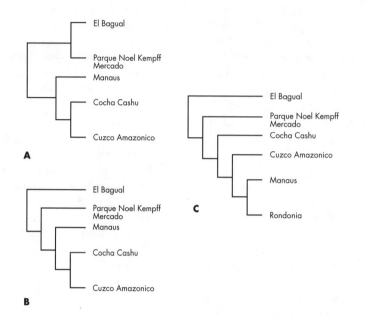

Figura 10. Resultados del Análisis Parsimonioso de Endemismo usando datos referentes a anuros y Squamata procedentes de seis localidades ubicadas en las tierras bajas de Sudamérica: (A) Dendrograma de las faunas de anuros (longitud 81 pasos, índice de consistencia con escala corregida de 0.50). (B) Dendrograma de las faunas de Squamata, excluyendo a Rondônia (119 pasos, índice de consistencia con escala corregida 0.45). (C) Dendrograma de las faunas de Squamata de las seis localidades (146 pasos, índice de consistencia con escala corregida 0.32).

CONSERVATION INTERNATIONAL

Rapid Assessment Program

RECOMENDACIONES PARA LA CONSERVACIÓN

El parque alberga muchas especies de reptiles y anfibios de interés para la conservación. Dentro de Bolivia existen varias especies que se sabe existen solamente en el Parque y sus zonas aledañas: *Bufo granulosus mirandariberoi, Cochranella* sp., *Hyla* sp. 1, *Osteocephalus* sp. 1, *Pseudopaludicola mysticalis, Apostolepis intermedia, Liophis* sp. 1, *Oxyrhopus* sp., *Bothrops moojeni, Cercolophia steindachneri, Hoplocercus spinosus, Dracaena* sp., *Tropidurus* especie nueva 1-3, y *Phrynops gibbus.* De estas dieciséis especies hay algunas, como *Phrynops gibbus,* que quizás también se encuentren en Pando o Beni, mientras que otras como *Apostolepis intermedia* y *Hoplocercus spinosus* tienen rangos de distribución restringidos a Brasil y probablemente entran a Bolivia solamente en las zonas inmediatas al parque. *Micrurus diana* se conocía anteriormente solamente de la Serranía de Santiago (más recientemente, Roze 1996) y es posible que su rango se encuentre restringido a algunos remanentes montañosos de la Escudo Brasileña. Por último, un microteido muy veloz (Gymnophthalmidae) se observó comúnmente en la sabana pero no fue colectado jamás. Tenemos la sospecha de que se trata de *Microblepharus maximiliani,* una especie que ocurre en hábitats similares justo al otro lado de la frontera con Brasil, en Rondônia (Vitt y Caldwell 1993), pero, hasta el momento no se le ha registrado en Bolivia. Como las otras especies mencionadas arriba, ésta probablemente tiene un rango de distribución muy restringido dentro de Bolivia.

Las especies que se han encontrado solamente dentro de los límites del parque en Bolivia, fueron halladas en terra firme y en bosques estacionalmente inundados; en áreas abiertas perturbadas cerca de el campamento base de Flor de Oro y en asociación con los afloramientos rocosos de la Serranía de Huanchaca. Algunas especies nuevas para la ciencia, y por lo tanto, quizás endémicas al área adyacente a la serranía, fueron halladas en la pampa y en la propia serranía, lo cual subraya la importancia de la conservación de estos hábitats.

De acuerdo a los habitantes locales, la enorme y espectacular lagartija caiman, *Dracaena* (CITES Apéndice 2) invade las sabanas que circundan El Refugio durante la temporada de lluvia por lo que es posible que estas sabanas sean particularmente importantes para la supervivencia de esta especie dentro del parque. Las lagartijas caiman (localmente llamadas "camaleón") se alimentan casi exclusivamente de caracoles, los cuales pueden ser difíciles de hallar en el cauce principal del río durante la temporada de lluvias. En otros hábitats similares del Pantanal brasileño la especie *D. paraguayensis* invade las sabanas para alimentarse de los caracoles que yacen adormecidos durante la temporada de sequía pero que aparecen en grandes cantidades durante las inundaciones estacionales. Las lagartijas caiman no fueron observadas durante las expediciones dirigidas por Harvey; sin embargo, Ian Phillips vio una cerca de El Refugio en 1993. Ambas de las dos especies del continente (*D. guianensis* ocurre en la cuenca del Amazonas) podrían potencialmente ocurrir dentro del parque.

El descubrimiento de tres especies no descritas de *Tropidurus* dentro del Parque es particularmente notable (Harvey y Gutberlet en prensa). Una de éstas es una especie arbórea estrechamente relacionada con *Tropidurus spinulosus guarani,* la cual se sabe existe en los terrenos de la Estancia El Refugio. Una especie saxícola perteneciente al grupo de *T. torquatus* ocurre en toda la región de la Serranía, así como en los inselbergs de granito que se encuentran en la Reserva Forestal del Bajo Paraguá. Una segunda especie saxícola que presenta un marcado dimorfismo sexual es conocida solamente en las laderas norteñas de la serranía. En esta especie las hembras ostentan un color rojo brillante en la cabeza, mientras que el resto del cuerpo es negro y son mucho más coloridas que los machos, los cuales son de un color grisáceo. Este raro caso de dicromatismo "reverso" seguramente será de enorme interés para los estudiosos de la ecología de las lagartijas. La especie hermana de esta lagartija es *Tropidurus melanopleurus,* la cual ocurre en las laderas orientales de los Andes y es el único miembro de este género que presenta este tipo de dicromatismo extremo.

La administración del parque ha declarado que es urgente desarrollar planes de manejo además de proporcionar protección especial para varias especies listadas por CITIES como especies potencialement amenazadas o en peligro a causa de comercio internacional sin regulación como *Eunectes murinus, E. notaeus, Caiman crocodilus yacare, Melanosuchus niger, Podocnemis unifilis, P. expansa, Geochelone carbonaria* y *G. denticulata. Podocnemis expansa* es la tortuga de agua dulce que alcanza la mayor talla en Sudamérica. Tristemente, ésta ha desaparecido casi completamente del que alguna vez fue un extenso rango de distribución que cubría casi por completo la cuenca del Amazonas y, en la actualidad, se sabe que solamente se reproduce en tres o cuatro localidades. Esta especie se encuentra al borde de la extinción y se debe hacer un esfuerzo considerable para localizar los sitios de anidación de esta tortuga en los márgenes del río para que se incluyan dentro de las fronteras del parque. Lo que es más, las localidades de anidación deben protegerse contra los cazadores furtivos y pescadores que estacionalmente colectan los huevos de tortuga para su venta en los mercados locales. De manera urgente aconsejamos a los administradores del parque que contraten profesionales experimentados en el manejo de tortugas de río para que desarrollen estrategias enfocadas a la protección de esta especie críticamente amenazada.

Epicrates cenchria y *Corallus hortulanus* son dos boidos que también ocurren en el parque. Aunque las listas de CITES incluyen a la totalidad de la familia Boidae bajo la categoría de amenazada, es posible que ésta sea una equivicación de sus propios criterios, establecidos en la Conferencia de Berne en 1976, ya que falla al considerar la situación o estado biológico de estas especies así como el grado en el que se ven amenazadas por el comercio. Dudamos que estas dos especies se encuentren amenazadas y la administración del parque no debería malgastar sus recursos desarrollando planes de manejo para éstas.

Los caimanes enanos *Paleosuchus palpebrosus* son comunes en los arroyos forestales del parque. A diferencia de las otras dos especies de crocodilianos de mayor talla que se mencionan arriba, esta especie no se encuentra amenazada por la cacería furtiva y no requiere de manejo especial. Este hermoso animal se puede observar fácilmente por la noche en el arroyo grande que cruza el sendero que conecta a Flor de Oro con Lago Caimán. Sería posible llevar a pequeños grupos de turistas a este arroyo para observar esta especie, así como a las boas arborícolas, el extraño sapo de Suriname y muchos otros animales nocturnos.

El tegus negro, *Tupinambis merianae,* los caimanes de Paraguay, *Caiman crocodilus yacare* (ambas especies) son cazados comúnmente para aprovechar su piel y son varios los países sudamericanos que regulan el comercio de estas especies. Se deben enfocar esfuerzos hacia la protección de *Caiman crocodilus* dentro de los límites del parque, aunque la primera especie mencionada no requiere de ningún esfuerzo especial de protección. Aunque han sido bastante explotadas (en promedio 1,900,000 pieles fueron comerciadas anualmente durante la década de los ochenta; Fitzgerald 1994), los tegus nunca han sido extirpados de ninguna área en la cual su hábitat permanece intacto (Fitzgerald et al. 1991) debido en gran parte a que alcanzan la madurez sexual a temprana edad y a que producen un gran numero de huevos (Fitzgerald et al. 1993).

Cuadro 10. Una comparación entre los números de anuros y de Squamata conocidos en ocho localidades ubicadas en las tierras bajas de Amazonia y el Gran Chaco.

	Ranas	Lagartijas y Amphisbaenianos	Culebras
Parque Noel Kempff Mercado y sus alrededores and Adjacent Areas	51	21	43
Tumi Chucua, Beni, Bolivia Fugler (1986) Varios investigadores sobre varios meses	19	11	28
Cocha Cashu and Pakitza Rodriguez and Cadle (1990) Varios meses	78	16	31
Cuzco Amazonico Duellman and Salas (1991) Varios investigadores sobre varios años	64	23	49
Santa Cecilia Duellman (1978) 48 man-months	81	27	51
Manaus Zimmerman and Rodrígues (1990) Varios meses	49	23	62
Belem Crump (1971) and Duellman (1978) Varios meses	37	28	47
El Bagual ("Wet Chaco") Yanosky et al. (1993) y pers. com. J. R. Dixon Varios meses	30	14	34
Department of Anta, Salta, Argentina "Dry Chaco" Cruz et al. (1992) Varios investigadores sobre varios meses	22	20	20

Cuadro 11. Las especies utilizadas en el Análisis Parsimonioso de Endemismo. Los caracteres numéricos se refieren a las siguientes especies:

Anfibios: 1. *Bufo paracnemis*, 2. *Epipedobates pictus*, 3. *Hyla bifurca*, 4. *Hyla fasciata*, 5. *Hyla geographica*, 6. *Hyla punctata*, 7. *Hyla raniceps*, 8. *Osteocephalus taurinus*, 9. *Phyllomedusa vaillanti*, 10. *Phrynohyas venulosus*, 11. *Scinax ruber*, 12. *Sphaenorhynchus lacteus*, 13. *Adenomera hylaedactyla*, 14. *Eleutherodactylus fenestratus*, 15. *Leptodactylus bolivianus*, 16. *Leptodactylus chaquensis*, 17. *Leptodactylus elenae,* 18. *Leptodactylus fuscus*, 19. *Leptodactylus mystaceus*, 20. *Lithodytes lineatus*, 21. *Physalaemus albonotatus*, 22. *Physalaemus biloniger*, 23. *Elachistocleis ovalis*, 24. *Hamptophryne boliviana*, 25. *Pipa pipa*, 26. *Bufo glaberrimus*, 27. *Bufo marinus*, 28. *Colostethus marchesianus*, 29. *Epipedobates femoralis*, 30. *Hyla boans*, 31. *Hyla calcarata*, 32. *Hyla granosa*, 33. *Hyla leali*, 34. *Hyla parviceps*, 35. *Hyla rhodopepla*, 36. *Hyla sarayacuensis*, 37. *Hyla triangulum*, 38. *Hyla koechlini*, 39. *Scarthyla ostinodactyla*, 40. *Scinax cruentomma*, 41. *Scinax garbei*, 42. *Phrynohyas coriacea*, 43. *Phrynohyas resinifictrix*, 44. *Phyllomedusa atelopoides*, 45. *Phyllomedusa palliata*, 46. *Phyllomedusa tomopterna*, 47. *Adenomera andreae*, 48. *Ceratophrys cornuta*, 49. *Edalorhina perezi*, 50. *Eleutherodactylus ockendeni*, 51. *Eleutherodactylus toftae*, 52. *Leptodactylus knudseni*, 53. *Leptodactylus pentadactylus*, 54. *Leptodactylus rhodomystax*, 55. *Physalaemus petersi*, 56. *Chiasmocleis ventrimaculata*, 57. *Ctenophryne geayi*, 58. *Pseudis paradoxa*.

Squamates: 1. *Boa constrictor*, 2. *Corallus hortulanus*, 3. *Epicrates cenchria*, 4. *Eunectes murinus*, 5. *Eunectes notaeus*, 6. *Atractus elaps*, 7. *Chironius exoletus*, 8. *Chironius scurrulus*, 9. *Dipsas indica*, 10. *Drymarchon corais*, 11. *Drymoluber dichrous*, 12. *Helicops angulatus*, 13. *Helicops leopardinus*, 14. *Imantodes cenchoa*, 15. *Leptodeira annulata*, 16. *Leptophis ahaetulla*, 17. *Liophis almadensis*, 18. *Liophis poecilogyrus*, 19. *Mastigodryas boddaerti*, 20. *Oxyrhopus petola*, 21. *Pseudoeryx plicatilis*, 22. *Pseustes sulphureus*, 23. *Spilotes pullatus*, 24. *Tripanurgos compressus*, 25. *Waglerophis merremii*, 26. *Xenodon severus*, 27. *Xenopholis scalaris*, 28. *Micrurus surinamensis*, 29. *Micrurus spixii*, 30. *Bothrops moojeni*, 31. *Lachesis muta*, 32. *Crotalus durissus*, 33. *Gonatodes humeralis*, 34. *Hemidactylus mabouia*, 35. *Hoplocercus spinosus*, 36. *Iguana iguana*, 37. *Mabuya guaporicola*, 38. *Ameiva a meiva*, 39. *Kentropyx calcarata*, 40. *Kentropyx vanzoi*, 41. *Pantodactylus schreibersi*, 42. *Tupinambis merianae*, 43. *Stenocercus caducus*, 44. *Tropidurus umbra*, 45. *Gonatodes hasemani*, 46. *Thecadactylus rapicaudus*, 47. *Tropidurus plica*, 48. *Kentropyx altamazonicus*, 49. *Prionodactylus argulus*, "50. *Prionodactylus eigenmanni*, 51. *Tupinambis teguixin*, 52. *Anilius scytale*, 53. *Corallus caninus*, 54. *Clelia clelia*, 55. *Dipsas catesbyi*, 56. *Drepanoides anomalus*, 57. *Helicops polylepis*, 58. *Liophis cobella*, 59. *Liophis reginae*, 60. *Oxyrhopus formosus*, 61. *Pseudoboa coronata*, 62. *Taeniophallus brevirostris*, 63. *Siphlophis cervinus*, 64. *Bothrops atrox*, 65. *Micrurus lemniscatus*, 66. *Atractus latifrons*, 67. *Atractus snethlageae*, 68. *Chironius carinatus*, 69. *Chironius fuscus*, 70. *Dendrophidion dendrophis*, 71. *Erythrolamprus aesculapii*, 72. *Helicops hagmanni*, 73. *Liophis breviceps*, 74. *Liophis miliaris*, 75. *Liophis typhlus*, 76. *Philodryas viridissima*, 77. *Pseustes poecilonotus*, 78. *Tantilla melanocephala*, 79. *Xenodon rhabdocephalus*, 80. *Micrurus hemiprichii*, 81. *Leptotyphlops septemstriatus*, 82. *Bothriopsis bilineatus*, 83. *Polychrus marmoratus*, 84. *Atractus flammigerus*, 85. *Chironius multiventris*, 86. *Oxyrhopus melanogenys*, 87. *Leptotyphlops diaplocius*, 88. *Coleodactylus amazonicus*, 89. *Philodryas olfersi*.

ICHTHYOLOGY OF PARQUE NACIONAL NOEL KEMPFF MERCADO

Jaime Sarmiento

INTRODUCTION

Parque Nacional Noel Kempff Mercado has a rich ichthyofauna and is important for the protection of species with restricted distributions. Very few studies on the ichthyofauna of the Río Iténez basin have been published, the most important one by Lauzanne et al. (1991), who carried out an inventory of the ichthyofauna of eastern Bolivia. Since there is a direct fluvial connection and the limnologic characteristics are similar, one can assume that fish species reported in that study also are found in Noel Kempff Mercado National Park. To verify and complement this information, a field trip was made to Parque Nacional Noel Kempff Mercado in November and December 1995. The current species list for the park includes 246 species (Appendix 5), of which 83 species are new records for the Iténez basin. Twenty-one species had not been previously reported for Bolivia.

Fish are an important economic resource for the human population of the area; both Bolivians and Brazilians depend on fishing as a source of protein and as a source of income. There are several commercially important species in the area, such as pacú (*Colossoma macropomum*), tambaquí (*Piaractus brachypomus*), chuncuína (*Pseudoplatystoma tigrinum*), and surubí (*Pseudoplatystoma fasciatum*), as well as other large siluriforms, Prochilodontidae, Curimatidae and Serrasalmidae. Sustainable management of this natural resource is a national priority. Conservation of aquatic biological diversity depends both on fishery management and preservation of landscapes and ecosystems.

A field survey was carried out in habitats not surveyed during previous studies with the aim of collecting small, seldom collected fish species. Fourteen localities were visited within the park and adjacent areas (Appendix 5). In each of these localities extensive fishing was carried out in as many habitat types as possible. Sampling was done using trawling nets of various lengths depending upon the size of the water course. Gill nets were also occasionally used. Sampling conditions were less than ideal due to high water levels and subsequent fish dispersion over the adjacent flooded forests and savannas.

DIVERSITY

Lauzanne et al. (1991) recorded 163 fish species for the Iténez basin based on collections made 350 km down river from the park (near the junction of the Machupo and Blanco rivers). A wide range of habitats were sampled in that study, including the main course of the Río Iténez, bays, and the mouths of the two tributaries mentioned above. Most of the fish species recorded are widely distributed in the Amazon basin.

Lauzanne et al. (1991) also presented a list of 389 fish species for the Bolivian Amazon. Twenty-one species collected during the present study are new records for Bolivia, raising the known level of fish diversity of the Bolivian

Amazon to 409 species. Currently, the total number of species known for Bolivia is 550, which means that the park harbors roughly 45% of Bolivia's ichthyofauna and 60% of Amazonian fish species.

Abundance of fish species was evaluated during the study by means of a subjective comparative scale: each species was assigned a ranking of common, frequent, rare, or exceptional. The abundance of each species in each locality and in sites at which each species was encountered are presented in Appendix 5. Five species were classified as common (*Gnathocarax steindachneri, Hemigrammus lunatus, Hemigrammus ocellifer, Otocinclus* cf. *mariae, Mesonauta festivus*), while between 25 and 57 species were considered frequent. The remaining species were rare or exceptional, or there were insufficient data to estimate their abundance.

The Río Iténez is comparable in terms of diversity to other rivers in the Bolivian Amazonia. High species richness is due to the large surface of the drainage area and the wide range of microhabitats found in the valleys and headwaters of its tributaries. The aquatic systems of Noel Mercado Kempff National Park harbor large and medium sized species that are widely distributed over Amazonia, but also include a number of small species that are not commonly encountered, or are rare, in other Bolivian basins. Of particular importance are the headwaters and small streams found on the slopes of the Huanchaca plateau; although diversity is low in such sites, an interesting and specialized ichthyofauna is found there.

BIOGEOGRAPHY

Most of the species recorded in the portion of the Río Iténez found within the park are widely distributed within Amazonia and have also been found in other rivers of Bolivia, mostly in the Mamoré basin. Nevertheless, there is a significant percentage of the ichthyofauna that has not been recorded in other basins of the country. The Iténez basin is, with the exception of a few tributaries of the upper Paraguay, the only fluvial system in Bolivia that originates on the Brazilian Shield.

The physical and chemical characteristics of its clear to black waters are different from those of other fluvial systems in eastern Bolivia. These other rivers are white water rivers that originate in the Andes or black water rivers that originate in the swamps of the Beni plains or in the Tertiary terraces of the Pando. Even though these two systems join down river to form the Río Madeira, the Río Iténez basically is a fluvial system isolated from the other rivers in eastern Bolivia.

Geographic isolation and the geomorphology of the Brazilian Shield combine to produce significant differences in the ichthyofauna when compared to the rest of the country. Using lists made by Lauzanne et al. (1991) and the new records reported here, we were able to identify 65 species (26% of the total number known for the Iténez basin) that have a restricted distribution, representing 12% of Bolivia's ichthyofauna. Several of these species are restricted to black water systems and have a distribution restricted to the northern and eastern edges of Bolivia. Among the most outstanding of these species are *Helogenes marmoratus, Carnegiella strigata, Hypopygus lepturus,* several species of *Hyphessobrycon, Bryconops melanurus, Bryconops* sp. nov. (Huanchaca plateau), *Jobertina lateralis, Poecilobrycon harrisoni, Tatia* cf. *intermedia,* and *Acanthodoras spinosissimus.*

It is difficult to discuss endemism due to the lack of reliable inventory data from many areas in the Amazon basin. Nevertheless, Kullander (1986) hypothesized that there is a high level of endemism in the upper Madeira basin. The rivers of the Huanchaca plateau, particularly the Río Paucerna, were formed by erosion some 5 to 20 million years ago (Litherland and Powers, 1989), and have a very special ichthyofauna. The Rio Paucerna is isolated from the Iténez by two high waterfalls (Ahlfeld and Arco Iris). At least one new (and endemic) species for science has been identified from this river and was collected in a stream near the Huanchaca I campsite (*Bryconops* sp.). Other species, including *Gymnotus* sp. (cf. *carapo*), *Erythrinus* sp., *Crenicichla* sp., and *Characidium* cf. *fasciatum,* have also been collected from this stream.

The upper Río Verde basin is separated from the Iténez by a series of rapids and small waterfalls

A significant percentage the ichthyofauna has not been recorded in other basins of the country.

such that there are at least six streams in the Serranía Negra that have not yet been explored. These streams flow into the Río Iténez through deep canyons. There is a high probability of finding new and endemic species there, particularly from the Order Characiformes. More extensive collecting and careful examination of specimens will be required to confirm this hypothesis.

There are at least two fish species that are considered to be characteristic of the Río Paraguay basin, *Catoprion mento* and *Lepidosiren paradoxa*. *Lepidosiren paradoxa* is locally known as caparúch and is interesting because it is monotypic at a family and genus level. Caparúch is a lunged fish, restricted to central South America (central Brazil, northern Paraguay and western Bolivia) where it inhabits flooded savannas. Its name is associated with several sites in the area and it has been proposed as an alternative name to the traditional (cartographic) name of the Huanchaca plateau.

ECONOMIC IMPORTANCE

Fish are one of the main food resources in Amazonia. Usually, fish are exploited only for family subsistence and local commerce. Almost all of the rivers in Amazonia have human populations along the main watercourses (Peres and Terborgh 1995). Fishing usually is done with lines, and less frequently with throw nets or gill nets. Subsistence fishing is far less selective than commercial fishing, and includes several species, such as piranhas (*Serrasalmus* sp.), shad (*Prochilodus nigricans*), bentón (*Hoplias malabaricus*), other species of the Order Characiformes such as *Mylossoma duriventre*, *Hydrolicus scomberoides*, *Brycon cephalus*, *Triportheus* spp., *Schizodon fasciatum*, several catfish (*Pimelodus* sp., *Callophysus macropterus*, *Hemisorubim platyrhyncus*), as well as commercially important species, such as the surubí (*Pseudoplatystoma fasciatum*), chuncuína (*P. tigrinum*), pacú (*Colossoma macropomun*) and tambaquí (*Piaractus brachypomus*).

The current situation on the international border between Noel Kempff Mercado National Park and Brazil is worrysome since there is a large human population. Commercial fisherman export several tons of fish each month to cities in the interior of Brazil. Commercial fisheries are limited to the larger rivers, particularly the Río Iténez. Walters et al. (1982) estimated that the extracted amount does not reach 10% of its potential, but there are no specific estimates for each species, particularly the more favored ones. In order to define a management plan, it is necessary to consider that the area of influence of the Río Iténez within the park is restricted to a relatively short stretch and that conservation of aquatic resources depends largely on outside factors. Any effort to control or manage these resources should be done in coordination with Brazilian authorities to ensure sustainable use of this binational resource.

Fortunately, on the Bolivian side human population density is much lower, particularly over much of the lower Río Paraguá, which forms the western boundary of the Noel Kempff Mercado National Park. Consequently, commercial fishing has very little impact on fish populations, although subsistence harvesting is essential for the human populations of the towns of Florida, Porvenir, and Piso Firme. Indeed, the lower Paraguá is one of the aquatic systems subject to the lowest levels of fishing pressure in the Bolivian Amazon. Nevertheless, merchants from San Ignacio have visited various areas adjacent to the park searching for fish to buy. This is a positive development for the local economy but several aspects of this activity are a cause for concern. Merchants hire fishermen during the peak of the dry season, when fish are concentrated in the few remaining pools, and they may be tempted to use *barbasco* or other poisons in order to facilitate the harvest.

Sport fishing offers many possibilities to visitors to the park. There are several fish species that reach medium to large sizes and have characteristics that make them desirable for sport fishermen. In order to regulate this activity and ensure it is done sustainably, a strategy most be developed in coordination with the local communities.

Several of the fish species in the park and the surrounding areas have potential as ornamental aquaria fish (Appendix 5). Nevertheless, many of these fish species are limited to specialized habitats and permanent extractive activities may affect natural populations. Currently, several species are being exported from the region of Trinidad (Beni) and the increasing international market may cause an expansion of this kind of activity to other regions of the country. However, management of these fish species using appropriate techniques may prove to be sustainable. A large number of species are potentially or currently on the market, including fish from the Subfamily Tetragonopterinae (Characiformes) and the families Locariidae (Siluriformes) and Cichlidae (Perciformes).

CONSERVATION

Fish species of particular conservation concern such as potential aquaria species, endemic, or endangered species, are indicated in Appendix 5. The species selected cover several of the most interesting ecosystems. Table 12 shows an evaluation of the various aquatic systems. Commercial food species are concentrated in the Río Iténez, while fish species with potential to become aquaria fish are generally found in the smaller streams and in areas with aquatic vegetation. Endemic species (confirmed and hypothetical) are found mostly in the Huanchaca plateau.

Many of the larger commercial fish species associated with medium to large rivers display migratory movements and depend upon factors that affect areas beyond the park's borders. The upper Madeira basin is an important area for the reproduction of several economically important medium-size fish species in the families Prochilodontidae and Curimatidae, which are associated with the movements of large predators (Siluriforms, Bryconinae). These movements have been documented for the Iténez and probably also occur in the Paraguá river.

Increasing the size of the park has improved the protection of fish species that inhabit small creeks. If reproductive isolation has been effective over the last tens of thousands of years and endemics are confirmed for Huanchaca, these areas then would be considered as extremely fragile. Fortunately, a small human population occurs in this area and most aquatic systems are generally in good conservation status.

Nevertheless, there is a history of illegal narcotic manufacturing laboratories in several parts of the plateau. Chemical materials and waste from these laboratories probably has had an effect on specific sites and a yet unknown impact on biological communities downstream from these abandoned laboratories. A comparative study of the ichthyofauna of several of these tributaries would provide more information on this type of impact and the degree of damage to the rivers.

Nine species recorded in the park have listed in Bolivia's Vertebrate Red Book (Appendix 5). This is not a large number, compared to other vertebrate groups; only *Papiliochromis altispinosa* is considered a vulnerable species (Sarmiento and Barrera 1996). The other eight species listed in the book are classified as species with insufficient data to determine the degree of threat to their survival, but with more information they also could be listed as vulnerable. It is likely that several of the species with restricted distributions might be included in the Red Book in the future, when more information about their biology and distribution is known.

Outside of the park, only the Río Blanco and Negro Wildlife Reserve, which includes portions of the Río Blanco and Río Negro basins, encompasses aquatic systems from the Iténez basin. Together with Parque Nacional Noel Kempff Mercado, these reserves only partially protect the upper Iténez basin in Bolivia; the entire lower basin is unprotected.

GUIDELINES FOR AQUATIC SYSTEM MANAGEMENT

The park is important at a regional level to conserve populations of fish. Particularly important are swamp marsh systems and flooded savannas to protect fish species that use these habitats seasonally. Changes in land use in the areas adjacent to the park could affect aquatic organisms within the park. A change in the degree or the length of time to which marsh ecosystems are flooded due to human activities would represent a serious threat to these wetlands. Examination of satellite images has indicated a spectral difference in Brazilian rivers that originate or flow through agricultural areas, probably due to an increase in the amount of sediments carried by these fluvial systems (T. Killeen, pers. comm.). In several areas of the park and adjacent areas there are periodic fires that could negatively impact aquatic systems, causing fish and other aquatic organisms to die.

These potential threats require further study to establish a management program based on sound scientific information. Considering the promotion of fisheries, there is an urgent need for guidelines to establish seasonal fishing bans, regulate the types of fishing, gear, *etc*. The high diversity of fish in this area has attracted a great deal of interest in scientific research and natural resource use. The fish fauna is one of the least studied vertebrate groups, despite the fact that this area contains unique ichthyofauna. Of particular importance are the biological processes associated with the isolation of the small streams flowing from the Huanchaca plateau directly into the Río Iténez.

An important consideration in the design of a reserve is the need to protect the entire basin. Most biological reserves in Amazonia do not achieve this purpose and protect only partial upper river basins (Peres and Terborgh 1995). A common practice is to use rivers as natural boundaries to facilitate control and vigilance within a protected area. Although this practice solves many problems, it can be detrimental to the conservation of the aquatic ecosystems themselves.

Parque Nacional Noel Kempff Mercado is a typical example of this problem. The Iténez basin is only partially included within the protected area and part of its watercourse is shared with Brazil, while the Río Verde is an upper basin, also shared with an agricultural area in Brazil. The lower Río Paraguá is the western limit of the park; fortunately, this part of the park borders the Lower Paraguá Forest Reserve and management of this watershed should be coordinated with government authorities in charge of managing that reserve. Nevertheless, past history of forest reserves in Bolivia is not very encouraging, and if the area is eventually colonized, the integrity of the ecosystems of the Paraguá River will be threatened.

The upper basin of the Río Paraguá originates near San Ignacio de Velasco and most of the river's course travels through landscapes dominated by deciduous forest and flooded wetlands that are widely used for extensive cattle ranching. Apparently, this type of land use is compatible with the conservation of aquatic ecosystems in the lower Paraguá, but future agricultural development could bring changes with consequences that are difficult to predict. The only aquatic system totally covered by conservation criteria is the Río Paucerna.

The recent expansion of the park presents an opportunity to zone most of the smaller sub-basins of the area. Zoning should take into account the criteria presented by Ribera (1995) that include a core nuclear area as well as buffer zones that take into consideration the current uses and needs of the human populations of the area. Areas of intensive extractive use are present in the park's expansed area. Other areas such as the backwater bahias near Flor de Oro and the lower portion of the Paucerna River will be designated as "areas of non-extractive intensive use" for ecotourism.

An important consideration in the design of a reserve is the need to protect the entire basin.

SCIENTIFIC RESEARCH

Establishing a research program that generates basic information is crucial for the management of the park. The ichthyofauna is one of the least known elements, not only in terms of species richness but also with respect to population sizes, migratory movements, and habitat use.

It is a priority to obtain reliable information about the natural history of the various commercial species, and to document the habitats used by those species. We also need to study the size and demographic composition of populations, reproductive parameters, and individual growth rates of these fish species. A fishery statistics program that includes as much data as possible from Brazil also must be established.

The most important areas used by commercial fish species as well as their phenological rhythms must be documented. This is possible using mark-recapture monitoring techniques.

Simultaneously, a program should be established in order to document when and where fishermen operate. In the case of certain selected species, it would be interesting to encourage studies applied to management if there is the possibility for a small-scale profitable activity.

Limnological studies documentng the physical and chemical characteristics of the various aquatic systems in the area are another priority. Aquatic invertebrate and phytoplankton inventories also should be carried out as part of an integrated plan to study the productive and trophic processes key to the fishing industry. As a part of a general fish inventory, studies on the populations of restricted and potentially commercial species should be carried out.

Table 12. Comparison between six fluvial systems found within Noel Kempff National Park. Each system has been classified according to criteria pertaining to its importance to conservation and as an economic resource.

Area/classification	Location	Importance	Threats
Río Iténez Large black water river	Northern limit of the park and the border with Brazil	High diversity Important for ecosytem functions	Commercial over-exploitation; Frequent boat traffic; Sedimentation by upstream agricultural activities
Río Paraguá/Tarvo Black water river	Western border of the park	High diversity Range-restricted species Threatened areas	Downstream from cattle producing areas; Wetlands draining and annual burning
Río Verde Clear water river	Eastern limit of the park and the border with Brazil; drains the southern sector of the Huanchaca plateau	Endemism Threatened areas Important for ecosystem functioning Currently in good condition	Sedimentation by upstream agricultural activities; Wastes from past narcotics processing?
Río Paucerna Clear water river	Northeastern corner of the park; drains the northern sector of the Huanchaca plateau	High diversity? Endemism Threatened areas ? Important for ecosystem functioning Currently in good condition	Wastes from past narcotics processing?
Arroyos of the Piedemonte Clear water streams	Slopes and streams of the serranía that drain towards the Paraguá or the Iténez	Range-restricted species High diversity Currently in good condition	Annual burning
Arroyos of the Huanchaca Plateau Clear water streams	Headwaters of the ríos Verdes y Paucerna	Endemism Threatened areas ? Important for ecosystem functioning Currently in good condition	Wastes from past narcotics processing
Arroyos on the plains Black water streams	Arroyos on the precambrian plains west of the Huanchaca Plateau, tributaries of the Paraguá and Tarvo	High diversity Important for ecosystem functioning Currently in good condition	Bridge construction; Annual burning (ash sediments)

ICTIOLOGÍA DEL PARQUE NACIONAL NOEL KEMPFF MERCADO

Jaime Sarmiento

INTRODUCCIÓN

La ictiofauna del Parque Nacional Noel Kempff Mercado es, a su vez, rica en especies y de gran importancia para la protección de especies con distribución restringida. Existen pocos estudios publicados sobre la ictiofauna de la cuenca del Río Iténez; el trabajo más importante viene de Lauzanne et al. (1991), quienes han realizado un inventario de la ictiofauna del oriente boliviano. Como la conexión fluvial es directa y las características limnológicas son similares, se puede asumir que las peces reportadas por este estudio se encuentran en los ríos principales del Parque Noel Kempff. Para verificar estos datos y complementar este información preliminar, se realizó un viaje al Parque Noel Kempff en Noviembre y Diciembre de 1995. Actualmente la lista de especies de peces del Parque contempla un total de 246 especies (Apéndice 5), de las cuales 80 especies son registros nuevos para la cuenca del Iténez y 21 especies representan especies aún no reportadas para la ictiofauna de Bolivia.

Los peces representan un recurso económico importante para la población humana de la región; bolivianos y brasileños dependen de la pesca como fuente de proteína y como un complemento económico. El área cuenta con varios especies comerciales importantes, como pacú (*Colossoma macropomum*), tambaquí (*Piaractus brachypomus*), chuncuína (*Pseudoplatystoma tigrinum*) y surubí (*Pseudoplatystoma fasciatum*), además de otros Siluriformes grandes, Prochilodontidae, Curimatidae y Serrasalmidae. El manejo sostenible de este recurso natural es un prioridad nacional de primera importancia, mientras que la conservación de la diversidad biológica asociada con sistemas acuáticos depende tanto del manejo de la pesca, como de la preservación de paisajes y ecosistemas.

Se ejecutó una campaña de pesca con el objetivo de realizar pescas en sistemas acuáticos y hábitats poco frecuentados en las estudios anteriores, buscando principalmente especies pequeñas, usualmente poco coleccionadas. La campaña incluyó 14 localidades del Parque y zonas aledañas (Apéndice 5). En cada una de las localidades, se realizaron pescas exhaustivas, incluyendo el mayor número de hábitats. Las pescas se realizaron utilizando redes de arrastre de diferentes longitudes de acuerdo a las dimensiones del sistema; en menor proporción se utilizaron redes agalleras. Las condiciones estacionales (proceso de inundación) fueron relativamente adversas debido al alto nivel de agua, y la dispersión de los peces en los bosques y sabanas inundadas.

DIVERSIDAD

Lauzanne et al. (1991) han registrado 163 especies de peces para la Cuenca del Iténez en base a colecciones realizadas 350 km río abajo entre las bocas de los Ríos Machupo y Blanco. Ellos han muestrado un rango de hábitats que incluye los cauces principales, las bahías y las bocas de los dos tributarios mencionados y la mayoría de sus reportes son especies de amplia distribución en la cuenca amazónica. Los trabajos realizados en el Parque aumentan esta cifra hasta 246 especies de peces registradas para la cuenca del Iténez, el cual representa 83 registros nuevos para la cuenca (Apéndice 5).

Comparando estos datos con las demás partes de Bolivia, Lauzanne et al. (1991) presentan una lista de 389 especies de peces para la Amazonia boliviana. Veintiun especies coleccionadas durante este estudio son registros nuevos para Bolivia, la cual significa que la diversidad de peces de la cuenca amazónica en Bolivia contempla 409 especies. Las 246 especies registradas para el Parque Noel Kempff representan el 60% de la ictiofauna amazónica conocida en Bolivia. Actualmente, el número total de especies conocidas para todo de Bolivia es aproximadamente 550 especies, lo que significa que el Parque alberga aproximadamente el 45% de la ictiofauna de Bolivia.

La abundancia fue analizada durante el estudio de manera subjetiva por una escala relativa: común, frecuente, raro y excepcional, dependiendo de su abundancia en cada localidad y de la frecuencia de su presencia en las distintas localidades. Seis especies fueron clasificadas como comunes (*Gnathocharax steindachneri, Hemigrammus lunatus, Hemigrammus ocellifer, Otocinclus* cf. *mariae, Mesonauta festivus*), mientras que entre 25 a 57 especies pueden ser considerado como frecuentes. Las demás especies son raras, excepcionales o, simplemente, se carecen de suficiente datos para estimar su abundancia.

En relación a los otros ríos de la Amazonia de Bolivia, el Iténez es comparable en términos de diversidad; esta riqueza de especies se ha desarrollado debido a la superficie del área de drenaje y el rango de microambientes presentes en los valles y cabeceras de sus afluentes. Los sistemas acuáticos del Parque presentan varias especies grandes y medianas, ampliamente distribuídas en la Amazonia, pero incluyen un número importante de especies pequeñas que no se encuentran (o son muy raras) en las otras cuencas de Bolivia. Especialmente importante son las cabeceras y arroyos pequeños de las vertientes de la meseta de Huanchaca; aunque la diversidad es baja en estos sitios, presentan una ictiofauna interesante y especializada.

BIOGEOGRAFÍA

La mayoría de las especies registradas para el Río Itenez y el Parque tienen una distribución amplia en toda la Amazonia y se han encontrado en otros ríos de Bolivia, principalmente de la cuenca del Mamoré. No obstante, existe un porcentaje sustancial de su ictiofauna que no ha sido registrado en otra cuenca del país. La cuenca del Iténez es, exceptuando unos pocos afluentes de la cuenca alta del Paraguay, el único sistema fluvial en Bolivia que se origina en el Escudo Brasilero. Además, las características físico-químicas de sus aguas claras hasta negras son diferentes de la mayoría de los sistemas fluviales del oriente de Bolivia que, en su mayoría, tienen aguas blancas provenientes de los Andes, o aguas negras que se originan en los pantanos de la llanura Beniana o de las terrazas terciarias de Pando. Aunque, las dos sistemas se unen río abajo para formar el Río Madeira, el Iténez es, básicamente, una sistema fluvial aislado de las demás sistemas del oriente boliviano.

Este aislamiento geográfico y las diferencias geomorfológicas de su entorno, tienen como consecuencia una diferencia sustancial de la ictiofauna. Utilizando como base las listas de Lauzanne et al (1991) y las nuevos registros reportados aquí, se puede identificar 65 especies (26% del total conocido para la cuenca del Iténez) que tienen una distribución restringida, representando el 12% de la ictiofauna de Bolivia. Varias de éstas estan restringidas a ecosistemas de "aguas negras" y presentan una distribución muy periférica en los extremos del norte y este de Bolivia. Algunas de las especies más sobresalientes son *Helogenes marmoratus, Carnegiella strigata, Hypopygus lepturus,* varias especies de *Hyphessobrycon, Bryconops melanurus, Bryconops* sp. nov. (meseta de Huanchaca), *Jobertina lateralis, Poecilobrycon harrisoni, Tatia* cf. *intermedia,* y *Acanthodoras spinosissimus.*

Es muy difícil hablar de endemismos; sin embargo, Kullander (1986) propone una alta presencia de endemismos en la cuenca alta del

Existe un porcentaje sustancial de su ictiofauna que no ha sido registrado en otra cuenca del país.

Madeira y un caso especial es la ictiofauna de los ríos de la meseta de Huanchaca, principalmente la cuenca alta del Río Paucerna. Esta parte del río está aislada del Iténez por dos cataratas altas (Ahlfeld y Arco Iris) formadas por erosión hace 5 a 20 millones años (Litherland 1989). Por lo menos, se ha identificado una especie nueva (y endémica) para la ciencia, que fue coleccionada en el arroyo cercano al campamento Huanchaca I (*Bryconops* sp.). En esta misma localidad se ha coleccionado especímenes de *Gymnotus* sp. (cf. *carapo*); *Erythrinus* sp., *Crenicichla* sp. y *Characidium* cf. *fasciatum*.

La cuenca alta del Río Verde esta también separada del Iténez por una serie de cachuelas y cataratas de menor tamaño y existen una media decena de arroyos no explorados de la Serranía Negra que fluyen hasta el Río Iténez mediante cañones profundos. Existe una alta probabilidad de encontrar especies nuevas (y endémicas) de peces, principalmente del orden Characiformes. Prospecciones más detalladas y revisiones más cuidadosas de los individuos capturados son necesarias para confirmar esta hipótesis.

Existen, por lo menos, dos especies que son consideradas como características de la cuenca del Río Paraguay, *Catoprion mento* y *Lepidosiren paradoxa*, las cuales aluden a relaciones biogeográficas entre especies de las cuencas del Iténez (Amazonas) y del Paraguay (La Plata). *Lepidosiren paradoxa* es conocida localmente como caparúch y es un elemento interesante por ser un organismo monotípico a nivel de genero y familia. El caparúch es un pulmonado y presenta una distribución restringida al centro de Sudamérica (Brasil central, norte de Paraguay y el oeste de Bolivia) y habitan las sabanas inundadas. El nombre está asociado con varias estancias de la zona y, actualmente, se ha propuesto como una alternativa al nombre tradicional (cartográfico) para la Meseta de Haunchaca.

IMPORTANCIA ECONÓMICA

La ictiofauna es un recurso principal y de primera importancia en la Amazonia. Normalmente, se aprovecha de manera artesanal para la subsistencia familiar o para el comercio local. Casi todos los ríos en la Amazonia cuentan con poblaciones humanas asentadas a lo largo de los principales cursos de agua (Peres y Terborgh, 1994). La pesca usualmente se realiza con lineada o, menos frecuentemente, con tarrafa o malladeras. La pesca para consumo familiar, se caracteriza por ser mucho menos selectiva que la pesca comercial, incluyendo varias especies como pirañas (*Serrasalmus* sp.), el sábalo (*Prochilodus nigricans*), bentón (*Hoplias malabaricus*), otras especies de Characiformes como *Mylossoma duriventre, Hydrolicus scomberoides, Brycon cephalus, Triportheus* spp, *Schizodon fasciatum*, varios bagres (*Pimelodus* sp., *Callophysus macropterus, Hemisorubim platyrhynchus*), además de las especies que cuentan con un mercado comercial importante como surubí (*Pseudoplatystoma fasciatum*), chuncuína (*P. tigrinum*), pacú (*Colossoma macropomun*) y tambaquí (*Piaractus brachypomus*).

La situación en la frontera con Brasil es problemática e importante, porque la población humana es mayor y la pesca comercial aprovecha varias toneladas de pescado cada mes para exportar a las ciudades del interior de este país. La pesquería comercial está limitada a los ríos grandes, principalmente el Iténez. Actualmente, no existen datos sobre el tamaño de este aprovechamiento, ni su impacto sobre la diversidad y productividad de las ecosistemas acuáticos del Río Iténez. Walters et al. (1982) afirman que la proporción usada no alcanza al 10% del potencial, pero no existen cálculos específicos para cada especie, principalmente las de mayor demanda. Para la definición de un programa de manejo se debe tomar en cuenta que la zona de influencia del Río Iténez en el Parque se reduce a un tramo relativamente corto, y que la conservación de los recursos acuáticos depende mucho de factores externos. Obviamente, cualquier esfuerzo de control y manejo debe estar coordinado con las autoridades brasileñas para lograr un uso sostenible de este recurso binacional.

Afortunadamente, en el lado boliviano la densidad de la población es muy baja en la mayor parte del Bajo Paraguá. Consecuentemente, este actividad tiene poco impacto sobre las poblaciones de peces, aunque es de suma importancia para las poblaciones de Florida, Porvenir y Piso

CONSERVATION INTERNATIONAL

Rapid Assessment Program

Firme. En realidad, se puede considerar la cuenca del Bajo Paraguá como uno de los sistemas acuáticos con menor presión de pesca en la Amazonia boliviana. No obstante, comerciantes procedentes de San Ignacio han visitado zonas colindantes al Parque para comprar pescado. Este puede ser desarrollo positivo para la economía de la zona, pero existen varios aspectos de este actividad nueva que son preocupantes. Los comerciantes contratan los pescadores durante la parte más seca del año, cuando las peces se concentran en pozos reducidos y se presenta una tentación de utilizar barbascos u otros venenos para facilitar la cosecha. La pesca deportiva ofrece muchas posibilidades para el visitante al Parque. Varias especies alcanzan tamaños grandes o medianos y cuentan con características que las hacen interesantes desde el punto de vista de la pesca deportiva. Para controlar esta actividad y garantizar su sostenibilidad, la administración del Parque debe desarrollar un estrategia junto con las comunidades locales.

Varias de las especies presentes en el Parque y área de influencia tienen potencial como especies ornamentales para acuariofilia (Apéndice 5) sin embargo, muchas de estas especies están limitadas a sistemas restringidos y una actividad extractiva permanente, puede afectar poblaciones naturales. Actualmente, varias especies son exportadas desde la región de Trinidad y el creciente mercado internacional puede generar la expansión de estas actividades a otras regiones del país. En general, el potencial de manejo con técnicas apropiadas favorecen la implementación de actividades rentables. El número y diversidad de especies con un mercado actual o potenciales es alto, principalmente peces de Tetragonopterinae (Characiformes), Loricariidae (Siluriformes), y Cichlidae.

CONSERVACIÓN

En el Apéndice 5 se presentan las especies de peces que tiene algún característica que le confiere una atención especial. Los criterios para seleccionar estas especies consideradas de interés especial en el Parque son muy diversos, de manera que las diferentes especies cubren varios de los ecosistemas de interés. El cuadro 12 presenta una evaluación de los diferentes sistemas acuáticos. Las especies comerciales se hallan concentradas en el Iténez, mientras que las especies de importancia para acuariofilia se encuentran en arroyos menores y áreas con vegetación acuática. Las especies endémicas (actual e hipotética) se encuentran principalmente en la meseta de Huanchaca.

Muchas de las especies comerciales, y de tamaño mediano y grande, están ampliamente relacionadas a los ríos grandes y medianos, y presentan movimientos migratorios "ocupando" una parte importante de los sistemas fluviales y otros accesibles, consecuentemente dependen en gran medida de factores que ocurren en zonas amplias que exceden los límites del Parque. La cuenca alta del Madera es una área importante para la reproducción de varias especies económicas y especies medianas con hábitos migratorios. En el Madeira, movimientos migratorios han sido documentados para especies de Prochilodontidae y Curimatidae, asociados a los movimientos de grandes predadores (Siluriformes, Bryconinae). Estos movimientos se conocen para la zona del Iténez y ocurren muy probablemente en el río Paraguá.

Los arroyos provenientes de Huanchaca tienen su propia dinámica y algunos arroyos muy relacionados a la meseta son representados en pocos lugares de Bolivia. La ampliación del Parque ha mejorada de manera sustancial la protección de las especies restringidas o que dependen de los arroyos chicos. Si el grado de aislamiento reproductivo ha sido eficiente y se confirma la presencia de endemismos en la meseta de Huanchaca, estas serían áreas muy frágiles y amenazadas si existen actividades de manejo inapropiadas. Afortunadamente, la ocupación del área es reducida y los ecosistemas en general se encuentran en buen estado de conservación. No obstante, el Parque tiene un historia de laboratorios clandestinos para elaboración de narcóticos en distintas partes de la meseta. Los precursores y deshechos químicos procedentes de los laboratorios clandestinos probablemente han tenido un impacto grande en algunas localidades específicas con un impacto desconocido para las comunidades biológicas ubicados río abajo de los laboratorios abandonados. Un estudio comparativo de la ictiofauna de diferentes subcuencas podía proveer mayor información sobre esta probabilidad y el grado de daño que los ríos ha sufrido.

Nueve especies registradas en el Parque están incluidas en el Libro Rojo de los vertebrados de Bolivia (Apéndice 5), una cifra que no es muy grande en comparación a otros grupos de vertebrados y solo *Papiliochromis altispinosa* está reportada como especie vulnerable (Sarmiento y Barrera 1996). Las otras ocho especies se han clasificado como especies con insuficiente datos para determinar el grado de amenaza a su sobrevivencia pero, con mayor información, podrían pasar a ser consideradas como especies vulnerables. Probablemente, varias de las especies con distribución restringida podrían incluirse en el Libro Rojo en el futuro cuando se tenga mayor información sobre su biología y distribución.

Solo la Reserva de Vida Silvestre Ríos Blanco y Negro, que comprende parcialmente las cuencas de los ríos Blanco y Negro, incluye sistemas acuáticos de la cuenca del Iténez. Estas dos unidades protegen más o menos la parte alta de la cuenca del Iténez en Bolivia, pero falta completamente la parte baja.

PAUTAS PARA EL MANEJO DE LOS SISTEMAS ACUÁTICOS

El Parque tiene importancia regional para conservar poblaciones de especies asociadas a ciertos tipos de sistemas acuáticos. Especialmente importante es el mantenimiento de los sistemas palustres (bosques y sabanas inundadas) para la preservación de especies que usan estos hábitats de manera estacional. Cambios en el uso de la tierra en las zonas colindantes al Parque pueden afectar las comunidades de organismos acuaticos adentro el Parque. Un cambio en el grado o duración de inundación en las sistemas palustres debido a la actividad humana representa una amenaza para este tipo de humedales. Inspecciones de imágenes satelitales indican una diferencia espectral en los ríos brasileños que se originan o pasan por una zona agrícola, probablemente resultado de un aumento en la carga sedimentaria de estos sistemas fluviales (T. Killeen, com. pers.). En varias partes del Parque y zonas colindantes, los incendios periódicos pueden afectar los ecosistemas acuáticos de manera negativa, ocasionando la mortalidad de peces y otros organismos acuáticos.

Estos casos se requiere una acción "concertada" para establecer un programa de manejo adecuado, basado en información científica. Considerando el avance y promoción de las pesquerías, se requiere urgentemente definiciones apropiadas para establecer períodos de veda estacionales, tipo de pesca, tipo de aparejos, etc. La diversidad de peces genera interés para la investigación científica y el uso de los recursos naturales. La ictiofauna es uno de los componentes menos conocidos de la fauna, y esta zona se caracteriza por una fauna de peces bastante particular. Especialmente interesantes son los procesos biológicos asociados al aislamiento de los ríos en la meseta de Huanchaca y de los arroyos pequeños provenientes de la meseta que desembocan directamente al Iténez.

Un factor importante en el diseño de una reserva es la necesidad de proteger la cuenca en su totalidad. La mayoría de las reservas biológicas en la Amazonia no logran este propósito y presentan cuencas "cortadas" río arriba (Peres y Terborgh 1995). Una táctica común es de usar ríos como limites naturales para facilitar el control y vigilancia de la reserva. Aunque este politica soluciona varios problemas, trae otros, especialmente desde el punto de vista de la conservación de las ecosistemas acuáticas.

El Parque Noel Kempff presenta varios de estos problemas. El Río Iténez es una cuenca cortada y el cauce es compartido con Brasil, mientras que el Río Verde es una cuenca alta, pero es también compartida, con un área de uso agrícola en Brasil. El Río Bajo Paraguá representa límite occidental del Parque despues de la ampliación del Parque. Afortunadamente, esta parte del Parque es colindante con la Reserva Forestal Bajo Paraguá y el manejo de esta parte del río deberá ser un esfuerzo coordinado con las autoridades gubernamentales encargadas del manejo de la Reserva. No obstante, la historia de las reservas forestales en Bolivia no es muy alentadora y, si el área se vuelve una zona de colonización, la integridad de los ecosistemas del Río Paraguá estará amenazada.

En todo caso, El Río Paraguá ya es un río cortado y la cuenca alta del Paraguá tiene su origen cerca de San Ignacio de Velasco. Actualmente, la mayor parte del trayectoria del río está ubicado en paisajes dominados por bosques deciduos y sabanas inundadas que son utilizados para ganadería extensiva. Aparentemente, este uso de terreno es compatible para la conservación de los sistemas acuáticos del Bajo Paraguá, pero el desarrollo futuro traerá cambios difíciles de predecir. El único sistema acuático que cuenta con un criterio de protección total es la cuenca de la Paucerna.

La ampliación del Parque presenta la oportunidad de zonificar una buena parte de las subcuencas pequeñas del área. La zonificación debe tomar en cuenta las criterios presentado por Ribera (1995) con una zona núcleo reservada y zonas de amortiguación que tomen en cuenta el uso actual y las necesidades de las poblaciones de la zona, con zonas de uso intensivo extractivo que estarán dentro los límites del Parque después de su expansión. Otras áreas denominadas "zonas de uso intensivo pero no extractivo" serán las áreas previstas para actividades ecoturísricas, como el área cerca de Flor de Oro y la parte baja del Paucerna.

INVESTIGACIÓN CIENTÍFICA

El establecimiento de un programa de investigación, que genere en el plazo más breve posible información básica para los diferentes programas, es fundamental. La ictiofauna es uno de los componentes menos conocidos, no solo en cuanto al inventario de las especies, sino principalmente en sus aspectos biológicos y ecológicos.

Será prioritario que el Parque realice estudios básicos para obtener información confiable sobre la historia natural de las diferentes especies comerciales para documentar los hábitats principales de estas especies, el tamaño y demografía de sus poblaciones, los parámetros principales de su comportamiento reproductivo y la tasa de crecimiento de los individuos. Debe establecer un programa de estadísticas pesqueras, incluyendo en lo posible datos de Brasil. Mediante "muestreos estratificados" debe establecer las áreas de importancia para las especies comerciales y los ritmos fenológicos de estas especies. Entre los métodos posibles de aplicar está la captura y marcaje de individuos para aplicar el sistema de captura y recaptura. Este programa pueden estar incorporado dentro una programa de monitoreo. Simultáneamente, debe establecerse un programa para documentar las actividades de los pescadores con respecto a las áreas donde trabajan y cuando trabajan. En el caso de especies seleccionadas, sería interesante promover estudios aplicados de manejo, si existen las posibilidades de una actividad rentable a baja escala.

Otra prioridad será de iniciar investigaciones limnológicas para caracterizar las atributos fisico-quimicos de los distintos sistemas acuáticos; además de iniciar inventarios sobre los invertebrados acuáticos y el fitoplancton, para luego fomentar el estudio de los procesos productivos y tróficos que forman la base de la industria pesquera. En términos prácticos, se puede iniciar estudios generales de poblaciones de especies de distribución restringida, principalmente de las especies potenciales para acuariofilia como parte de una programa de inventario general de peces.

Un factor importante en el diseño de una reserva es la necesidad de proteger la cuenca en su totalidad.

Cuadro 12. Comparación de los seis sistemas fluviales identificados en el P. N. Noel Kempff; cada sistema está clasificado según criterios relacionados a su importancia para la conservación y como recurso económico.

Área/clasificación	Ubicación	Criterios	Amenazas
Río Iténez rio grande de aguas negras	Límite norte del Parque y la frontera con Brasil.	Alta diversidad Importante para eventos biológicos	Sobre-explotación comercial Navegación frecuente Sedimentación por actividades agrícolas en Brasil
Río Paraguá/Tarvo rio de aguas negras	Situada al oeste del Parque; límite oeste del Parque según la propuesta de expansión	Alta diversidad Elementos especiales Areas amenazadas	Afluentes de áreas ganaderas Drenajes de palustres e incendios anuales
Río Verde rio de aguas cristalinas	Límite este del Parque y frontera con Brasil; drena el sector sur de la meseta.	Endemismo Areas amenazadas Importante para eventos biológicos Area bien conservado	Sedimentación por actividades agrícolas en Brasil Narcotráfico pasado
Río Paucerna rio de aguas cristalinas o blancas	Comprende el cuadrante noroeste del Parque; se drena el sector norte de la meseta.	Alta diversidad ? Endemismo Areas amenazadas ? Importante para eventos biológicos Area bien conservado	Narcotráfico pasado?
Arroyos del Piedemonte arroyo de aguas cristalinas de la planicie	Vertientes y arroyos de la serranía que drenan hacia el Paraguá o el Iténez	Elementos especiales Areas bien conservadas Alta diversidad	Incendios anuales
Arroyos de la Meseta arroyo de aguas cristalinas de la meseta	Vertientes y arroyos de las cabeceras de los ríos Verdes y Paucerna	Endemismo Areas amenazadas ? Importante para eventos biológicos Areas bien conservadas	Narcotráfico pasado
Arroyos de la planicies arroyo de aguas negras	Arroyos de la planicies precambríco al oeste de la meseta, tributarios del Paraguá y Tarvo	Alta diversidad Importante para eventos biológicos Areas bien conservados	Construcción de puentes locos Incendios anuales (arrastres de cenizas)

CONSERVATION INTERNATIONAL

Rapid Assessment Program

DUNG BEETLES (COLEOPTERA: SCARABAEIDAE: SCARABAEINAE) OF PARQUE NACIONAL NOEL KEMPFF MERCADO

Adrian B. Forsyth, Sacha Spector, Bruce Gill,
Fernando Guerra, and Sergio Ayzama

INTRODUCTION

We know of no previous survey work on scarabaeines (Coleoptera: Scarabaeidae: Scarabaeinae) in the Huanchaca area. Indeed, the entire literature dealing with Bolivian dung beetles is a single publication on the dung beetle community of deforested pastures (Kirk 1992). Here we report on a series of surveys of scarabaeine dung beetles in Parque Nacional Noel Kempff Mercado conducted in October 1994 and from January to May 1997.

Scarabaeines posses several traits that justify their use as a rapid assessment indicator for biodiversity surveys: scarabaeines can be readily and quantitatively sampled with a standard protocol (Lobo et al. 1988), have a manageable taxonomy, are globally distributed, and have a well-known natural history (Halffter and Edmonds 1982, Hanski and Cambefort 1991). Communities of dung beetles respond dramatically and unambiguously to habitat modification, and play a keystone role in nutrient-recycling and seed dispersal in forest ecosystems (Anderson 1994, Halffter and Favila 1993, Hill 1996, Klein 1989, Nestel et al. 1993, Peck and Forsyth 1982). Moreover most of the scarabaeine beetle community is derived from the nutrients the beetles obtain from digesting mammalian dung. The scarabaeine community biomass therefore would be expected to correlate well with mammalian biomass and ecosystem productivity. In short, the Scarabaeinae appear to be an ideal indicator taxon suited for rapid biodiversity assessment and ecological impact monitoring. We also have found the group to be particularly useful as a model training taxon for teaching students about such issues.

SAMPLING LOCATIONS, INTENSITY, AND DESIGN

Our survey goals were to identify the fauna, quantitatively describe dung beetle community composition, to measure the level of habitat specialization and to quantify our ability to rapidly sample the fauna. We also sought to assess the Scarabaeinae fauna's biogeographic and biodiversity significance at the regional or continental scale by comparing our results to sites we previously had inventoried in other areas of the neotropics.

We attempted to sample at the scale of the conservation unit, that is, to cover as much of the altitudinal and habitat range within this protected area as possible. This involved sampling at several sites, which necessitated the use of small planes and extensive backpacking. Ultimately, we were able to sample a range of 17 habitats at 4 localities spanning 150 kilometers, encompassing much of the latitudinal and altitudinal variation within the park.

This initial data set compares the community at the Los Fierros forest and open habitat localities with localities along an altitudinal transect at Lago Caimán. Some 5500 beetles were collected during 277 trap–days. In addition we sampled an estimated 3000-4000 beetles in the central and southern sections of the Huanchaca plateau in forest island and open pampa or campo cerrado habitats.

Forsyth made a preliminary sample of 2 weeks collecting at El Refugio and Los Fierros in the dry season (October 1994). This was followed by a more substantial effort during the wet season (January to May 1997). Spector and Ayzama worked for 2 weeks at Lago Caimán and on the meseta above Lago Caimán, then joined Forysth, Gill, and Guerra for 2 weeks at Los Fierros. A third sample was made by Ivan Garcia, a Bolivian university student who spent 3 weeks sampling at Las Gamas on the meseta. A fourth collection was made by Ayzama who spent another 3 weeks sampling the open habitats and forest islands at Huanchaca I on the meseta and the mid-elevation dry forest on the trail to Huanchaca II. Thus the area was subject to 27 person–weeks of field sampling during which traps were set daily. The adequacy of this sampling effort is summarized in the results section.

The habitats sampled are as follows, with habitat classifications based on the vegetation plots and habitat descriptions of Tim Killeen. The number of trap–days tallied in each habitat is also given in parentheses.

Los Fierros:

Sartenjal: Seasonally Inundated Forest; Sartenajal Forest with traps set on hummocks surrounded by standing water 10-50 cm deep. (33)
Mesic Forest: Tall well-drained evergreen forest with palm-rich understory. (36)
Low Forest: Drier, smaller stature forest on sandy soils south of the airstrip with a graminoid-rich understory. (10)
Transect Forest: Sartenjal-type forest at the edge of the termite savanna. (12)
Transect Edge: Smaller forest in the transition between the forest transect and the open termite savanna. (10)

Transect Open: Open termite savanna with patches of standing water. (15)
Cerrado: Classic campo cerrado south of Los Fierros with no standing water. (29)
Termite savanna: Seasonally inundated open savanna with termite mounds. (25)
Disturbed: Low early successional disturbed vegetation in the airstrip encampment area of Los Fierros. (10)
Mesic Forest: Same as above, sampled in the dry season. (4)

Lago Caimán:

Mesic Forest: Tall well-drained evergreen forest. (14)
Liana Forest: Low forest with canopy heavily affected by heavy liana loads, occasionally inundated. (20)
Deciduous Forest: Nearly monospecific stands of *Callisthene micophylla* trees on rocky soils near the edge of the meseta. (19)
Rocky Outcrop: Characterized by exposed rock, terrestrial bromeliads and patchy graminoid and woody vegetation, on meseta. (10)
Dwarf Evergreen Forest: Low stature upland forest over lateritic soils. (21)
Piedmont forest: With characteristics of the semi-deciduous forests near Los Fierros mid-way up the meseta slopes.
Semideciduous Forest: Forest with mixed mesophyllic and xerophytic vegetation with many cerrado elements

El Refugio:

Riparian Gallery Forest: Well-drained forest on levees associated with rivers. (9)
On the meseta we sampled forest and open island habitats above the El Encanto waterfall in the central plateau region and also Huanchaca II in the southern section of the meseta. Our samples thus encompass most of the altitudinal and latitudinal and vegetative diversity of the area.

METHODS

We trapped dung beetles using water-filled pitfall traps baited with a small amount (25-50 grams) of fresh human dung, a method that has been widely tested and utilized by ourselves and others (Halffter and Favila 1993, Howden and Nealis 1975, Klein 1989, Lobo et al. 1988). The traps were located at 30 m intervals along transects within a habitat or in one case across a habitat ecotone between forest and termite savanna.

We also ran a number of aerial traps designed to capture canopy or sub-canopy specialized species. These traps yielded very little new information, however. There are a small number of species that appear to be specialists at finding monkey dung on leaves and branches (e.g., *Canthon chiriguano*) but these also are trapped by the terrestrial pitfalls.

Our method misses some other scarabaeines that are specialists associated with resources such as bromeliad detritus (*Bdleyrus* sp.), *Atta* ant mounds (*Anomiopus*) and termite mounds (*Scarabatermes*). We made a cursory attempt to record these taxa using Flight Intercept Traps and by opening *Atta* and termite nests, but these efforts yielded only a single visual of *Anomiopus virescens*. This non-trappable component of scarabaeine diversity does not appear to be particularly significant for this sort of survey.

RESULTS

Because of the tremendous habitat richness of the area we were able to quantitatively document a remarkably rich and habitat-specific beetle community. Our collections from the park represent the most diverse dung scarab beetle fauna ever recorded in the Neotropics, totaling 97 species. The most speciose sample previously reported from a Neotropical locality was a community of roughly 60 species sampled in Leticia, Colombia by Howden and Nealis (1975). Recent work by the authors, however, has established that equally or more diverse communities are to be found in mesic primary Amazonian forest in Tambopata, Peru (74 species), at a site in Vaupes, Colombia

(64 species) and in Ecuador (54 species) (Forsyth and Spector, unpubl.).

In comparison then, the park is unexpectedly rich. This seems to be the result of high species turnover between habitats (beta diversity) associated with habitat variety rather than high species richness within any particular habitat (alpha diversity). The habitat with the greatest species richness was the mesic forest around Los Fierros with 64 species, a value typical for a moist lowland Amazonian community. The species and numbers of individuals collected at Los Fierros, El Refugio and Lago Caimán are given in Appendix 6.

The beetles exhibited remarkable habitat specificity, forming distinct communities that exhibit virtually no overlap between contiguous but distinct habitats (Spector and Forsyth, in prep). There also was habitat specialization according to different forest types with open rocky and semi-deciduous vegetation supporting communities of beetles with low similarity to communities in tall mesic forests. Only a small percentage of beetles species were habitat generalists (Figure 11).

Much of the richness of the area is the result not just of habitat specialization but also of the meeting of biogeographically distinct faunas. An essentially Amazonian forest fauna exists in immediate proximity to, but is distinctly different from, a cerrado/open habitat fauna with virtually no overlap between these faunas. The separation between these faunas is directly related to vegetation characteristics. For example, there were no species in common between the Los Fierros Transect forest and immediately adjacent open habitats. Traps set within a few meters of one another across the forest/open area ecotone captured completely different species depending upon the habitat in which the trap was placed.

Community similarities were calculated using the Morisita-Horn index, which incorporates not only presence/absence data but also species abundance. The matrix of similarity values (Figure 12) shows that the degree of dung beetle community overlap clearly is related to the vegetation type rather than geographic location. For example, tall mesic forest communities, even when widely separated geographically, are very similar.

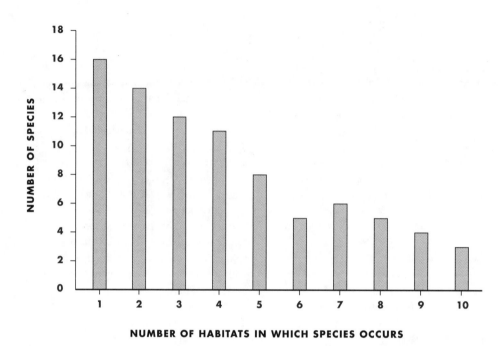

Figure 11. Habitat specificity of scarabaeine beetles in Parque Nacional Noel Kempff Mercado expressed as the number of beetle species captured in a given number of habitats.

Our collections from the park represent the most diverse dung scarab beetle fauna ever recorded in the Neotropics, totaling 97 species.

There was considerable community turnover between relatively similar habitats. For example, the termite savanna fauna is distinct from the more classic campo cerrado fauna. Likewise, at least in the dry season, the riparian forest at El Refugio supported a radically different dry forest fauna than the sartenjal riparian forest at Los Fierros, despite the fact that both are evergreen forest sites less than 15 kilometers apart. Some of this variation may be the result of soil differences but this has yet to be determined.

The beetles also reacted profoundly to habitat alteration. The disturbed areas around the Los Fierros camp and airstrip support a much diminished fauna both in terms of species richness and biomass. A depauperate beetle fauna of 5 species was found in affected areas such as airstrips and clearings despite the immediate proximity of these sites to primary forest with much higher species richness (62 species). Although the Los Fierros station area is essentially a small island of disturbance surrounded by forest, it nonetheless had been colonized by *Diabroctis mimas*, a species typical of anthropogenically altered, open habitats such as cattle pasture.

	1	2	3	4	5	6	7	8	9	10	11	12	13	14
Lago Caiman Mesic Forest	1													
Los Fierros Transect-Forest	0.428	1												
Los Fierros Inundated Forest	0.285	0.838	1											
Los Fierros Mesic Forest	0.254	0.764	0.869	1										
Los Fierros Transect-Edge	0.246	0.699	0.734	0.632	1									
Los Fierros Low Forest	0.245	0.835	0.846	0.965	0.642	1								
Lago Caiman Liana Forest	0.225	0.29	0.371	0.205	0.412	0.211	1							
Lago Caiman Dwarf Evergreen Forest	0.205	0.308	0.23	0.255	0.208	0.215	0.223	1						
Lago Caiman Deciduous Forest	0.187	0.182	0.165	0.148	0.224	0.099	0.304	0.649	1					
Lago Caiman Rocky Outcrop	0.038	0.07	0.048	0.02	0.101	0.012	0.108	0.117	0.31	1				
Los Fierros Cerrado	0.001	0.011	0.01	5E-04	0.019	0	0.002	0.009	0.038	0.044	1			
Los Fierros Transect-Open	0	0	0.017	0.002	0.144	0	0.009	3E-04	0.214	0.04	0.304	1		
Los Fierros Termite Savanna	0	0.002	0.008	3E-04	0.066	5E-04	0.019	0	0.074	0.003	0.048	0.414	1	
Los Fierros Disturbed	0	0.005	0.088	0.009	0.057	0	0.04	0	0.019	0.007	0.043	0.043	0.039	1

Figure 12. Morisita–Horn Community Similarity Index Matrix. Pairwise values for 14 habitats. Higher values represent greater degree of community overlap and/or similar proportions of species representation. Columns: 1. Lago Caiman Mesic Forest, 2. Los Fierros Transect-Forest, 3. Los Fierros Inundated Forest, 4. Los Fierros Mesic, 5. Los Fierros Transect-Edge, 6. Los Fierros Low Forest, 7. Lago Caiman Liana Forest, 8. Lago Caiman Dwarf Evergreen Forest, 9. Lago Caiman Deciduous Forest, 10. Lago Caiman Rocky Outcrop, 11. Los Fierros Cerrado, 12. Los Fierros Transect-Open, 13. Los Fierros Termite Savanna, 14. Los Fierros Disturbed.

Biomass

The distribution of biomass within the beetle community has a number of conservation implications. Most of the beetle biomass in forest communities is derived from a small number of common, widespread species, principally large phanaeines such as *Phanaeus chalcomelas* and *Sulcophanaeus faunus*, canthonines such as *Deltochilum amazonicum,* and in some sites, large species of *Dichotomius*. Similarly, the beetle biomass in open habitats is concentrated among a very few large, albeit less common or widespread, species. In fact, only 10 species accounted for 80% of the beetle biomass collected (Figure 13). From the perspective of maintaining "ecosystems services"

then, much of the nutrient recycling and seed dispersal performed by this guild appears to require only a handful of large or extremely common species. However, these large species tend to be highly-mobile, fast flying species that require large expanses of forest or open habitat and appear to be incapable of adapting to forest clearing. Conserving the ecosystem services function of this group therefore is substantially different from conserving dung beetle biodiversity. A large proportion of the species pool, roughly 50 % of the fauna, is comprised of small, uncommon species that would appear to have little impact on nutrient cycling and seed dispersal for example. Possibly smaller areas of habitat are suitable for maintenance of this species pool.

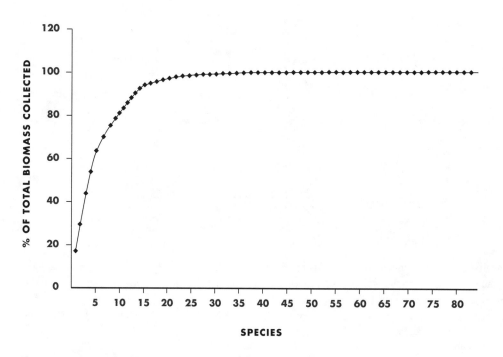

Figure 13. Distribution of biomass in the scarabaeine community represented as an accumulation curve. Biomass per species was ranked and its cumulative effect on the total biomass is shown.

CONSERVATION INTERNATIONAL

Rapid Assessment Program

Second, of considerable significance for monitoring and indicator taxa development, we report that beetle biomass appeared to closely track plant community biomass. There was much greater beetle biomass collected per trap in forest habitats than in open habitat. Tall mesic forest supported more beetle biomass than short stature and deciduous forest types, which in turn supported more beetle biomass than open savanna or cerrado habitats (Figure 14).

Our initial qualitative observations on natural forest islands on the meseta show that the pattern of species richness, body size and composition for these islands differ significantly from the pattern reported from forest islands fragments generated by deforestation and habitat fragmentation (Klein 1989). As is the case for the tree species, (Killeen, pers. comm.) the scarabaeines of forest islands tend to be large common Amazonian species. In contrast Klein (1989) found that artificial forest fragments of Amazonian forest lost large beetles species and maintained smaller body-size species at least for a few years following clearing. This has important implications for the interpretation of the effects of habitat fragmentation and implies that the large, highly vagile forest species perhaps are capable of continually recolonizing forest islands so long as a large source population exists. In contrast, for smaller and more sedentary species these fragments act as "sinks" and less vagile species do not persist. In any case given the extreme separation of forest and open habitat faunas, the spatial features, especially habitat area and connectivity of the habitat mosaic, undoubtedly are important in determining community composition.

The most significant aspect of the beetle fauna from the perspective of biodiversity conservation appears to be the rich assemblage of species associated with cerrado, savanna, and drier forest habitats.

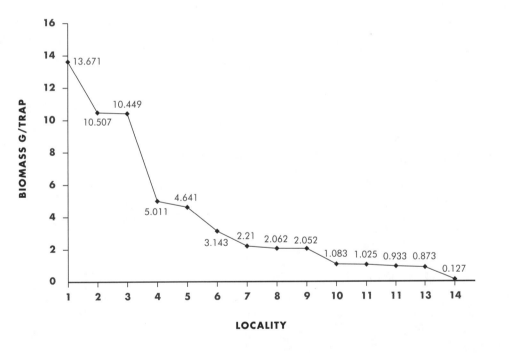

Figure 14. Average biomass (g) captured per trap in 14 localities. See Figure 12 for locality descriptions.

Sampling Efficiency

Using our forest samples from Los Fierros as a test, we found that we were able to efficiently sample the fauna in a surprisingly short time period. Using statistical estimators of species richness (Colwell and Coddington 1994, Chazdon et al. in press) we found that after only roughly 50 trap-days we were able to statistically extrapolate the total number of species encounterable with our trapping methodology (shown by the leveling of the statistical estimators) (Figure 15). With 45 traps we had encountered 85% of the estimated total fauna and by the 100th trap we had collected 62 species, only 2 fewer than the extrapolated species richness of 65, demonstrating that we had adequately exhausted our methodology's ability to encounter new species. Based on this data it appears that 1 to 3 people are capable of sampling a single habitat-type within 1 to 2 weeks given good collecting weather.

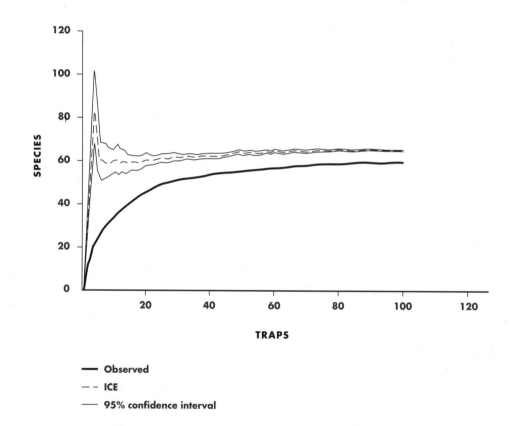

Figure 15. Comparison of species richness projected by the ICE statistical estimator and actual species accumulation. Estimator, confidence interval and species accumulation values based on 100 randomizations (calculated using the Estimate S software developed by R. K. Colwell).

CONSERVATION INTERNATIONAL

Rapid Assessment Program

Nonetheless, to adequately sample the habitat diversity contained within a protected area as large and heterogeneous as the park requires on the order of several months field time with sampling efforts covering both wet and dry seasons. The survey conducted at El Refugio and Los Fierros during October 1994 revealed significantly different patterns of species abundances and richness in wet versus dry seasons. In general, well drained forest habitats were richer and more productive during the wet season, and dry season populations were smaller and less diverse. There also were a number of species recorded at El Refugio and/or Los Fierros in the dry season that we did not collect during our wet season sampling in 1997. This result suggests that further sampling in additional localities and habitats may add significantly to our faunal lists, particularly if flight intercept traps are used.

At the height of the wet season many habitats have standing water. As dung beetles are essentially terrestrial, we also expect major population shifts in these areas. Moderately elevated areas may act as wet season refugia for flooded areas such as the termite savannas or sartenjale forests. It also supports the observations of Killeen (pers. comm.) that minor alterations in drainage due to road construction and ditching may affect biodiversity.

Although dung beetles are a taxon popular with ecologists, entomologists and collectors, we nevertheless collected undescribed taxa, even in groups that recently were revised. For example, 3 new species of *Eurysternus* Dalman were collected despite a recent revision of the genus (Jessup 1985). We also collected undescribed species of *Trichillum, Canthidium, and Canthon*. Several little-known genera also were encountered. We collected several specimens of the enigmatic genus *Deltorhinum*. Unfortunately, the most speciose, most endemic and biogeographically most interesting genera of dung beetles such as *Canthidium,* a large genus with several hundred species, are the least well-known taxonomically. Accordingly, much material must remain at the morphospecies level for the foreseeable future, denying us biogeographically significant information.

The park is a "hotspot" for the Scarabaeine tribe Phanaeini, supporting 14 species of this group of large, colorful and ecologically dominant dung beetles, several of which are habitat-specialized carrion- feeders. The figure of 14 species in the park outranks the totals known from entire neotropical countries. Only 12 species have been recorded in Panama, for example and only 6 species in Costa Rica. Of particular interest was the presence of *Phanaeus alvarengi* Arnaud, previously known only from the two type specimens found in Rondônia, Brazil.

CONCLUSIONS AND CONSERVATION RECOMMENDATIONS

Parque Nacional Noel Kempff Mercado supports a remarkably rich and unique community of Scarabaeine beetles. It would appear that the park is situated at a biogeographical crossroads, concentrating Amazonian, dry forest and Cerrado faunal elements in a relatively tiny area. This generates a mosaic of distinct beetle assemblages, each with a high degree of habitat linkage.

The habitat diversity within the park gives rise to the richness of the beetle fauna. The processes that maintain the habitat richness in the park occur at large scales, i.e. wildfires and river dynamics. Encroaching agriculture operations, especially on the Brazilian side of the border, and timber interests may threaten the continuation of these phenomena. Management of the park thus needs to be scaled to these natural processes to ensure the continued viability of the park at the ecosystem level.

The most significant aspect of the fauna from the perspective of biodiversity conservation appears to be the rich assemblage of species associated with cerrado, savanna and drier forest habitats. Much of the tall mesic forests fauna is comprised of common, widely distributed, Amazonian species. In contrast, the dry open forest and cerrado vegetation communities are poorly known and are under extreme pressure from soy farming and other land clearing in Brazil.

We believe that disturbed habitats, even at the small scale of the Los Fierros encampment, are capable of sustaining a novel anthropogenic dung beetle fauna. This effect will likely be exacerbated by the presence of non-native grazers such as cattle and horses that sustain a disturbed habitat assemblage of species. Exotic dung beetles have proven to be remarkably rapid colonizers of anthropogenic landscapes and probably are capable of invading the park if given a foothold. Mountain bikes may offer an alternative to the use of horses for much of the park patrol activities in the dry season.

Despite our effort to sample in many of the park's habitats and altitudinal zones, our samples draw on a tiny fraction of the landscape. Further survey work is clearly needed. A regional approach would use a gridded replicated sampling system to assess the faunal composition. Future research also should focus on the effect of the habitat mosaic on community composition and ecosystem function. Cascade effects of termite mound building on mammalian burrows and the communities of termites themselves may harbor an unexplored scarabaeine fauna of the open habitat ecosystems of the area.

Fire-management interventions to maintain the open habitat near Los Fierros will be important in maintaining the savanna and cerrado dung beetle community.

Scarabaeine beetles fulfill most of the criteria sought in an indicator taxon. We suggest that if ecological monitoring programs are to be established in the area, then this group should be included because of their habitat specialization, ecological importance, the strong baseline data base for the park, the local systematic collections now established in Bolivia, and the number of Bolivian scientists now trained to work with this group.

CONSERVATION INTERNATIONAL

ESCARABAJOS (COLEOPTERA: SCARABAEI-DAE: SCARABAEINAE) DEL PARQUE NACIONAL NOEL KEMPFF MERCADO

Adrian B. Forsyth, Sacha Spector, Bruce Gill, Fernando Guerra, and Sergio Ayzama

INTRODUCCIÓN

No tenemos conocimiento de ningún estudio previo sobre los escarabajos boleros escarábinos (Coleoptera: Scarabaeidae: Scarabaeinae) de la región de Huanchaca. De hecho, la totalidad de la literatura referente a los escarabajos boleros bolivianos está basada en un breve estudio de la fauna de escarabajos boleros en pasturas deforestadas (Kirk 1992). El presente reporte cubre los estudios acerca de los escarabajos boleros escarábinos del parque llevados a cabo en octubre de 1994 y desde enero a mayo de 1997.

Los escarabajos boleros escarábinos presentan varios rasgos que justifican su uso como indicadores de evaluación rápida en estudios de biodiversidad. Los escarábinos pueden ser fácilmente muestreados de manera cuantitativa por medio de un protocolo estándar. Poseen una taxonomía manejable y, lo que es más, son un taxón de distribución global cuya historia natural ha sido relativamente bien estudiada (Halffter y Edmonds 1982, Hanski y Camberfort 1991). Las comunidades de escarabajos boleros responden de manera dramática y sin ambigüedades a las modificaciones del hábitat y juegan un papel clave en el reciclaje de nutrientes y en la dispersión de semillas en los ecosistemas forestales (Anderson 1994, Halffter y Favila 1993, Hill 1996, Klein 1989, Nestel et al. 1993, Peck and Forsyth 1982). La mayor parte de la comunidad de escarabajos boleros escarábinos se deriva de los nutrientes que obtiene de la digestión de heces de mamíferos. Es de esperarse que la biomasa de la comunidad de escarabajos boleros se correlacione bien con la biomasa de mamíferos y con la productividad del ecosistema. En pocas palabras, los Scarabaeinae parecen ser un taxón indicador ideal para las evaluaciones de biodiversidad y la monitorización ecológica. También hemos hallado que este taxón es útil en la enseñanza de estos asuntos.

LOCALIDADES DE MUESTREO, INTENSIDAD Y DISEÑO

Los objetivos de nuestra evaluación eran el de identificar la fauna, describir cuantitativamente la composición de la comunidad de escarabajos boleros, medir los niveles de especialización de hábitats y cuantificar nuestra habilidad para llevar a cabo un muestreo rápido de la fauna. También tratamos de medir la importancia de la biogeografía y biodiversidad de este escarabajo a nivel regional o a escala continental por medio de la comparación de nuestros resultados con localidades que habían sido inventariadas previamente en otras áreas de la región neotropical.

Llevamos a cabo el muestro en escala con la unidad de conservación procurando cubrir el mayor rango latitudinal y altitudinal, así como la mayor diversidad de hábitats dentro de esta área protegida. Pudimos muestrear 17 hábitats en cuatro localidades, logrando cubrir 150 kilómetros, incluyendo una gran parte del rango altitudinal y latitudinal del parque.

La serie inicial de datos establece una comparación entre el bosque de Los Fierros y localidades que presentan hábitats abiertos con aquellas localidades que se encuentran a lo largo del transecto altitudinal de Lago Caimán. Se colectaron unos 5500 escarabajos durante un período de 277 días de trampeo. Además, muestreamos entre 3000 y 4000 escarabajos en las secciones central y meridional de la altiplanicie de Huanchaca en islas forestales y pampa abierta o en hábitats de campo cerrado.

Forsyth llevó a cabo un muestreo preliminar durante dos semanas, realizando colectas en El Refugio y Los Fierros, durante la época seca de octubre de 1994. Este ejercicio fue seguido por un esfuerzo más sustancial que se llevó a cabo durante la temporada de lluvia, desde enero a mayo de 1997. Spector y Ayzama trabajaron durante dos semanas en Lago Caimán y en la meseta que se encuentra sobre Lago Caimán, después se reunieron con Forsyth y Guerra por un período adicional de dos semanas en Los Fierros. Un tercer muestreo fue llevado a cabo por Ivan García, un joven universitario boliviano que permaneció durante tres semanas en Las Gamas, sobre la meseta, llevando a cabo muestreos. Una cuarta colección fue realizada por Ayzama, quien pasó otras tres semanas muestreando los hábitats abiertos y las islas forestales que se encuentran más arriba de las cataratas de El Encanto, sobre la meseta, así como los que ocurren en los bosques secos a elevaciones medias a lo largo del sendero que conduce a las cataratas. Es así que esta área fue sujeta a 27 semanas-persona de muestreo de campo, durante los cuales se colocaron trampas diariamente. La efectividad de este esfuerzo de muestreo se resume en la sección de resultados. adecuado

Los hábitats muestreados se describen a continuación; las clasificaciones de los mismos se han basado en cuadrantes de vegetación y en las descripciones de los hábitats de acuerdo a Tim Killeen. El número de días de trampeo registrado en cada hábitat también se indica entre paréntesis.

Los Fierros:

Bosque Estacionalmente Inundado: Bosque de Sartenejal con trampas colocadas sobre montículos circundados por agua de entre 10 y 50 centímetros de profundidad. (33)

Bosque Mésico: Bosque alto siempreverde con suelo, bien drenado con sotobosque rico en palmas. (36)

Bosque bajo: Bosque siempre verde pero algo más seco, desarrollado sobre suelos arenosos al norte de la pista de aterrizaje y con un sotobosque rico en especies graminoides. (10)

Transecto Forestal: Bosque inundado tipo *sartenjale*, ubicado al margen de una sabana de termiteros. (12)

Transecto Marginal: Bosque bajo y arbustivo, localizada en el ecotono entre el transecto forestal y la sabana termitera abierta. (10)

Transecto Abierto: Sabana termitera abierta con porciones de agua estancada. (15)

Cerrado: Campo cerrado clásico al sur de Los Fierros sin agua estancada. (29)

Sabana termitera abierta: Sabana inundado estacionalmente con montculos termiteros. (25)

Perturbada: vegetación sucesional joven de bajo porte ubicada en la nueva pista de aterrizaje/campamento de Los Fierros. (10)

Bosque Mésico: igual que arriba, muestreado durante la época seca (4).

Lago Caimán:

Bosque Mésico: Bosque siempre verde alto con suelos bien drenados. (14)

Bosque de Lianas: Bosque bajo con dosel severamente infestado por lianas y ocasionalmente inundado. (20)

Bosque Deciduo: Bosque bajo casi completamente monoespecíficos de árboles de *Callisthene microphylla* que crecen sobre suelos rocosos cerca de los márgenes de la meseta. (19)

Afloramiento Rocoso: caracterizado por superficies rocosas expuestas, bromelias terrestres y parches de graminoides y de vegetación leñosa, sobre la meseta. (10)

Bosque Enano siempreverde: Bosque bajo con suelos bien drenedos sobre laterita. (21)

Bosque de piamonte: Características de los bosques semidecíduo que se encuentran cerca de Los Fierros a medio camino de las laderas de la meseta.

Bosque semidecíduo: Mezcla de vegetación mesofílica y xerófila.

El Refugio:

Bosque Ribereño de Galería. (9)

Los muestreos llevados a cabo sobre la meseta fueron realizados en islas forestales y hábitats de pampas abiertas ubicados sobre las cataratas El Encanto, en la región del altiplano central, así como en Huanchaca II localizada en la sección meridional de la meseta. Por lo tanto, nuestras muestras incorporan la mayor parte de la diversidad vegetal del área tanto altitudinal como latitudinalmente.

MÉTODOS

Capturamos a los escarabajos boleros utilizando como trampa un hoyo lleno de agua con un señuelo de entre 25 y 50 gramos de excremento humano fresco. Este método ha sido ampliamente utilizado tanto por nosotros como por otros investigadores (Halffter y Favila, 1993; Howden y Nealis, 1975; Klein, 1989). Las trampas se colocaron a intervalos de 30 metros a lo largo de los transectos trazados dentro de cada hábitat y en un caso en particular, a través del ecotono entre el bosque y la sabana termitera.

También utilizamos varias trampas aéreas diseñadas para capturar especies del dosel o subdosel. Sin embargo, estas trampas nos proporcionaron muy poca información. Hallamos varias especies que aparentemente se especializan en encontrar excrementos de mono sobre las hojas y ramas de los árboles (e.g. *Canthon chiriguano*) pero éstas también fueron capturadas dentro de las trampas terrestres.

Nuestro método omite a varias especies especializadas del grupo de los Scarabaeines que se asocian con recursos como el detritus de las bromelias (*Bdleyrus* sp.), montículos de hormigas Atta (Anmiopus) y termiteros (Scarabatermes). Hicimos un intento apresurado por registrar estos taxones utilizando Trampas de Intercepción de Vuelo y también abriendo los nidos de hormigas Atta y de termitas, pero estos esfuerzos produjeron un único avistamiento de *Anomiopus virescens*. Este componente no-capturable de la diversidad de los escarábinos no parece ser muy útil para este tipo de estudio.

RESULTADOS

Debido a la riqueza de hábitats de esta área, nos fue posible documentar de manera cuantitativa a una comunidad de escarabajos increíblemente rica y con preferencias de hábitat muy específicas. Las colecciones que realizamos en el parque incluyen un total de 97 especies que representan la fauna de escarabajos boleros escarábinos más diversa que hasta el momento se ha documentado en la región neotropical. La muestra más especiosa reportada previamente para una localidad neotropical incluía aproximadamente 60 especies que fueron muestreadas en Leticia, Colombia por Howden y Nealis (1975). Trabajos más recientes realizados por los autores establecen claramente que existen comunidades igual o más diversas en los bosques amazónicos mésicos de Tambopata, Perú (74 especies), en una localidad de Vaupes, Colombia (64 especies) y en Ecuador (54 especies) (Forsyth y Spector, sin publicar).

En comparación, el parque es inusitadamente rico. Esto parece deberse a la gran permutación de especies que existe entre los diferentes hábitats (diversidad beta), lo cual está más asociado con la diversidad de hábitats que con la riqueza de especies en cada hábitat particular (diversidad alfa). El hábitat donde se encontró una mayor riqueza de especies fue el bosque mésico que circunda a Los Fierros, con 64 especies; un valor típico para una comunidad amazónica húmeda de tierras bajas. Las cifras y especies de los individuos colectados en Los Fierros, El Refugio y Lago Caimán se muestran en la Apéndice 6.

Las colecciones que realizamos en el parque incluyen un total de 97 especcies que representan la fauna de escarabajos boleros escarábinos más diversa que hasta el momento se ha documentado en la región neotropical.

Los escarabajos presentan una gran especificidad de hábitat y forman comunidades distintivas que casi no exhiben ninguna superposición entre hábitats diferentes, como el cerrado y el bosque. También se halló una gran especialización de hábitats de acuerdo a los diferentes tipos de bosques, donde la vegetación de los afloramientos rocosos expuestos y los bosques semideciduos albergan comunidades de escarabajos que tienen muy pocas semejanzas con aquellas de los hábitats del bosque mésico alto. Se halló que sólo un pequeño porcentaje de las especies de escarabajo son generalizadores de hábitat (Figura 11).

Una gran parte de la riqueza de esta área es el resultado, no sólo de la especialización de hábitats, sino que también del nexo que existe entre faunas biogeográficamente distintas. Un tipo de fauna esencialmente amazónico existe en proximidad inmediata a un hábitat abierto de cerrado completamente diferente. La separación entre estas faunas está directamente relacionada con las características de la vegetación. Por ejemplo, no

existen especies comunes entre el bosque de Los Fierros y los hábitats abiertos adyacentes a éstos. Las trampas que fueron colocadas a unos cuantos metros unas de otras a lo largo del área de ecotono entre los hábitats abiertos y el bosque capturaron especies completamente diferentes, dependiendo del hábitat donde se encontraban las trampas.

Las similitudes entre comunidades fueron calculadas utilizando el índice de Morsita-Horn, el cual incorpora no sólo la presencia o ausencia de especies, sino que también la abundancia de especies. La matriz de valores de similitud (Figura 12) muestra que el grado de superposición entre las comunidades de escarabajos boleros está claramente relacionada con el tipo de vegetación más que con la localidad geográfica. Por ejemplo, las comunidades de los bosques mésicos altos, aunque se encuentren separadas geográficamente, son bastante similares.

Hay una gran permutabilidad en las comunidades a pesar de las similitudes que existen entre hábitats distintos. Por ejemplo, la fauna de la sabana termitera es distinta de la fauna típica del campo

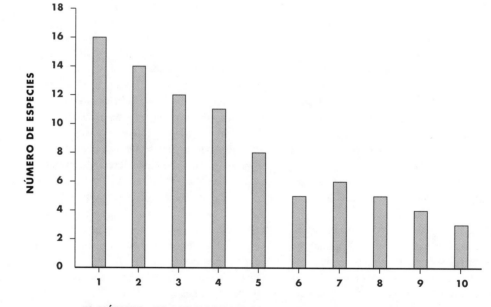

Figura 11. Specificidad del habitat de los escarabajos Scarabaeidae en el Parque Nacional Noel Kempff Mercado, mostrada por el numero de especies de escarabajos por habitat.

CONSERVATION INTERNATIONAL

Rapid Assessment Program

cerrado. De la misma manera, el bosque ribereño de El Refugio alberga una fauna de bosque seco radicalmente distinta a la del bosque de sartenjale de Los Fierros, a pesar del hecho de que ambas son localidades con bosques perennes que se encuentran a menos de 15 kilómetros de distancia entre sí.

Los escarabajos boleros reaccionaron profundamente a las alteraciones del hábitat. Las áreas perturbadas que se encuentran alrededor del campamento y pista de aterrizaje de Los Fierros presentan una paupérrima fauna de escarabajos boleros consistente en sólo 5 especies, así como biomasa muy reducida. Aunque la estación de Los Fierros es básicamente una isla de perturbación rodeada de bosque, ésta ya había sido colonizada por *Diabroctis mimas*, una especie típica de áreas antropogénicamente alteradas y hábitats abiertos como pastizales para ganado.

	1	2	3	4	5	6	7	8	9	10	11	12	13	14
Lago Caiman Bosque mésico	1													
Los Fierros Transect Bosque	0.428	1												
Los Fierros Bosque-inundado	0.285	0.838	1											
Los Fierros Bosque-Mesic	0.254	0.764	0.869	1										
Los Fierros Transecto-Marginal	0.246	0.699	0.734	0.632	1									
Los Fierros Bosque bajo	0.245	0.835	0.846	0.965	0.642	1								
Lago Caiman Bosque de Lianas	0.225	0.29	0.371	0.205	0.412	0.211	1							
Lago Caiman Bosque Enano siempreverde	0.205	0.308	0.23	0.255	0.208	0.215	0.223	1						
Lago Caiman Bosque Deciduo	0.187	0.182	0.165	0.148	0.224	0.099	0.304	0.649	1					
Lago Caiman Afloramiento Rocosa	0.038	0.07	0.048	0.02	0.101	0.012	0.108	0.117	0.31	1				
Los Fierros Cerrado	0.001	0.011	0.01	5E-04	0.019	0	0.002	0.009	0.038	0.044	1			
Los Fierros Transecto-Abierto	0	0	0.017	0.002	0.144	0	0.009	3E-04	0.214	0.04	0.304	1		
Los Fierros Sabana Termitero	0	0.002	0.008	3E-04	0.066	5E-04	0.019	0	0.074	0.003	0.048	0.414	1	
Los Fierros Pertubado	0	0.005	0.088	0.009	0.057	0	0.04	0	0.019	0.007	0.043	0.043	0.039	1

Figura 12. Matrice del Índice de Similaridad de Comunidad Morisita-Horn. Valores "pairwise' para 14 habitats. Valores mayores respresenta mas similaridad de comunidades o proporciones similares de especies. Columnas: Lago Caimen Bosque mésico, 2. Los Fierros Transect Bosque, 3. Los Fierros Bosque inundado, 4. Los Fierros Bosque-Mesic, 5. Los Fierros Transecto-Marginal, 6. Los Fierros Bosque bajo, 7. Lago Caiman Bosque de Liana, 8. Lago Caiman Bosque Enano siempreverde, 9. Lago Caiman Bosque Deciduo, 10. Lago Caiman Afloramiento Rocasa, 11. Los Fierros Cerrado 12. Los Fierros Transecto-Abierto, 13. Los Fierros Sabana Termitero, 14. Los Fierros Pertubado

Biomasa

La distribución de la biomasa dentro de la comunidad de escarabajos presenta varias implicaciones para su conservación. La mayor parte de la biomasa de escarabajos que ocurre en comunidades forestales se deriva de un pequeño número de especies comunes y de amplia distribución, principalmente phanaeines de gran tamaño como *Phanaeus chalcomelas, Sulcophanaeus faunus,* canthonines como *Deltochilum amazonicum,* y en algunas localidades, especies grandes de *Dichotomius*. De manera semejante, la biomasa de escarabajos de los hábitats abiertos está concentrada en unas cuantas especies de gran tamaño, si bien éstas son menos comunes y se encuentran menos ampliamente distribuidas. De hecho, solamente 10 especies representan un 80% de la biomasa de los escarabajos colectados (Fig. 13). Desde el punto de vista de la manutención de los "servicios prestados por los ecosistemas", gran parte del reciclaje de nutrientes y la dispersión de semillas llevados a cabo por este grupo, aparentemente requiere de apenas un puñado de especies grandes y extremadamente comunes.

Sin embargo, estas especies grandes tienden a ser muy móviles, y a ser voladores veloces que requieren de grandes extensiones de bosque o de hábitats abiertos y que aparentemente son incapaces de adaptarse al desmonte de los bosques. Es por esto que la conservación de la función de manutención de los servicios prestados por los ecosistemas de este grupo es substancialmente diferente a la conservación de la biodiversidad de escarabajos boleros. Una gran proporción del depósito de especies, aproximadamente un 50% de la fauna, está formado por especies pequeñas y poco comunes que aparentemente tienen poco impacto en el reciclaje de nutrientes y la dispersión de semillas. Es posible que para mantener esta porción del depósito de especies solamente se requieran áreas más reducidas de hábitat.

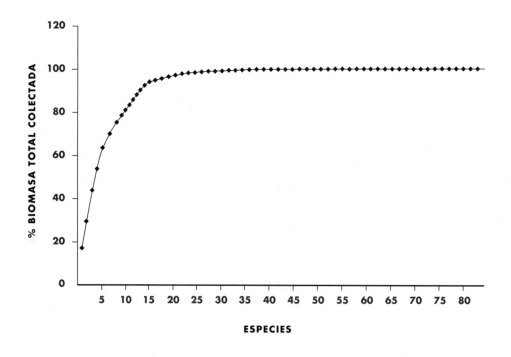

Figura 13. Distribución de biomasa en la comunidad de escarabajos Scarabaeidae representada como una curva de acumulación de especies. La biomasa fue clasificada por especies y en relación al biomasa cumulativa.

CONSERVATION INTERNATIONAL

Rapid Assessment Program

En segundo lugar y de gran importancia para la monitorización y como indicador del desarrollo de taxones, reportamos que la biomasa de escarabajos parece estar directamente relacionada con la biomasa de las comunidades vegetales. Se colectó una mayor biomasa de escarabajos en cada trampa en los hábitats forestales que en los hábitats abiertos. El bosque mésico alto alberga una mayor biomasa de escarabajos que los bosque deciduos y de bajo porte, los cuales a su vez albergan una mayor biomasa de escarabajos que la sabana o los hábitats de cerrado (Fig. 14).

Nuestras observaciones cualitativas iniciales en las islas forestales naturales situadas sobre la meseta, muestran que el patrón de riqueza de especies, tamaño corporal y compocisión que se encuentra en estas islas, difiere significativamente del patrón reportado en los fragmentos de islas forestales generados por deforestación y fragmentación de hábitats (Klein, 1989). Al igual que en el caso de las especies arbóreas (T. Killeen, com. pers.) los Scarabaeines de las islas

forestales tienden a ser especies amazónicas de talla corporal media. En contraste, Klein (1989) halló que la fragmentación artificial de bosques amazónicos produce la pérdida de las especies grandes y mantiene a las especies pequeñas una vez que se ha producido el desmonte. Esto presenta importantes implicaciones para la interpretación del impacto producido por la fragmentación de hábitats e implica que las especies forestales comunes y muy móviles quizás son capaces de recolonizar las islas forestales siempre y cuando exista una población abastecedora suficientemente grande. En contraste, estos fragmentos actúan como "sumideros" para las especies más pequeñas y sedentarias, por lo que las especies menos móviles no persisten. En cualquier caso, dada la gran separación que existe entre las faunas del bosque y de los hábitats abiertos, los rasgos espaciales, especialmente el área del hábitat y la conectividad del mosaico de hábitats, son sin duda, factores importantes en la determinación de la compocisión de la comunidad.

Desde el punto de vista de las persepectivas de conservación de la biodiversidad, quizás el aspecto más importante de la fuana sea el rico ensamblaje de especies asociadas con el cerrado, lasbana, y los hábitats forestales más secos.

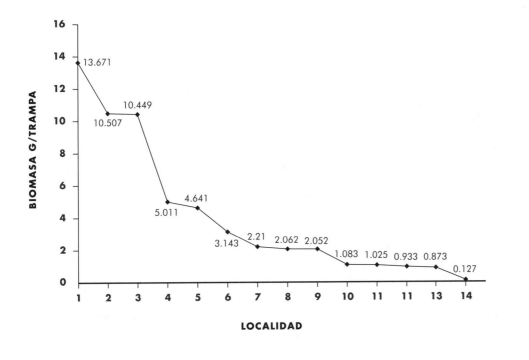

Figura 14. Biomasa promedia (g) capturada por trampa en 14 localidades. Ver Figura 12 para los codigos de las localidades.

Eficiencia Del Muesteo

Utilizando nuestras muestras del bosque de Los Fierros como prueba, hallamos que éramos capaces de muestrear efectivamente la fauna en un periodo de tiempo sorpresivamente corto. Utilizando estimadores de riqueza de especies (Colwell y Coddington 1994, Chazdon et al. en prensa) hallamos que después de aproximadamente 50 días de captura éramos capaces de extrapolar estadísticamente el número total de especies con nuestra metodología de trampeo (evidente al nivelarse los estimadores estadísticos) (Figura 15). Usando 45 trampas pudimos recolectar un 85% de la fauna total estimada y al llegar a la centésima trampa logramos colectar 62 especies, es decir, sólo 2 especies menos que la riqueza de especies extrapolada, cuya cifra era de 65, demostrando que ya habíamos agotado adecuadamente la habilidad de nuestra metodología para hallar nuevas especies. En base a esto, entre una y 3 personas son capáces de muestrear un hábitat-tipo cualquiera en un período de entre una y dos semanas de colecta en las las condiciones del tiempo sean buenas para colectar.

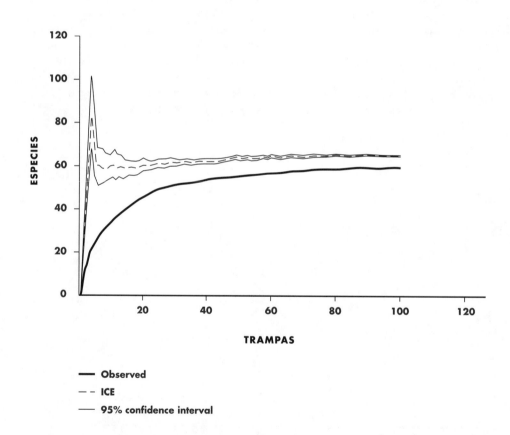

Figura 15. Comparación de la riquesa de especies estimada por la estimación estadística ICE y la acumulación de especies actual. La estimación, interval de confianza, y valores de acumulación de especies están basados en 100 "randomizations" (calculados usando la programa de computadora "Estimate S" deseñada por R. K. Colwell)

Sin embargo, para muestrear adecuadamente la diversidad de hábitats que se encuentra dentro de un área protegida tan grande y heterogénea como el parque, se requieren varios meses de trabajo de campo y un esfuerzo de colecta que incluya tanto la estación de seca como la temporada de lluvia. El estudio realizado en El Refugio y Los Fierros durante octubre de 1994 reveló patrones de abundancia y riqueza de especies significativamente distintos durante la temporada de lluvia y la temporada de seca. En general, los hábitats del bosque bien drenado son más ricos y productivos durante la temporada de lluvia, mientras que las poblaciones son menores y menos diversas durante la temporada de seca. También se registraron especies en el Refugio y/o Los Fierros durante la temporada de seca que no fueron colectadas durante el muestreo llevado a cabo en la temporada lluviosa de 1997. Esto sugiere que muestreos más extensos llevados a cabo en localidades y hábitats adicionales podrían incrementar significativamente nuestras listas de fauna.

Durante el pico de la temporada de lluvia hay agua estancada en muchos de los hábitats y siendo que los escarabajos boleros son organismos esencialmente terrestres esperamos que haya cambios importantes en las poblaciones en estas áreas. Las áreas moderadamente elevadas actúan como refugios durante la temporada de lluvia en hábitats como sabanas termiteras o bosques de sartenjale. Esto corrobora las observaciones de Killeen (com. pers.) acerca de que las alteraciones en el drenaje debido a la construcción de caminos y zanjas pueden afectar a la biodiversidad.

A pesar de que los escarabajos boleros son un taxón popular entre los ecólogos, entomólogos y coleccionistas, hemos colectado taxones sin describir incluso en grupos que han sido revisados recientemente. Por ejemplo, se colectaron tres especies nuevas del género *Eurysternus* Dalman, a pesar de la revisión del género llevada a cabo por Jessop en 1985. También colectamos especies no descritas de *Trichillum, Canthidium* y *Canthon*. Colectamos especímenes del enigmático género *Deltorhinum*. Desafortunadamente, los géneros de escarabajos boleros más móviles y potencialmente más diferenciados desde el punto de vista biogeográfico, tales como *Canthidium,*

que es un género de gran talla que incluye varios centenares de especies, son poco conocidos taxonómicamente. Consecuentemente, aún debe quedar mucho material al nivel de morfoespecies en un futuro cercano, negándonos acceso a importante información biogeográfica.

Esta es un área crítica de biodiversidad amenazada para la tribu Phanaeini de los Scarabaeinae, ya que alberga 14 especies de este grupo de escarabajos boleros grandes y coloridos, considerados como ecológicamente dominantes. La cifra para el parque de 14 especies supera la cifra total de algunos países neotropicales. Por ejemplo, en Panamá se han registrado solamente 12 especies y sólo 6 en Costa Rica. De particular interés fue la presencia de *Phanaeus alvarengi* Arnaud, una especie que anteriormente era conocida solamente gracias a dos especímenes colectados en la provincia de Rondônia, Brasil.

CONCLUSIONES Y RECOMENDACIONES PARA LA CONSERVACIÓN

El parque alberga una comunidad de escarabajos Scarabaeinae extraordinariamente rica y singular. Al parecer, el parque está situado en una encrucijada biogeográfica que concentra elementos faunísticos del bosque amazónico, bosque seco y el cerrado en un área relativamente pequeña. Esto genera un mosaico de ensamblajes de escarabajos distintos cada uno con una gran vinculación a un tipo de hábitat.

La diversidad de hábitats del parque da lugar a la riqueza de fauna de escarabajos y los procesos que mantienen la riqueza de hábitats en el parque ocurren dentro de escalas espaciales grandes como son los incendios forestales y la dinámica de los ríos. La invasión de operaciones agrícolas, especialmente en la porción brasileña de la frontera y los intereses madereros pueden representar una amenaza para la continuación de estos fenómenos. La administración del parque necesita operarse a la escala de estos procesos naturales para así asegurar la continua viabilidad del parque a nivel de sus ecosistemas.

Desde el punto de vista de las perspectivas de conservación de la biodiversidad, quizás el aspecto más importante de la fauna sea el rico ensamblaje de especies asociadas con el cerrado, la sabana y los hábitats forestales más secos. Gran parte de la fauna de los bosques mésicos altos está constituída por especies amazónicas comunes. En contraste con esto, las especies del bosque seco abierto y de las comunidades de vegetación de cerrado son poco conocidas y se encuentran bajo tremendas presiones de parte de los agricultores de soya y otros usos destructivos del suelo en Brasil.

Creemos que las perturbaciones del hábitat, aún es escalas tan pequeñas como las del campamento de Los Fierros, son capaces de sostener una nueva fauna antropogénica de escarabajos boleros, especialmente en presencia de herbívoros no nativos, como caballos y vacas. Los escarabajos boleros exóticos han probado ser colonizadores de paisajes antropogénicos sorprendentemente rápidos y probablemente son capaces de invadir el parque si se les da pié de entrada. El uso de bicicletas de montaña podría ser un método alternativo de transporte al uso de caballos para una gran parte de las actividades de patrullaje que se llevan a cabo dentro del parque en la temporada de seca.

A pesar de nuestros esfuerzos por muestrear una gran cantidad de hábitats y zonas altitudinales, nuestras muestras representan una pequeña fracción del paisaje. Está claro que se requieren estudios adicionales. Un acercamiento regional debería usar un sistema de muestreo de replicación de cuadrantes para evaluar la compocisión faunística. Las investigaciones futuras también deben enfocarse sobre el efecto que tiene el mosaico de hábitats sobre la composición de las comunidades y las funciones del ecosistema. El efecto de despeñadero que ocurre en los termiteros cuando algún mamífero los utiliza como madriguera y las propias comunidades de termitas podrían albergar una fauna de escarábinos todavía sin explorar en los ecosistemas de hábitat abiertos del área.

El manejo del fuego para mantener el hábitat abierto que circunda Los Fierros será importante para mantener la comunidad de escarabajos boleros de la sabana y el cerrado.

Los escarabajos Scaraebaeines llenan casi todos los criterios deseados en un taxón indicador. Sugerimos que de establecerse programas de monitorización ecológica en el área se incluya a este grupo debido a su especialización de hábitat, importancia ecológica, cantidad considerable de información de base que existe para el parque, las colecciones sistemáticas que se han establecido en la actualidad en Bolivia y el gran número de científicos bolivianos entrenados en el estudio de este grupo.

LITERATURE CITED
LITERATURA CITADA

Ab'Sáber, A. N. 1977. Os domínios morfoclimáticos na América do Sul. Primeira aproximação. Geomorfologia 52: 1-21.

Ab'Sáber, A. N. 1982. The paleoclimate and paleoecology of Brazilian Amazonia. Pages 41-59 in Prance, G. T. (Editor). Biological diversification in the tropics. New York: Columbia University Press.

Anderson, E. 1994. Frugivory and primary seed dispersal by spider monkeys (*Ateles paniscus*) and howler monkey (*Alouatta seniculus*), and the fate of dispersed seeds at Manu National Park, Peru. Unpublished Master's Thesis. Durham, North Carolina: School of the Environment, Duke University.

Anderson, S. 1997. Mammals of Bolivia: Taxonomy and distribution. Bulletin of the American Museum of Natural History 231: 1-652.

Arroyo, L. 1995. Estructura y composición de un isla de bosque y un bosque de galería en el Parque Nacional "Noel Kempff Mercado", Santa Cruz. Unpublished tesis de grado. Santa Cruz, Bolivia: Universidad Autónoma Gabriel René Moreno.

Avila-Pires, T. C. S. 1995. Lizards of Brazilian Amazonia (Reptilia: Squamata). Zoologische Verhandelingen Number 299.

Bates, J. M. 1993. The genetic effects of forest fragmentation on Amazonian forest birds. Unpublished Ph.D. Thesis. Baton Rouge, Louisiana: Louisiana State University.

Bates, J. M. 1997. Distribution and geographic variation in three South American grassquits (Emberizinae, *Tiaris*). Pages 91-110 in Remsen, J. V., Jr. (Editor). Studies in Neotropical Ornithology Honoring Ted Parker. Ornithological Monographs Number 48. Washington, D.C.: American Ornithologists' Union.

Bates, J. M., M. C. Garvin, D. C. Schmitt, and C. G Schmitt. 1989. Notes on bird distribution in northeastern Dpto. Santa Cruz, Bolivia, with 15 species new to Bolivia. Bulletin of the British Ornithologists' Club 109: 236-244.

Bates, J. M., T. A. Parker III, A. P. Capparella and T. J. Davis. 1992. Observations on the *campo, cerrado* and forest avifaunas of eastern Dpto. Santa Cruz, Bolivia, including 21 species new to the country. Bulletin of the British Ornithologists' Club 112: 86-98.

Beck, S. G. 1984. Comunidades vegetales de las sabanas inundadizas en el NE de Bolivia. Phytocoenologia 12: 321-350.

Beck, S. G., T. J. Killeen, and E. García E. 1993. Vegetación de Bolivia. Pages 6-24 in Killeen, T. J., E. García E., and S. G. Beck (Editors). Guía de arboles de Bolivia. La Paz, Bolivia: Herbario Nacional de Bolivia and Missouri Botanical Garden.

Boom, B. 1986. A forest inventory in Amazonian Bolivia. Biotropica 18: 287-294.

Cabot, J., J. Castroviejo, and V. Urios. 1988. Cuatro nuevas especies de aves para Bolivia. Doñana Acta Vertebrata 15: 235-238.

Cabot, J., and P. Serrano. 1988. Distributional data on some non-passerine species in Bolivia. Bulletin of the British Ornithologists' Club 108: 187-193.

Cavalcanti, R. B. 1988. Conservation of birds in the *cerrado* of central Brazil. Pages 59-66 in Goriup, P. D. (Editor). Ecology and conservation of grassland birds. International Council for Bird Preservation Technical Publication Number 7. Cambridge, United Kingdom: International Council for Bird Preservation.

Chazdon, R. L., R. K. Colwell, J. S. Denslow, and M. R. Guariguata. In press. Statistical methods for estimating species richness of woody regeneration in primary and secondary rain forests of NE Costa Rica. *In* Dallmeier, F., and J. Comiskey (Editors). Forest biodiversity research, monitoring and modeling: Conceptual background and Old World case studies. Paris: Parthenon Publishing.

Cochrane, T. T., L. G. Sánchez, L. G. de Azevedo, J. A. Porras, and C. L. Garver. 1985. Land in tropical America. Volumes 1-3. Cali, Colombia: Centro Internacional de Agricultura Tropical (CIAT) and Empressa Brasileira de Pesquisa Agropecuária, Centro de Pesquisa Agropecuária dos Cerrados (EMBRAPA-CPAC).

Colwell, R. K., and J. A. Coddington. 1994. Estimating terrestrial biodiversity through extrapolation. Philosophical Transactions of the Royal Society of London 345: 101-118.

Collar, N. J., L. P. Gonzaga, N. Krabbe, A. Madroño Nieto, L. G. Naranjo, T. A. Parker III, and D. C. Wege. 1992. Threatened birds of the Americas: the ICBP/IUCN Red Data Book. Cambridge, United Kingdom: International Council for Bird Preservation.

Collar, N. J., D. C. Wege, and A. J. Long. 1997. Patterns and causes of endangerment in the New World avifauna. Pages 237-260 *in* Remsen, J. V., Jr. (Editor). Studies in Neotropical Ornithology Honoring Ted Parker. Ornithological Monographs Number 48. Washington, D.C.: American Ornithologists' Union.

Coutinho, L. M. 1982. Ecological effects of fire in Brazilia cerrado. Pages 273-291 in Huntley, B. J., and B. H. Walker (Editors). Ecology of Tropical Savannas. Berlin: Springer-Verlag.

Cracraft, J. 1985. Historical biogeography and patterns of differentiation within the South American areas of endemism. Pages 49-84 *in* Buckley, P. A, M. S. Foster, E. S. Morton, R. S. Ridgely, and F. G. Buckley (Editors). Neotropical Ornithology. Ornithological Monographs Number 36. Washington, D.C.: American Ornithologists' Union.

Crump, M. L. 1971. Quantitative analysis of the ecological distribution of a tropical herpetofauna. Occasional Papers of the Museum of Natural History, University of Kansas Number 3.

Cruz, F. B., M. G. Perotti, and L. A. Fitzgerald. 1992. Lista de anfibios y reptiles colectados en una localidad del chaco salteño. Acta Zoologica Lilloana 42: 101-107.

da Silva, N. J., Jr. 1993. The snakes from Samuel Hydroelectric Power Plant and vicinity, Rondônia, Brazil. Herpetological Natural History 1: 37-86.

Dietz, J. M. 1984. Ecology and social organization of the maned wolf (*Chrysocyon brachyurus*). Smithsonian Contributions to Zoology Number 392.

Dinerstein, E., D. M. Olson, D. J. Graham, A. L. Webster, S. A. Primm, M. P. Bookbinder, and G. Ledec. 1995. A conservation assessment of the terrestrial ecoregions of Latin America and the Caribbean. Washington, D.C.: The World Bank and The World Wildlife Fund.

Dixon, J. R., and P. Soini. 1986. The reptiles of the upper Amazon Basin, Iquitos region, Peru. Milwaukee, Wisconsin: Milwaukee Public Museum.

Duellman, W. E. 1978. The biology of an equatorial herpetofauna in Amazonian Ecuador. Museum of Natural History, University of Kansas Special Publications Number 65.

Duellman, W. E., and A. W. Salas. 1991. Annotated checklist of the amphibians and reptiles of Cuzco Amazonico, Peru. Occasional Papers of the Museum of Natural History, University of Kansas Number 143.

Eiten, G. 1972. The cerrado vegetation of Brazil. Botanical Review 38: 201-341.

Eiten, G. 1978. Delimitation of the cerrado concept. Vegetatio 36: 169-187.

Ernst, C. H., and R. W. Barbour. 1989. Turtles of the World. Washington, D.C.: Smithsonian Institution Press.

Farris, J. S. 1989. The retention index and the rescaled consistency index. Cladistics 2: 14-27.

Fawcett, P. H. 1953. Exploration Fawcett, arranged from his manuscripts and letters, and records (edited by B. Fawcett). London: Hutchinson and Company.

Fitzgerald, L. A. 1994. *Tupinambis* lizards and people: A sustainable use approach to conservation and development. Conservation Biology 8:12-16.

Fitzgerald, L. A., J. M. Chani, and O. E. Donadío. 1991. *Tupinambis* lizards in Argentina: Implementing management of a traditionally exploited resource. Pages 303-316 in Redford, R. J., and K. Redford (Editors). Neotropical Wildlife: Use and conservation. Chicago: University of Chicago Press.

Fitzgerald, L. A., F. B. Cruz, and G. Perotti. 1993. The reproductive cycle and the size at maturity of *Tupinambis rufescens* (Sauria: Teiidae) in the dry Chaco of Argentina. Journal of Herpetology 27: 70-78

Foster, R. B., J. L. Carr, and A. B. Forsyth (Editors). 1994. The Tambopata-Candamo Reserved Zone of southeastern Perú: A biological assessment. RAP Working Papers Number 6. Washington, D.C.: Conservation International.

Frost, D. R. (Editor). 1985. Amphibian species of the World: A taxonomic and geographical reference. Lawrence, Kansas: Association of Systematics Collections.

Fugler, C. M. 1986. La estructura de una comunidad herpetológica en las selvas benianas en la estación de sequía. Ecología en Bolivia Number 8:1-20.

Furley, P. A., and J. A. Ratter. 1988. Soil resources and plant communities of the central Brazilian cerrado and their development. Journal of Biogeography 15: 97-108.

Gentry, A. H. 1995. Diversity and floristic composition of neotropical dry forests. Pages 146-194 in Bullock, S. H., H. A. Mooney, and E. Medina (Editors). Seasonally dry tropical forests. New York: Cambridge University Press.

Goldsmith, F. B. 1974. Multivariate analysis of tropical grass communities in Mato Grosso, Brazil. Journal of Biogeography 1: 111-122.

Gutierrez, E. 1995. Estudio de la estructura y composicion floristica de las sabanas humedas del Parque Nacional "Noel Kempff Mercado", Prov. Velasco, Santa Cruz. Unpublished tesis de grado. Cochabamba, Bolivia: Universidad Mayor de San Simon.

Gyldenstolpe, N. 1945. A contribution to the ornithology of northern Bolivia. Kungliga Svenska Vetenskapsakademiens Handingar (3rd series) 23(1).

Haase, R., and S. G. Beck. 1989. Structure and composition of savanna vegetation in northern Bolivia: A preliminary report. Brittonia 41: 80-100.

Haffer, J. 1978. Distribution of Amazonian forest birds. Bonner Zoologische Beitrage 29: 38-78.

Halffter, G., and W. D. Edmonds. 1982. The nesting behavior of dung beetles (Scarabaeinae): An ecological and evolutive approach. México, D.F.: Instituto de Ecología.

Halffter, G., and M. E. Favila. 1993. The Scarabaeinae (Insecta: Coleoptera): an animal group for analysing, inventorying and monitoring biodiversity in tropical rainforest and modified landscapes. Biology International 27: 15-21.

Hanagarth, W. 1993. Acerca de la geoecología de las sabanas del Beni en el Nor-Este de Bolivia. La Paz, Bolivia: Instituto de Ecología.

Hanski, I., and Y. Cambefort (Editors). 1991. Dung beetle ecology. Princeton, New Jersey: Princeton University Press.

Harvey, M. B., and R. L. Gutberlet, Jr. In press. Lizards of the genus *Tropidurus* (Iguania: Tropiduridae) from the Serranía de Huanchaca, Bolivia: New species, natural history, and a key to the genus. Herpetologica.

Hendy, M. D., and D. Penny. 1982. Branch and bound algorithms to determine minimal evolutionary trees. Mathematical Biosciences 59: 277-290.

Hendy, M. D., and D. Penny. 1989. A framework for the quantitative study of evolutionary trees. Systematic Zoology 38: 297-309.

Herrera, J., and A. Taber. In press. Lowland tapir (*Tapirus terrestris*) ranging behavior, habitat use and diet in northern Santa Cruz department, Bolivia. Biotropica.

Heyer, W. R. 1988. On frog distribution patterns east of the Andes. Pages 245-273 *in* P. E. Vanzolini and W. R. Heyer (Editors). Proceedings of a Workshop on Neotropical Distribution Patterns. Rio de Janeiro: Academia Brasileira de Ciências.

Heyer, W. R., M. A. Donnelly, R. W. McDiarmid, L.-A. C. Hayek, and M. S. Foster (Editors). 1994. Measuring and monitoring biological diversity: Standard methods for amphibians. Washington, D.C.: Smithsonian Institution Press.

Heyer, W. R., A. S. Rand, C. A. G. Cruz, O. L. Peixoto, and C. E. Nelson. 1990. Frogs of Boracéia. Arquivos de Zoologia 31: 231-410.

Hill, C. J. 1996. Habitat specificity and food preferences of an assemblage of tropical Australian dung beetles. Journal of Tropical Ecology 12: 449-460.

Howden, H. F., and V. G. Nealis. 1975. Effects of clearing in a tropical rain forest on the composition of the coprophagous scarab beetle fauna (Coleoptera). Biotropica 7: 77-83.

Humphries, C. J., P. Y. Ladiges, M. Roos, and M. Zandee. 1988. Cladistic biogeography. Pages 371-404 in Myers, A. A., and P. S. Giller (Editors). Analytical biogeography: An integrated approach to the study of animal and plant distributions. London: Chapman and Hall.

Ibisch, P. L., G. Rauer, D. Rudolf, and W. Barthlott. 1995. Floristic, biogeographical, and vegetational aspects of Pre-Cambrian rock outcrops (inselbergs) in eastern Boliva. Flora 190: 299-314.

Iriondo, M., and E. M. Latrubesse. 1994. A probable scenario for a dry climate in Central Amazonia during the Late Quaternary. Quaternary International 2: 121-128.

Jessop, L. 1985. An identification guide to Eurysternine dung beetles (Coleoptera, Scarabaeidae). Journal of Natural History 19: 1087-1111.

Karesh, W. B., R. B. Wallace, R. L. Painter, D. Rumiz, W. E. Braselton, E. S. Dierenfeld, and H. Puche. 1997. Immunization and health assessment of free-ranging black spider monkeys (*Ateles paniscus clamek*). American Journal of Primatology 44: 107-123.

Killeen, T. J. 1990. The grasses of Chiquitanía, Santa Cruz, Bolivia. Annals of the Missouri Botanical Garden 70: 125-201.

Killeen, T. J. 1995. Historia natural y biodiversidad de Parque Nacional Noel Kempff Mercado (Santa Cruz, Bolivia). Plan de manejo, Componente Cientific. Museo de Historia Natural Noel Kempff Mercado. Unpublished report to Fundacion Amigos de la Naturaleza and The Nature Conservancy.

Killeen, T. J., and P. N. Hinz. 1992. Grasses of the Precambrian Shield region in eastern Bolivia. I. Habitat preference. Journal of Tropical Ecology 8: 389-407.

Killeen, T. J., and C. C. Kirpes. 1991. A new species and a new combination in *Ichnanthus* from South America (Gramineae: Paniceae). Novon 1: 177-185.

Killeen, T. J., B. T. Louman, and T. Grimwood. 1990. La ecología paisajística de la región de Concepción y Lomerio, Santa Cruz, Bolivia. Ecología en Bolivia Number 16: 1-45.

Killeen, T. J., and M. Nee. 1991. Un catálogo de las plantas sabaneras de Concepción, Santa Cruz, Bolivia. Ecología en Bolivia Number 17: 53-71.

Killeen, T. J., and Z. Rúgolo de Agrasar. 1992. The taxonomy and reproductive biology of *Digitaria dioica* (sp. nov.) and *D. neesiana*. Systematic Botany 17: 594-606.

Killeen, T. J., M. K. Stieninger, and C. J. Tucker. 1998. Las formaciones vegetales del Parque Nacional Noel Kempff Mercado (Santa Cruz, Bolivia) y las zonas colindantes de Bolivia y Brazil. Insert *in* Killeen, T. J., and T. S. Schulenberg (Editors). A biological assessement of the Parque Nacional Noel Kempff Mercado. RAP Working Papers Number 10. Washington, D.C.: Conservation International.

Kirk, A. A. 1992. Dung beetles (Coleoptera: Sacarbaeidae) active in patchy forest and pasture habitats in Santa Cruz Province, Bolivia, during spring. Folia Entomologica Mexicana 84: 45-54.

Klein, B. 1989. Effects of forest fragmentation on dung and carrion beetle communities in central Amazonia. Ecology 70: 1715-1725.

Kluge, A. G. 1969. The evolution and geographical origin of the New World *Hemidactylus mabouia—brookii* complex (Gekkonidae, Sauria). Miscellaneous Publications of the Museum of Zoology, University of Michigan Number 138.

Kluge, A. G., and J. S. Farris. 1969. Quantitative phyletics and the evolution of anurans. Systematic Zoology 18: 1-32.

Köhler, J., and W. Böhme. 1996. Anuran amphibians from the region of Pre-Cambrian rock outcrops (inselbergs) in northeastern Bolivia, with a note on the gender of *Scinax* Wagler, 1830 (Hylidae). Revue Francaise d'Aquariologie Herpetologie 23: 133-140.

Kratter, A. W. 1997. A new subspecies of *Sclerurus albigularis* (Gray-throated Leaftosser) from northeastern Bolivia, with notes on geographic variation. Ornitologia Neotropical 8: 23-30.

Kratter, A. W., M. D. Carreño, R. T. Chesser, J. P. O'Neill, and T. S. Sillett. 1992. Further notes on bird distribution in northeastern dpto. Santa Cruz, Bolivia, with two species new to Bolivia. Bulletin of the British Ornithologists' Club 112: 143-150.

Kullander, S. O. 1986. Cichlid fishes of the Amazon river drainage of Perú. Stockholm: Swedish Museum of Natural History, Stokholm. Latrubesse, E. M., and C. G. Ramonell. 1994. A climatic model for southwestern Amazonia in last glacial times. Quaternary International 21: 163-169.

Latrubesse, E.M. and C. G. Ramonell. 1994. A climatic model for Southwestern Amazonia in last glacial times. Quaternary International 21: 163-169

Lauzanne, L, G. Loubens, and B. Le Guennec. 1991. Liste commentée des poissons de l'Amazonie bolivienne. Revista de Hydrobiología Tropical 24: 61-76.

Litherland, M. 1982. Mapa geológico del area de Huanchaca. Servicio Geológica de Bolivia and British Geological Survey.

Litherland, M., and G. Power. 1989. The geological and geomorphological evolution of the Serranía Huanchaca, eastern Bolivia: The legendary "Lost World." Journal of South American Earth Sciences 2: 1-17.

Lobo, J. M., F. Martin-Piera, and C. M. Veiga. 1988. Las trampas pitfall con cebo, sus posibilidades en el estudio de las communidades coprópagas de Scarabaeoidea (Col.). I. Caracteristicas determinantes de su capacidad de captura. Revue d'Ecologie et de Biologie du Sol 25: 77-100.

Mayer, S. 1995. First record of Giant Snipe *Gallinago undulata* for Bolivia. Bulletin of the British Ornithologists' Club 115: 188-189.

Michaud, E. J., and J. R. Dixon. 1987. Taxonomic revision of the *Liophis lineatus* complex (Reptilia: Colubridae) of Central and South America. Milwaukee Public Museum Contributions in Biology and Geology Number 71.

Montes de Oca, I. 1982. Geografía y recursos naturales de Bolivia. La Paz, Bolivia.

Myneni, R. B., S. O. Los, and C. J. Tucker. 1996. Satellite-based identification of linked vegetation index and sea surface tempertaure anomaly areas from 1982-1990 for Africa, Australia and South America. Geophysical Research Letters 23: 729-732.

Nascimento, F. P. do., T. C. S. de Ávila Pires, and O. R. da Cunha. 1988. Répteis squamata de Rondônia e Mato Grosso colectados através do programa Polonoroeste. Boletim do Museu Paraense Emilio Goeldi (serie Zoologia) 4:21-66.

Nestel, D., F. Dickshen, and M. A. Altirei. 1993. Diversity patterns of soil macro-Coleoptera in Mexican shaded and unshaded coffee agroecosystems: an indication of habitat perturbation. Biodiversity and Conservation 2: 70-78.

Oliveira-Filho, A. T., and J. A. Ratter. 1995. A study of the origin of central brazilian forests by the analysis of plant species distribution patterns. Edinburgh Journal of Botany 52: 141-194.

Parker, T. A., III. 1984. Notes on the behavior of *Ramphotrigon* flycatchers. Auk 101:186-188.

Parker, T. A., III, R. B. Foster, L. H. Emmons, and B. Bailey (Editors). 1993. The lowland dry forests of Santa Cruz, Bolivia: A global conservation priority. RAP Working Papers Number 4. Washington, D.C.: Conservation International.

Parker, T. A., III, and O. Rocha O. 1991. Notes on the status and behavior of the Rusty-necked Piculet *Picumnus fuscus*. Bulletin of the British Ornithologists' Club 111: 91-92.

Parker, T. A., III, D. F. Stotz, and J. W. Fitzpatrick. 1996. Ecological and distributional databases for neotropical birds. Pages 18-436 *in* Stotz, D. F., J. W. Fitzpatrick, T. A. Parker III, and D. K. Moskovits. Neotropical birds: Ecology and conservation. Chicago: University of Chicago Press.

Parker, T. A., III, D. F. Stotz, and J. W. Fitzpatrick. 1997. Notes on avian bamboo specialists in southwestern Amazonian Brazil. Pages 543-548 *in* Remsen, J. V., Jr. (Editor). Studies in Neotropical Ornithology Honoring Ted Parker. Ornithological Monographs Number 48. Washington, D.C.: American Ornithologists' Union.

Parker, T. A., III, and E. O. Willis. 1997. Notes on three tiny grassland flycatchers, with comments on the disappearance of South American fire-diversified savanas. Pages 549-556 in Remsen, J. V., Jr. (Editor). Studies in Neotropical Ornithology Honoring Ted Parker. Ornithological Monographs Number 48. Washington, D.C.: American Ornithologists' Union.

Peck, S. B., and A. Forsyth. 1982. Composition, structure and competitive behaviour in a guild of Ecuadorian rainforest dung beetles (Coleoptera; Scarabaeinae). Canadian Journal of Zoology 60: 1624-1634.

Peres, C. A., and J. W. Terborgh. 1995. Amazonian nature reserves: An analysis of the defensibility status of existing conservation units and design criteria for the future. Conservation Biology 9: 34-45.

Peters, J. A., and R. Donoso-Barros. 1970. Catalogue of the Neotropical Squamata: Part II: Lizards and Amphisbaenians. United States National Museum Bulletin 297.

Peters, J. A., and B. Orejas-Miranda. 1970. Catalogue of the Neotropical Squamata: Part I: Snakes. United States National Museum Bulletin 297.

Prado, D. E., and P. E. Gibbs. 1993. Patterns of species distributions in the dry seasonal forests of South America. Annals of the Missouri Botanical Garden 80: 902-927.

Prance, G. T. 1982. Forest refuges: Evidence from woody angiosperms. Pages 137-157 in Prance, G. T. (Editor). Biological diversification in the tropics. New York: Columbia University Press.

Ratter, J. A., G. P. Askew, R. F. Montgomery, and D. R. Gifford. 1978. Observations on forests of some mesotrophic soils in central Brazil. Revista Brasileira de Botânica 1: 47-58.

Ribera, M. O. 1996. Guía para la categorización de especies amenazadas de vertebrados e implementación de acciones para su conservación. La Paz, Bolivia: Centro de Datos para la Conservación.

Rizzini, C. T. 1963. A flora do cerrado - análise florística das savanas centráis. Pages 125-177 in Fern, M. G. (Editor). Simposio sobre o cerrado. São Paulo, Brazil: Universidade de São Paulo.

Roche, M. A., and C. F. Fernandez. 1988. Water resources, salinity and salt yields of the rivers of the Bolivian Amazon. Journal of Hydrology 101: 305-331.

Roche, M. A., C. Fernandez, A. Apoteker, N. Abasto, H. Calle, M. Tolede, J. P. Cordier, and C. Pointillart. 1986. Reconnaissance hydrochemique et premières evaluation dos exportations hydriques et salines des flueves d'lAmazonie bolievienne. Programa climatólogico e hidrológico de la cuenca Amazónica Boliviana (PHI-CAB). La Paz, Bolivia: Servicio Nacional de Meteología e Hidrología (SENAMHI), IHH, and l'Office de la Recherche Scientifique et Technique Outre-Mer (ORSTOM).

Roche, M. A., and N. Rocha. 1985. Precipitacioes anuales. Programa climatólogico e hidrológico de la cuenca Amazónica Boliviana (PHICAB). La Paz, Bolivia: Servicio Nacional de Meteología e Hidrología (SENAMHI) - l'Office de la Recherche Scientifique et Technique Outre-Mer (ORSTOM).

Rodríguez, L. B., and J. E. Cadle. 1990. A preliminary overview of the herpetofauna of Cocha Cashu, Manu National Park, Peru. Pages 410-425 *in* Gentry, A. H. (Editor). Four neotropical rainforests. New Haven: Yale University Press.

Rodríguez, L. O., and W. E. Duellman. 1994. Guide to the frogs of the Iquitos region, Amazonian Peru. Natural History Museum, University of Kansas Special Publication Number 22.

Ronchail, J. 1986. Variaciones climaticas invernales en Amazonia Boliviana. Pages 96-100 *in* Memoria del simposio: Impacto del desarrollo en la ecología del tropico boliviano. Santa Cruz, Bolivia.

Ronchail, J. 1989. Advecciones polares en Bolivia: Caracterización de los efectos climáticos. Bull. Inst. Fr. Et. And. 18: 65-73.

Ronchail, J. 1992. Funcionamiento de los surazos en América del Sur y sus efectos climáticos en Bolivia: algunas resultades. Simposio de Programa Climatólogico e Hidrológico de la Cuenca Amazónica Boliviana (PHICAB), Actas.

Rosen, B. 1985. Geological hierarchies and biogeographic congruence in the Caribbean. Annals of the Missouri Botanical Garden 72: 636-59.

Rosen, B., and A. B. Smith. 1988. Tectonics from fossils? Analysis of reef coral and sea urchin distributions from late Cretaceous to Recent, using a new method. Pages 275-306 *in* Audley-Charles, M. G., and A. Hallam (Editors). Gondwana and Tethys. Geological Society of London Special Publication.

Roze, J. A. 1996. Coral snakes of the Americas: Biology, identification, and venoms. Malabar, Florida: Krieger.

Sarmiento, J. and S. Barrera. 1996. Peces. Pages 33-66 *in* Ergueta S., P., and C. de Morales (Editors). Libro rojo de los vertebrados de Bolivia. La Paz, Bolivia: Centro de Datos para la Conservación.

Scrocchi, G. J., and L. González. 1996. Informe sobre la herpetofauna del Parque Nacional Noel Kempff Mercado departamento Santa Cruz, Bolivia. Unpublished report.

Seidel, R. 1995. Inventario de los árboles en tres parceles de bosque primario en la Serranía de Marimonos, Alto Beni. Ecología en Bolivia Number 25: 1-35.

Servant, M., J. Maley, B. Turcq, M. L. Absy, P. Brenac, M. Fourbier, and M. P. Ledru. 1993. Tropical forest changes during the late Quaternary in Africa and South American Lowlands. Global and Planetary Change 7: 25-40.

Silva, J. M. C. 1995. Avian inventory of the Cerrado Region, South America: Implications for biological conservation. Bird Conservation International 5: 15-28.

Silva, J. M. C. 1997. Endemic bird species and conservation in the Cerrado region, South America. Biodiversity and Conservation 6: 435-450.

Sioli, H. 1975. Amazon tributaries and drainage basins. Pages 199-213 in Hassler, A. D. (Editor). Coupling of Land and Water Systems. New York: Springer-Verlag.

Skole, D., and C. Tucker. 1993. Tropical deforestation and habitat fragmentation in the Amazon: Satellite data from 1978-1988. Science 260: 1905-1910.

Smith, D. N., and T. J. Killeen. 1998. A comparison of the structure and composition of montane and lowland tropical forest in the Serranía Pilón Lajas, Beni, Bolivia. *In* Dallmeier, F. (Editor). Measuring and monitoring forest biological diversity: The international network of biodiversity plots. Washington, D.C.: Smithsonian Institution Press.

Stotz, D. F., J. W. Fitzpatrick, T. A. Parker III, and D. K. Moskovits. 1996. Neotropical Birds: Ecology and conservation. Chicago: University of Chicago Press.

Stotz, D. F., S. M. Lanyon, T. S. Schulenberg, D. E. Willard, A. T. Peterson, and J. W. Fitzpatrick. 1997. An avifaunal survey of two tropical forest localities on the middle Rio Jiparaná, Rondônia, Brazil. Pages 763-781 in Remsen, J. V., Jr. (Editor). Studies in Neotropical Ornithology Honoring Ted Parker. Ornithological Monographs Number 48. Washington, D.C.:American Ornithologists' Union.

Swofford, D. L. 1993. PAUP — Phylogenetic Analysis Using Parsimony. Version 3.1.1. Champaign, Illinois: Natural History Survey.

Vanzolini, P. E. 1968. Lagartos brasilieros da família Gekkonidae (Sauria). Arquivos de Zoologia 17: 1-84.

Villa, J., L. D. Wilson, and J. D. Johnson. 1988. Middle American herpetology: A bibliographic checklist. Columbia, Missouri: University of Missouri Press.

Vitt, L. J., and J. P. Caldwell. 1993. Ecological observations on cerrado lizards in Rondônia, Brazil. Journal of Herpetology 27: 46-52.

Voss, R. S., and L. H. Emmons. 1996. Mammalian diversity in neotropical lowland rainforests: A preliminary assessment. Bulletin of the American Museum of Natural History 230: 1-115.

Walters, P. R., R. G. Poulter, and R. R. Coutts. 1982. Desarrollo pesquero de la Región Amazónica en Bolivia. London: Tropical Products Institute, Overseas Development Agency.

Willis, E. O., and Y. Oniki. 1993. New and reconfirmed birds from the state of São Paulo, Brazil, with notes on disappearing species. Bulletin of the British Ornithologists' Club 113: 23-34.

Yanosky, A. A., J. R. Dixon, and C. Mercolli. 1993. The herpetofauna of El Bagual ecological reserve (Formosa, Argentina) with comments on its herpetological collection. Bulletin of the Maryland Herpetological Society 29: 160-171.

Zimmer, K. J., T. A. Parker III, M. L. Isler, and P. R. Isler. 1997. Survey of a southern Amazonian avifauna: the Alta Floresta region, Mato Grosso, Brazil. Pages 887-918 in Remsen, J. V., Jr. (Editor). Studies in Neotropical Ornithology Honoring Ted Parker. Ornithological Monographs Number 48. Washington, D.C.:American Ornithologists' Union.

Zimmerman, B. L., and M. T. Rodrigues. 1990. Frogs, snakes, and lizards of the INPA - WWF Reserves near Manaus, Brazil. Pages 426-454 in Gentry, A. H. (Editor). Four neotropical rainforests. New Haven: Yale University Press.

GAZETTEER

Los Fierros   14° 33' 28" S, 60° 55' 51" W

Upland evergreen forest and seasonally inundated forest associated with a black water arroyo; large seasonally inundated termite pampas and cerrado are located 5-10 km to the southeast. A site with long term studies (permanent vegetation plots), with trails to the meseta (Huanchaca 2) and the El Encanto waterfall. Los Fierros is the principal camp in the southern sector of the park, with facilities for tourists and visiting researchers, including dormitories, electricity and an airstrip. Accessible throughout the year by small plane and from April to December by road.

Flor de Oro   13° 22' 06" S, 61° 00' 29" W

Riparian forest, seasonally inundated forest (bosque de sartenjales), seasonally inundated termite pampas, curichales, and various riparian communities associated with the Río Iténez, a large black water river. Flor de Oro is the principal camp in the northern sector of the park, with a small tourist hotel, airstrip, and electricity. Accessible throughout the year by small plane and boat.

Lago Caimán   13° 35' 59" S, 60° 54' 54" W

Upland evergreen forest, (seasonally inundated forest), high riparian forest (seasonally inundated), deciduous forest (cerradão), rocky outcrops, and a series of riparian communities related to Lago Caimán and the Río Iténez. This site is an excellent example of a ox-bow lake (bahía) with a seasonal connection to the Río Iténez. Rustic camp with trails leading to the meseta (Serranía Negra) and (a one day walk) to the waterfalls Ahlfeld and Arco Iris. Site of studies of large mammals and of permanent vegetation plots. Accessible throughout the year by boat and trail from Flor de Oro.

Huanchaca 1   13° 57' 43" S, 60° 49' 45" W

A mosaic of evergreen gallery forest, cerradão, cerrado, and campo cerrado, with rocky outcrops. Located in the northern part of the Huanchaca plateau. Remote field site without park guards. Suitable camping sites located about 3 km from the air strip, with clear water streams. Accessible by small airplane throughout the year. Site of the clandestine narcotics laboratory where Noel Kempff Mercado was killed. Accessible by air throughout the year.

Huanchaca 2   14° 31' 16" S, 60° 44' 59" W

Predominated by open habitats such as campo cerrado, campo sujo, campo limpo, campo húmedo, and campo rupestre with rocky outcrops, along with various types of gallery forest (evergreen and deciduous) and clear water streams. Located in the central part of the Huanchaca plateau. Accessible by trail throughout the year from Los Fierros, with suitable camping sites about half way up the trail and in gallery forest. Site of abandoned clandestine narcotics laboratory.

El Refugio   14° 45' 00" S, 61° 01' 23" W

A private reserve on the banks of the Río Paraguá. Forest with semideciduous elements. To the north there are seasonally inundated termite savannas, while to the south of the river there is a large plain with open inundated savanna (pampa aguada) and various types of curiches and marshes. El Refugio is located where the ríos Tarvo and Alto Paraguá join to form the Bajo Paraguá. These are black water rivers, although the river channels are not well defined in this region and in the wet season much of the river flow is dispersed over the plain. The principal camp has dormitories, electricity, forest guards, and an airstrip. El Refugio is accessible by land only during August and September.

Mouth of the   13° 31' 53" S, 61° 06' 15" W
Río Paucerna

A camp located where the Río Paucerna, a clear water river, empties into the Río Iténez, a large black water river. About 10 minutes by boat below the camp, the Río Iténez has a width of about 100 m and has sandy beaches during December. Riparian forest and riparian communities associated with the Río Iténez. Camp of park guards downstream from Flor de Oro; accessible by boat throughout the year.

Las Gamas   14° 48' 12" S, 60° 22' 48" W

Campo rupestre, campo limpo, campo cerrado, campo húmedo, gallery forest and deciduous forest. Remote camp without permanent facilities, located near an abandoned narcotics laboratory. Accessible by small airplane throughout the year.

San Martín Aserradero   14° 53' 00" S, 37' 60° 52" W

Upland evergreen forest, seasonally inundated forest, mixed liana forest, and liana forest on the floodplain of the Río Tarvo, a black water river. This is the site of the San Martín sawmill, now abandoned, and whose forestry concessions were incorporated into the park in 1997.

El Encanto   14° 37' 30" S, 60° 41' 35" W

El Encanto is the longest waterfall in the park, with a free fall of about 80 m; below is a closed canyon with upland evergreen forest (selectively logged) and specialized microhabitats near the falls. To the south of this valley there are low hills covered with deciduous forest and liana forest (in patches). The stream that forms the waterfall is a clear water stream and is a tributary of the Río Tarvo. Located 30 km east of Los Fierros and accessible throughout most of the year. There are tourist trails and rustic cabins for camping.

Aserradero and Florida   14° 35' 37" S,
Moira   61° 10' 45" W

Riparian forest, seasonally inundated bosque de sartenjales, mixed liana forest, and a range of aquatic communities associated with the Río Paraguá, la large black water river. Florida is a Chiquitania community established 30 years ago, while the Moira sawmill was abandoned in 1997. Both sites are located on the west bank of the Río Bajo Paraguá. A pontoon raft over the Río Paraguá is the only access point by land to the western and southern sectors of the park. Accessible throughout the year by road and by small airplane.

Las Torres   13° 39' 18" S, 60° 48' 42" W

Riparian forest, swamp forest, and seasonally inundated savanna in the lower areas, with deciduous forest (cerradão) and rocky outcroppings on the slopes. Two clear water streams flow from the adjacent serranía. Trails with access to the Huanchaca plateau (Serranía Negra). Camp of park guards with few facilities.

Piso Firme   13° 37' 44" S, 61° 44' 21" W

A community located on the Río Bajo Paraguá, near the Río Iténez and the northern sector of the park. Riparian forest, seasonally inundated forest, and liana forest. To the south is a large area of palm swamp and other wet savannas. Accessible throughout the year by small airplane and by road.

Choré Aserradero 14° 08' 47" S, 61° 09' 10" W

An abandoned sawmill next to a black water stream, a tributary of the Río Paraguá that drains the foothills of the Serranía Huanchaca. Seasonally inundated forests with varying degrees of disturbance and, to the south, a large expanse of liana forest. It is located approximately 50 km north of Los Fierros, along the road to Laguna Bellavista.

Las Londras Arroyo   14° 24' 09" S, 08' 61° 35" W

A black water stream (aan) located approximately 40 km north of Los Fierros on the road to Arroyo Choré. Forms part of the connection between Laguna La Bahía (Laguna Chaplín) and the Río Paraguá, in an extensive area of inundated forest.

Bellavista   13° 36' 33" S, 61° 33' 18" W

A small lake surrounded by upland evergreen forest and liana forest. To the south is an ungrazed termite savanna. Located in the northern sector of the park, 15 km from the Río Iténez. Accessible via a logging road from the abandoned sawmill at El Choré.

La Toledo   14° 45' 02" S, 61° 08' 37" W

A camp located to the southwest of the park within the Reserva Ecológica El Refugio, with open inundated savanna (pampa aguada), termite savannas, curichales and forest "islands" within a seasonally flooded landscape; on higher ground are semideciduous forests and mixed liana forest.

Cerro Pelão   14° 31' 20" S, 61° 28' 10" W

A granitic outcropping (inselberg), approximately 200 m tall and 200 m in diameter, with various rock-associated habitats. On the crest is a semideciduous forest on shallow to moderately deep soils. This site is outside the park boundaries, approximately 40 km to the west of Florida.

DICCIONARIO GEOGRAFICO

Los Fierros   14° 33' 28" S, 60° 55' 51"W

Bosque alto siempre verde, inundado por temporadas y asociado con arroyo de aguas negras; grandes pampas termitas y cerrado inundadas por temporadas, localizadas a 5-10 km al sudoeste. Un lugar con estudios de termino largo (parcelas de vegetación permanente), con caminos a la meseta (Huanchaca 2) y la catarata El Encanto. Los Fierros es el campamento principal del sector sur del parque, con facilidades para turistas e investigadores, incluyendo dormitorios, electricidad y una pista de aterrizaje. Es accesible durante todo el año por aviones pequeños y por carretera en los meses de abril a diciembre.

Flor de Oro   13° 22' 06" S, 61° 00' 29" W

Bosque ribereño, bosque inundado por temporada (bosque de sartenjales), pampas termitas, curichales y varias comunidades ribereñas asociadas con el Río Iténez, río grande de aguas negras. Flor de Oro es el campamento principal en el sector norte del parque, cuenta con un hotel pequeño, una pista de aterrizaje y electricidad. Accesible durante todo el año por aviones pequeños y botes.

Lago Caimán   13° 35' 59" S, 60° 54' 54" W

Bosque alto siempreverde (bosque inundado por temporada), bosque ribereño alto (inundado por temporada), bosque deciduo (cerradão), afloramiento de rocas y una series de comunidades ribereñas relacionada con el Lago Caimán y el Río Iténez. Este lugar es un excelente ejemplo de una bahía con conexión temporera al Río Iténez. Campamento rústico con caminos en dirección a la meseta (Serranía Negra) y (un día caminando) a las cataratas de Ahlfeld y Arco Iris. Lugar donde se estudia mamíferos grandes y parcela de vegetación permanente . Accesible durante todo el año por bote y caminos desde Flor de Oro.

Huanchaca 1   13° 57' 43" S, 60° 49' 45" W

Un mosaico de bosque siempre verde, cerradão, cerrado, y campo cerrado con afloramiento de rocas. Localizado en la parte norte de la meseta de Huanchaca. Lugar remoto sin guarda parques. Conveniente lugar para acampar localizado aproximadamente a 3 km de la pista de aterrizaje, con arroyos de aguas claras. Accesible durante todo el año por aviones pequeños. Lugar donde mataron a Noel Kempff Mercado donde se encontraba el laboratorio clandestino de narcóticos .

Huanchaca 2   14° 31' 16" S, 60° 22' 48" W

Predomina un habitat abierto como campo cerrado, campo sujo, campo limpo, campo húmedo y campo rupestre con afloramiento de rocas, junto con varios tipos de bosques (siempreverde y deciduo) y arroyos de aguas claras. Localizado en la parte central de la meseta de Huanchaca. Accesible por caminos durante el año desde los Fierros, cuenta con sitios para acampar como ha mitad del camino al bosque ribereño. Este lugar fue abandonado por laboratorios clandestinos de narcóticos.

El Refugio   14° 45' 00" S, 61° 01' 23" W

Una reserva privada en los bancos del Río Paraguá. Bosque con elementos semideciduos. Al norte se encuentra sabana termitero inundado por temporadas, mientras que al sur del río se encuentra un gran llano con Sabana abierta inundada (pampa aguada) y varios tipos de pantanos. El Refugio esta localizado donde los Ríos Tarvo y Alto Paraguá se conectan para formar el Bajo Paragua. Estos son ríos de aguas negras, aunque los canales del río no están bien definidos en esta región y en la temporada húmeda la mayoría de las aguas se dispersan sobre los planos. El principal campamento tiene dormitorio, electricidad, guarda parques y una pista de aterrizaje. El Refugio es accesible por tierra durante agosto y septiembre.

La Boca del Río Paucerna   13° 31' 53" S, 61° 06' 15" W

Campamento localizado donde el Río Paucerna, río de aguas claras, desemboca en el Río Iténez, un río grande de aguas negras. Como a 10 minutos por bote abajo del campamento el Río Iténez cuenta con un ancho de 100m y tiene playas arenosas durante diciembre. Bosque ribereño y comunidades ribereñas se asocian con el Rió Iténez. El campamento cuenta con guarda parques río abajo de Flor de Oro; accesible por bote durante todo el año.

Las Gamas   14° 48' 12" S, 60° 22' 48" W

Campo rupestre, campo limpo, campo cerrado, campo húmedo, bosque ribereño y bosque deciduo. Campamento remoto sin facilidades permanentes, localizado cerca de un laboratorio abandonado de narcóticos. Accesible por aviones pequeños durante todo el año.

San Martín Aserradero   14° 53' 00" S, 60° 37' 52" W

Bosque alto siempreverde, bosque inundado por temporada, bosque mixto de lianas y bosque de lianas en la llanura inundable del Río Tarvo, río de aguas negras. Este es el lugar de San Martín el aserradero, actualmente abandonado, el cual Las concesiones forestales fueron incorporadas en el parque en el 1997.

El Encanto   14° 37' 30" S, 60° 41' 35" W

El Encanto es la cascada mas larga del parque con una caída libre de cerca de 80m; por debajo esta cerca el bosque alto siempreverde con extracción de madera selectiva y microhabitas especializados cerca de las cascadas. Al sur del valle se encuentra colinas baja cubiertas de bosque deciduos y bosque de lianas (en parches). El arroyo que forma la cascada es de aguas claras y es un tributario del Río Tarvo; localizado a 30 km este de Los Fierros y es accesible durante casi todo el año. En el mismo se puede encontrar caminos y cabañas rústicas para acampar.

Aserradero y Florida   14° 35' 37" S,
Moira   61° 10' 45" W

Bosque ribereño, bosque inundado temporalmente de sartenejales, bosque mixto de lianas y una extensión de comunidades acuáticas asociadas con el Río Paraguá, río grande de aguas negras. Florida es una comunidad Chiquitania establecida hace 30 años, mientras el aserradero Moira fue abandonado en el 1997. Ambos lugares están localizados en el banco oeste del Río bajo Paraguá. Una balsa pequeña sobre el Río Paraguá es el único acceso para llegar a los sectores sur y oeste del parque. Accesible durante todo el año por carretera y por aviones pequeños.

Las Torres   13° 39' 18" S, 60° 48' 42" W

Bosque ribereño, bosque anegado, sabana inundada por temporadas en áreas bajas, con bosque desiduo (ceradão) y afloramiento de rocas en las laderas. Dos tributarias de aguas claras fluyen de las serranía adyacente. Caminos con acceso a la meseta de Huanchaca (Serranía Negra). Campamento con guarda parques y cuenta con algunas facilidades.

Piso Firme   13° 37' 44" S, 61° 44' 21" W

Comunidad localizada en el Río Bajo Paraguá, cerca del Río Iténes y el sector norte del parque. Bosque ribereño, inundando por temporada y bosque de lianas. Al sur se encuentra una gran área de bosque anegado y otras sabanas húmedas. Accesible durante todo el año por aviones pequeños y por carretera.

Choré Aserradero 14° 08' 47" S, 61° 09' 10" W

Aserradero abandonado próximo a un arroyo de aguas negras, tributaria del Río Paragua el cual drena al pie del monte de la Serranía Huanchaca. Bosque inundado por temporada con una grado de variedad de disturbios al sur y bosque grande de lianas. El mismo se encuentra aproximadamente localizado a 50 km norte de Los Fierros, a lo largo de la carretera de Laguna Bellavista.

Arroyo Las Londras   14° 24' 09" S,
   61° 08' 35" W

Arroyo de aguas negras, aproximadamente localizado a 40 km norte de Los Fierros en la carretera a Arroyo Choré. Forma parte de la conexión entre Laguna La Bahía (Laguna Chaplín) y el Río Paraguá, extensa área de bosque inundado.

Bellavista   13° 36' 33" S, 61° 33' 18" W

Lago pequeño rodeado por bosque alto siempreverde y bosque de lianas. Al sur pastoreo pampa termitero. Localizado en el sector norte del parque, 15m del Río Itenez. Accesible por carretera desde el aserradero abandonado de El Choré.

La Toledo   14° 45' 02" S, 61° 08' 37" W

Campamento localizado al sudoeste del parque dentro de la Reserva Ecológica El Refugio, con sabana abierta inundada (pampa aguada), pampas termitero, curichales y bosque "islas" dentro de un paisaje temporalmente inundado; tierra mas alta con bosque semdeciduos y bosque mixto de lianas.

Cerro Pelão   14° 31' 20" S, 61° 28' 10" W

Alforamiento granítico (inselberg), aproximadamente 200 m de alto y 200 m en diámetro, con varios hábitats de rocas unidas. En la cresta se encuentra bosque semideciduo con suelo moderadamente profundo. Este lugar esta afueras de los limites del parque, aproximadamente 40 km al oeste de Florida.

APPENDICES
APÉNDICES

A checklist of the vascular plants of Parque Nacional Noel Kempff Mercado and surrounding areas

Listado de plantas vasculares del Parque Nacional Noel Kempff Mercado y sus alrededores

Timothy J. Killeen and collaborators (y colaboradores) de:

Museo de Historia Natural Noel Kempff Mercado: Luzmila Arroyo, Ana Maria Carrión, Marioli Castro, Teresa de Centurión, Alfredo Fuentes, Marisol Garvizu, Carlos Guardía, Jaime Guillén, René Guillén, Edgar Guzman, Enrique Gutierrez, Antony Jardim, Sylvia Jimenez, Sandra Landivar, Maday Menacho, Bonifacio Mostacedo, Aimet Rodriguez, Mario Saldias, Adehmar Soto, Roberto Quevedo, Ines Uslar, Guadalupe Sanchez, Marisol Toledo; **Fundación Amigos de la Naturaleza:** Israel Vargas, Roberto Vasquéz, Stephan Halloy, Luis René Moreno, Hermes Justiniano, Marielos Peña, Pierre Ibisch; **La Comunidad de Florida:** Juan Surubí, Pastor Solíz; **Missouri Botanical Garden:** Alwyn Gentry, Timothy J. Killeen; **Field Museum of Natural History:** Robin Foster; **New York Botanical Garden:** Michale Nee, W. Wayt Thomas; **University of New Hampshire:** Garrit Crow, Nur Ritter; **University of Georgia:** Steve Panfil; **Volunteers and other workers:** Maria Peña Chocarro, Paul Foster, Compton J. Tucker, Marc Steininger, Corine Vrisendorp.

LEGEND / LEYENDA

Habitat codes / Codigos de hábitat

bdc	bosque deciduo (cerradao) / semideciduous forest
bg	bosque de galería / gallery forest
bas	bosque alto siempreverde / tall evergreen forest
bi	bosque alto inundado / high inundated forest
bl	bosque siempreverde de lianas / evergreen liana forest
bp	bosque pionero / pioneer forest
br	bosque ribereño / riverine forest
bri	bosque ribereño inundado / inundated riverine forest
bsd	bosque semideciduo / semideciduous forest
ca	cerradão / matorral cerrado / closed woodland
ce	cerrado / matorral abierto / open woodland
cc	campo cerrado / sabana arbolada de tierras altas / shrub savanna
ch	campo húmedo de tierras altas / humid savanna

CONSERVATION INTERNATIONAL

Habitat codes / Codigos de hábitat

cl	campo limpo / sabana abierta de tierras altas / open well drained savanna
co	colcha flotanta / floating mat
cr	campo rupestre / sabana abierta con lajas areníscas / open savanna with rock fields
cu	curiche / marsh
cult	cultivado / cultivated
ib	isla de bosque / forest island
la	laja arenisca / sandstone outcrop
lg	laja granítica / granite outcrop
mi	matorral inundado / inundated shrubland
pa	sabana abierto inundadao / open inundated savanna
pi	pampa inundada / inundated savanna
pt	pampa termitero / sabana arbustiva inundada / inundated savanna with termite mounds
vr	vegetación ribereña / riverine vegetation

Key to codes for life forms / Codigos de formas de vida

h	hierba / forb
s	arbusto / shrub
a	árbol / tree
l	liana / liana
v	trepadora herbacea / herbaceous vine
g	graminoide / graminoide
e	epífita / epiphyte
ac	acuática / aquatic
e/l	hemiepífita / hemiepyphyte
r	rupícola / rock epiphyte

FAMILIA/ESPECIES FAMILY/SPECIES	COLECTOR/ COLLECTOR	NÚMERO/ NUMBER	F.V./ L.F.	HÁBITAT/ HABITAT
PTERIDOPHYTA (Helechos)				
ADIANTACEAE				
Adiantum lunulatum Burm. f.	J. Guillén	235		bsd
Adiantum platyphyllum Sw.	Peña-Chocarro	64	h	bg
Adiantopsis radiata (L.) Feé	Killeen	6317	h	lg bg
Adiantum brasiliense Link	Jardim	54	h	
Adiantum calcareum Gardner	Peña	316	h	bdc
Adiantum latifolium Lam.	Toledo	8	h	bsa
Adiantum pectinatum Ettingsh.	Nee	41372	h	
Adiantum petiolatum Desv.	Foster	13695	h	bsa bg bp
Adiantum raddianum C. Presl	Peña	306	h	bdc
Adiantum radiata (L.) Fée	Peña	274	h	
Adiantum serratodentatum Humb. & Bonpl. ex Willd.	Arroyo	827	h	bg ca pt pi ch
Adiantum terminatum Miq.	Peña	183	h	bi
Adiantum tetraphyllum Humb. & Bonpl. ex Willd.	Guillén	2018	e	bsa bi
Cassebeera pinnata Kaulf.	Killeen	4785	r	la
Cheilanthes (Adiantopsis) radiata (L.) Sm.	Peña	274	h	bdc
Cheilanthes eriophora (Fée) Mett.	J. Guillén	228		bsd
Hemionitis rufa (L.) Sw.	Guillén	3127	e	bsa
Pellaea (Sect. Ormopteris) pinnata Kaulf. Prantl	Killeen	4785	r	cr
Pellaea pinnata (Kaulf.) Prantl	Arroyo	186	h	cr
Pityrogramma calomelanos (L.) Link	Arroyo	252	h	bp
ASPLENIACEAE				
Asplenium auritum Sw.	Soto	389	e	bg
Asplenium claussenii Hieron.	Arroyo	824	r	bg
Asplenium cristatum Lam.	Arroyo	819	h	bg
Asplenium formosum Willd.	Arroyo	812	r	bg
Asplenium hastatum Klotzsch ex Kunze	Soto	442	h	bg
Asplenium ruizianum Klotzsch	Fuentes	1709	h	bl
Asplenium salicifolium L.	Arroyo	175	e	bg bsa

FAMILIA/ESPECIES FAMILY/SPECIES	COLECTOR/ COLLECTOR	NÚMERO/ NUMBER	F.V./ L.F.	HÁBITAT/ HABITAT
Asplenium serratum L.	Peña-Chocarro	23	e	bg
Asplenium stuebelianum Hieron.	Foster	13842	e	bsa
AZOLLACEAE				
Azolla caroliniana Willd.	Garvizu	131	ac	co
Azolla filiculoides Lam.	Guillén	3208	ac	cu
Azolla microphylla Kaulf.	Arroyo	769	ac	co
BLECHNACEAE				
Blechnum asplenioides Sw.	Uslar	639	h	bg
Blechnum confluens Schl tdl. & Cham.	Peña-Chocarro	126	h	bg
Blechnum fraxineum Willd.	Peña	310	h	bdc
Blechnum gracile Kaulf.	Arroyo	183	h	bg
Blechnum lanceola Sw.	Guillén	2503	h	bsa
Blechnum malacothrix Maxon & C.V. Morton	Arroyo	209	e	bg
Blechnum occidentale L.	Foster	13697	h	bsa bi
Blechnum polypodioides Raddi	Arroyo	704	h	ce
Blechnum serrulatum Rich.	Peña	196	h	pa bg
Salpichlaena hookeriana (Kuntze) Alston	Arroyo	168	v	bg
Salpichlaena volubilis (Kaulf.) J. Sm.	Carrión	401	h	bsa
CYATHEACEAE				
Cyathea delgadii Sternb.	Arroyo	237	a	bg
Cyathea kalbreyeri (Baker) Domin	Uslar	635	s	bg
Cyathea multiflora J. E. Smith	Arroyo	714	a	cc
Cyathea nigripes (C. Chr.) Domin	Arroyo	180	h	bg
Cyathea pungens (Willd.) Domin	Arroyo	669	a	bg
Cyathea semicordata (Sw.) J. Sm.	Fuentes	1716	s	bl
Cyathea villosa Humb. & Bonpl. ex Willd.	Killeen	4795	h	la
Trichipteris procera (Willd.) R. M. Tryon	Foster	13723	s	bsa
DENNSTAEDTIACEAE				
Lindsaea divaricata Klotzsch	Arroyo	615	h	ib
Lindsaea lancea (L.) Bedd. var. lancea	Arroyo	708	r	bg bsd cc
Lindsaea portoricensis Desv.	Arroyo	199	r	cr cc

FAMILIA/ESPECIES FAMILY/SPECIES	COLECTOR/ COLLECTOR	NÚMERO/ NUMBER	F.V./ L.F.	HÁBITAT/ HABITAT
Lindsaea quadrangularis Raddi	Arroyo	712	r	ce
Lindsaea stricta (Sw.) Dryand	Killeen	7836	r	cc
Pteridium aquilinum (L.) Kuhn	Arroyo	761	h	bg
Pteridium arachnoideum (Kaulf.) Maxon	Carrión	79		be
Saccoloma inaequale (Kunze) Mett.	Arroyo	706	r	ce
DRYOPTERIDACEAE				
Ctenitis nigrovenia (H. Christ) Copel.	Peña-Chocarro	69	h	bg
Ctenitis sloanei (Poepp. ex Spreng.) C.V. Morton	Foster	13694	h	bsa
Cyclodium meniscioides (Willd.) C. Presl	Arroyo	377	h	ib
Dryopteris patula (Sw.) Underw.	Arroyo	820	r	bg bsa
Polybotrya fractiserialis (Bak.) John Sm.	Foster	13978	h	bsa
Polystichum sp.	Arroyo	811	r	bg
Tectaria incisa Cav.	Foster	13689	h	bsa
Triplophyllum funestum (Kunze) Holttum	Arroyo	705	h	cc
GLEICHENIACEAE				
Dicranopteris flexuosa (Schrad.) Underw.	Killeen	4794	r	la cc
Dicranopteris pectinata (Willd.) Underw.	Soto	500	h	cc
Sticherus bifidus (Willd.) Ching	Arroyo	230	r	bg
Sticherus penniger (C. Mart.) Copel.	Arroyo	184	h	bg
GRAMMITIDACEAE				
Cochlidium serrulatum (Sw.) L.E. Bishop	Arroyo	224	r	bg
HYMENOPHYLLACEAE				
Hymenophyllum hostmannii	Arroyo	234	ac	bg
Hymenophyllum polyanthos Bosch	Arroyo	182	e	bg
Trichomanes accedens C. Presl	Arroyo	227	r	bg
Trichomanes hostmannianum (Klotzsch) Kunze	Nee	41295		
Trichomanes pilosum Raddi	Arroyo	236	r	bg
Trichomanes pinnatum Hedw.	Peña	179	h	bri bg
Trichomanes rigidum Sw.	Arroyo	709	r	bg
Trichomanes windischianum Lellinger	Arroyo	235	ac	bg

FAMILIA/ESPECIES FAMILY/SPECIES	COLECTOR/ COLLECTOR	NÚMERO/ NUMBER	F.V./ L.F.	HÁBITAT/ HABITAT
ISOETACEAE				
Isoetes sp.	Ritter	3619	ac	cu
LOMARIOPSIDACEAE				
Bolbitis serratifolia (Mert. ex Kaulf.) Schott	Arroyo	813	e	bg
Elaphoglossum macrophyllum (Mert. ex Kuhn) H. Christ	Arroyo	809	r	bg
Elaphoglossum luridum (Fée) H. Christ	Arroyo	166	e	bg
Elaphoglossum petiolatum (Sw.) Urb.	Arroyo	201	e	cr bsa
Elaphoglossum plumosum (Fée) T. Moore	Arroyo	225	r	bg
Lomagramma guianensis (Aubl.) Ching	Foster	13690	h	bsa
Lomariopsis sp.	Arroyo	251	h	bi
LYCOPODIACEAE				
Huperzia polycarpos (Kunze) B. Ollg.	Arroyo	231	r	bg
Lycopodiella alopecuroides (L.) Cranfill	Nee	41224	h	
Lycopodiella cernua (L.) Pic. Serm.	Arroyo	195	h	ch ca bg
Lycopodiella contexta C. Mart.?	Arroyo	798	h	ib
Lycopodiella caroliniana (L.) Pic. Serm. var. *meridionalis* (Underw. & F.E. Lloyd) B. Ollg & P.G. Windisch	Guillén	4178	h	cr
Lycopodiella pendulina (Hook.) B. Ollg.	Killeen	6178	h	la
MARATTIACEAE				
Danaea elliptica J. E. Smith	Arroyo	715	h	ce
MARSILACEAE				
Marsilea polycarpa Hook. & Grev.	R. Guillén	4394	ac	pt
METAXYACEAE				
Metaxya rostrata (Kunth) C. Presl	Arroyo	713	h	cc
OLEANDRACEAE				
Nephrolepis rivularis (Vahl) C. Chr.	Peña-Chocarro	98	e	bg
Nephrolepis undulata (Afzel. ex Sw.) J. Sm.	Guillén	3588		
PARKERIACEAE				
Ceratopteris pteridoides (Hook.) Hieron.	Foster	14518	h	bi

FAMILIA/ESPECIES FAMILY/SPECIES	COLECTOR/ COLLECTOR	NÚMERO/ NUMBER	F.V./ L.F.	HÁBITAT/ HABITAT
POLYPODIACEAE				
Campyloneurum abruptum (Lindman) B. Leon	Foster	13696	h	bsa
Campyloneurum fuscosquamatum Lellinger	Uslar	641	h	bg
Campyloneurum angustifolium (Sw.) Fée	Arroyo	219	e	bg
Campyloneurum phyllitidis (L.) C. Presl	Arroyo	804	e	bg
Campyloneurum repens (Aubl.) C. Presl	Arroyo	216	e	bg bsa
Dicranoglossum desvauxii (Klotzsch) Proctor	Arroyo	760	e	bg
Microgramma lycopodioides (L.) Copel.	Arroyo	179	e	bg
Microgramma macrophylla (Desv.) de la Sota	Quevedo	2425	v	bsa
Microgramma megalophylla (Desv.) de la Sota	Toledo	19	e	bi ib bri
Microgramma persicariifolia (Schrad.) C. Presl	Guillén	1618	e	br
Niphidium crassifolium (L.) Lellinger	Killeen	5919	e	bsa ib bg bi
Pecluma plumula (Humb. & Bonpl. ex Willd.) M.G. Price	Arroyo	779	r	br bg
Phlebodium decumanum (Willd.) J. Sm.	Guillén	3054	e	bsa
Phlebodium pseudoaureum (Cav.) Lellinger	Arroyo	207	e	bg bsa
Polypodium attenuatum Humb. & Bonpl. ex Willd.	Arroyo	660	e	bg
Polypodium decumanum Willd.	Guillén	1465	e	pi
Polypodium polypodioides (L.) Watt	Foster	13953	e	bsa
Polypodium triseriale Sw.	Arroyo	229	r	bg
PSILTOACEAE				
Psilotum nudum (L.) P. Beauv.	Guillén	3200	e	ib bsa
PTERIDACEAE				
Acrostichum danaeifolium Langsd. & Fischer	Garvizu	172		cu
Pteris denticulata Sw.	Guillén	2014	e	bsa
Pteris propinqua J. Agardh	Foster	13692	h	bsa
Pteris pungens Willd.	Arroyo	222	h	bg
Pteris quadriaurita Retz.	Arroyo	232	h	bg
RICCIACEAE				
Ricciocarpus natans (L.) Corda	Ritter	3532	ac	co
SALVINIACEAE				
Salvinia auriculata Aubl.	Guillén	1269	a	co cu

FAMILIA/ESPECIES FAMILY/SPECIES	COLECTOR/ COLLECTOR	NÚMERO/ NUMBER	F.V./ L.F.	HÁBITAT/ HABITAT
Salvinia minima Baker	Killeen	6824	ac	co
SCHIZAEACEAE				
Anemia buniifolia (Gardner) T. Moore	Peña	228	h	bdc cr
Anemia clinata Mickel	Peña	272	h	bdc
Anemia elegans (G. Gardner) C. Presl	Arroyo	192	r	cr
Anemia elinata Mickel	Peña.	272	r	
Anemia oblongifolia (Cav.) Sw.	Peña	308	h	bdc
Anemia pastinacaria Moritz ex Prantl	Guillén	1072	h	ce
Anemia tomentosa (Savigny) Sw.	Killeen	6472	h	lajas areniscas
Anemia sp. nov.	Arroyo	190	r	cr
Lygodium venustum Sw.	Foster	13984	v	bsa bdc bg bra
Schizaea elegans (Vahl) Sw.	Arroyo	226	r	bg ib
SELAGINELLACEAE				
Selaginella convoluta (Arnott) Spring in C. Mart.	Killeen	6210	r	lg bsd arroyo
Selaginella cf. *eryothropus* (C. Mart.) Spring var. major Spring	Arroyo	205	r	bg
Selaginella marginata (Humb. & Bonpl. ex Willd.) Spring	Foster	13693	h	bsa lg bi bsd
Selaginella microphylla (Kunth) Spring	Killeen	6200	h	la
THELYPTERIDACEAE				
Thelypteris arborescens (Humb. & Bonpl. ex Willd.) C. V. Morto.	Peña-Chocarro	94	h	cc
Thelypteris aspidioides (Willd.) R.M. Tryon	Guillén	3101	ac	co
Thelypteris (Amauropelta) cf. *balbisii* (Spreng.) Ching	Arroyo	249	h	bi
Thelypteris chrysodioides C.V. Morton	Arroyo	605	h	ib
Thelypteris hispidula (Dcne) C. F. Reed	Foster	13691		
Thelypteris interrupta (Willd.) K. Iwatsuki	Ritter	3479	ac	co
VITTARIACEAE				
Ananthacorus angustifolius (Sw.) Underw. & Maxon	Guillén	3565	e	bsa
Vittaria graminifolia Kaulf.	Arroyo	814	r	bg
Vittaria latifolia Benedict?	Arroyo	778	e	br

FAMILIA/ESPECIES FAMILY/SPECIES	COLECTOR/ COLLECTOR	NÚMERO/ NUMBER	F.V./ L.F.	HÁBITAT/ HABITAT
Vittaria lineata (L.) J. E. Smith	Guillén	1471	e	pi
CYCADOPHYTA				
CYCADACEAE				
Zamia boliviensis (Brongn.) A. DC	Foster	13824	s	ce
GNETOPHYTA				
GNETACEAE				
Gnetum schwackeanum Taubert ex Markgraf.	Garvizu	282	a	bi
MAGNOLIOPSIDA (Dicotiledónea)				
ACANTHACEAE				
Elytraria imbricata (Vahl) Pers.	Guillén	1316	h	bsd
Geissomeria tetragona Lindau	Gutiérrez	751	h	bg ce pt bsa
Justicia alboreticulata Lindau	Jiménez	1270	h	cc
Justicia asclepiadea (Nees) Wassh.	Mostacedo	1742	h	bdc la
Justicia boliviana Rusby	Jardim	139	h	bsa
Justicia calycina Nees V.A.W. Wassell	Sánchez	348	h	bsa
Justicia dubiosa Lindau	Saldias	2911	h	bsa bi
Justicia laevilinguis (Nees) Landau	Ritter	3067	h	co
Justicia pectoralis Jacq.	Toledo	65	h	bsa
Justicia rusbyi (Lindau) V. A. W. Graham	Mostacedo	1646	h	bsa
Justicia subintegrifolia Rusby	Rodriguez	722	h	bsa
Justicia velascana Lindau	Guillén	1660	h	bsd br
Lophostachys pubiflora Lindau Nees	Carrión	528	h	bsa bsd cc bri
Mendoncia aspera (Ruiz & Pavón) Nees	Arroyo	756	l	bg bsa
Mendoncia bivalvis (L. f.) Merr.	Carrión	537	l	
Mendoncia hirsuta (Poepp.) Nees	Sánchez	362	l	bsa
Pseuderanthemum congestum (S. Moore) Wassh. & Wood	Guillén	3962	s	bsa
Ruellia brevifolia (Pohl) C. Ezcurra	Sánchez	361	h	bsa
Ruellia elliptica Rusby	Jardim	149	h	
Ruellia geminiflora H.B.K.	Saldias	2849	h	cc ce
Ruellia graecizans Backer	Killeen	7679	h	bsd
Ruellia puri (Nees) Mart. ex Jacks.	Killeen	6350	h	lg mi

FAMILIA/ESPECIES FAMILY/SPECIES	COLECTOR/ COLLECTOR	NÚMERO/ NUMBER	F.V./ L.F.	HÁBITAT/ HABITAT
Staurogyne diantheroides Lindau	Peña-Chocarro	175	h	bi
Staurogyne spraguei Wassh.	Nee	41396	h	malesa
Suessenguthia (Ruellia) multisetosa (Rusby) Wassh.	Saldias	3255	h	bsa
AMARANTHACEAE				
Alternanthera brasiliana (L.) Kuntze	Saldias	3255	h	bsa
Alternanthera lanceolata (Benth.) Schinz	Carrión	359	h	bi
Amaranthus viridis L.	Nee	41479	h	co
Celosia argentea L.	Nee	41523	h	cult
Chamissoa acuminata Mart.	Castro	85	h	bi
Pfaffia grandiflora (Hook.) R. E. Fries	Toledo	31	v	bsa
ANACARDIACEAE				
Anacardium humile A. St. Hil.	Guillén	4140	s	cr
Anacardium occidentale L.	Nee	41130	a	cult
Astronium fraxinifolium Schott ex Sprengel	Jardim	3096	a	bl bsa
Astronium graveolens Jacq.	Mostacedo	1833	s	ce bsd
Astronium urundeuva (Allemão) Engl.	Vargas	4086	a	bdc bsa cd
Astronium lecointei Ducke	Saldias	3156	a	bsa
Schinopsis brasiliensis Engl.	Saldias	2946	a	bsd
Spondias mombin L.	Vargas	3837	a	bsa bsd
Spondias purpurea L.	Quevedo	2548	a	
Tapirira guianensis Aubl.	Jardim	61	s a	bg bdc bsa cc ce pi pt
Thyrsodium rondonianum J. D. Mitchell & Daly	Killeen	5628	a	bsa
ANNONACEAE				
Annona coriacea Mart.	Nee	41161	s	
Annona cf. excellens R.E. Fries	Peña	103	a	ib ce
Annona dioica A. St. Hil.	Nee	41544	s	ce
Annona montana Macfad.	Foster	13705	s	bsa
Annona muricata L.	P. Foster	748	a	bsa
Annona reticulata L.	Nee	41124	a	
Annona sp.	Gutierrez	508	s	cc ce pt
Cardiopetalum calophyllum Schltdl.	Peña	93	a	br ib

VASCULAR PLANTS (PLANTAS) OF PARQUE NACIONAL NOEL KEMPFF MERCADO

FAMILIA/ESPECIES FAMILY/SPECIES	COLECTOR/ COLLECTOR	NÚMERO/ NUMBER	F.V./ L.F.	HÁBITAT/ HABITAT
Diclinanona sp.	Guillén	2841	a	bsa
Duguetia furfuracea (A. St. Hil.) Benth. & Hook. f.	Killeen	4890	s	cl cr ce
Duguetia marcgravianum C. Mart.	Killeen	6124	a	bsa bsd br bi
Ephedranthus	Jardim	222	a	
Guatteria sp. 1	Gutierrez	1162	a	pt
Guatteria sp. 2	Killeen	4866	a	bg bsa
Onychopetalum	Killeen	5804	a	bsa
Oxandra sp.	Gutierrez	541	a	br
Pseudoxandra sp	Quevedo	2343	a	bri bi
Rollingia sp. 1	Gutiérrez	1160	s	
Rollingia sp. 2	Guillén	87	a	bl
Unonopsis floribunda Diels	Gentry	75608	a	bsa
Unonopsis lindmanii R. E. Fries	Guillén	116	a	bl
Xylopia aromatica (Lam.) Mart.	P. Foster	461	a	bsa bi br pt ce
Xylopia benthamii R. E. Fries	Guillén	4442	a	bsd
Xylopia ligustrifolia Humb. & Bonpl. Ex Dunal	Arroyo	384	a	bi
Xylopia sericea A. St.-Hil.	Arrroyo	1054	a	bsa
APOCYNACEAE				
Allamanda cathartica L.	Nee	41132	s	cult
Aspidosperma album (Vahl) Benth. ex Pichon	Arroyo	478	a	ib
Aspidosperma cylindrocarpon Müll. Arg.	Guillén	2011	a	bsa bsd
Aspidosperma aff. *discolor* A. DC.	Quevedo	900	a	cc
Aspidosperma excelsum Benth.	Thomas	5566	a	
Aspidosperma macrocarpon Mart.	Guillén	4205	a	bsa
Aspidosperma marcgravianum Woodson	Gonzales	47	a	bg
Aspidosperma multiflorum A. DC.	Nee	41151	a	bsa bp bsd
Aspidosperma nanum Markgraf	Quevedo	2485	a	
Aspidosperma nobile Müll. Arg.	Mostacedo	1929	s	ce
Aspidosperma polyneurona Müll. Arg.	Jardim	3117	a	bl bsa
Aspidosperma rigidum Rusby	J. Guillén	34	a	bsd
Aspidosperma tambopatence A. H. Gentry	Gentry	75597	a	bsa

FAMILIA/ESPECIES FAMILY/SPECIES	COLECTOR/ COLLECTOR	NÚMERO/ NUMBER	F.V./ L.F.	HÁBITAT/ HABITAT
Aspidosperma tomentosum C. Mart.	Guillén	2318	a	bsa
Catharanthus roseus (L.) G. Don	Nee	41120	v	
Dipladenia sp.	Gutierrez	521	h	ce
Forsteronia acouci (Aubl.) A. DC.	Ritter	3097	a	bi
Forsteronia amblybasis S.F. Blake	Carrión	539	l	pa
Forsteronia guyanensis Müll. Arg.	Gutierrez	444	l	ce
Forsteronia cf. *pubescens* A. DC.	Vargas	4126	l	
Forsteronia tarapotensis Schum. ex Woodson	Foster	13469	v	bsa
Geisspspermum laeve (Vell) A. H. Gentry	Mostacedo	915	a	bsa
Geissospermum reticulatum A.H. Gentry	Wallace	107	a	bsa
Hancornia speciosa Gomes	Killeen	5954	a	ca ce cc pt
Himatanthus articulatus (Vahl) Woodson	Guillén	1754	a	bi
Himatanthus obovatus (Müll. Arg.) Woodson	Foster	13782	a	ce ca
Himatanthus phagedaenicus (Mart.) Woodson	Nee	41271	a	pt ce
Himatanthus sucuuba (Spruce ex Müll. Arg.) Woodson	Killeen	6048	s a	bp mi pt pa
Laxoplumeria aff. *tessmanii* Markgraf	Guillén		a	bsa bl bdc
Macoubea guianensis Aubl.	Soto	401	a	bsa
Macropharynx spectabilis (Stadelmeyer) Woodson	Carrión	529	l	pa
Macrosiphonia longiflora (Desf.) Müll. Arg.	Thomas	5583	h	bsa bri
Malouetia peruviana Woodson	Nee	41520	a	bi
Mandevilla angustifolia (Malme) Woodson	Killeen	8158	l	be
Mandevilla angustissima Markgraf	Jardim	113	h	bdc cr
Mandevilla antennacea (A. DC.) K. Schum.	Peña Chocarro 163		v	bri bsd bsa
Mandevilla rugosa (Benth.) Woodson	Jimenez	1364	v	ce bsa
Mandevilla scabra (Hoffmanns. ex Roemer & Schultes) K. Schum.	Saldias	2970	h	ce cr bsd
Mandevilla tenuifolia (Mikan) Woodson	Thomas	5660	h	
Meschites mansoana (A. DC.) Woodson	Saldias	3306	v	pt
Mesechites trifida (Jacq.) Müll. Arg.	Garvizu	258	l	bi
Odontadenia geminata (Hoffmannsegg ex Roemer & Schultes) Müll. Arg.	R. Guillén	4387	l	pt

FAMILIA/ESPECIES FAMILY/SPECIES	COLECTOR/ COLLECTOR	NÚMERO/ NUMBER	F.V./ L.F.	HÁBITAT/ HABITAT
Odontadenia cognata (Stadelmeyer) Woodson	Painter	147	l	bg
Odontadenia hypoglauca (Stadelm.) Müll. Arg.	Peña	267	v	bdc
Odontadenia lauretiana Woodson & Steyerm.	Saldias	3191	l	bsa
Odontadenia laxiflora (Rusby) Woodson	Fuentes	1714	l	bl cc
Odontadenia lutea (Vell.) Markgr.	Mostacedo	1731	v s	pa pt ce
Odontadenia nitida (Vahl) Müll. Arg.	Guillén	1603	a	ib
Pacouria boliviensis (Markgr.) A. Chev.	Jiménez	1101	a	bi
Prestonia acutifolia (Benth. ex Müll. Arg.) K. Schum.	Saldias	2771	v	bsa bp mi
Prestonia coalita (Vell.) Woodson	Jiménez	1118	l	bsa
Prestonia tomentosa R. Br.	Guillén	3051	v	pt
Rauvolfia praecox K. Schum.	Saldias	3459	s	cr
Rhabadenia biflora (Jacq.) Müll. Arg.	Guillén	3484	l	pt
Rhabadenia cf. *pohlii* Müll. Arg.	Saldias	2916	v	bsa mi
Rhodocalyx rotundifolius Müll. Arg.	Thomas	5688		ce
Secondatia densiflora A. DC.	Killeen	6127	l	bdc
Tabernaemontana amygdalifolia Jacq.	Gutierrez	979	s	bdc
Tabernaemontana flavicans Willd.ex Roem. & Schult.	Foster	13660	a	bsa
Tabernaemontana siphilitica (L.f.) Leeuwenberg	Guillén	2048	a	brp pt
Temnadenia ornata (Hoehne) Woodson	Nee	41451	v	
Thevetia amazonica Ducke	Guillén	1584	h s	pi mi
Thevetia peruviana (Pers.) K. Schum. in Engl. & Prantl	Nee	41121	s	maleza
AQUIFOLIACEAE				
Ilex brevicuspis Reisseck	Killeen	7830	s	cc cs
Ilex goudotii Loesner	Mostacedo	2151	s	cs
Ilex inundata Poepp. ex Reisseck	Arroyo	719	a s	cc ce ch cr
Ilex jenmanii Loesner	Guillén	3999	s	bsa
ARALIACEAE				
Dendropanax arboreus (L.) Decne. & Planch.	Guillén	817	a	bsa
Dendropanax cuneatus (DC.) Decne. & Planch.	Guillén	3971	a	bsa
Didymopanax distractiflorus Harms	Nee	41176	s a	ce pt
Didymopanax morototoni (Aubl.) Decne. & Planchon	P. Foster	576	a	bg bsa bsd br

FAMILIA/ESPECIES FAMILY/SPECIES	COLECTOR/ COLLECTOR	NÚMERO/ NUMBER	F.V./ L.F.	HÁBITAT/ HABITAT
Didymopanax vinosus Cham. & Shltadl	Killeen	6386	s	ce
ARISTOLOCHIACEAE				
Aristolochia dictyantha Duchartre	Guillén	3696	l	bp
Aristolochia sellowiana Duchartre	Guillén	3273	l	br
ASCLEPIADACEAE				
Asclepias mellodora A. St.-Hil.	Killeen	6988	h	pi
Barjonia recta (Vell.) K. Schum.	Sámchez	298	h	ce
Blepharadon sp.	Foster	13997	s	bsd (quartzite)
Cynanchum montevidense Spreng.	Guillén	1574	v	mi
Ditassa taxifolia Decne in A. DC.	Killeen	6089	h	pt
Hemipogon acerosus Decne.	Thomas	5741	v	cr
Hemipogon sprucei E. Fourn. in C. Mart	Gutiérrez	1270	h	cc pt b
Marsdenia altissima (Jacq.) Dugand	Saldias	2977	v	bsa, cc, lg
Matelea sp.	Gutiérrez	1191	v	pt
Nephradenia linearis (Decn.) Benth.	Killeen	6106	h	pt
Sarcostemma clausum (Jacq.) Schult.	Guillén	1352	v	vr
Schubertia grandiflora Mart. & Zucc.	Guillén	1804	l	bp
Tassadia sp.	Foster	13859	v	pt
BALANOPHORACEAE				
Langsdorffia hypogea C. Mart.	Jiménez	1361	h	ce
BEGONIACEAE				
Begonia cucullata Willd.	Ritter	2396	h	co
Begonia fischeri Schrank	Killeen	6833	h	br co
Begonia wollyni Herzog	Arroyo	815	r	bg
BIGNONIACEAE				
Adenocalymma bracteolatum A. DC.	Saldias	2664	l	bsd
Adenocalymma impressum (Rusby) Sandwith	Killeen	6633	l s	bsd bhl
Adenocalymma marginatum (Chamisso) DC.	Jardim	3078	l	bl
Adenocalymma purpurascens Rusby	Saldias	2786	l	bsd
Amphilophium aschersonii Ule	P. Foster	726	l	bl
Anemopaegma arvense Stellfeld ex de Souza	Rodriguez	602	l s	cc cs

FAMILIA/ESPECIES FAMILY/SPECIES	COLECTOR/ COLLECTOR	NÚMERO/ NUMBER	F.V./ L.F.	HÁBITAT/ HABITAT
Anemopaegma flavum Morong	Guillén	3165	l	brp bri
Anemopaegma glaucum Mart. ex DC.	Foster	13794	s	ce
Anemopaegma insculptum (Sandwith) A.H. Gentry	Jardim	561	l	ce bsd
Anemopaegma prostratum DC.	Saldias	2929	l	bp
Arrabidaea arthrerion Mart.	Gutierrez	950	l	bdc
Arrabidaea brachypoda (A. DC.) Bureau	Peña	92	s l	pt ce br bsa
Arrabidaea caudigera A.H. Gentry	Guillén	1367	l	br
Arrabidaea chica (Bonpl.) Verl.	Gentry	75663	l	
Arrabidaea cinnamomea (A. DC.) Sandwith	Mostacedo	2111	l s	brp ib ce
Arrabidaea corallina (Jacq.) Sandwith	Killeen	7598	l	bsa bl br bri bsd pt
Arrabidaea fanchawei Sandwith	R. Guillén	3279	l	br
Arrabidaea florida A. DC.	Saldias	2928	l	bsa bl brp bsd pt
Arrabidaea inaequalis (DC. ex Splitgerber) Schumann	Jardim	154	l	ce
Arrabidaea japurensis (A. DC.) Bureau & K. Schum.	P. Foster	85	l	bi
Arrabidaea mutabilis Bureau & K. Schum.	Guillén	1430	l	br cc
Arrabidaea patellifera (Schltdl.) Sandwith	Guillén	3796	l	bdc bsa bp pi
Arrabidaea pearcei (Rusby) K. Schum. ex Urban	Arroyo	642	l	bg
Arrabidaea platyphylla A. DC.	Gutierrez	1159	l	cc pt
Arrabidaea sceptrum Sandwith	Mostacedo	1806	s l	cc ca
Arrabidaea spicata Bureau & K. Schum.	Gentry	65632	l	bsa
Arrabidaea triplinervia (Mart. ex DC.) Baill. ex Bureau	Guillén	1981	l	bsa bsd
Arrabidaea tuberculata A. DC.	Guillén	3781	l	bsa
Arrabidaea verrucosa (Standl.) A.H. Gentry	Saldias	2969	l	bsa bsd
Callichlamys latifolia (L. Rich.) K. Schum.	Gentry	75600	l	
Ceratophytum tetragonolobum (Jacq.) Sprague & Sandwith	R. Guillén	3637	l	bi
Clytostoma sciuripabulum Bureau & K. Schum.	Guillén	3666	l	bsa
Clytostoma uleanum Kränzlin	Guillén	1984	l	bsa
Cuspidaria lateriflora (Mart.) A. DC.	J. Guillén	53	l	bsd
Cybistax antisyphilitica (Mart.) Mart. ex DC.	Saldias	3566	a	bg
Cydista aequinoctialis (L.) Miers	Killeen	5432	l	bsa bsd
Cydista lilacina A. H. Gentry	Gentry	75599	l	bsa

CONSERVATION INTERNATIONAL

Rapid Assessment Program

FAMILIA/ESPECIES FAMILY/SPECIES	COLECTOR/ COLLECTOR	NÚMERO/ NUMBER	F.V./ L.F.	HÁBITAT/ HABITAT
Distictella cuneifolia Sandwith	Peña	202	l s	pi pt ib pa
Distictella elongata (Vahl) Urb.	Gutierrez	1102	h l s	bpr ib pt cc ce
Distictella occidentalis A. H. Gentry	Mostacedo	896	l	bsa
Jacaranda acutifolia Humb. & Bonpl.	P. Foster	388	a	pt
Jacaranda copaia (Aubl.) D. Don	Killeen	5249	a	bsa
Jacaranda cuspidifolia Mart.	Guillén	1117	a	bsd pi
Jacaranda decurrens Cham.	Garvizu	212	h	bg
Jacaranda glabra (A. DC.) Bureau & K. Schum.	Killeen	7793	a s	bsd cc bg
Jacaranda rufa Manso	Gentry	75676	a s	cs cc ce pt
Lundia corymbifera (Vahl) Sandwith	Guillén	2852	l	bsa
Lundia densiflora A. DC.	Saldias	2906	l	bsa
Macfadyena unguis-cati (L.) A. H. Gentry	P. Foster	408	l	bi
Martinella obovata (Kunth) Bureau & K. Schum.	Nee	41281	l	br
Melloa quadrivalvis (Jacquin) A. H. Gentry	Gentry	75545	l	bsa
Memora bipinnata A.H. Gentry	Mostacedo	1724	s	cc
Mussatia hyacinthina (Standl.) Sandwith	Saldias	2934	l	bp
Mussetia prieuri (DC) Bureau ex Schumann	Jardim	3132	l	bl
Paragonia pyramidata (L. Rich.) Bureau	Gutierrez	1095	l	bsa bsd
Phryganocidia corymbosa Baill.	Killeen	6879	ac	bsa, bg bp br bi pt cc
Pithecoctenium crucigerum (L.) A. H. Gentry	Saldias	2959	l	br bsd
Pithecoctenium hatschbachii A. H. Gentry	Peña-Chocarro	154	l	bi
Pleonotoma dendrotricha Sandwith	Mostacedo	881A	l	b
Pleonotoma melioides (S. Moore) A. H. Gentry	Gentry	75675	l	bdc bsd bsa br
Pleonotoma pavettiflora Sandwith	Peña	319	v	bdc
Pleonotoma variabilis (Jacq.) Miers	Killeen	5423	l	bsd bdc cr pa
Pyrostegia dichotoma Miers ex K. Schum.	Killeen	5411	a	pt cc bdc bsd bsa
Pyrostegia venusta (Ker-Gawler) Miers	Killeen	7555	l	bsa bl ce
Sparattosperma leucanthum (Vell.) K. Schum.	Saldias	3608	a	bg bsd pt
Spathicalyx sp.	Gentry	75666	l	
Stizophyllum inaequilaterum Bureau & K. Schum.	Guillén	4125	l	bsa
Stizophyllum perforatum (Cham) Miers.	Sánchez	426	v	bsa

FAMILIA/ESPECIES FAMILY/SPECIES	COLECTOR/ COLLECTOR	NÚMERO/ NUMBER	F.V./ L.F.	HÁBITAT/ HABITAT
Stizophyllum riparium (Kunth) Sandwith	Gentry	75569	l	bsa
Tabebuia aurea (Manso)Benth. & Hook. f. ex S. Moore	Guillén	1413	a	bsa bri pi
Tabebuia elliptica Sandwith	Killeen	6857	a	bri co
Tabebuia heptaphylla (Vell.) Toledo	J. Guillén	156	a	bsd
Tabebuia impetiginosa (Mart. ex DC.) Standl.	Guillén	2196	a	pi pt ib
Tabebuia insignis (Miq.) Sandwith	Guillén	1624	s	br
Tabebuia ochracea (Cham.) Standl.	Killeen	7804	s	cc
Tabebuia rosea (Bertoloni) DC.	Gentry	75674	a	
Tabebuia roseo-alba (Ridley) Sandwith	Guillén	1310	a	bsd
Tabebuia serratifolia (Vahl) G. Nicholson	Foster	13954	a	bsa bp bsd
Tanaecium nocturnum (Barb. Rodr.) Bureau & K. Schum.	Gentry	75612	l	bsa
Tynanthus panurensis (Bureau) Sandwith.	Quevedo	1078	l	bsa
Tynanthus polyanthus (Bureau) Sandwith	Sánchez	402	l	bsa
Tynanthus schumannianus (Kuntze) A.H. Gentry	Guillén	2401	l	bsa
Xylophragma pratense (Bureau & K. Schum.) Sprague	Gentry	75562	l	bsa
Zeyheria montana Mart.	Mostacedo	1764	s	cr ca
Zeyheria tuberculosa (Vell.)Bureau	R. Guillén	4274	a	bsd
BIXACEAE				
Bixa orellana Willd.	Saldias	3818	s	bp
Bixa urucurna Willd.	Saldias	3818	a	bsa
BOMBACACEAE				
Ceiba pentandra (L.) Gaertner	Guillén	1709	a	bsa bsd
Ceiba samauma (C. Mart.) Schumann	Guillén	1306	a	bsd bsa bsd br
Chorisia speciosa A. St.-Hil.	Guillén	1312	a	bsd bsa
Eriotheca globosa (Aubl.) A. Robyns	Wallace	133	a	bi
Eriotheca gracilipes (K. Schum.) Robyns	Nee	41462	a	ib cc bdc bsa bi
Eriotheca roseorum (Cuatrec.) Robyns	Saldias	2983	a	bsd (lajas)
Ochroma pyramidale (Cav. ex Lam.) Urb.	Jardim	481	a	bp
Pachira aquatica Aubl.	Killeen	7681	a	bsd
Pachira humilis Spruce ex Decne.	Quevedo	2476	a	
Pachira insignis (Sw.) Sw. ex Savigny	Jardim	3113	a	bl

FAMILIA/ESPECIES FAMILY/SPECIES	COLECTOR/ COLLECTOR	NÚMERO/ NUMBER	F.V./ L.F.	HÁBITAT/ HABITAT
Pachira mawarinumae (Steyerm.) W.S. Alverson	Killeen	7503	s	cc
Pachira minor (Sims) Hemsl.	Saldias	3362	a	bsa
Pachira nitida Kunth	Quevedo	1106	a	bsd bsa
Pseudobombax longiflorum A. Robyns	Killeen	5480	a	lg
Pseudobombax marginatum (A. St.-Hil.) Robyns	Killeen	6370	a	lg bsd
BORAGINACEAE				
Cordia aff. *hebeclada* I. M. Johnst.	Guillén	1431	a	br
Cordia alliodora (Ruiz & Pavón) Oken	Guillén	1283	a	bsa bp bsa bsd bl
Cordia bicolor A. DC.	Arroyo	328	a	bg
Cordia bifurcata Roem. & Schult.	Killeen	6253	s	maleza
Cordia buddleoides Rusby	Peña-Chocarro	194	s	bi
Cordia campestris Warm.	Carrión	10	h	bri co
Cordia hebeclada I.M. Johnst.	Guillén	1431	a	br
Cordia insignis Cham.	Gutiérrez	711	s	pt ce
Cordia mollisima Killip	Killeen	6369	v	lg
Cordia nodosa Lam.	Guillén	1813	s	bi br bsa bp bi
Cordia sellowiana Cham.	Killeen	6681	a	bra
Heliotropium indicum L.	Killeen	6110	h	vr
BURSERACEAE				
Commiphora leptophloeos (C. Mart.) J. B. Gillett	Saldias	2946	a	bsd (lajas)
Crepidospermum goudotianum (Tul.) Triana & Planch.	Killeen	5927	a	bsa bsd br ib
Crepidospermum rhoifolium (Benth.) Swart	Guillén	2278	s	br
Dacryodes nitens Cuatrec.	Quevedo	1179	a	bdc
Protium aracouchini (Aubl.) Marchand	Killeen	5072	s	cl
Protium glabrescens Swart	Quevedo	821	a	bsa
Protium guianense Marchand	Carrión	342	a	cc
Protium heptaphyllum (Aubl.) Marchand	Gentry	75647	a	bdc ib br
Protium ovatum Engl.	Guillén	1835	a	bsd cc cr
Protium pilosissimum Engl.	Jardim	219	a	br bg
Protium sagotianum Marchand	Quevedo	805	a	bsa
Protium spruceanum (Benth.) Engl.	Arroyo	382	a	ib

FAMILIA/ESPECIES FAMILY/SPECIES	COLECTOR/ COLLECTOR	NÚMERO/ NUMBER	F.V./ L.F.	HÁBITAT/ HABITAT
Protium unifoliatum Engl.	Gutiérrez	448	a	br
Tetragastris altissima (Aubl.) Swart	Gutiérrez	942	a	bdc
Trattinickia burserifolia C. Mart.	Killeen	7641	a	bml
Trattinickia cf. *rhoifolia* Willd.	Vargas	3845	a	bsd
CACTACEAE				
Acanthocereus sp.	Vásquez		a	lg
Cereus tacuaralensis Cárdenas	Vásquez		a	cr
Echinopsis hammerschmidii Cárdenas	Vásquez		s	lg
Epiphyllum phylanthus (L.) Haw.	Arroyo	528	e	ib
Rhipsalis sp.	Vásquez		e	br
Selenicereus setaceus	Vásquez		e	cr
CAMPANULACEAE				
Centropogon cornutus (L.) Druce	Killeen	7082	h	la
CARICACEAE				
Carica sp.	Foster	13973	s	bsa
Jacaratia digitata (Poepp. & Engl.) Solms	Gentry	75546	a	bsa
Jacaratia spinosa (Aubl.) A. DC.	Jardim	478	a	bsa
CARYOCARACEAE				
Caryocar brasiliense Cambess. ssp. *brasiliense*	Guillén	2581	a	bsa ce
Caryocar brasiliense Cambess. ssp. *intermedium*	Toledo	66	a	bdc cc bg pt ca cc bsa
CELASTRACEAE				
Elaeodendron xylocarpum (Vent.) DC.	Arroyo	1161	a	bg
Maytenus floribunda Pittier	J. Guillén	58	a	bsd
Maytenus macrocarpa (Ruiz & Pavón) Briq.	Killeen	6494	s	ch bsa bsd
Maytenus robustoides Loes.	Guillén	4144	s	cr
Plenckia populnea Reiss.	Saldias	3531	s	cc
CERATOPHYLLACEAE				
Ceratophyllum demersum L.	Ritter	3056	ac	co
CHENOPODIACEAE				
Chenopodium ambrosioides L.	Nee	41527	h	malesa
CHRYSOBALANACEAE				
Couepia grandiflora (C. Mart. & Zucc.) Hook. f.	Thomas	5605	s	ce

FAMILIA/ESPECIES FAMILY/SPECIES	COLECTOR/ COLLECTOR	NÚMERO/ NUMBER	F.V./ L.F.	HÁBITAT/ HABITAT
Hirtella bicornis C. Mart. & Zucc. subsp. *pubescens*	Killeen	7529	a	bg bsa
Hirtella burchellii Britton	Foster	13792	s	ce pt bsd bsa
Hirtella glandulosa Spreng.	Arroyo	687	a	bg bsd bdc ce cc cr
Hirtella gracilipes (Hook. f.) Prance	Foster	13861	a	pt vr br brp bsa
Hirtella hispidula Miq.	Nee	41202	s	ib bi
Hirtella pilosissima C. Mart. & Zucc.	Killeen	7835	s	cc bg
Hirtella racemosa Lam. var. *racemosa*	Toledo	10	s	bsa bi bg
Hirtella triandra Sw. subsp. *triandra*	Foster	13728	a	bsa bg
Licania apetala (E. Meyer) Fritsch var. *apetala*	Garvizu	298	a	bri
Licania blackii Prance	Quevedo	2324	a	bdc
Licania britteniana Fritsch	Guillén	3452	a	pi bsa pt
Licania canescens Benoist	Painter	129	a	bsa bl
Licania egleri Prance	Guillén	3195	a	pi pt
Licania gardneri (Hook. f.) Fritsch	Gutiérrez	1023	s	pt br
Licania harlingii Prance	Arroyo	438	a	bi be
Licania heteromorpha var. *glabra* (C. Mart. ex Hook. f.) Prance	Guillén	1908	a	brp bg
Licania heteromorpha Benth. var. *hetermorpha*	P. Foster	492	a	bsa bsd bi
Licania hoehnei Pilg.	Nee	41500	a	br bp
Licania humilis Cham. & Schltdl.	Mostacedo	1428	a	ce cc
Licania hypoleuca Benth.	Guillén	2914	a	bra
Licania kunthiana Hook. f.	Guillén	1720	a	bi brp bsa bsd bl
Licania micrantha Miq.	Guillén	4003	a	bsa
Licania minutiflora (Sagot) Fritsch	Killeen	5767	a	ib bri be
Licania oblongifolia Standl.	Soto	238	a	bi
Licania parviflora Huber	Guillén	2108	a	pt
Licania sclerophylla (C. Mart. ex Hook. f.) Fritsch	Guillén	3896	a	pt bi
Licania tambopatensis Prance	Wallace	143	a	bi
Parinari campestris (Willd.) Aubl.	Killeen	7705	s	cr cc
Parinari excelsa Sabine	Killeen	7659	a	bp
Parinari obtusifolium Hook. f.	Guillén	868	s	cr cc

FAMILIA/ESPECIES FAMILY/SPECIES	COLECTOR/ COLLECTOR	NÚMERO/ NUMBER	F.V./ L.F.	HÁBITAT/ HABITAT
Parinari occidentalis Prance	Saldias	2997	a	br bsa bi
COCHLOSPERMACEAE				
Cochlospermum orinocense (Kunth) Steud.	Guillén	2496	a	pt bsd bsd bsa lg
Cochlospermum regium (C. Mart. & Schart.) Pilg.	Killeen	5491	a	lg ce bsd
Cochlospermum vitifolium (Willd.) Spreng.	Quevedo	2704	a	bsa bg
COMBRETACEAE				
Buchenavia capitata (Vahl) Eicher	Gonzales	53	a	bg
Buchenavia grandis Ducke	Saldias	3685	a	bsd
Buchenavia oxycarpa C. Mart. & Eichler	Killeen	5410	a	bsd
Buchenavia tomentosa Eichler	Arroyo	765	a	bg cc mi bsa pt bsd
Buchenavia viridiflora Ducke	Saldias	3181	a	bsa
Combretum assimile Eichler	Saldias	2726	l	bsa
Combretum brevistylum Eichler	Saldias	2764	l	bsa
Combretum fruticosum (Loefl.) Stuntz	Carrión	272	a	pt
Combretum jacquinii Griseb.	Killeen	2766	l	bsa bp co bl bi
Combretum lanceolatum Pohl ex Eichler	Guillén	1581	l	mi br brp mi
Combretum laurifolium Martius	Sánchez	400	l	bsa
Combretum laxum Jacq.	Guillén	1773	l	bsa bp pt
Combretum leprosum C. Mart.	Nee	41354	a	bsd bl br bri ib bsa
Combretum mellifluum Eichler	Killeen	6320	s	bsd bsa
Combretum vernicosum Rusby	Guillén	1194	l	bl bsd bsa
Terminalia amazonia (J.F. Gmel.) Exell	Guillén	4201	h	bsa
Terminalia argentea C. Mart.	Foster	13788	a	ce bsd
Terminalia brasiliensis Cambess. ex A. St.-Hil.	Wallace	104	a	bsa
Terminalia fagifolia (Cambess.) C. Mart. & Zucc.	Peña	277	a	bdc ce cc pt
Terminalia glabrescens C. Mart.	Guillén	3956	a	bsa bp
Terminalia oblonga (Ruiz & Pavón) Steud.	Foster	13972	a	bsa ce
Thiloa glaucocarpa (C. Mart.) Eichler	Nee	41427	l	br
COMPOSITAE				
Acanthospermum australe (Loefl.) Kuntze	Gutiérrez	753	s	pt ce
Achyrocline satureioides (Lam.) DC.	Guillén	1817	h	bsa
Angelphyum herzogii (Hassler) Pruski	Carrión	547	h	maleza

CONSERVATION INTERNATIONAL   **Rapid Assessment Program**

FAMILIA/ESPECIES FAMILY/SPECIES	COLECTOR/ COLLECTOR	NÚMERO/ NUMBER	F.V./ L.F.	HÁBITAT/ HABITAT
Aspilia attenuata (Gardner) Baker	Killeen	5261	h	bg be
Aspilia floribunda (Gardn.) Baker	Jimenez	1363	v	bsa
Aspilia leucoglossa Malme	Saldias	2844	h	ce
Aspilia sp. nov	Soto	420	s	ce
Aspilia vierae H. Rob.	Rodriguez	650	h	cc
Ayapana amygdalina (Lam.) R. M. King & H. Rob.	Killeen	6544	h	cr ca pt
Baccharis subdentata DC. ?	Arroyo	1320	s	cr
Baccharis trinervis Pers.	Guillén	4095	v	bi
Barrosoa confluentis (B.L. Rob.) R. M King & H. Rob.	Guillén	2362	h	pt
Bidens cynapiifolia Kunth	Quevedo	2569	h	
Bidens subalternans DC.	Guillén	3391	h	br
Calea rhombifolia S. F. Blake	Killeen	7045	h	pt
Centratherum punctatum Cass.	Arroyo	1367	h	bi bsd
Chresta exsucca DC.	Gutiérrez	1365	s	cc
Chromolaena arnottianum (Griseb.) R. M. King & H. Rob.	Killeen	7173	h	ch cl
Chromolaena extensa (Gardner) R. M. King & H. Rob.	Saldias	2933	h	bp
Chromolaena ivaefolia (L.) R. M. King & H. Rob.	Guillén	2098	h	pi pt cc
Chromolaena laevigata Lam.	Gitiérrez	788	s	pt
Chromolaena odorata (L.) R. M. King & H. Rob.	Guillén	1300	h	bsa bsd pi
Chromolaena oxylepis (DC.) R. M. King & H. Rob.	Killeen	6412	h	cc
Chromolaena porophylloides (B. L. Robinson) M. King & H. Rob.	Guillén	1100	h	bsd
Chromolaena squalida (DC.) R. M. King & H. Rob.	Guillén	1794	h	bp bdc ce cr
Chrysolaena herbacea (Vell.) H. Rob.	Guillén	843	h	cr
Clibadium armanii (Balbis) Schultz-Bip. ex O.E. Schulz	Jimenez	1207	s	ca
Conyza bonarensis (L.) Cronquist	Rodriguez	706	h	pt
Cophyllum sp.	Saldias	2765	h	bsa bp
Critonia morifolia (Mill.) R. M. King & H. Rob.	Guillén	3987	h	b
Dasyphyllum brasiliense (Spreng.) Cabrera	Killeen	7562	v	bml
Dasyphyllum candolleanum (Gardner) Cabrera	Gutiérrez	1381	s	cc ce
Dasyphyllum velutinum (Baker) Cabrera	Arroyo	800	h	cr

FAMILIA/ESPECIES FAMILY/SPECIES	COLECTOR/ COLLECTOR	NÚMERO/ NUMBER	F.V./ L.F.	HÁBITAT/ HABITAT
Dimerostemma asperatum S. F. Blake	Guillén	1083	h	ce cr pt
Dimerostemma brasilianum Cass.	Jimenez	1159	s	ce ca
Eclipta prostrata (L.) L.	Ritter	2461	ac	co
Elephantopus mollis Kunth	Guillén	1645	h	co bp
Erechtites hieracifolia (L.) Raf. ex DC	Garvizu	141	ac	co
Eremanthus mattogrossensis Kuntze	Gutiérrez	1357	s	cc ce cr
Eremanthus rondoniensis	Mostacedo	1719	s	ce
Eremanthus rivularis Taub.	Mostacedo	1719	s	cc
Gochnatia polymorpha (Less.) Cabrera	Guillén	4158	s	cr
Gochnatia pulchra Cabrera	Mostacedo	1864	s	ce
Hebeclinium macrophyllum (L.) DC.	Jimenez	1124	h	bsa
Ichthyothere terminalis (Spreng.) S. F. Blake	Guillén	862	h	cr bsa bdc cc
Isostigma peucedanifolium Less.	Saldias	3545	h	bg
Lepidaploa canescens (Kunth) H. Rob.	Killeen	7582	h	bl
Lepidaploa eriolepis (Gardner) H. Rob.	Gutiérrez	1425	h	pi
Lepidaploa remotiflora (Rich.) H. Rob.	Killeen	6371	h	lg bsd
Lessingianthus bardanioides (Less.) H. Rob.	Jimenez	1260	s	ce
Lessingianthus grandiflorus (Less.) H. Rob.	Killeen	7038	h	pt
Lessingianthus ixiamensis (Rusby) H. Rob.	Rodriguez	576	h	ppt
Lessingianthus laevigatus (Mart. ex DC.) H. Rob.	Sánchez	303	h	ce
Lessingianthus ligulaefolius (C. Mart. ex DC.) H. Rob.	Killeen	4755	s	cr ch ce
Lessingianthus obtusatus (Less.) H. Rob.	Killeen	6499	h	cr ce
Lessingianthus onoporoides (Baker) H. Rob.	Quevedo	904	h	cc ce
Lessingianthus psilophyllus (DC) H. Rob.	Gutiérrez	930	s	pi
Lessingianthus rubricaulis (Kunth) H. Rob.	Guillén	1402	s	pi
Lessingianthus scabrifoliatus (Hieron.) H. Rob.	Gutiérrez	848	s	ce pi
Lessingianthus simplex (Less.) H. Rob.	Rodriguez	547	h	pt cc
Lessingianthus velascensis H. Rob.	Nee	41145	h	
Melanthera latifolia Cabrera	Killeen	6889	g	br
Melanthera nivea (L.) Small	Gutiérrez	535	h	
Mikania aschersonia Hieron.	Killeen	7469	v	cc bsd

FAMILIA/ESPECIES FAMILY/SPECIES	COLECTOR/ COLLECTOR	NÚMERO/ NUMBER	F.V./ L.F.	HÁBITAT/ HABITAT
Mikania banisteriae DC.	Arroyo	358	l	bsa
Mikania congesta DC.	Garvizu	170	v	pt
Mikania guaco Humb. & Bonpl.	Guillén	1608	l	vr
Mikania lindleyana DC.	Saldias	2723	l	bsa
Mikania micrantha Kunth	Ritter	2459	v	co br
Mikania officinalis C. Mart.	Jardim	155	h	ce
Mikania parodii Cabrera	Guillén	1378	l	pi bi
Mikania parviflora (Aubl.) H. Karst.	Arroyo	1350	l	bi
Mikania psilostachya DC.	Sanchez	271	v	ce
Mikania vitifolia DC.	Nee	41417	h	
Neocuatrecasia sp.	Killeen	6368	h	lg
Orthopappus angustifolius (Sw.) Gleason	Nee	41536	h	
Piptocarpha matogrossensis H. Rob.	Quevedo	2350	l	bdc
Piptocarpha poeppigiana (DC.) Baker	Guillén	1985	l	bsa bi
Piptocarpha rotundifolia (Less.) Baker	Gutiérrez	1408	s	cr cc bg ch
Pluchea sagittalis (Lam.) Cabrera	Nee	41472		
Porophyllum ruderale (Jacq.) Cass.	Guillén	1195	h	pi maleza
Praxeliopsis matogrossensis G. Barroso	Killeen	4935	h	la
Praxelis asperulacea (Baker) R. M. King & H. Rob.	Killeen	6355	h	lg
Praxelis chiquitensis (B.L.Rob.) R.M. King & H. Rob.	J. Guillén	234	h	bsd
Pseudogynoxys lobata Pruski	Guillén	4076	v	bsa
Riencourtia oblongifolia Gardner	Gutiérrez	484	h	pt cc ce
Spilanthes nervosa Chodat	Soto	325	h	cc
Stilpnopappus glomeratus Gardner	Killeen	6502	h	cr
Stilpnopappus speciosus (Less.) Baker	Killeen	4792	s	cc
Stomatanthes trigonus (Gardner) H. Rob.	Guillén	855	h	cr ce
Trixis antimenorrhoea (Schrank) O. Kuntze	Peña-Chocarro	149	v	bs
Trixis cerroleonensis Soria & Zardini	Quevdeo	1104	h	lg
Trixis ophiorhiza Gardn.	Arroyo	1322	s	cr
Vernanthura patens (Kunth) H. Rob.	Nee	41341	h	
Vernonanthera phosphorica (Vell.) H. Rob.	Jardim	3046	h	bsa

FAMILIA/ESPECIES FAMILY/SPECIES	COLECTOR/ COLLECTOR	NÚMERO/ NUMBER	F.V./ L.F.	HÁBITAT/ HABITAT
Vernonanthura brasiliana (L.) H. Rob.	Guillén	1793	s	bp pt
Vernonanthura ferruginea (Less.) H. Rob.	Saldias	2646	s	ce
Vernonanthura membranacea (Gardner) H. Rob.	Gutiérrez	913	s	pi pt cc
Vernonia desertorum (C. Mart.) DC.	Thomas	5632	h	
Vernonia ruficoma Schltdl. ex Barker	Nee	41094	h	
Wedelia sp.	Guillén	1004	h	cc
Wulffia baccata (L.f.) Kuntze	Guillén	1837	h	bsd bsa
Zinnia sp.	P. Foster	784	v	bsa
CONNARACEAE				
Connarus ruber var. sprucei (Baker) Forero	Saldias	2732	a	bsa
Connarus suberosus Planch.	Peña	122	a	ce
Connarus williamsii Britton	Guillén	4574	a	bsd
CONVOLVULACEAE				
Aniseia cernua Moric.	Guillén	1543	v	pi mi
Aniseia martinicensis (Jacq.) Choisy	Carrión	331	l	cc
Bonamia sp.	Guillén	1108	v	bsd
Cuscuta sp.	Ritter	3461	v	pt
Dicranostyles ampla Ducke	Quevedo	2398	l	bdc pi brp
Evolvulus canescens Meisn.	Jiménez	1267	h	ce
Evolvulus glomeratus Nees & C. Mart.	Mostacedo	1820	h	cc
Evolvulus lagophiodes Meisn.	Arroyo	1318	h	cr
Evolvulus pterocaulon Moric.	Killeen	6527	s	cr
Evolvulus pterogophyllus Mart.	Jiménez	1384	h	pt
Evolvulus tenuis C. Mart. ex Choisy	Gutiérrez	1419	h	cc
Ipomoea anisomeres Robinson & Bartlett	Killeen	6631	s	bsa
Ipomoea argentea Meisn. in C. Mart.	Guillén	845	h	cr cc bsa
Ipomoea batatoides Choisy	Killeen		v	lg
Ipomoea bonariensis Hooker	J. Guillén	311	l	bsd
Ipomoea carnea Jacq. subsp. fistulosa (C. Mart. ex Choisy) D.F. Austin (maleza)	Nee	41526	s	pi bsa mi ce

FAMILIA/ESPECIES FAMILY/SPECIES	COLECTOR/ COLLECTOR	NÚMERO/ NUMBER	F.V./ L.F.	HÁBITAT/ HABITAT
Ipomoea cuneifolia Meisn.	Sánchez	277	v	ca
Ipomoea cynanchifolia Meisn.	Killeen	6343	v	lg
Ipomoea haenkeana Choisy	Guillén	1065	h	ce
Ipomoea hederifolia L.	Killeen	6274	h	bsd (lg)
Ipomoae martii Meisn.	Guillén	4272	v	bsd
Ipomoea maurandioides Meisn.	Killeen	6342	v	lg
Ipomoae paludosa O'Donell	Soto	415	s	cr
Ipomoea procumbens Mart.	Jiménez	1273	l	cc
Ipomoea quamoclit L.	Sánchez	415	l	bsa
Ipomoea schomburgkii Choisy in DC.	Mostacedo	1858	h	cc ce
Ipomoea sericophylla Meisn.	Saldias	3313	l	pt
Ipomoea setifera Poir. in Lam.	Killeen	6250	h	bl
Ipomoea squamosa Choisy	Saldias	2907	v	bsa
Ipomoea subrevoluta Choisy	Guillén	1585	v	mi br
Ipomoea trifida (Kunth) Don	Killeen	6251	h	bl
Ipomoea turbinata Lag.	Killeen	6380	v	co (maleza)
Jacquemonita blanchetii Moricand	Soto	480	l	cc
Jacquemonita densiflora (Meisn.) Hallier f.	Gutiérrez	1339		pt
Jacquemontia pentantha (Jacq.) Don	Gutiérrez	634	h	pt
Jacquemontia sphaerostigma (Cav.) Rusby	Killeen	6586	s	pt
Jacquemontia tamnifolia (L.) Griseb.	Guillén	3710	l	brp
Merremia macrocalyx (Ruiz & Pavón) O'Donell	Guillén	1850	l	bsa lg bsd
Merremia tomentosa (Choisy) Hallier f.	Nee	41113	s	pt
Merremia umbellata (L.) Hallier f.	Guillén	1564	v	mi
Merremia wurdackii D. F. Austin & Staples	Arroyo	1377	l	b
Operculina alata (Hamilton) Urb.	Killeen	6346	s	bsd
Tetralocularia pennelii	Ritter	2406	v	co
CUCURBITACEAE				
Cayaponia cruegeri (Naudin) Cogn.	Guillén	1568	l	mi
Cayaponia espelina Cogn.	Thomas	5565	v	cc
Cayaponia ternata Cogn.	Gutiérrez	593	v	br

FAMILIA/ESPECIES FAMILY/SPECIES	COLECTOR/ COLLECTOR	NÚMERO/ NUMBER	F.V./ L.F.	HÁBITAT/ HABITAT
Gurania bignoniacea (Poepp. & Engl.) C. Jeffrey	Gutiérrez	526	v	br
Gurania eriantha (Poepp. & Endl.) Cogn.	Castro	84	l	bri bsa
Gurania insolita Cogn.	Saldias	3008	v	bsa
Gurania spinulosa (Poepp. & Endl.) Cogn.	Perry	673	l	bsa
Melothria pendula L.	Foster	13982	v	bsa
Melothria trilobata Cogn. in C. Mart.	Guillén	1781	l	bp
Momordica charantia L.	Guillén	1642	l	co
Pseudocyclanthes australis (Cogn.) Mart. Crov.	Garvizu	156	v	co
Psigura ternata (M.J. Roemer) C. Jeffrey	Guillén	3178	v	bsa
Siolmatra brasiliensis (Cogniaux) Bail..	Guillén	1987	v	bsd
DIALYPETALANTHACEAE				
Dialypetalanthus fuscescens Kuhlm.	Guillén	2373	a	bsa br
DICHAPETALACEAE				
Tapura amazonica Poepp. & Endl.	Gutiérrez	517	a	ce ib pi pt bp bsa
DILLENIACEAE				
Curatella americana L.	Nee	41549	s	pt pi cc
Davilla elliptica A. St.-Hil.	Saldias	2821	s	cr cc ce ca pt
Davilla grandiflora A. St.-Hil. & Tul.	Gutiérrez	403	h	pi ce cr bdc bg
Davilla kunthii A. St.-Hil.	Killeen	5627	l	bsa bi
Davilla nitida (Vahl) Kubitzki	Foster	13742	v	bsa bri pi pt ce
Davilla rugosa Poir. in Lam. var. *rugosa*	Guillén	3629	l	bp
Doliocarpus amazonicus Sleumer subsp. *amazonicus*	Guillén	837	l	bsa
Doliocarpus brevipedicellatus Garke	Quevedo	908	l	cc
Doliocarpus dentatus (Aubl.) Standl. subsp. *dentatus*	Guillén	2445	l	pt pi bp
Doliocarpus dentatus (Aubl.) Standl. subsp. *racemosus* Aymard	Foster	13879	s	pt bri
Doliocarpus dentatus subsp. *esmeraldae* (Steyerm.) Kubitzki	Guillén	2289	l	br pi pt
Doliocarpus savannarum Sandwith	Quevedo	928	l	cc
Doliocarpus spatulifolius subsp. *tuberculatus* Aymard	Guillén	4091	l	bi
Tetracera hydrophylla Triana & Planch.	Guillén	1805	l	bri bp
Tetracera willdenowiana Steud.	Sánchez	377	l	bsa

FAMILIA/ESPECIES FAMILY/SPECIES	COLECTOR/ COLLECTOR	NÚMERO/ NUMBER	F.V./ L.F.	HÁBITAT/ HABITAT
DROSERACEAE				
Drosera montana A. St.-Hil.	Peña	276	h	bdc
Drosera sessilifolia A. St.-Hil.	Gutiérrez	1043	h	lh
EBENACEAE				
Diospyros artanthifolia C. Mart.	Guillén	1612	a	br bsa ib brp
Diospyros guianensis Gürke	Guillén	3253	a	bsa bp co
Diospyros hispada DC.	Guillén	2798	s	ce pt
Diospyros inconstans Jacq.	Guillén	3213	a	bp
Diospyros poeppigiana A. DC.	Soto	249	a	bi
Diospyros pseudoxylopia Mildbr.	Killeen	5815	a	bsa
Diospyros sericea A. DC.	Uslar	572	a	bg
Diospyros subrotata Hiern	J. Guillén	29	a	bi bsa
ELAEOCARPACEAE				
Sloanea eichleri K. Schum.	Guillén	1255	a	bsa ib bg
Sloanea garcheana K. Schum.	Peña	189	a	bi br vr brp
Sloanea gracilis Uittien	Killeen	5625	a	bsa
Sloanea guianensis (Aubl.) Benth.	Quevedo	2413	a	bsa
Sloanea sinemariensis Aubl.	Guillén	1732	a	bi
Sloanea terniflora (Moc. y Sessë ex DC.) Standl.	Guillén	1897	a	br
ERYTHROXYLACEAE				
Erythroxylum anguifugum Mart	Killeen	5558	a	pt
Erythroxylum campestre A. St.-Hil.	Guillén	2707	s	ce cc
Erythroxylum citrifolium A. St.-Hil.	Foster	14001	a	bsd bdc ce
Erythroxylum daphnites C. Mart.	Peña	112	s	bdc ce br pt bsd
Erythroxylum gracilipes Peyritsch	Peña	231	a	
Erythroxylum macrophyllum Cav.	Foster	13702	s	bsa ce
Erythroxylum mucronatum Benth.	Quevedo	2547	a	
Erythroxylum pruinosum O. E. Schulz	Foster	13808	s	ce
Erythroxylum ruryi Plowman	P. Foster	254	a	bri bp
Erythroxylum squamatum Swartz	Foster	14005	a	bsd bi
Erythroxylum suberosum A. St.-Hil.	Peña	291	a	bsa bdc ca cc cr

FAMILIA/ESPECIES FAMILY/SPECIES	COLECTOR/ COLLECTOR	NÚMERO/ NUMBER	F.V./ L.F.	HÁBITAT/ HABITAT
Erythroxylum subracemosum Turcz.	Foster	13651	s	bsa ce
Erythroxylum tortuosum C. Mart.	Foster	13769	a	ce bdc
EUPHORBIACEAE				
Acalypha communis Müll. Arg.	Guillén	7301	s	ce
Acalypha lucida Rusby	Guillén	1655	s	br bp
Acalypha macrostachya Jacq.	Foster	13933	s	bsa
Acalyphya villosa Jacq.	Guillén	3348	s	bsa
Alchornea fluviatilis R. Secco	Guillén	2050	a	brp
Alchornea glandulosa Poepp. & Endl.	Guillén	836	a	bsa
Alchornea schomburgkii Klotzsch	Foster	13750	s	pt ib br
Alchornea triplinervia (Spreng) Müll. Arg.	Saldias	3357	a	ib
Aparisthmium cordatum (A. Juss.) Baill.	Foster	13848	a	bia bg
Breynia disticha J. R. Forst. & G. Forst.	Nee	41122		
Caperonia castaneifolia (L.) A. St.-Hil.	Guillén	1523	h	pi
Caperonia cf. *glabrata* Pax & Hoffm.	Quevedo	2650	h	lg
Caperonia paludosa Klotzsch	Guillén	1546	h	pi
Caperonia palustris (L.) A. St.-Hil.	Guillén	3480	h	pi brp ce
Caperonia cf. *stenophylla* Müll. Arg.	Guillén	1523	h	pi
Chaetocarpus echinocarpus (Baill.) Ducke	Guillén	1841	a	bsd ce ib
Chamaesyce caecorium (Boiss.) Croiz.	Rodriguez	529	h	cc
Chamaesyce hirta (L.) Mill.	Nee	41524		
Chamaesyce thymifolia (L.) Mill.	Nee	41481	h	
Cnidoscolus albomaculatus (Pax & Hoffm.) I. M. Johnst.	Saldias	2949	s	bsd (lajas)
Croton ackermannianus (Müll. Arg.) G. L. Webster	Guillén	871	h	cr pt
Croton cajucara Benth.	Killeen	5917	h	ce
Croton chaetocalix Müll. Arg.	Mostacedo	1449	h	ce
Croton draconoides Müll. Arg.	Saldias	2696	a	bsa
Croton matourensis Aubl.	Saldias	3595	h	bml
Croton spica Baill.	Guillén	863	h	cr
Croton aff. *spruceanus* Benth.	Jardim	74		
Croton aff. *tamberlikii* Müll. Arg.	Rodriguez	642	h	cc

FAMILIA/ESPECIES FAMILY/SPECIES	COLECTOR/ COLLECTOR	NÚMERO/ NUMBER	F.V./ L.F.	HÁBITAT/ HABITAT
Croton aff. *tessmanni* Mans.	Guillén	2036	a	brp
Dalechampia cuyabensis Müll. Arg.	Peña	54	v	pt
Euphorbia coccorum C. Mart.	Killeen	6201	h	la cc ch
Euphorbia comosa Vell.	Guillén	3141	h	bsd
Euphorbia aff. *gymnooclada* Boiss.	Killeen	7176	g	ch
Euphorbia heterophylla L.	R. Guillén	4742	h	bsd
Euphorbia poeppigii (Klotzsch & Garcke) Boiss.	Jardim	459	h	bsd
Hevea brasiliensis (Willd. ex Adr. Juss.) Müll. Arg.	Guillén	1745	a	bi ib bsa
Hevea brasiliensis var. *stylosa* Huber	Soto	53	a	bri
Hyeronima duquei Cuatrec.	Killeen	6591	a	bsa bg
Hyeronima oblonga (Tul.) Müll. Arg.	Arroyo	363	a	bg
Jatropha curcas L.	Nee	41135	a	
Jatropha pedersenii Loureig	Saldias	3539	s	cc
Mabea angustifolia Spruce ex Benth.	Gutiérrez	891	a	ce bsa
Mabea elegans Rusby	Guillén	1240	a	bsd
Mabea fistulifera C. Mart.	Guillén	1875	a	pt bsa ce bdc bi bsd
Mabea inodora S. Moore	Quevedo	1117	a	bi
Mabea maynensis Müll. Arg	J. Guillén	267	a	bsd
Mabea nitida Spruce ex Benth.	Guillén	2455	s	pt
Mabea paniculata Spruce ex Benth.	Foster	13882	a	pt
Mabea pohliana Müll. Arg	P. Foster	127	a	bri
Mabea speciosa Müll. Arg.	Killeen	5298	a	bri
Mabea taquari Aubl.	Jardim	202	a	
Manihot anomala Pohl	Killeen	6053	s	pt/b cc
Manihot caerulescens Pohl	Jardim	105		
Manihot cf. *brachyloba* Müll. Arg.	Peña	290	s	bdc
Manihot quintepartita Huber	Saldias	2722	s	bsa
Manihot tripartita Müll. Arg.	Killeen	6146	a	pt
Maprounea guianensis Aubl.	Foster	13988	a	bsd bsa ce
Margaritaria nobilis L. f.	Guillén	3019	s	bsd pt
Omphalea diandra L.	Peña	146	v	ce

FAMILIA/ESPECIES FAMILY/SPECIES	COLECTOR/ COLLECTOR	NÚMERO/ NUMBER	F.V./ L.F.	HÁBITAT/ HABITAT
Pera barbinervis Pax & K. Hoffm.	Gutiérrez	1272	s	bi
Pera coccinea (Benth.) Müll. Arg., vel aff.	Nee	41510		
Pera glabrata (Schott) Baill.	Guillén	1334	l	brp pt
Pera nitida (Benth.) Jablonski	Jardim	213	a	
Pera obovata Baill.	Soto	284	a	bi
Pera schomburgkiana (Benth.) Müll. Arg.	Guillén	1499	a	pi / b
Pera tomentosa (Benth.) Müll. Arg.	Killeen	7618	a	bsa
Phyllanthus acuminatus Vahl	Saldias	3606	s	bml
Phyllanthus fluitans Müll. Arg	Ritter	3068	ac	co
Phyllanthus lindbergii Müll. Arg.	Guillén	1400	h	pi
Phyllanthus stipulatus (Raf.) G. L. Webster	Gutiérrez	1140	h	pt
Plukenetia brachybotrya Müll. Arg.	Jardim	3129	l	bl
Plukenetia penninervia Müll. Arg.	Foster	13669	v	bsa
Plukenetia volubilis L.	Saldias	2740	l	bsa
Richeria gardneriana (Wedd. ex Baill.) Baill.	Foster	13888	a	pt
Richeria grandis M. Vahl	Killeen	7738	a	bg cl
Sapium argutum Huber	Killeen	5486	a	
Sapium glandulosum (L.) Morong	Guillén	1503	a	ib brp
Sapium haematospermum Müll. Arg	J. Guillén	243	a	bsd
Sapium laurifolium (A. Richard) Griseb.	Castro	21	a	bi
Sapium marmieri Huber	Jardim	27	a	bsa
Sapium pallidum Huber	Guillén	1358	a	brp br
Sapium peruvianum Steud.	Quevedo	1998	a	bdc
Sebastiania bidentata (C. Mart.) Pax	Guillén	1384	h	pi
Sebastiania brasiliensis Spreng.	Mostacedo	972	s	lg bsd
Sebastiania corniculata (M. Vahl) Müll. Arg.	Gutiérrez	845	h	ce
Sebastiania glandulosa (Müll. Arg.)	Mostacedo	1762	h	
Sebastiania hispida (C. Mart.) Pax var. *ferruginea* (Müll. Arg.) Pax	Killeen	7303	h	ca pt
Sebastiania huallagensis Croizat	Guillén	1294	a	bsa bsd
Sebastiania salicifolia (C. Mart.) Pax	Quevedo	836	s	bsa
Sebastiania serrulata (C. Mart.) Müll. Arg.	Jardim	180	s	

FAMILIA/ESPECIES FAMILY/SPECIES	COLECTOR/ COLLECTOR	NÚMERO/ NUMBER	F.V./ L.F.	HÁBITAT/ HABITAT
Tragia aff. *volubilis* L.	Gutiérrez	896	v	
FLACOURTIACEAE				
Banara guianensis Aubl.	J. Guillén	276	a	bsd
Casearia aculeata Jacq.	Killeen	4911	g	bg ca
Casearia arborea (Rich.) Urban	Gutiérrez	565	s	pt la bdc pt
Casearia arguta Kunth	Guillén	1900	a	bp
Casearia gossypiosperma Brig.	Guillén	1286	a	bsa bsd br
Casearia grandiflora Cambess. & A. St.-Hil.	Mostacedo	1725	s	
Casearia javitensis Kunth	Foster	13648	s	bsa bsd bdc bg ce pt
Casearia sylvestris Sw.	Mostacedo	941	s	ce bsa bsd
Casearia uleana Sleumer	J. Guillén	290	a	bsd
Homalium guianense (Aubl.) Oken	Guillén	1346	a	vr co
Homalium racemosum Jacq.	Guillén	1896	a	br
Laetia suaveolens (Poepp.) Benth.	Gutiérrez	586	a	ib
Prockia crucis P. Browne ex L.	Saldias	2935	s	bp
Xylosma benthamii (Tul.) Triana & Planch.	Guillén	4566	a	bsd
Xylosma ciliatifolia (Clos) Eichler	Killeen	6651	a	brp
GENTIANACEAE				
Coutoubea ramosa Aubl.	Killeen	5567	h	pt
Curtia malmeana Gilg	Killeen	6581	h	pt
Curtia tenuifolia (Aubl.) Knobl.	Peña	56	h	pt ch
Deinira chiquitana Herzog	Soto	471	h	cc
Irlbachia alata (Aubl.) Maas subsp. *viridiflora* (C. Mart.) Person & Maas	Arroyo	153	h	bg
Irlbachia caerulescens (Aubl.) Griseb.	Gutiérrez	873	h	pt pi ce
Irlbachia purpurascens (Aubl.) Maas.	Guardia	156	h	ce
Schultesia australis Griseb.	Peña	206	h	pa
Schultesia brachyptera Cham.	Guillén	2077	h	pi
Voyria aphylla (Jacq.) Pers.	Fuentes	1679	h	b cc
Voyria tenella Hook.	Fuentes	1682	h	bl

FAMILIA/ESPECIES FAMILY/SPECIES	COLECTOR/ COLLECTOR	NÚMERO/ NUMBER	F.V./ L.F.	HÁBITAT/ HABITAT
GESNERIACEAE				
Codonanthe crassifolia (Focke) C.V. Morton	Guillén	3840	e	bsa
Drymonia semicordata (Poepp.) Wiehler	P. Foster	532	v	bg
Drymonia serrulata (Jacq.) C. Mart.	Garvizu	317	h	bsd
Koellikeria erinoides (DC.) Mansf.	Guardia	243	h	b
Nautilocalyx arenarius L.E. Skog & Steyerm.	Garvizu	206	3	bg
Sinningia elatior (Kunth) Chautems	Jiménez	1308	s	cc
Sinningia incarnata (Aubl.) D. L. Denham	Peña	84	h	pt
GUTTIFERAE				
Calophyllum brasiliense Cambess.	Guillén	1491	a	ib br pt
Calophyllum longiflorum Kunth	Ritter	3040	a	be
Caraipa aff. *densifolia* C. Mart.	Mostacedo	2146	a	ch
Clusia cardonae Maguire	Rodriguez	532	a	ce / bg
Clusia columnaris Engl.	Guillén	4162	a	cr
Clusia gaudichaudii Choisy ex Planch. & Triana	Nee	41508	l	bri
Clusia haughtii Cuatrec.	Arroyo	187	s	cr bsa
Clusia lopezii Maguire	Peña-Chocarro	91	s	cl ce
Clusia sellowiana Schltdl.	Killeen	6176	a/l	bdc
Garcinia brasiliensis Planch. & Triana	Guillén	1450	a	ib bsa brp bi bg
Garcinia macrophylla C. Mart.	Guillén	4081	a	bi
Kielmeyera coriacea C. Mart.	Peña	140	a	ce cc pt
Kielmeyera neriifolia Cambess.	Killeen	7756	h	ch
Kielmeyera aff. *rizziniana* N. Saddi	Foster	13991	a	bsd ch/b
Kielmeyera rosea (Spreng.) C. Mart.	Killeen	6233	a	lg (matorral)
Kielmeyera rubriflora Cambess.	Peña	108	s	ce cr pt bsd
Moronobea coccinea Aubl.	Foster	13700	a	bsa
Symphonia globulifera L.f.	Arroyo	670	a	bg bsa
Tovomita longifolia (Rich.) Hochr.	Foster	13856	a	bia
Vismia baccifera (L.) Triana & Planch.	Arroyo	5333	a	bg
Vismia decipiens Cham. & Schltdl.	Gutiérrez	1312	s	pt
Vismia glaziovii Ruhland	Jardim	479	s	bsa

FAMILIA/ESPECIES FAMILY/SPECIES	COLECTOR/ COLLECTOR	NÚMERO/ NUMBER	F.V./ L.F.	HÁBITAT/ HABITAT
Vismia guianensis (Aubl.) Choisy	Jardim	162	a	bsa pt
Vismia latifolia (Aublet) Choisy	Guardia	193	s	ce
Vismia macrophylla Kunth	Saldias	3584	s	bsd br
Vismia minutiflora Ewan	Gutiérrez	1093	s	pt
Vismia rusbyi Ewan	Killeen	6739	s	cc pt
Vismia tomentosa Ruiz & Pavon	Guillén	1241	s	bsd
Vismia schultesii N. Robson	Guillén	4463	a	bsa
HERNANDIACEAE				
Sparattanthelium amazonum C. Mart.	Saldias	3828	l	bsa bi bl pt
Sparattanthelium burchellii Rusby	Killeen	6638	l	bsa
Sparattanthelium glabrum Rusby	Foster	13925	v	bsa
HIPPOCRATEACEAE				
Anthodon decussatum Ruiz & Pavón	Killeen	5818	a	bsa
Cheiloclinium cognatum (Miers) A. C. Sm.	Arroyo	671	a	bsa bg br bi bl pt
Hippocratea volubilis L.	Guillén	1343	l	brp bri bsa pi
Peritassa dulcis (Benth.) Miers	Gutiérrez	1164	s	pt bi
Peritassa laevigata (Hoffmanns. & Link) A. C. Smith	Peña	243	v	pa
Prionostema asperum (Lam.) Miers	Saldias	3763	l	bg bsa
Salacia elliptica (C. Mart.) G. Don	Gutiérrez	511	l	ce
Salacia impressifolia (Miers) A. C. Sm.	P. Foster	152	l	bri
Salacia macrantha A. C. Sm.	P. Foster	304	l	bri
Tontelea tenuicula (miers) A. C. Sm.	Soto	40	l	bi
HUMIRIACEAE				
Humiria balsamifera A. St.-Hil.	Peña	224	a	bdc
Sacoglottis mattogrossensis Malme	Killeen	5588	s	cc bdc bg bsd
Sacoglottis guianensis Benth.	Fuentes	1661	a	be bg bsa
HYDROPHYLLACEAE				
Hydrolea spinosa L.	Ritter	3527	ac	co
ICACINACEAE				
Emmotum nitens Miers	Killeen	6444	a	ce ca bdc pt be
Humirianthera ampla (Miers) Baehni	Quevedo	2471	a	bsa

FAMILIA/ESPECIES FAMILY/SPECIES	COLECTOR/ COLLECTOR	NÚMERO/ NUMBER	F.V./ L.F.	HÁBITAT/ HABITAT
LABIATAE				
Eriope crassipes Benth.	Saldias	3495	h	cr
Hyptis atrorubensis Poit.	Saldias	3315	h	pt
Hyptis carpinifolia Benth.	Guillén	4317	h	pt
Hyptis conferta Pohl ex Benth.	Peña	354	h	pa
Hyptis crenata Pohl ex Benth.	Gutiérrez	1288	s	pt
Hyptis goyazensis Benth.	Ritter	3624	h	ch
Hyptis lantanifolia Poit.	Gutierréz	420	h	pt
Hyptis lutescens Pohl ex Benth.	Nee	41247	h	
Hyptis microphylla Pohl ex Benth.	Guillén	4323	h	pt
Hyptis parkeri Benth.	Castro	116	h	pt
Hyptis recurvata Poit.	Killeen	5664	h	pt
Hyptis remota Pohl ex Benth.	Jimenez	1349	h	ce
Hyptis rotundifolia Benth.	Killeen	6493	h	cr
Hyptis spicigera Lam.	Guillén	4313	h	bp
Hyptis suaveolens (L.) Poit.	Sanchez	366	h	bsa
Hyptis velutina Benth.	Nee	41108	h	
Hyptis sp.	Soto	412	h	ce
LACISTEMATACEAE				
Lacistema aggregatum (Bergius) Rusby	Foster	13663	a	bsa bg bi cc
Lacistema nena J.F. Macbr.	Mostacedo	931	s	ce
LAURACEAE				
Aiouea trinervis Meisn.	Mostacedo	1830	s	cc pt
Aniba canelilla (Kunth) Mez	Painter	108	a	bsa
Aniba cylindriflora Kostermans	Killeen	6944	a	bi
Aniba panurensis (Meisn.) Mez	P. Foster	803	a	bi
Cassytha baccifera J.S. Muell.	Killeen	8164	p	bdc
Cassytha filiformis L.	Gutiérrez	786	p	pt pi
Endlicheria anomala (Nees) Mez	Guillén	3781	s	pi brp bp bsa
Endlicheria klugii O. Schmidt	Rodriguéz	552	s	bsa
Endlicheria multiflora (Miq.) Mez	Guillén	3814	a	bsd

FAMILIA/ESPECIES FAMILY/SPECIES	COLECTOR/ COLLECTOR	NÚMERO/ NUMBER	F.V./ L.F.	HÁBITAT/ HABITAT
Endlicheria paniculata (Spreng.) J. F. Macbr.	Guillén	1922	a	br
Licaria armeniaca (Nees) Kosterm.	Guillén	2053	s	brp
Licaria guianensis Aubl.	Saldias	3174	a	bsa
Licaria triandra (Sw.) Kostermans	Garvizu	253	a	bi
Nectandra acutifolia (Ruiz & Pavón) Mez	Guillén	1606	a	br
Nectandra amazonum Nees	Killeen	6895	a	br
Nectandra cissiflora Nees	Arroyo	1263	a	bg
Nectandra cuspidata Nees & C. Mart.	Killeen	4843	a	bg bp bsa be
Nectandra hihua (Ruiz & Pavon) Rohwer	Saldias	3267	a	bsd
Nectandra pearcei Mez	J. Guillén	178	a	bsd
Nectandra riparia Rohwer	Guillén	3303	a	brp
Ocotea aciphylla (Nees) Mez	Nee	41219	s	pt
Ocotea amazonica (Meisn.) Mez	Guillén	1263	a	bsa
Ocotea cernua (Nees) Mez	Nee	41316	s	ib pt br bsa co
Ocotea diospyrifolia (Meisn.) Mez	Gutiérrez	1154	a	pt
Ocotea gracilis (Meisn.) Mez	Gutiérrez	1163	s	pt bsa
Ocotea guianensis Aubl.	Killeen	5037	a	bg bsa
Ocotea lancifolia (Schott) Mez	Jardim	206	a	br
Ocotea minarum (Nees & C. Mart.) Mez	Killeen	5536	s	pt
Ocotea oblonga (Meisn.) Mez	Quevedo	2497	a	bsa
Ocotea pauciflora (Nees) Mez	Peña	182	a	bri
Ocotea spixiana (Nees) Rohwer	P. Foster	459	a	ib
Persea americana Mill.	Nee	41125	a	cultivado
Persea caerulea (Ruiz & Pavon) Mez	Rodriguéz	655	a	bg
LECYTHIDACEAE				
Cariniana domestica (C. Mart.) Miers	Guillén	2446	a	pt ib bsa bsd br
Cariniana estrellensis (Raddi) Kuntze	Foster	13704	a	bsa
Cariniana multiflora Ducke	Quevedo	911	a	cc
Couratari guianensis Aubl.	Guillén	4016	a	bsa
Eschweilera parvifolia C. Mart. ex A. DC.	Nee	41431	a	bri ib
Eschweilera turbinata Nieden.	Quevedo	2690	a	b

FAMILIA/ESPECIES FAMILY/SPECIES	COLECTOR/ COLLECTOR	NÚMERO/ NUMBER	F.V./ L.F.	HÁBITAT/ HABITAT
LEGUMINOSAE-CAES				
Apuleia leiocarpa (Vogel) J. F. Macbr.	Foster	13926	a	bsa bg bra
Bauhinia corniculata Benth.	Guillén	1518	s	pi / b
Bauhinia cupulata Benth.	Guillén	2087	s	pi pt ce bsd
Bauhinia curvula Benth.	Gutiérrez	911	s	bdc
Bauhinia glabra Jacq.	Killeen	5515	s	pt pi ce ib
Bauhinia guianensis Aubl.	Nee	41495		
Bauhinia longicuspis Spruce ex Benth.	Guillén	1313	a	bsd brp
Bauhinia microstachya (Raddi) J. F. Macbr.	Guillén	1951	l	bsd bsa
Bauhinia mollis (Bong.) D. Dietr.	Guillén	1067	s	ce
Bauhinia nitida Benth.	Guillén	1580	s	mi
Bauhinia pentandra (Bong.) Vogel ex Steud.	Killeen	6291	s	bsd (lajas)
Bauhinia picta (Kunth) DC.	Killeen	6241	a	lg
Bauhinia pulchella Benth	Mostacedo	2090	s	
Bauhinia rufa (Bong.) Steud.	Foster	13789	s	ce br
Bauhinia straussiana Harms	Guillén	3668	s	b
Bauhinia ungulata L.	Quevedo	877	a	bsa
Caesalpinia pluviosa DC.	Guillén	1303	a	bsd bsa bra bp
Caesalpinia pulcherrima (L.) Sw.	Guillén	3700	a	bp
Cassia aculeata Pohl ex Benth.	Ritter	3059	s	mi
Cassia grandis L.f.	Saldias	2687	a	bsd
Chamaecrista basifolia (Vogel) H. S. Irwin & Barneby	Thomas	5633		
Chamaecrista desvauxii (Colladon) Killip var. *desvauxii*	Peña	297	h	bdc cc ce pt pa
Chamaecrista desvauxii (Colladon) Killip var. *mollissima* (Benth.) H.S. Irwin & Barneby	Guillén	2427	s	pt
Chamaecrista didyma H.S. Irwin & Barneby	Gutierrez	1389	h	pt
Chamaecrista diphylla (L.) Greene	Peña	281	h	bdc pt cr ch lg cc ce
Chamaecrista fagonioides (Vogel) H. S. Irwin & Barneby	Guillén	851	h	cr ce bdc
Chamaecrista flexuosa (L.) Greene	Peña	120	h	ce vr
Chamaecrista geminata (Benth.) H. S. Irwin & Barneby	Gutiérrez	1389	h	cc

FAMILIA/ESPECIES FAMILY/SPECIES	COLECTOR/ COLLECTOR	NÚMERO/ NUMBER	F.V./ L.F.	HÁBITAT/ HABITAT
Chamaecrista hispidula (Vahl) H. S. Irwin & Barneby	Gutiérrez	960	h	bdc
Chamaecrista lavradioides (Benth.) H. S. Irwin & Barneby	Guillén	4145	s	cr
Chamaecrista nictitans (L.) Moench var. *jalicensis* (Greenm.) H.S. Irwin & Barneby	Guillén	1068	s	ce pt
Chamaecrista ramosa (Vogel) H. S. Irwin & Barneby	Killeen	6366	h	lg bsd cc
Chamaecrista rotundifolia (Persson) Greene	Quevedo	887	h	bsa
Copaifera langsdorfii Desf.	Peña	253	a	bdc bsd ce bsa
Copaifera reticulata Ducke	Guillén	2478	a	pt bsa
Dialium guianense (Aubl.) Sandwith	Guillén	1238	a	bsd
Dimorphandra gardneriana Tul.	Killeen	5497	a	ce
Dimorphandra mollis Benth.	Guillén	1056	a	ce
Diptychandra aurantiaca Tul.	Foster	13790	a	cc ce ca bdc bsd br
Guibourtiana chodatiana (Hassl.) J. Leonard	G Guillén	2831	a	bsd
Hymenaea courbaril L.	Gentry	75602	a	bsa bsd bg ib
Hymenaea martiana Hayne	Killeen	5499	a	ib
Hymenaea stigonocarpa Benth.var. *pubescens* Benth.	Quevedo	915	a	cc
Macrolobium acaciifolium (Benth.) Benth.	Guillén	1278	a	brp br bi
Macrolobium multijugum (DC.) Benth.	Guillén	3293	a	brp bi
Peltogyne aff. *confertiflora* (Hayne) Benth.	Guillén	1230	a	bsd
Poeppigia procera C. Presl	Guillén	1853	a	bsd bsa bra
Schizolobium amazonicum Huber ex Ducke	Guillén	2002	a	bsa bl
Schizolobium parahybum (Vell.) S.F. Blake	Guillén	3976	a	bsa
Sclerolobium aureum (Tul.) Baill.	Toledo	39	a	bdc bsd bsa
Sclerolobium guianensis Benth.	Ritter	3029	a	be
Scleolobium hypoleucum Benth.	Jardim	3116	a	bl
Sclerolobium paniculata Vogel	Killeen	5407	a	bdc bsa ce bp
Sclerolobium aff. *rugosum* C. Mart. ex Benth.	Arroyo	644	a	bg
Sclerolobium tinctorium Benth. var. *ulea num* (Harms) Dwyer	Peña	176	a	bri (Qualea)
Senna aculeata (Pohl ex Benth.) H. S. Irwin & Barneby	Guillén	1461	h	pi mi

FAMILIA/ESPECIES FAMILY/SPECIES	COLECTOR/ COLLECTOR	NÚMERO/ NUMBER	F.V./ L.F.	HÁBITAT/ HABITAT
Senna affinis (Benth.) H. S. Irwin & Barneby	Gutiérrez	883	s	pa bsa
Senna alata (L.) Roxb.	Mostacedo	2168	s	bsa
Senna chrysocarpa (Desv.) H. S. Irwin & Barneby	Guillén	3475	h	pi
Senna georgica H. S. Irwin & Barneby var. *bangii* H. S. Irwin & Barneby	Guillén	3993	l	bsa
Senna hilariana (Benth.) H. S. Irwin & Barneby	Arroyo	691	s	ce
Senna multijuga (Rich.) H. S. Irwin & Barneby	Quevedo	945	a	
Senna obtusifolia (L.) H. S. Irwin & Barneby	Killeen	6325	s	bsd bsa
Senna pendula (Humb. & Bonpl. ex Willd.) H. S. Irwin & Barneby var. *pendula*	Killeen	6254	s	bsd bp ce co pi bsa
Senna pendula var. tenuifolia (Benth.) H. S. Irwin & Barneby	Guillén	1270	s	co
Senna pilifera (Vogel) H. S. Irwin & Barneby	Guillén	1552	s	pi
Senna aff. *reticulata* (Willd.) H. S. Irwin & Barneby	Jardim	69	s	
Senna rugosa (G. Don) H. S. Irwin & Barneby	Killeen	5228	s	ce
Senna silvestris var. *unifaria* (Vell.) H. S. Irwin & Barneby	Peña	136	s	ce
Senna silvestris (Vell.) H. S. Irwin & Barn. var. *silvestris*	Foster	13876	s	pt cc cr bg
Senna spectabilis (DC.) H. S. Irwin & Barneby	Saldias	2670	a	bsd
Senna spinescens (Hoffmanns. ex Vogel) H. S. Irwin & Barneby	Nee	41192	s	
Senna tapajozensis (Ducke) H.S. Irwin & Barneby	Guillén	3600	s	br
Senna velutina (Vogel) H. S. Irwin & Barneby	Killeen	5403	s	bdc bsd pa cc ce pt
Tachigalia paniculata Aubl.	Fuentes	1680	a	bl
Tamarindus indicus L.	Guillén	3699	a	bp
LEGUMINOSAE-MIM				
Abarena jupunha (Willd.) Britton & Killip	Quevedo	1066	a	
Acacia alemquerensis Huber	Quevedo	1079	l	
Acacia glomerosa Benth.	Quevedo	2705	a	bsa
Acacia loretensis J.F. Macbr.	Killeen	6292	a	bsd (lajas) bsa

FAMILIA/ESPECIES FAMILY/SPECIES	COLECTOR/ COLLECTOR	NÚMERO/ NUMBER	F.V./ L.F.	HÁBITAT/ HABITAT
Acacia martiusiana (Steud.) Burkart	Rodriguez	701	l	bsa
Acacia multipinnatum Ducke	Saldias	2770	l	bsa
Acacia paniculata Willd.	Saldias	2979	s	bsd (lajas) br
Acacia polyphylla DC.	Quevedo	2705	a	bsa
Acacia riparia Kunth	Killeen	6323	s	bsd bsa
Acacia tenuifolia (L.) Willd.	Saldias	2671	l	bsd
Albizia corymbosa (Rich.) G.P. Lewis & P.E. Owen	Guillén	1914	a	brp
Albizia niopoides (Spruce ex Benth.) Burkart	Guillén	1516	a	pi / b bsa
Albizia subdimidiata (Splitgerber) Barneby & Grimes	Guillén	2931	a	bp
Anadenanthera colubrina (Vell.) Brenan	Killeen	6654	a	bsa bsd lg
Calliandra parviflora Benth.	Guillén	1071	s	cc
Entada polyphylla Benth.	Killeen	6118	l	br ce cc
Entada polystachya (L.) DC.	Foster	13768	v	ce bdc
Entadopsis polyphylla (Benth.) Britton	Mostacedo	1871	s	bsa cc, bdc ce
Enterolobium contortisiliquum (Vell.) Morong	Guillén	1801	a	bp
Enterolobium schomburgkii (Benth.) Benth.	Killeen	5921	a	bsa bp
Hyrdochorea corymbsa (Rich.) Barneby & J. W. Grimes	P. Foster	118	a	bi
Inga alba (Sw.) Willd.	P. Foster	361	a	bi
Inga cayennensis Sagot ex Benth.	P. Foster	303	a	bi
Inga cylindrica (Vell.) Mart.	Saldias	3697	a	bsd
Inga disticha Benth.	Peña	185	a	bri
Inga edulis C. mart.	Saldias	3084	a	bsa
Inga fagifolia (L.) Willd. ex Benth.	Peña	151	a	ib
Inga heterophylla Willd.	Saldias	2804	a	bsa bg
Inga ingoides (L.C. Rich.) Willd.	Toledo	91	a	bsa
Inga laurina (Sw.) Willd.	P. Foster	246	a	bi
Inga marginata Willd.	P. Foster	282	a	bi
Inga pilosula (Rich.) J.F.Macbr.	Nee	41440	a	
Inga cf. *stenocalyx* Spruce ex Benth.	Nee	41503	a	
Mimosa albida Humb. & Bonpl. ex Willd.	Arroyo	152	s	bg ce

FAMILIA/ESPECIES FAMILY/SPECIES	COLECTOR/ COLLECTOR	NÚMERO/ NUMBER	F.V./ L.F.	HÁBITAT/ HABITAT
Mimosa huanchacae Barneby	Peña	223	s	bdc
Mimosa pellita Humb. & Bonpl. ex Willd.	Guillén	3469	s	pi co bp ce
Mimosa rigida Benth.	Mostacedo	1766	s	
Mimosa somnians Humb. & Bonpl. ex Willd.	Guillén	3415	s	pi ce
Mimosa subsericea Benth.	Peña	351	h	bdc ce
Mimosa xanthocentra C. Mart. var. *subsericea* (Benth.) Barn.	Thomas	5645	s	
Parkia pendula (Willd.) Benth. ex Walp.	Guillén	3975	a	bsa
Piptadenia comunis Benth.	Saldias	2660	a	bsd
Piptadenia gonoacantha (C. mart.) J. F. Macbr.	Saldias	3725	a	bsd
Pithecellobium scalare Griseb.	Guillén	1486	a	pi
Plathymenia reticulata Benth.	Arroyo	680	a	bg ib ce cc ca
Samanea saman (Jacq.) Merr.	Guillén	1521	a	pi
Samanea tubulosa Barn. & Grimes.	R. Guillén	1521	a	pi
Stryphnodendron guianense (Aubl.) Benth.	Killeen	7838	a	cc
Stryphnodenrum pulcherrimunm (Willd.) Hochreutiner	Jardim	34	a	bsa
Stryphnodendron purpureum Ducke	Arroyo	1142	a	bg
Zygia cataractae (Kunth) L. Rico	Nee	41419	a	
LEGUMINOSAE-PAP				
Abrus pulchellus subsp. *tenuiflorus* (Benth.) Verdc.	Nee	41277	a	
Abrus pulchellus Wallich ex Thwaites subsp. *tenuiflorus* (Spruce ex Benth.) Verdc.	Killeen	6300	v	bsd (lg) bp
Acosmium nitens (Vogel) Yakovlev	Peña	191	a	bri ib pt
Aeschynomene fluminensis Vell.	Guillén	2175	s	pi
Aeschynomene foliolosa Rudd	Nee	41270	h	
Aeschynomene histrix Poir.	Mostacedo	1842	h	cc
Aeschynomene oroboides Benth.	Killeen	6785	s	cc
Aeschynomene paniculata Willd. ex Vogel	Gutiérrez	827	s	ce
Aeschynomene racemosa Vogel	Quevedo	882	s	bsa
Aeschynomene sensitiva Sw.	Ritter	2399	ac	co
Amburana caerensis (Allemao) A.C. Sm.	Saldias	3363	a	bsd bsa bl

FAMILIA/ESPECIES FAMILY/SPECIES	COLECTOR/ COLLECTOR	NÚMERO/ NUMBER	F.V./ L.F.	HÁBITAT/ HABITAT
Andira cf. *inermis* (W. Wright) Kunth ex DC.	Guillén	1476	a	pi / b
Andira humilis C. Mart. ex Benth.	Guillén	2127	a	pi bp
Andira surinamensis (Bondt) Splitgerber ex Pulle	Killeen	6682	a	b
Ateleia guaraya Herzog	Saldias	2681	a	bsd
Barbieria (Clitoria) pinnata Pers. Baill.	Guillén	2931	a	pt
Bowdichia virgilioides Kunth	Peña	251	a	bdc ib ce pt
Camptosema goiasana R.S. Cowan	Killeen	5453	v	bsd cc ch
Canavalia grandiflora Benth.	Nee	41276	v	
Canavalia mattogrossensis (Barb. Rodr.) Malme	Saldias	2953	v	ib bsd
Centrosema angustifolium (Kunth) Benth.	Mostacedo	1405	h	ce
Centrosema brasilianum (L.) Benth.	Quevedo	2647	v	ib
Centrosema macrocarpum Benth.	Killeen	6260	h	bsd cc
Centrosema pubescens Benth.	Nee	41282	v	
Centrosema tapirapoanense Hoehne	Guillén	3577	h	br
Centrosema virginianum (L.) Benth.	Killeen	6287	v	lg
Chloroleucon mangense (Jacq.) Britton & Rose	Guillén	1505	a	mi
Clitoria densiflora (Benth.) Benth.	Foster	13801	s	ce pt pa
Clitoria guianensis (Aubl.) Benth. var. *guainensis*	Killeen	7194	h	cr
Clitoria pinnata (Pers.) R. H. Smith & G. P. Lewis	Saldias	2802	v	bsa
Collaea sp.	Killeen	4910	a	bg
Cratylia argentea (Desv.) Kuntze	Guillén	1734	s	bi
Crotalaria micans Link	Gutiérrez	818	s	ce
Crotalaria unifoliata Benth.	Killeen	4738	h	cr
Cyclolobium blanchetianum Tul.	Saldias	2990	a	bsd (lajas)
Cynometra bauhiniifolia Benth.	Guillén	2831	a	bsa
Dalbergia gracilis Benth.	Killeen	0	l	brp bi lg
Dalbergia miscolobium (Vogel) Benth.	Mostacedo	2089	s	ce
Dalbergia monetaria L.f.	Guillén	3264	l	bsa bp
Dalbergia villosa (Benth.) Benth.	Killeen	6264	s	lg
Derris amazonica Killip	Saldias	3018	l	bsa bdc ce
Derris longifolia Benth.	Guillén	4070	l	bsa

FAMILIA/ESPECIES FAMILY/SPECIES	COLECTOR/ COLLECTOR	NÚMERO/ NUMBER	F.V./ L.F.	HÁBITAT/ HABITAT
Desmodium asperum (Poir.) Desv.	Guillén	1225	h	bsd
Desmodium axillare (Sw.) DC.	Foster	13968	h	bsa
Desmodium barbatum (L.) Benth.	Mostacedo	1478	h	ce
Desmodium cajanifolium (Kunth) DC.	Killeen	5391	h	pt lg
Desmodium incanum DC.	Mostacedo	1551	h	ce bdc
Desmodium sclerophyllum Benth.	Nee	41266	v	
Dioclea aff. *bicolor* Benth.	Saldias	2918	l	bp
Dioclea glabra Benth.	Gutiérrez	1341	l	brp ib pt
Dipteryx alata Vogel	Mostacedo	1476	a	ce bsd br pt pi
Dipteryx odorata (Aubl.) Willd.	Soto	431	a	bg bsa bl
Eriosema crinitum (Kunth) G. Don var. *stipulare* (Benth.) Fortunato	Gutiérrez	757	s	pt
Eriosema longifolium Benth.	Thomas	5752	h	
Eriosema violaceum (Aubl.) G. Don	Guillén	1480	s	pi / b
Erythrina dominguezii Hassl.	P. Foster	667	a	bl
Erythrina falcata Benth.	Guillén	3952	a	b
Erythrina poeppigiana (Walp.) O.F. Cook	Saldias	2992	a	bsd (lajas)
Galactia dimorpha Burkart	Mostacedo	1717	h	cc ce
Galactia glaucescens Kunth	Nee	41469	v	
Harpalyce brasiliana Benth.	Gutiérrez	812	s	ce
Hymenolobium sp.	Gentry	75601	a	
Indigofera lespedezioides Kunth	Guillén	3421	s	pi
Lonchocarpus sp.	Gentry	75606	a	
Machaerium aculeatum Raddi	Guillén	1213	a	bsd
Machaerium acutifolium Vogel	Killeen	6052	a	pt / b
Machaerium aristulatum (Spruce ex Benth.) Ducke	Guillén	2042	a	mi bri
Machaerium inundatum (C. Mart. ex Benth.) Ducke	Killeen	6864	a	bri bp cu
Machaerium isadelphum (E. Mey) Amshoff	Carrión	215	l	bsa pt
Machaerium jacarandifolium Rusby	Guillén	4383	a	bsd pt
Machaerium kegelii Meisn.	P. Foster	365	l	bri bsd
Machaerium aff. *leucopterum* Vogel	Guillén	1830	a	bsd bsa
Machaerium microphyllum (E. Mey.) Stand.	Saldias	3509	s	cc

FAMILIA/ESPECIES FAMILY/SPECIES	COLECTOR/ COLLECTOR	NÚMERO/ NUMBER	F.V./ L.F.	HÁBITAT/ HABITAT
Machaerium moritzianum Benth.	Saldias	2665	l	bsd
Machaerium multifoliatum Ducke	Arroyo	535	l	bi
Machaerium nictitans (Vell.) Benth.	Guillén	4226	a	bsd
Machaerium robiniifolium (DC.) Vogel	Arroyo	1249	a	bg
Machaerium saraense Rudd.	Guillén	1088	s	ce
Machaerium scleroxylon Tul.	Killeen	5817	l	bsa
Machaerium villosum Vogel	Saldias	3694	a	bsd
Macroptilium cf. *atropurpureum* (Moc & Sessé ex DC.) Urban	Peña	305	h	bdc
Mucuna urens (L.) Medik.	Gutiérrez	556	l	br
Myroxylon sp.	Gentry	75596	e	
Ormosia coarctata Jackson	Quevedo	903	a	bsa
Platymiscium fragrans Rusby	J. Guillén	18	a	bsd ib
Platymiscium stipulare Benth.	Killeen	6870	l	bri bsd
Platypodium elegans Vogel subsp. *elegans*	Killeen	5394	a	ib bsa br bsd
Pterocarpus rohrii Vahl	Guillén	2493	a	pt bp bri
Pterocarpus amazonum C. Mart.	Guillén	4450	a	bsa
Pterocarpus santalinoides L´Hertier ex DC.	Quevedo	2371	a	bdc
Pterodon emarginatus Vogel	Killeen	6117	a	pt cc ce
Rhynchosia melanocarpa Grear	Killeen	6729	l	cc
Rhynchosia naineckensis Fortunato	Saldias	3591	l	bsd
Rhynchosia phaseoloides (Sw.) DC.	Jardim	30	v	bsa bsd
Stylosanthes guianensis (Aubl.) Sw.	Guardia	220	h	cc
Stylosanthes parviflora M. B. Ferr. & Souza	Mostacedo	1663	h	bp pa cc
Swartzia ingaefolia Ducke	Killeen	6381	a	bp
Swartzia laxiflora Bong. ex Benth.	Guillén	3062	a	bsa
Swartzia macrostachya Benth.	Nee	41448	a	
Tephrosia sessiliflora (Poiret) Hassler	Gutiérrez	837	s	ce cc
Tephrosia nitens (Sw.) Pers.	Killeen	6594	s	pt
Vatairea macrocarpa (Benth.) Ducke	Killeen	5632	a	ce ca
Vataireopsis speciosa Ducke	Quevedo	2428	a	ce

FAMILIA/ESPECIES FAMILY/SPECIES	COLECTOR/ COLLECTOR	NÚMERO/ NUMBER	F.V./ L.F.	HÁBITAT/ HABITAT
Vigna firmula (C. Mart. ex Benth) Marechal, Mascherpa & Satiner	Gutiérrez	1387	h	cc
Vigna lasiocarpa (C. Mart. ex Benth.) Verdc.	Guillén	1323	l	bsd
Vigna pedunculatris (Kunth) Fawcett & Rendle	Killeen	6480	v	lg
LENTIBULARIACEAE				
Genlisea guianensis N.E. Br.	Ritter	3614	ac	cu
Utricularia amethystina Salzmann ex A. St.-Hil. & Girard	Peña	207	h	pa
Utricularia breviscapa Wright ex Grisebach	Ritter	3547	ac	co
Utricularia foliosa L.	Ritter	3101	ac	co
Utricularia gibba L.	Ritter	3548	ac	co
Utricularia meyeri Pilg.	Peña	159	h	pt
Utricularia neottioides A. St.-Hil. & Girard	Peña	229	h	cu
Utricularia nervosa G. Weber ex Benj.	Guillén	1219	h	cr
Uricularia pusilla Vahl	Ritter	3020	h	cu
Utricularia simulans Pilg.	Gutiérrez	872	h	pt
Urticularia subulata L.	Jiménez	1170	h	pt
Utricularia tricolor A. St. Hil.	Ritter	3593	ac	co
LINACEAE				
Ochthocosmus barrae Hallier f.	Killeen	7515	a	ce bsd bdc
Ochthocosmus berryi Steyerm.	Killeen	5634	a	ce
LOGANIACEAE				
Antonia ovata Pohl	Mostacedo	2144	s	ce
Bonyunia antoniifolia Progel	Mostacedo	1861	s	ce
Mitreola petiolata (J.F. Gmel.) Torr. & A. Gray	Guillén	3345	h	bp
Potalia amara Aubl.	Nee	41278	s	bia bsa
Strychnos brasiliensis Mart.	P. Foster	266	l	bi
Strychnos darienensis Seem.	Jimenez	1421	l	bi
Strychnos guianensis (Aubl.) C. Mart.	Killeen	4791	s	ch br bp
Strychnos mattogrossensis S. Moore	Nee	41435	a	bri bi
Strychnos panurensis Sprague & Sandwith	P. Foster	290	l	bi
Strychnos rondeletioides Spruce ex Benth.	Soto	524	l	bg bsa bl

CONSERVATION INTERNATIONAL

Rapid Assessment Program

FAMILIA/ESPECIES FAMILY/SPECIES	COLECTOR/ COLLECTOR	NÚMERO/ NUMBER	F.V./ L.F.	HÁBITAT/ HABITAT
Strychnos pseudoquina A. St.-Hil.	Killeen	5598	a	cc
LORANTHACEAE				
Oryctanthus alveolatus (Kunth) Kuijt	Guillén	3848	p	pt
Oryctanthus florulentus (Rich.) von Tiegh.	Gutiérrez	566	p	pt bdc
Phthirusa stelis (L.) Kuijt	Guillén	1775	p	bp
Psittacanthus aff. *corynocephalus* Eichler	Nee	41409	p	
Psittacanthus cucullaris (Lam.) Blume	Guillén	1191	p	pi
Psittacanthus oblongifolius (Rusby) Kuijt	Arroyo	722	s	ce bdc br
Psittacanthus warmingii Eichler in C. Mart.	Ritter	3114	p	bdc bsd
Struthanthus acuminatus Blume ex Roem. & Schult.	Toledo	46	e	bdc
LYTHRACEAE				
Cuphea annulata Koehne in Martius	P. Foster	590	s	cc
Cuphea antisyphilitica Kunth	Guillén	2534	h	bsa
Cuphea crulsiana Koehne	Soto	326	s	cc ce
Cuphea melvilla Lindl.	Guillén	1356	h	vr pi cu co
Cuphea odonellii Lourteig	Gutiérrez	606	h	pa
Cuphea polymorpha A. St.-Hil.	Arroyo	151	a	bg
Cuphea racemosa (L. f.) Spreng.	Sánchez	346	h	bsa
Cuphea aff. *remotifolia* Koehne	Killeen	6144	s	bdc
Cuphea repens Koehne	Gutiérrez	1252	h	pt
Cuphea retrosicapilla Koehne	Killeen	7040	h	pt
Cuphea setosa Koehne	Jardim	171	h	bsa
Cuphea spermacoce A. St.-Hil.	Guillén	847	h	cr
Cuphea tenuissima Koehne	Killeen	7178	h	pi
Diplusodon bolivianus Cavalacanti & S.A. Graham	Killeen	4845	s	ce
Lafoensia vandelliana Cham. & Schltdl. subsp. *vandelliana*	Foster	13883	a	pt ce cc
Lafoensis pacari A. St.-Hil.	J. Guillén	183	a	bsd
Physocalymma scaberrima Pohl	Jardim	14	a	ce pt ib br bp
MALPIGHIACEAE				
Banisteriopsis caapi (Spruce ex Griseb.) Morton	Toledo	77	v	bsa
Banisteriopsis campestris (A. Juss.) Little	Soto	365	s	cc

FAMILIA/ESPECIES FAMILY/SPECIES	COLECTOR/ COLLECTOR	NÚMERO/ NUMBER	F.V./ L.F.	HÁBITAT/ HABITAT
Banisteriopsis cinerascens (Benth.) B. Gates	Mostacedo	2147	s	ce
Banisteriopsis confusa B. Gates	Killeen	4719	l	ce bsd pt la
Banisteriopsis laevifolia B. Gates	Guillén	3694	l	bml
Banisteriopsis cf. *malifolia* (Nees & C. Mart.) B. Gates	Peña	263	v	bdc
Banisteriopsis muricata (Cav.) Cuatrec.	Guillén	1639	l	vr bsd bra bl
Banisteriopsis prancei B. Gates	Gutiérrez	957	l	bdc
Banisteriopsis pubipetala (Adr. Juss.) Cuatrec.	Gentry	75494	l	pt bsa ce
Banisteriopsis stellaris (Griseb.) B. Gates	Gutiérrez	724	l	ce cc bdc bsa pt
Banisteriopsis wurdackii B. Gates	P. Foster	95	l	br
Bunchosia glandulifera (Jacq.) H.B.K.	J. Guillén	313	s	bsd
Byrsonima arthropoda Adr. Juss.	Saldias	3821	a	bsa bp pi bl
Byrsonima chalcophylla Nied.	Quevedo	1959	a	bdc
Byrsonima chrysophylla Kunth	Rodriguez	542	s	pt cc bra bsa bp
Byrsonima coccolobifolia Kunth	Uslar	571	a	bg
Byrsonima coriacea (Sw.) DC	Guillén	4528	a	bsds
Byrsonima crassifolia (L.) Kunth	Killeen	5205	s	bsd
Byrsonima crispa Adr. Juss.	Killeen	5843	a	bdc ce cc cr bsa
Byrsonima aff. *cydoniaefolia* Adr. Juss.	Thomas	5679	a	
Byrsonima fagifolia Nied.	Quevedo	891	a	cc ch cc
Byrsonima grisebachiana Adr. Juss.	Killeen	5020	a	bg bsa
Byrsonima intermedia A. Juss.	Killeen	7798	a	pi cc
Byrsonima orbingyana A. Juss.	Thomas	5579	s	
Byrsonima spicata (Cav.) DC.	Castro	74	a	bri
Byrsonima verbascifolia Richard ex Adr. Jussieu	Rodriguez	494	h	cc
Bysonima sericea Dc.	Killeen	7733	h	ch
Byrsonima stipulacea A. Juss.	Arroyo	5279	s	bsa
Dicella macroptera A. Juss.	Guillén	4406	l	bsa bl bg bsd
Diplopterys cururuënsis B. Gates	Guillén	2893	l	bpr
Heteropterys grandiflora Adr. Juss.	Guillén	4722	s	cc
Heteropterys cochlosperma Adr. Juss.	Guillén	3368	l	bp br
Heteropterys macrostachya Adr.Juss.	Foster	14006	a	bsd (quartzite)
Heteropterys hassleriana Nied.	Guillén	1192	l	pi bsd

CONSERVATION INTERNATIONAL

Rapid Assessment Program

FAMILIA/ESPECIES FAMILY/SPECIES	COLECTOR/ COLLECTOR	NÚMERO/ NUMBER	F.V./ L.F.	HÁBITAT/ HABITAT
Heteropterys laurifolia (L.) Adr. Juss.	Saldias	3573	l	bg
Heteropterys nervosa A. Juss.	Killeen	6888	l	bg bi
Heteropterys prancei W. R. Anderson	Guillén	2269	l	br
Heteropterys rubiginosa Adr. Juss.	Arroyo	656	l	bg bplg pt pa cc
Heteropterys tomentosa Adr. Juss.	Killeen	6411	s	cc
Hiraea fagifolia (DC.) Adr. Juss.	Castro	110	l	bri
Lophopterys inpana W. R. Anderson	Killeen	5851	v	ce cr
Juania sp. nov.	Killeen			
Mascagnia anisopetala (A. Juss.) Griseb.	Rodriguez	741	l	bsa bp
Mascagnia castanea (Cuatrecasas) W. R. Anderson	Guillén	3625	l	bp
Mascagnia lasiandra (Adr. Juss.) Nied.	Killeen	5794	s	ib bsa bp
Mascagnia macrodisca (Triana & Planchon) Nied.	Jardim	46	l	bsa
Mascagnia macroptera (Triana & Planchon) Nied.	Killeen	7178		
Mascagnia multiglandulos Nied.?	Gutiérrez	1170	l	pt
Mascagnia sepium (Adr. Juss.) Griseb.	Guillén	1782	l	bp
Mascagnia stannea (Griseb.) Nied.	Mostacedo	1735	s	
Mascagnia surinamensis (Kosterm.) W. R. Anderson	Killeen	7674	l	bml cc bsa
Peixotoa cordistipula Adr. Juss.	Mostacedo	2091	l	ce bsd pa bp
Peixotoa macrophylla Griseb.	Guiérrez	1402	l	bg
Peixotoa magnifica C. Anderson	Gutiérrez	1402	s	cc
Peixotoa reticulata Grisebach	Gutiérrez	1384	l	cc cr
Stigmaphyllon florosum C. Anderson	Saldias	2999	l	br bl
Stigmophyllon strigosum Poepp. ex Adr. Juss.	Quevedo	1036	l	
Tetrapterys ambigua (Adr. Juss.) Nied.	Saldias	2852	s	ce
Tetrapterys jussieuana Nied.	Rodriguez	591	h	cc
Tetrapterys mucronata Cav.	P.Foster	80	l	br
MALVACEAE				
Abutilon aristulosum K. Schum.	Nee	41358	h	
Abutilon benense (Britton) E.G. Baker	Toledo	28	s	bsa
Abutilon peruvianum (Lamarck) Kearney	P. Foster	767	h	bsa
Briqueta spicata (Kunth) Fryxell	Guillén	3357	h	bp

FAMILIA/ESPECIES FAMILY/SPECIES	COLECTOR/ COLLECTOR	NÚMERO/ NUMBER	F.V./ L.F.	HÁBITAT/ HABITAT
Cienfuegosia glabrifolia (A. St.-Hil. & Naudin) Blanchard	Guillén	3744	s	pt
Herissantia crispa (L.) Brizicky	Guillén	1109	h	bsd
Hibiscus bifurcatus Cav.	Mostacedo	2174	s	bsa
Hibiscus conceptionis Krapov. & Fryxell	Jardim	549	h	ce
Hibiscus ferrierae Krapov. & Fryxell	Nee	41283	s	pt
Hibiscus furcellatus Desv.	Quevedo	1107	h	
Hibiscus cf. *kitaibelifolius* A. St.-Hil.	Peña	115	s	ce
Hibiscus sororius L.	Guillén	3300	h	brp
Malvaviscus cf. *penduliflorus* DC.	Nee	41127	s	cultivado
Pavonia angustifolia Benth	Guillén	1561	h	mi
Pavonia boliviana Fryxell	Peña	226	a	bdc
Pavonia castaneifolia A. St.-Hil. & Naudin	Killeen	7088	h	cc
Pavonia malacophylla (Link & Otto) Garcke	Guillén	1849	h	bsd
Pavonia rosa-campestris A. St.-Hil.	Saldias	2850	h	ce
Pavonia schiedeana Steud.	P. Foster	543	s	b
Pavonia windischii Krapov.	Gutiérrez	900	h	pa
Peltaea edourdii (Hochr.) Krapov. & Crist.	Guillén	885	h	cr
Peltaea riedelii (Gürke) Standl.	Guillén	3464	h	pt
Peltaea speciosa (Kunth) Standl.	Thomas	5664	h	ce
Pseudabutilon leucothrix Fryxell	Toledo	28	h	
Pseudabutilon spicatum (Kunth) R. E. Fr	Guillén	3418	h	bp
Sida cordifolia L.	Guillén	1327	h	bsd
Sida linearifolia A. St.-Hil.	Gutiérrez	647	h	pt
Sida riedelii K. Schum.	Guillén	1328	h	bsd
Sida setosa C. Mart. Ex Colla	Quevedo	2563	h	
Sida spinosa L.	R. Guillén	1328	h	bsa
Sida urens L.	Nee	41483	h	maleza
Sida viarum A. St.-Hil.	Gutiérrez	647	h	pt
Sidastrum micranthum (A. St.-Hil.) Fryxell	Nee	41474	h	maleza
Wissadula amplissima (L.) R. E. Fr.	Guillén	1321	h	bsd
Wissadula boliviana R. E. Fr.	Quevedo	1038	s	

CONSERVATION INTERNATIONAL   **Rapid Assessment Program**

FAMILIA/ESPECIES FAMILY/SPECIES	COLECTOR/ COLLECTOR	NÚMERO/ NUMBER	F.V./ L.F.	HÁBITAT/ HABITAT
Wissadula excelsior (Cav.) C. Presl	Saldias	2769	h	bsa
MARCGRAVIACEAE				
Marcgravia coriacea Vahl	Soto	403	l	ce
Norantea guianensis Aubl.	Killeen	4895	l	bg bdc bsd cc
Souroubea fragilis de Roon	Perry	1063		
MARTYNIACEAE				
Craniolaria integrifolia Cham.	Guillén	2723	s	
MELASTOMATACEAE				
Aciotis dichotoma (Benth.) Cogn.	Foster	13832	h	bia
Aciotis laxa (DC.) Pilger	Guillén	2505	h	la (cascada)
Aciotis purpurascens (Aubl.) Triana	Foster	13946	h	bsa
Acisanthera uniflora (Vahl) Gleason	Gutiérrez	1006	h	ib
Adelobotrys cf. *acreana* Wurdack	Killeen	4882	l	bg
Bellucia acutata Pilg.	Guillén	1883	a	bsd
Bellucia beckii S.S. Renner	Gutiérrez	452	a	br
Bellucia dichotoma Cogn.	Mostacedo	1536	a	bsa
Bellucia grossularioides (L.) Triana	Foster	13731	a	bsa pi
Bellucia pentamera Naudin	Saldias	2768	a	bsa
Clidemia bullosa DC.	Killeen	5771	s	ib
Clidemia capitellata (Bonpl.) D. Don	Foster	13752	s	pt bsd pt ce
Clidemia capitellata var. *dependens* (Pav. Ex D. Don) J, F. Macbr.	Killeen	5906	s	cc
Clidemia hirta (L.) D. Don	Mostacedo	977	s	lg (matorral)
Clidemia rubra (Aubl.) C. Mart.	Killeen	5912	a	bsa pt ce
Clidemia sericea D. Don	Guillén	3917	h	pt
Desmoscelis villosa (Aubl.) Naudin	Gutiérrez	1429	s	ch
Graffenrieda weddellii Naudin	Killeen	6197	s	bdc bg pt
Henriettella ovata Cogn.	Guillén	2546	a	bsa pt
Macairea radula DC.	R. Guillén	4028	s	cu
Macairea thyrsiflora DC.	Killeen	4891	s	cl ce pt bdc bsc
Meriana urceolata Triana	Guillén	2531	a	ib lg
Miconia albicans (Sw.) Triana	Foster	13763	s	pt ce

FAMILIA/ESPECIES FAMILY/SPECIES	COLECTOR/ COLLECTOR	NÚMERO/ NUMBER	F.V./ L.F.	HÁBITAT/ HABITAT
Miconia alborufescens Naudin	Rodriguez	569	a	ce bdc
Miconia argyrophylla Schrank & C. Mart.ex DC.	Killeen	5788	s	pi
Miconia bubalina (D. Don) Naudin	Rodriguez	710	s	bsa
Miconia calvescens DC.	Saldias	2709	s	bsa
Miconia cf. *chrysophylla* (Rich.) Urban	Foster	13943	a	bsa
Miconia cf. *mattogrossensis* Hoehne	Foster	14002	a	bsd
Miconia chamissois Naudin	Gutiérrez	1000	s	pa
Miconia chrysophylla (Rich.) Urban	Killeen	4878	a	bg bsa
Miconia ciliata (Rich.) DC.	Killeen	4771	s	cr
Miconia dispar Benth.	Killeen	4888	a	bg
Miconia elaeagnoides Cogn. vel. aff.	Arroyo	638	a	bg
Miconia gratissima Benth.	Arroyo	748	a	bg
Miconia heliotropoides Triana	Rodriguez	721	a	bg bsa
Miconia holosericea (L.) DC.	Arroyo	636	s	bsa
Miconia ibaguensis (Bonpl.) Triana	Foster	13679	s	bsa bi bsd bp
Miconia longispicata Triana	Guillén	1259	a	bsa
Miconia lourteigiana Wurdack	Killeen	6934	s	bsd
Miconia macrothyrsa Benth.	Gutiérrez	500	s	ce
Miconia matthaei Naudin	Quevedo	1058	a	
Miconia minutiflora (Bonpl.) DC.	Guillén	3646	a	bsd bml bp
Miconia multiflora Cogn.	Saldias	3214	a	bsa
Miconia myriantha Benth.	Killeen	4887	a	bg pt
Miconia nervosa	Killeen	5649	h	bsa
Miconia prasina (Sw.) DC. var *attenuata* (DC.) Cogn.	Guillén	2272	s	br pt
Miconia poeggigii Triana	Killeen	5820	a	bsa
Miconia puberula Cogn.	Arroyo	661	s	ce ch pt
Miconia punctata (Desr.) D. Don ex DC.	Killeen	4880	a	bg
Miconia pyrifolia Naudin sensu Cogn.	Guillén	832	a	bsa
Miconia rufescens (Aubl.) DC.	Saldias	2862	s	ce
Miconia symplectocaulis Pilger	Rodriguez	713	a	br
Miconia splendens (Sw.) Griseb.	Guillén	2323	s	bsa

FAMILIA/ESPECIES FAMILY/SPECIES	COLECTOR/ COLLECTOR	NÚMERO/ NUMBER	F.V./ L.F.	HÁBITAT/ HABITAT
Miconia stenostachya Schrank & C. Mart. ex DC.	Killeen	5578	s	pt br
Miconia tiliaefolia Naudin	Saldias	3466	s	cr ce bdc bsd
Miconia tomentosa (Rich.) D. Don ex DC.	Foster	13744	s	bsa
Miconia vilhensis J. Wurdack	Thomas	5611	s	
Miconia woytkowski Wurdack	Killeen	7637	s	bl
Microlicia occidentalis Naudin	Gutiérrez	602	s	vr
Microlicia arenariaefolia DC.	Killeen	5415	s	la bdc
Mouriri acutiflora Naudin	Killeen	6659	s	br
Mouriri apiranga Spruce ex Triana	Guillén	835	s	bsa bdc bl bi
Mouriri glazioviana Cogn.	Mostacedo	2180	h	ce
Mouriri guianensis Aubl.	Killeen	6850	a	bri
Mouriri myrtifolia Spruce ex Triana	Wallace	21	a	bsa
Mouriri pusa Gardner	Peña	273	a	bdc
Mouriri subumbellata Triana	Guillén	1707	a	br
Poteranthera pusilla Bongard	Killeen	6573	h	pt
Rhynchanthera gardneri Naudin	Killeen	6570	s	pt
Rhynchanthera novemnervia DC.	Guillén	1539	s	pi ib
Siphanthera aff. *pratensis* Mgf.	Nee	41471	s	
Tibouchina barbigera Baill.	Killeen	6397	s	cc pt
Tibouchina llanorum Wurdack	Killeen	5393	s	pt
Tibouchina spruceanum Cogn.	Guillén	2109	a	br pt
Tibouchina stenocarpa (DC.) Cogn.	Killeen	4916	s	bg cc
Tococa coronata Benth.	Foster	13843	s	bia
Tococa guianensis Aubl.	Thomas	5727	s	
Tococa occidentalis Naudin	Jardim	95	s	cr
MELIACEAE				
Cedrela fissilis Vell.	Killeen	6226	a	bsd bp bsa
Cedrela odorata L.	Saldias	2950	a	bsd
Guarea guidonia (L.) Sleumer	Saldias	2715	a	bsa
Guarea macrophylla Vahl	Quevedo	2720	a	bsa
Guarea pubescens (Rich.) A. Juss.	Peña	237	s	bi

FAMILIA/ESPECIES FAMILY/SPECIES	COLECTOR/ COLLECTOR	NÚMERO/ NUMBER	F.V./ L.F.	HÁBITAT/ HABITAT
Ruagea glabra Triana & Planch.	Garvizu	228	a	bsa
Ruagea insignis (C. DC.) T.D. Penn.	Toledo	81	a	
Swietenia macrophylla King	Saldias	3848	g	bsa
Trichilia elegans A. Juss.	Guillén	2894	s	bsa
Trichilia inaequilatera T. D. Penn..	Guillén	3136	a	bsa br
Trichilia martiana C. DC	Gentry	75623	a	
Trichilia pachypoda (Rusby) C. DC. ex Harms	Gentry	75604	a	
Trichilia pallida Sw.	Killeen	5830	s	bsa bsd br bg
Trichilia pleeana (A. Juss.) C. DC.	Guillén	3953	a	bsa bp
Trichilia solitudinis Harms	R. Guillén	1151	a	bsd
Trichina surinamensis C. DC.	R. Guillén	4650	a	bsd
MENISPERMACEAE				
Abuta grandifolia (C. Mart.) Sandw.	Guillén	1648	s	br bdc bsd ib pt
Abuta schomburgkii (Miers) Barneby & Krukoff	Nee	41292		
Borismene sp.	Killeen	6938	l	bi bsa
Cissampelos ovalifolia DC.	Saldias	2869	s	cc bdc
Cissampelos pareira L.	Foster	13650	v	bsa
Cissampelos tropaeolifolia DC	Killeen	5936	v	bsa
Orthomene schomburgkii (Miers) Krukoff & Barneby	Guillén	1361	l	vr bi
MOLLUGINACEAE				
Mollugo verticillata L.	P. Foster	146	h	
MONIMIACEAE				
Mollinedia lanceolata Ruiz & Pav.	P. Foster	544	a	bg
Mollinedia latifolia (Poepp. & Endl.) Tul.	Foster	13671	a	bsa bg
Mollinedia ovata Ruiz & Pav.	Guardia	244	h	cc
Mollinedia racemosa (Schltdl.) Tul.	Saldias	2785	s	bsd bg
Mollinedia rusbyana Perkins	Rodriguez	555	s	bg
Siparuna amazonica (C. Mart.) DC.	Killeen	6131	s	bri
Siparuna bifida (Poepp. & Endl.) DC.	Foster	13682	a	bsa
Siparuna decipiens (Tul.) A. DC.	Nee	41107	s	pt ce
Siparuna guianensis Aubl.	Nee	41185	s	br ib bsa bsd bdc pi pt cr

FAMILIA/ESPECIES FAMILY/SPECIES	COLECTOR/ COLLECTOR	NÚMERO/ NUMBER	F.V./ L.F.	HÁBITAT/ HABITAT
MORACEAE				
Brosimum acutifolium Huber subsp. *obovatum* (Ducke) C.C. Berg	P. Foster	240	a	b
Brosimum alicastrum Sw.	Painter	111	a	bsa
Brosimum coriacea Karsten	Guillén	1716	a	bi
Brosimum gaudichaudii Trécul	Mostacedo	964	s	ce br ib pt bsa
Brosimum guianense (Aubl.) Huber	Guillén	1684	a	br bri bsd
Brosimum lactescens (S. Moore) C.C. Berg	Guillén	1717	a	bi brp bri bsa
Brosimum utile (Kunth) Pittier subsp. *ovaifolium* (Ducke) C.C. Berg	Killeen	6731	a	bsa
Cecropia concolor Willd.	Saldias	3356	a	ib
Cecropia distachya Huber	Carrión	133	a	cc
Cecropia engleriana Snethl.	Guillén	1314	a	bsd bsa
Cecropia latiloba Miq.	Saldias	3355	a	ib
Cecropia obtusifolia Bertol.	Quevedo	2698	a	b
Cecropia palmata Willd.	Saldias	2941	a	bsd (lajas)
Cecropia polystachya Trécul	P. Foster	292	a	b
Cecropia saxatilis Snethl.	Saldias	2891	a	pt
Coussapoa crassivenosa Mildbr.	Garvizu	274	a	bi
Coussapoa aff. *sprucei* (Benth.) Mildr.	Nee	41509	a	bri
Dorstenia asaroides Gardner	Foster	13940	h	bsa
Ficus americana Aubl.	Killeen	5252	a	bg
Ficus cf. *aripuanensis* C.C. Berg & Kooy	P. Foster	265	a	b
Ficus calyptra Miq.	Killeen	6338	a	bsa
Ficus calyptroceras (Miq.) Miq.	Guillén	1094	a	bsd (lajas)
Ficus citrifolia P. Miller	Arroyo	757	l	bg bsd
Ficus cf. *cuatrecasana* Dugand	Killeen	5251	a	bg
Ficus eximia Schott	Killeen	6931	a	bsd bsa
Ficus gomelleira Kunth & Bouché	Nee	41401	a	br
Ficus guianensis Desv.	Killeen	6175	e	bdc
Ficus insipida Willd.	Quevedo	2015	a	b

FAMILIA/ESPECIES FAMILY/SPECIES	COLECTOR/ COLLECTOR	NÚMERO/ NUMBER	F.V./ L.F.	HÁBITAT/ HABITAT
Ficus lourentana Vasquez	Guillén	1281	a	brp
Ficus mathewsii (Miq.) Miq.	Arroyo	600	a	bri br ib bi lg
Ficus matiziana Dugand	Guillén	1854	a	bsd
Ficus maxima Mill.	Guillén	1917	a	brp
Ficus nymphaefolia Mill.	Vargas	4114	a	br (restos)
Ficus obtusifolia Kunth	Guillén	1649	a	br bg bsd bri
Ficus paraensis (Miq.) Miq.	Jardim	50	a	bsa
Ficus pertusa L. f.	Killeen	6855	a	bri bsa bi
Ficus trigona L. f.	Killeen	6856	a	bri bsa
Ficus trigonata L. (vel. aff. / sp. nov.?)	Foster	13950	a	bsa
Helicostylis scabra (J. F. Macbr.) C.C. Berg	Quevedo	2416	a	bsa
Helicostylis tomentosa (Poepp. & Endl.) J. F. Macbr.	Guillén	838	a	bsa
Maclura tinctoria (L.) Steud.	Gentry	75565	a	bsa
Maquira coriacea (Karsten) C.C. Berg	Killeen	6902	a	bri
Naucleopsis concinna (Standl.) C.C. Berg	Toledo	97	a	bsa br
Perebea mollis (Poepp. & Endl.) Huber	Wallace	95	a	bsa
Pourouma bicolor Subsp. *bicolor*	Jardim	3109	a	bl
Pourouma guianensis Aubl. subsp. *guianenesis*	Killeen	5623	a	bsa bsd bg
Pourouma minor Benoist	Arroyo	727	a	bg
Pseudolmedia laevigata Trécul	Guillén	1913	a	brp bi
Pseudolmedia laevis (Ruiz & Pavón) J. F. Macbr.	Foster	13666	a	bsa bg
Pseudolmedia macrophylla Trécul	Saldias	3339	a	bsa bi
Pseudolmedia rigida (Klotzsch & Karsten) Cuatrec. subsp. *eggersii* (Standl.) C.C. Berg	Nee	41382	a	bri
Sorocea guilleminiana Gaudich.	Killeen	5975	a	bsa bsd
Sorocea hirtella Mildbr.	Gutiérrez	554	a	vr
Sorocea sprucei (Baill.) J. F. Macbr. ssp. *saxicola* (Hassler) C. C. Berg	Guillén	2229	a	br
MYRISTICACEAE				
Iryanthera juruensis Warb.	Saldias	2800	a	bsa bg bp
Virola calophylla (Spruce) Warb.	Arroyo	1205	a	bg bri

FAMILIA/ESPECIES FAMILY/SPECIES	COLECTOR/ COLLECTOR	NÚMERO/ NUMBER	F.V./ L.F.	HÁBITAT/ HABITAT
Virola carinata Warb.	Arroyo	481	a	bi
Virola elongata (Benth.) Warb.	Vargas	4025	a	br bi bsa ib
Virola sebifera Aubl.	Gutiérrez	791	a	pt pi bsd ce cc bg
MYRSINACEAE				
Ardisia guianensis (Aubl.) Mez	Jardim	553	s	ib bg bsa
Cybianthus buchteinii (Pax) G. Agostini & Pipoly	Killeen	7809	a	bg ce
Cybianthus comperuvianus G. Agostini & Pipoly	Arroyo	674	a	bg
Cybianthus detergens C. Mart.	Killeen	5579	s	pt cc
Cybianthus fulvopulverulentus (Mez) G. Agostini	Arroyo	738	a	cc
Cybianthus gardneri (A. DC.) G. Agostini	Killeen	4763	s	cl
Cybianthus guyanensis subsp. *pseudoicacoreus* (Miq. & C. Mart.) Pipoly	Arroyo	472	a	bi
Cybianthus iteoides G. Agostini	Guillén	2290	s	br pt
Cybianthus minutiflorus Mez	Killeen	4877	s	pt br ib ce
Cybianthus cf. *multiflorus* Mez	Foster	13785	a	ce
Cybianthus penduliflorus C. Mart.	Guillén	2872	s	bp br pt ib
Cybianthus psychotriifolius Rusby ex Mez	Gutiérrez	530	s	ce cc bp
Cybianthus spicatus (Kunth) G. Agostini	Quevedo	2632	s	bdc
Myrsine mercadoana Pipoly	Gutiérrez	1386	s	cc
Myrsine gardneriana A. Dc.	Guillén	3568	a	bsd
Myrsine laetevirens (Mez) Arechav.	Arroyo	505	a	ib bsa bsd
Myrsine latifolia (Ruiz & Pavon) Spreng.	Guillén	1243	s	bsd
Myrsine umbellata C. Mart.	Gutiérrez	489	a	pt pi
MYRTACEAE				
Calyptranthes bipennis O. Berg	Gentry	75537	a	bsa
Calyptranthes fasciculata O. Berg	Killeen	6239	a	bsd
Calyptranthes lanceolata O. Berg	Jardim	225	a	bdc
Campomanesia guaviroba (DC) Kiaersk.	Rodriguez	558	a	bsa
Campomanesia sessiflora var. *lanuginosa* (Barb Rodr. ex Codat & Hassl.) Landrum	Rodriguez	498	s	cc
Eugenia biflora (L.) DC.	Nee	41114	s	pt cc

FAMILIA/ESPECIES FAMILY/SPECIES	COLECTOR/ COLLECTOR	NÚMERO/ NUMBER	F.V./ L.F.	HÁBITAT/ HABITAT
Eugenia bimarginata DC.	Nee	41405	s	maleza
Eugenia chiquitensis O. Berg	Jardim	147	s	ce pi
Eugenia cupulata Amshoff	Peña	102	a	ib
Eugenia dysenterica DC.	Killeen	5498	a	ce
Eugenia flavescens DC.	Killeen	5375	s	pt lg bsd bp
Eugenia florida DC.	Gentry	75577	a	bsa bri ib pt
Eugenia lambertiana DC.	Gutiérrez	590	s	ib bri
Eugenia pinifolia F. Phil.	Thomas	5691	h	cc
Eugenia pluriflora DC.	Peña	245	a	bdc
Eugenia punicifolia (Kunth) DC.	Killeen	6194	s	bdc ce cc cl pt
Eugenia tapacumensis O. Berg	Gutiérrez	1089	s	pt ib ce
Myrcia amazonica DC.	Arroyo	690	s	ce bdc br bsd
Myrcia bracteata (Rich.) DC.	Gentry	75636	a	bsa
Myrcia cf. *cordata* Cambess.	Thomas	5751	s	
Myrcia cordifolia O. Berg.	Thomas	5750	a	
Myrcia cf. *daphnoides* DC.	Foster	13753	s	pt
Myrcia deflexa (Poir.) DC	P. Foster	362	a	bri
Myrcia fallax (Rich.) DC.	Foster	13869	s	pt bdc
Myrcia fenestrata DC	Uslar	596	s	bg
Myrcia guianensis (Aubl.) DC.	Killeen	5938	a	cc ib
Myrcia lucida McVaugh var. *lucida*	Guillén	3817	s	bsa
Myrcia paivae O. Berg	Foster	13722	s	bsa
Myrcia pubipetala Miq.	Thomas	5749	a	
Myrcia regnelliana O. Berg.	Foster	13791	s	ce ca
Myrcia subsessilis O. Berg	Jardim	17	a	ce cc b
Myrcia tomentosa (Aubl.) DC.	Killeen	5849	a	ce
Myrcia cf. *yungasensis* Rusby	Thomas	5614	a	
Myrciaria dubia (Kunth) McVaugh	Peña	264	a	bdc
Myrciaria floribunda (West ex Willd.) O. Berg	Gutiérrez	1018	s	bdc
Psidium acutangulum DC.	Foster	14519	a	bi
Psidium australe Caness.	Soto	424	s	cc

CONSERVATION INTERNATIONAL

Rapid Assessment Program

FAMILIA/ESPECIES FAMILY/SPECIES	COLECTOR/ COLLECTOR	NÚMERO/ NUMBER	F.V./ L.F.	HÁBITAT/ HABITAT
Psidium guajava L.	Guillén	2945	a	
Psidium guianense Sw.	Killeen	5560	s	pt ce
Psidium guineense Sw.	Guillén	3372	s	bp ce bsd bp
Psidium laruotteanum Cambess.	Killeen	7819	s	cc
Psidium cf. *nutans* O. Berg	Killeen	6974	s	pi pt
Psidium salutare (Kunth) O. Berg	Foster	13813	s	ce
Psidium sartorianum (O. Berg) Nied.	Arroyo	1281	a	bg bsd
Psidium striatulum DC.	Gutiérrez	464	s	pt
Siphoneugena occidentalis Legrand	Toledo	3	a	bdc bg
Syzygium cumini (L.) Skeels	Guillén	1735	a	cultivado
NYCTAGINACEAE				
Boerhavia sp.	Killeen	6421	h	bg
Guapira opposita (Vell.) Reitz	Killeen	5246	a	ca
Guapira myrtiflora (Standl.) Lundell	Arroyo	1087	a	bg
Nea amplifolia Donn. Sm.	Arroyo	1091	a	bg
Neea aff. *ovalifolia* Spruce ex J. A. Schmidt	Jardim	75	a	bsd, bdc
Neea divaricata Poepp. & Engl.	Jardim	55	a	
Neea hermaphrodita S. Moore	Guillén	841	s	bsa
Neea ovalifolia Spruce ex J. A. Schmidt	Arroyo	291	a	ib
Neea spruceana Heimerl	Gutiérrez	455	s	br ib ce
Neea theifera Orsted	Foster	13762	s	pt cr cc ce ca
NYMPHAEACEAE				
Cabomba furcata Schult. & Schult. f.	Guillén	1935	ac	co
Cabomba haynesii Wiersema	Ritter	3001	ac	co
Nymphaea cf. *amazonum* C. Mart. & Zucc.	Guillén	1932	ac	co
Nymphaea gardneriana Planchon	Ritter	2491	ac	co
Nymphaea jamesonia Planchon	Ritter	3119	ac	co
OCHNACEAE				
Cespedesia spathulata (Ruiz & Pavón) Planch.	Arroyo	744	a	bg
Elvasia canescens Gilg	Guillén	3816	a	bp
Ouratea angulata Tiegh.	Killeen	6703	s	pt lg

FAMILIA/ESPECIES FAMILY/SPECIES	COLECTOR/ COLLECTOR	NÚMERO/ NUMBER	F.V./ L.F.	HÁBITAT/ HABITAT
Ouratea caudata Engl.	Quevedo	2241	s	bdc
Ouratea ferruginea Engl.	Arroyo	344	a	bg pt cc
Ouratea floribunda Engl.	Foster	13911	a	pt
Ouratea hexasperma Baill.	Killeen	7778	s	cc
Ouratea nitida (Swartz) Engl.	Rodriguez	536	s	bg
Ouratea orbignyana (Tiegh.) Liesner	Guillén	2319	s	cc cr
Ouratea paraensis Huber	Guillén	2482	s	pt bg bsa
Ouratea pendula Engl.	Gutiérrez	947	s	bdc bsa
Ouratea schomburgkii Engl.	Jardim	109	s	cr cc
Ouratea spectabilis Engl.	Killeen	5595	a	cc pt
Sauvagesia erecta L.	Killeen	6700	h	pi
Sauvagesia racemosa A. St.-Hil.	Peña	203	h	pa
Sauvagesia ramosissima Spruce ex Eichler	Peña	214	h	bdc
Sauvagesia tenella Lam.	Peña	60	h	pt
OLACACEAE				
Cathedra acuminata (Benth.) Miers	Quevedo	2044	s	bdc
Chaunochiton kappleri (Sagot ex Engl.) Ducke	Guillén	4007	a	bsa
Dulacia candida (Poep.) Kuntze	Gonzales	15	a	bsa bg
Dulacia cyanocarpa Sleumer	Saldias	3367	a	bsa
Dulacia inopiflora (Miers) Kuntze	Guillén	3254	a	bsa
Dulacia macrophylla (Benth.) Kuntze	Saldias	2780	a	bsa
Heisteria acuminata (Humb. & Bonpl.) Engl.	P. Foster	707	a	bl
Heisteria citrifolia C. Mart.	Killeen	6520	s	cr cc
Heisteria coccinea Jacq.	Guillén	1840	a	bsd
Heisteria laxiflora Engl.	Guillén	3935	s	pt
Heisteria nitida Spruce ex Engl.	Garvizu	368	a	br
Heisteria ovata Benth.	Guillén	1483	a	pi pt br
Heisteria spruceana Engl.	Guillén	3583	a	ce bsd
Minquartia guianensis Aubl.	Quevedo	1007	a	bg
Schoepfia lucida Pulle	Arroyo	637	a	bg
Schoepfia teramera Herzog	Arroyo	331	a	bg be

FAMILIA/ESPECIES FAMILY/SPECIES	COLECTOR/ COLLECTOR	NÚMERO/ NUMBER	F.V./ L.F.	HÁBITAT/ HABITAT
Ximenia americana L.	Saldias	2989	s	bsd (lajas) bp
ONAGRACEAE				
Ludwigia affinis (DC.) H. Hara	Ritter	2445	ac	co
Ludwigia decurrens Walter	Killeen	6108	a	vr
Ludwigia erecta (L.) H. Hara	Nee	41149	h	co
Ludwigia filiformis (Micheli) T. P. Ramamoorthy	Guillén	2171	s	pi pt
Ludwigia helminthorrhiza (Mart.) H. Hara	R. Guillén	4372	ac	mi
Ludwigia inclinata (L.f.) M. Gómez	Nee	41433	h	cu
Ludwigia leptocarpa (Nutt.) H. Hara	Gutiérrez	551	h	pt co
Ludwigia nervosa (Poir.) H. Hara	Gutiérrez	973	s	pa pt vr
Ludwigia octovalvis (Jacq.) Raven	Ritter	2457	ac	co
Ludwigia peruviana (L.) H. Hara	Ritter	2443	ac	co
Ludwigia sedoides (Humb. & Bonpl.) H. Hara	Nee	41394	h	co
Ludwigia torulosa (Arnott) H. Hara	Ritter	3589	ac	co
OPILIACEAE				
Agonandra brasiliensis Miers	Quevedo	2395	a	bsd
OXALIDACEAE				
Oxalis hedysarifolia Pohl	Jiménez	1131	h	bsa
Oxalis juruensis Diels	Rodriguez	745	h	bsa
Oxalis pyrenea Taubert	Guillén	869	h	cr
PASSIFLORACEAE				
Passiflora auriculata Kunth	Foster	13871	e	pt bdc
Passiflora cirrhipes Killip	Killeen	6155	v	bdc
Passiflora coccinea Aubl.	Nee	41302	v	br ib bsa
Passiflora misera Kunth	Vásquez	2181	v	br pt
Passiflora morifolia Mast.	Vásquez	2337	v	ce
Passiflora nitida Kunth	Vásquez	1885	v	br
Passiflora pohlii Mast.	Vásquez	2230	v	br bg
Passiflora quadriglandulosa Rodschied	Vásquez	2456	v	br bg
Passiflora suberosa L.	Gutiérrez	1024	l	
Passiflora Subgen. Astrophea (DC.) Mast.	Killeen	6190	s	la

FAMILIA/ESPECIES FAMILY/SPECIES	COLECTOR/ COLLECTOR	NÚMERO/ NUMBER	F.V./ L.F.	HÁBITAT/ HABITAT
Passiflora warmingii Mast.	Guillén	1084	l	ce
PIPERACEAE				
Peperomia arifolia Miq.	Killeen	5030	e	bg
Peperomia glabella (Sw.) A. Dietr.	Killeen	5038	h	bsa
Peperomia macrostachya (Vahl) A. Dietr.	Rodriguez	738	e	bsa bsd
Peperomia pellucida (L.) Kunth	Guillén	1319	h	bsa
Piper acreanum C. DC.	Guillén	3117	e	bsa
Piper aduncum L.	Saldias	2666	s	bsd br
Piper arboreum Aubl.	Gentry	75634	a	bsa bia ib
Piper bartlingianum C. DC.	Saldias	3331	s	bsa
Piper callosum Ruiz & Pavón	Killeen	6258	h	bl bsa
Piper circinnata Link	Rodriguez	764	e	bsa
Piper crassinervium Kunth	Killeen	7794	a	bsa
Piper demeraranum (Miq.) C. DC.	Saldias	3331	s	bsa
Piper dilatatum Rich.	Killeen	7678	s	bl
Piper divaricatum G. Mey.	Guillén	3043	s	bp
Piper hispidum Sw.	Saldias	3345	s	bsa brp
Piper medium Jacq.	Killeen	6677	s	bsd
Piper obliquum Ruiz & Pavón	Killeen	5021	a	bg bsa
Piper peltatum L.	Saldias	2741	h	bsa
Piper pilirameum C. DC.	Arroyo	1255	a	bg
PODOSTEMACEAE				
Podostemum sp.	Ritter	3639	ac	arroyo
POLYGALACEAE				
Bredemeyera altissima (Poepp.) A. W. Benn.	Arroyo	695	s	cc ce br bp pt
Bredemeyera floribunda Willd.	Guillén	1414	l	vr la bsd
Bredemeyera lucida (Benth.) A. W. Benn.	Peña	280	s	bdc
Bredemeyera myrifolia A. W. Benn. forma *parviflora*	Guillén	2408	v	bsa
Moutabea cf. *aculeata* (Ruiz & Pavón) Poepp. & Endl.	Guillén	2141	a	pt
Moutabea excoriata C. Mart.	Nee	41231	a	
Moutabea cf. *longifolia* Poepp. & Endl.	Guillén	1744	a	bi bsa

FAMILIA/ESPECIES FAMILY/SPECIES	COLECTOR/ COLLECTOR	NÚMERO/ NUMBER	F.V./ L.F.	HÁBITAT/ HABITAT
Polygala aff. *filiformis* St. Hil & Moq.	Saldias	2877	h	ce
Polygala glochidiata Kunth	Guillén	1220	h	lg
Polygala cf. *herbiola* St. Hil & Moq. va. *chapadensis* (Chod. ex Grondona) Marques	Gutiérrez	875	h	pt pa ch
Polygala aff. *irwinii* Wurdack	Killeen	4826	h	cc
Polygala leptocaulis Torrey & A. Gray	Killeen	6995	h	pi
Polygala longicaulis Kunth	Killeen	6987	h	pi
Polygala microspora S. F. Blake	Nee	41167	h	
Polygala aff. *regnellii* Chod. (sp. nov.?)	Killeen	7163	h	cl bsd
Polygala cf. *timoutoides* Chodat	Gutiérrez	1039	h	lh
Polygala cf. *timoutou* Aubl.	Gutiérrez	819	h	ce
Securidaca buchtienii Chod. (ined.)	Quevedo	1077	a	
Securidaca cf. *herbiola* A. St.-Hil. & Moq.	Jardim	182		
Securidaca rivinaefolia A. St.-Hil. & Moq. var. *parvifolia* A. W. Benn.	Guillén	1927	l	brp pt
POLYGONACEAE				
Coccoloba densifrons C. Martius ex Meissn.	R. Guillén	1916	a	br
Coccoloba meissneriana (Britton) K. Schum.	Guillén	2046	a	brp cu
Coccoloba mollis Casar.	Guillén	2013	a	bsa bi
Coccoloba ochreolata Wedd.	R. Guillén	4462	a	bsd
Coccoloba paraguariensis Lindau	R. Guillén	2939	a	bi
Coccoloba spinescens Morong	Guillén	2939	a	bsa
Coccoloba steinbachii R. A Howard	Mostacedo	2110	s	ce
Polygonum acuminatum Kunth	Guillén	1586	h	cu pi
Polygonum hydropiperoides Michx.	Guillén	1596	ac	cu
Polygonum punctatum Elliot	Garvizu	164	ac	co
Ruprechtia apetala Wedd.	Guillén	1588	a	curiche
Ruprechtia brachysepala Meisn.	Guillén	2902	s	br
Symmeria paniculata Benth.	Garvizu	290	a	bi mi br vr
Triplaris americana L.	Vargas	4062	s	bsd
PORTULACACEAE				
Talinum paniculatum (Jacq.) Gaertn.	Guillén	1643	h	co

FAMILIA/ESPECIES FAMILY/SPECIES	COLECTOR/ COLLECTOR	NÚMERO/ NUMBER	F.V./ L.F.	HÁBITAT/ HABITAT
PROTEACEAE				
Euplassa inaequalis (Pohl) Engl.	P. Foster	511	a	bg
Panopsis rubescens (Pohl) Pittier	Nee	41502	a	
Roupala montana Aubl.	Nee	41456	a	pt bdc ca ce
Roupala obtusa Klotzsch	Guillén	3823	a	bsa
QUIINACEAE				
Lacunaria crenata (Tul.) A. C. Sm.	Nee	41191	a	
Lacunaria macrostachya A.C. Sm.	Arroyo	498	a	ib br bdc
Quiina florida Tul.	Guillén	2403	a	bsa bsd
Quiina pteridophylla (Radlk.) Pires	Toledo	54	s	bdc
RAFFLESIACEAE				
Apodanthus caseariae Poit.	Arroyo	755	p	bsa
RHAMNACEAE				
Colubrina glandulosa Perkins var. *reitzii* (M.C. Johnson) M.C. Johnson	Quevedo	1082	a	
Gouania polygama (Jacg.) Urb.	P. Foster	713	l	bl
Rhamnidium elaeocarpum Reissek	Gentry	75617	s	
ROSACEAE				
Prunus sp.	Gonazales	312	a	bg
RUBIACEAE				
Alibertia amplexicaulis S. Moore	Thomas	5656		ce
Alibertia edulis (Richard) A. Richard ex DC.	Guillén	1369	s	vr br bdc pt cr ce ca
Alibertia humilis K. Schum.	Mostacedo	1339	s	cc
Alibertia itayensis Standl.	Guillén	3749	a	pt cc bg bsa
Alibertia macrophylla K. Schum.	Thomas	5604		
Alibertia steinbachii Standl.	Gutiérrez	440	s	pt ce cc cr bdc br
Alibertia stenantha Standl.	Carrión	507	s	pa bsd cc be
Alibertia tutumilla Rusby	Nee	41331		
Alibertia verrucosa S. Moore	Jardim	11		bsa br ib bg bsd pi
Amaioua corymbosa Kunth	Arroyo	296	a	bg bsd
Amaioua guianensis Aubl.	Guillén	1731	a	bi bsa bdc bsd

CONSERVATION INTERNATIONAL

Rapid Assessment Program

FAMILIA/ESPECIES FAMILY/SPECIES	COLECTOR/ COLLECTOR	NÚMERO/ NUMBER	F.V./ L.F.	HÁBITAT/ HABITAT
Amaioua intermedia C. Mart. (vel. aff.)	Thomas	5729	a	
Bertiera guianensis Aubl.	Foster	13929	s	bsa
Borreria latifolia (Aubl.) K. Schum.	Killeen	6564	h	pt cc
Borreria scabiosoides Cham. & Schltdl.	Guillén	3417	h	pt
Calycophyllum multiflorum Griseb.	Guillén	3337	a	bp
Calycophyllum spruceanum (Benth.) Hook. f. ex K. Schum.	R. Guillén	4500	a	bsd
Capirona decorticans Spruce	Arroyo	641	a	bg bsa bia
Cephaelis tomentosa (Aubl.) Vahl	Toledo	14	s	bsa
Chiococca alba (L.) Hitchc.	Jardim	3229	l	bl
Chomelia albicaulis (Rusby) Steyerm.	Guillén	3182	s	pi
Chomelia barbellata Standl.	Foster	13718	s	bsa brp
Chomelia obtusa Cham. & Schldl.	J. Guillén	288	s	bsd
Chomelia paniculata (Bartl. ex DC.) Steyerm.	J. Guillén	316	s	bsd
Chomelia ribesoides Benth. ex A. Gray	Jardim	108	s	cr
Chomelia sessilis Müll. Arg.	Guillén	3129		bsd
Cinchona sp.	Killeen	7507	s	cc pt
Coussarea cornifolia (Hook.) Benth. & Hook. f.	Nee	41490		bi
Coussarea hydrangeifolia (C. Mart.) Müll. Arg.	Gutiérrez	550	s	ib
Coussarea obliqua Standl.	Killeen	6803	a	cc
Coussarea paniculata (Vahl) Standl.	Guillén	3567	a	bsa br
Coussarea platyphylla Müll. Arg.	Peña	124	a	ce
Coutarea hexandra (Jacq.) K. Schum.	Guillén	1297	a	bsa
Declieuxia cordigera Müll. Arg.	Killeen	7696	h	cl
Declieuxia fructicosa (Willd. ex Roem. & Schult.) Kuntze	Soto	376	s	cc
Diodia macrophylla DC.	Guillén	2998	h	cc
Diodia multiflora DC.	Guillén	3204	h	ce
Duroia micrantha (Ladbrook) Zarucchi & J.H. Kirkbr.	Guillén	3803	s	pi brp
Elaeagia sp.	Guillén	2029	a	bsa
Exostema maynense Poepp. & Endl.	Guillén	3764	a	bsd

FAMILIA/ESPECIES FAMILY/SPECIES	COLECTOR/ COLLECTOR	NÚMERO/ NUMBER	F.V./ L.F.	HÁBITAT/ HABITAT
Faramea anisocalyx Poepp.	P. Foster	729	h	bl
Faramea capillipes Müll. Arg.	Arroyo	0	s	bg br bia
Faramea multiflora A. Rich. ex DC.	Foster	13903	s	pt ib
Faramea rectinervia Standl.	Quevedo	2535	a	ib
Ferdinandusa chorantha (Wedd.) Standl	Fuentes	1667	a	be
Ferdinandusa elliptica Pohl	Gutiérrez	1336	a	pt cc ce
Ferdinandusa guainiae Spruce ex K. Schum.	Arroyo	437	a	ib pt bsa
Ferdinandusa paxii Winkler	Gutiérrez	1022	a	
Ferdinandusa sessilifolia (Kunth) DC.	Foster	13947	s	bsa bi
Galianthe sp.	Killeen	6492	s	cr
Genipa americana L.	Guillén	1276	a	brp ib cr
Genipa spruceana Steyerm.	Guillén	2032	a	brp ib
Geophila cordifolia Mig.	Saldias	2772	h	bsa bra
Geophila gracilis (Ruiz & Pav.) DC.	Carrión	441	h	bsa
Geophila macropoda (Ruiz & Pavón) DC.	Foster	13944	h	bsa
Geophila repens (L.) I. M. Johnst.	Guillén	1423	h	br bg
Guettarda platyphylla Müll. Arg.	Guillén	3008	a	pt
Guettarda pohliana Müll. Arg.	Castro	98	s	cc
Guettarda viburnoides Cham. & Schltdl.	Foster	13786	a	ce
Hamelia patens Jacq.	Jardim	49		bsa
Hemidiodia ocimifolia (Willd. ex Roem. & Schult.) K. Schum.	Guillén	1228	h	bsd
Hillia ulei Krause	Killeen	5056	e	bg
Ixora sp.	Guillén	1611	s	vr pi
Ladenbergia graciliflora K. Schum.	Killeen	4885	a	bg
Landenbergia lambertiana (A. Braun ex Mart.) Klutzsch	Jiménez	1359	s	bg
Manettia cf. *divaricata* Wernham	Saldias	2751	v	bsa
Manettia cordifolia C. Mart.	Saldias	2650	v	ce bsa
Mapouria aemulans Müll. Arg.	Killeen	8179	s	bdc
Mitracarpus hirtus (L.) DC.	Sánchez	375	h	bsa

FAMILIA/ESPECIES FAMILY/SPECIES	COLECTOR/ COLLECTOR	NÚMERO/ NUMBER	F.V./ L.F.	HÁBITAT/ HABITAT
Mitracarpus villosus (Sw.) Cham. & Schltdl.	Gutiérrez	729	h	pt
Pagamea guianensis Aubl.	Foster	13889	a	pt bri bdc ib bsa
Palicourea attenuata Rusby	Fuentes	1671	h	be
Palicourea coriacea (Cham.) K. Schum.	Killeen	5517	s	pt bdc ce cc
Palicourea croceoides Hamilton	Carrión	69	s	bi pt bdc
Palicourea fastigiata Kunth	Guillén	2352	s	bsa br ib
Palicourea grandiflora (Kunth) Standl.	Quevedo	2414	h	bsa
Palicourea guianensis Aubl.	Killeen	5647	s	bsa
Palicourea lasiantha Krause	Saldias	3360	a	bsa
Palicourea macrobotrys (Ruiz & Pavón) Roem. & Schult.	Saldias	2707	s	bsa
Palicourea marcgavii A. St.-Hil.	Fuentes	1706	s	bl
Palicourea rigida Kunth	Rodriguez	492	s	cc ce cr pt
Palicourea triphylla DC.	Arroyo	698	s	ce pt bg bsa
Perama hirsuta Aubl.	Peña	204	h	pa
Pogonopus tubulosus (DC.) K. Schum.	Killeen	6478	a	bsd bg
Posoqueria latifolia (Rudge) Roem. & Schult.	Guillén	1738	a	bi bg
Posoqueria panamensis (Walp. & Duchass.) Walpers	Carrión	545	a	pa
Psychotria acuminata Benth.	Killeen	5052	h	bg
Psychotria amplectans Benth.	Gutiérrez	876	s	bg
Psychotria bahiensis DC.	Guillén	2327	h	bsa bg ce
Psychotria bahiensis DC. var. *cornigera* (Benth.) Steyerm.	P. Foster	542	a	bsa pt
Psychotria brachybotrya Müll. Arg.	Uslar	670	s	bg
Psychotria brasiliensis Vell.	Uslar	615	s	bg bsa
Psychotria aff. boliviana Standl.	Arroyo	747	h	b cc
Psychotria capitata Ruiz & Pavón	P. Foster	554	s	pa
Psychotria cf. carthagenensis Jacq.	Guillén	1375	s	pi
Psychotria cincta Standl.	Guillén	3827	s	br
Psychotria coriacea Cham.	Guillén	2310	s	bsa
Psychotria deflexa DC. subsp. *venulosa* (Müll. Arg.) Steyerm.	Arroyo	758	h	bg

FAMILIA/ESPECIES FAMILY/SPECIES	COLECTOR/ COLLECTOR	NÚMERO/ NUMBER	F.V./ L.F.	HÁBITAT/ HABITAT
Psychotria erecta (Aubl.) Standl. & Steyerm.	Foster	13845	s	bia
Psychotria cf. *ferrucaulis* Krause	Guillén	1424	h	bdc
Psychotria haematocarpa Standl.	P. Foster	642	s	bl
Psychotria herzogii S. Moore	Garvizu	374	h	bl
Psychotria hoffmannseggiana Willd. ex Roem. & Schult.	Killeen	6163	s	bg
Psychotria iodotricha Müll. Arg.	Fuentes	1703	h	bl
Psychotria lupulina Benth.	Jardim	240	s	br
Psychotria poeppigiana Müll. Arg.	Gutiérrez	1368	s	bg bsa bi bp
Psychotria prunifolia (Kunth) Steyerm.	Arroyo	654	h	bg bsa bsd br ib
Psychotria pyrifolia Hook. & Arn.	Nee	41362	s	
Psychotria racemosa (Aubl.) Raeuschel	Killeen	5045	s	bg bsa bdc bsd bra
Psychotria rhodothamna Standl.	Foster	13667	s	bsa
Psychotria rosea (Benth.) Müll. Arg.	Quevedo	2537	s	ib
Psychotria sphaerocephala Müll. Arg.	Uslar	671	s	bg
Psychotria tenuicaulis K. Krause	Guillén	1424	h	br
Psychotria trivialis Rusby	Guillén	3340	s	br alto
Psychotria turbinella Müll. Arg.	Carrión	73	s	be
Randia armata (Sw.) DC	Guillén	1803	s	br bsd bp bsa bl
Remijia firmula (C. Mart.) Wedd.	Arroyo	686	s	bg
Richardia scabra L.	Killeen	6236	l	cc
Rudgea caneblia (Humb. & Bonpl.) Standl.	Guillén	1664	h	br
Rudgea carifolia Standl.	P. Foster	279	s	b
Rudgea cornifolia (Humb. & Bonpl. ex Roem. & Schult.) Standl.	Killeen	6665	s	
Rudgea crassiloba (Benth.) Robinson	Peña	147	s	ce
Rudea goyazensis Müll. Arg.	Jiménez	1341	a	bg ce
Rudgea cf. *laurifolia* (Kunth) Steyerm.	Quevedo	2596	s	br
Rudgea skutchii Standl.	Gutiérrez	539	s	bsa bi brp
Rudgea veburnoides Benth.	P. Foster	378	a	
Rudgea verticillata (Ruiz & Pavón) Spreng.	Foster	13654	s	bsa
Rudgea viburnoides (Cham.) Benth.	Foster	13820	a	ce cc pt bp br
Rudgea villosa Benth ex Glaziou	Saldias	3548	h	cc

FAMILIA/ESPECIES FAMILY/SPECIES	COLECTOR/ COLLECTOR	NÚMERO/ NUMBER	F.V./ L.F.	HÁBITAT/ HABITAT
Sabicea lindmaniana Wernham	Killeen	7739	h	bg cc
Sabicea villosa Roem. & Schult.	Saldias	2750	v	bsa
Simira cordifolia (Hook.f.) Steyerm.	J. Guillén	1172	a	bsd bg
Simira rubescens (Benth.) Bremek. ex Steyerm.	Guillén	1607	s	br bi bsd
Sipanea hispida Benth. ex Wernhan	Killeen	5562	v	pt
Sipanea pratensis Aubl.	Killeen	7012	h	pi
Tocoyena foetida Poepp.	Gutiérrez	1146	s	pt cc bdc
Tocoyena formosa (Cham. & Schltr.) Schumann	Killeen	5939	s	cc cr lg pt
Tocoyena williamsii Standl.	Foster	13779	a	ce
Uncaria guianensis (Aubl.) Gmelin	Saldias	3003	l	bsa bsd bi ib
Uncaria tomentosa (Willd. ex Roem. & Schult.) DC.	Guillén	1768	l	bp brp bra
RUTACEAE				
Angostura silvestris (Nees & C. Mart.) Albuq.	Toledo	12	h	
Dictyoloma peruvianum Planch.	Killeen	5250	a	bsd
Ertela trifolia (L.) Kuntze	Guillén	1967	s	cu bl bsa
Esenbeckia pilocarpoides subsp. *pilocarpoides*	Toledo	95	s	
Esenbeckia scrotiformis Kaastra	Foster	13965	a	bsa
Esenbeckia pumila Pohl	Rodriguez	588	h	cc
Esenbeckia sp. nov.	Killeen	6323	s	lg
Galipea sp.	Killeen	6323	s	bsd
Hortia coccinea Spruce ex Engl.	Gutiérrez	1385	s	cc cr
Metrodorea flavida K. Krause	Mostacedo	2082	a	bg ib bl bsa bsd bg
Spiranthera odoratissima A. St.-Hil.	Rodriguez	651	h	cc cr
Zanthoxylum ekmanii (Urban) Alain	Saldias	2788	a	bsd
Zanthoxylum fagara (L.) Sarg.	Guillén	2028	h	bsa
Zanthoxylum rhoifolium Lam.	Foster	13937	a	bsa bsd br
Zanthoxylum riedelianum Engl.	Guillén	1829	a	bsd bsa
SABIACEAE				
Meliosma berbertii Rolfe	Arroyo	330	a	bg bi
SAPINDACEAE				
Allophylus edulis Radlk.	Guillén	3056	s	bsa bsd

FAMILIA/ESPECIES FAMILY/SPECIES	COLECTOR/ COLLECTOR	NÚMERO/ NUMBER	F.V./ L.F.	HÁBITAT/ HABITAT
Allophylus floribundus (Poepp.) Radlk.	Jardim	77	a	bdc bsa
Allophylus pauciflorus Radlk.	Guillén	1953	s	bsd
Allophylus petiolulatus Radlk.	Foster	13970	a	bsa
Allophyllus punctatus (Poepp.) Radlk.	Arroyo	1295	a	bg
Allophyllus strictus Radlk.	P. Foster	546	a	bg
Cardiospermum grandiflorum Sw.	Foster	13983	v	bsa bdc bsd
Cupania americana L.	Guillén	3181	s	pt
Cupania castaneifolia Mart.	Guillén	3526	a	pt
Cupania cinerea Poepp. & Endl.	Foster	13710	a	bsa bsd bi br ce pt
Cupania oblongifolia C. Mart.	P. Foster	482	a	bg
Cupania aff. *platycarpa* Radlk.	Guillén	3808	a	pt
Cupania polyodonta Radlk.	P. Foster	210	a	bi
Cupania rubiginosa (Poir.) Radlk.	Castro	115	a	br
Cupania scrobiculata Rich.	Guillén	4286	a	br bsd
Cupania vernalis Cambess.	Mostacedo	923	a	bsa
Cupania zanthoxyloides Cambess.	Saldias	2978	a	bsd
Dilodendron bipinnatum Radlk.	Killeen	6671	a	br bsd lg ce cc
Magonia pubescens A. St.-Hil.	Quevedo	912	a	cc
Matayba arborescens (Aubl.) Radlk.	Killeen	6058	a	br bsa
Matayba boliviana Radlk.	Foster	13886	a	pt
Matayba elaeagnoides Radlk.	Guillén	2316	s	bsa
Matayba guianensis Aubl.	Mostacedo	1048	a	cc cr pt br
Matayba inelegans Spruce ex Radlk.	Gonzales	243	a	bg bsa
Matayba macrolepis Radlk.	Guillén	3316	a	brp
Matayba steinbachii Melchior	P. Foster	363	a	bri
Matayba sylvatica Radlk.	Killeen	5610	a	cc
Paullinia ingaefolia Richard	Nee	41207	a	
Paullinia pachycarpa Benth	P. Foster	405	v	pt
Paullinia spicata Benth.	P. Foster	409	v	bsa
Sapindus saponaria L.	Guitiérrez	573	s	br
Serjania carascana (Jacq.) Willd.	P. Foster	687	l	bl

CONSERVATION INTERNATIONAL

FAMILIA/ESPECIES FAMILY/SPECIES	COLECTOR/ COLLECTOR	NÚMERO/ NUMBER	F.V./ L.F.	HÁBITAT/ HABITAT
Serjania chaetocarpa Radlk.	Guillén	3356	v	bra bsd bl bi
Serjania crassifolia Radlk.	Nee	41182	v	
Serjania didymadenia Radlk.	Guillén	2573	v	bsa
Serjania erecta Radlk.	Gutiérrez	860	l	ce
Serjania glutinosa Radlk.	Guillén	3669	v	pt
Serjania hebecarpa Benth.	Peña	118	v	ce
Serjania lethalis St.Hil.	Foster	13814	v	ce
Serjania mansiana Mart.	Killeen	7561	l	bl
Serjania marginata Casar.	Killeen	6272	l	lg ce bsd
Serjania multiflora Cambess.	P. Foster	709	l	bl
Serjania noxia Cambess.	P. Foster	665	l	bl
Serjania obtusidentata Radlk.	P. Foster	259	l	bri
Serjania perulacea Radlk.	P. Foster	31	v	bsd
Serjania pannifolia Radlk.	Killeen	7553	l	bl
Serjania reticulata Cambess.	Killeen	5236	l	bsa bg ce pt
Serjania cf. rigida Radlk.	Nee	41208	v	
Serjania rubicaulis Benth. ex Radlk.	Killeen	5992	v	pt
Serjania sphaerococca Radlk.	Killeen	7687	l	bl
Serjania cf. tenuifolia Radlk.	Killeen	7639	l	bsa
Talisia angustifolia Radlk.	Arroyo	298	a	bg
Talisia cerasina (Benth.) Radlk.	Painter	136	a	bsa
Talisia esculenta (Cambess.) Radlk.	Killeen	7033	a	bsd bri bsd bl
Talisia hexaphylla Vahl	Wallace	148	a	bsa
Talisia retusa R.S. Cowan	Killeen	7577	a	bl
Toulicia reticulata Radlk.	Guillén	4129	a	bi
Toulicia subsquamulata Radlk.	Guillén	4129	a	bi
Toulicia tomentosa Radlk.	Mostacedo	1953	s	cc ce
Urvillea uniloba Jacq.	Guillén	4230	v	bi
SAPOTACEAE				
Chrysophyllum argenteum Jacq.	Arroyo	1092	a	bg
Chrysophyllum gonocarpum (C. Mart. & Eichl.) Engl.	Quevedo	801	a	bsa

FAMILIA/ESPECIES FAMILY/SPECIES	COLECTOR/ COLLECTOR	NÚMERO/ NUMBER	F.V./ L.F.	HÁBITAT/ HABITAT
Chrysophyllum lucentifolium Cronquist	Guillén	4069	a	bsa
Chrysophyllum marginatum (Hook. & Arn.) Radlk.	Guillén	4160	s	cr
Ecclinusa lanciolata (Mart. & Eichler) Pierre	Arroyo	337	a	bg
Ecclinusa ramiflora C. Mart.	Foster	13934	a	bsa bdc bg
Elaeoluma glabrescens (C. Mart. & Eichl.) Aubrév.	Guillén	1280	a	brp bdc
Micropholis egensis (DC.) Pierre	Quevedo	2321	a	
Micropholis gardneriana (DC.) Pierre	Toledo	68	s	bdc
Micropholis gnaphaloclados (C. Mart.) Pierre	Thomas	5693	a	
Micropholis guyanensis (DC.) Pierre	Arroyo	639	a	bg
Micropholis cf. *ulei* (Krause) Eyma	Peña	154	a	ib
Micropholis venulosa (C. Mart. & Eichl.) Pierre	Killeen	6160	a	bdc bi
Pouteria bangii (Rusby) T. D. Pennington	Guardia	56	a	bsa
Pouteria caimito (Ruiz & Pavón) Radlk.	Killeen	5801	a	bsa ib br bi
Pouteria cuspidata (DC.) Baehni	Guillén	1714	a	br bi pt
Pouteria ephedrantha (A. C. Sm.) Radlk.	Guillén	3716	a	bri
Pouteria filipes Eyma (vel. aff.)	Saldias	2799	a	bsa
Pouteria glomerata (Pohl ex Miq.) Radlk.	Guillén	3166	a	bri
Pouteria macrophylla (Lam.) Eyma	Saldias	3728	a	bsd
Pouteria plicata T.D.Penn.	P. Foster	235	a	bri
Pouteria ramiflora (C. Mart.) Radlk.	Killeen	5016	a	cc bdc pt
Pouteria subcaerulea Pierre ex Dubard vel aff.	Gutiérrez	927	a	bdc
SCROPHULARIACEAE				
Alectra fluminensis (Vell.) Stearn	Ritter	3082	h	co
Alectra stricta Benth.	Gutiérrez	1082	h	pt
Bacopa reptans (Benth.) Wettst. ex Edwall	Guillén	4000	s	mi
Basistemon silvatus Baehni & Macbride	Gutiérrez	1278	h	pt
Buchnera juncea Cham. & Schltdl.	Killeen	5734	h	pt
Buchnera rosea Kunth	Jardim	121	h	cr ce
Esterhazya splendida Mikan	Mostacedo	1652	s	ce
Scoparia dulcis L.	Guillén	1646	h	maleza
Scoparia ericacea Cham. & Schltdl.	Killeen	6706	h	pi

FAMILIA/ESPECIES FAMILY/SPECIES	COLECTOR/ COLLECTOR	NÚMERO/ NUMBER	F.V./ L.F.	HÁBITAT/ HABITAT
SIMAROUBACEAE				
Picramnia elliptica Pirani & Thomas	Killeen	6511	s	cr bdc
Picramnia juniniana J.F. Macbr.	Gutiérrez	889	s	ce
Picramnia latifolia Tul.	Guillén	2332	a	bsa
Picramnia sellowii Planch.	Guillén	1671	s	bsa bp pt
Simaba multiflora Juss.	Carrión	505	s	pa
Simaba orinocensis Kunth	Guillén	2878	s	br
Simarouba amara Aubl.	Foster	13989	a	bsd ib bl bdc cc
SOLANACEAE				
Brunfelsia grandiflora D. Don	J. Guillén	189	s	maleza
Capsicum frutescens L.	Nee	41131	s	cultivado
Cestrum baenitzii Lingelsh.	Toledo	30	s	bsa
Cyphomandra oblongifolia Bohs	Nee	41288	s	bsa
Cyphomandra pilosa Bohs	Nee	41533	s	ib
Cyphumandra tenuisetosa Bohs	Saldias	3011	a	bsa
Juanulloa membranacea Rusby	Jardim	90	s	cr
Physalis angulata L.	Guillén	3344	h	bp
Schwenkia americana L.	Peña	339	s	bdc
Schwenkia brasiliensis Poir.	Jardim	187	h	pt
Solanum apaense Chodat	Saldias	2718	s	bsa bsd bl
Solanum conglobatum Dunal	Guillén	4341	s	pt
Solanum crinitum Lam.	Killeen	6329	s	lg bp
Solanum cf. *gemellum* Sendtner	Saldias	2733	v	bsa
Solanum gomphodes Dunal	Gutiérrez	1335	s	pt cc ce
Solanum jamaicense Mill.	Foster	13922	s	bsa pi
Solanum lorentzii Bitter	Rodriguez	768	h	maleza
Solanum pensile Sendtn.	Killeen	5650	v	bsa
Solanum stramonifolium Jacq.	Nee	41532	s	
STAPHYLEACEAE				
Turpinia occidentalis (Sw.) G. Don	Saldias	3827	a	bsa

FAMILIA/ESPECIES FAMILY/SPECIES	COLECTOR/ COLLECTOR	NÚMERO/ NUMBER	F.V./ L.F.	HÁBITAT/ HABITAT
STERCULIACEAE				
Byttneria aculeata (Jacq.) Jacq.	Quevedo	2460	l	bsa
Byttneria benensis Britton	Toledo	64	h	bsa
Byttneria catalpaefolia Jacq.	Foster	13985	v	bp bsa bsd
Byttneria coriacea Britton	Guillén	2041	v	bp
Byttneria divaricata Benth. var. *guaranitica* K. Schum. & Hassler	Mostacedo	2175	s	bsa
Byttneria genistella Triana & Planch.	Nee	41174	h	pt pi
Byttneria oblonga Pohl	Killeen	7191	h	cr
Byttneria obliqua Benth.	Garvizu	266	h	mi
Byttneria scabra L.	Killeen	6728	h	pt
Guazuma ulmifolia Lam.	Guillén	1969	a	bri bp bsa bsd
Helicteres brevispira A. St.-Hil.	Nee	41492	s	pt ce bl
Helicteres aff. *carthagenensis* Jacq.	Guillén	1821	s	bsa
Helicteres gardneriana A. St.-Hil. & Naudin	Guillén	1458	s	pi pt brp
Helicteres guazumaefolia Kunth	Saldias	2753	s	bsa bsd bp pt pi
Helicteres lhotzkyana K. Schum.	Saldias	2659	s	bsd bsa
Helicteres pentandra L.	Quevedo	1029	h	
Melochia arenosa Benth.	Guillén	1579	s	pi mi brp
Melochia graminifolia A. St.-Hil.	Peña	80	h	pt mi pi
Melochia parvifolia Kunth.	Guillén	3346	h	bp
Melochia pilosa (Mill.) Fawc. & Rendle	Guillén	2760	s	pi
Melochia pyramidata L.	Killeen	7018	h	pi
Melochia spicata (L.) Fryxell (s.l.)	Nee	41258	s	pt
Melochia villosa (Miller) Fawc. & Rendle	Mostacedo	1257	h	ce cc bsd
Sterculia apeibophylla Ducke	Killeen	7558	a	bl
Sterculia apetala (Jacq.) Karsten	Guillén	1419	a	br bsd bsa
Sterculia striata St. Hil. & Naudin	Killeen	6299	a	bsd
Theobroma speciosum Willd. ex Spreng.	Toledo	61	a	bsa br ib
Waltheria indica L.	Quevedo	1103	h	bsd
Waltheria polyantha K. Schum.	Guillén	2727	h	ce

FAMILIA/ESPECIES FAMILY/SPECIES	COLECTOR/ COLLECTOR	NÚMERO/ NUMBER	F.V./ L.F.	HÁBITAT/ HABITAT
STYRACACEAE				
Styrax argenteus C. Presl	Saldias	2738	a	bsa
Styrax camporum Pohl	Guillén	4030	a	co
Styrax ferrugineus Nees & C. Mart.	Gutiérrez	1362	a	cc cr bsa
Styrax oblongus (Ruiz & Pavón) DC.	Quevedo	2339	a	bdc
Styrax pachyphylla Pilg.	Killeen	6509	a	cr cc
Styrax tessmannii Perkins	Foster	13720	a	bsa bi pt cc
SYMPLOCACEAE				
Symplocos arechea L'Hér.	P. Foster	523	a	bg
Symplocos nitens Benth.	Guillén	2435	a	pt pi cc bg
Symplocos pubescens Klotzsch	Killeen	4894	a	bg
THEACEAE				
Ternstroemia sp.	Peña	187	a	bri br pi cc bg
THEOPHRASTACEAE				
Clavija lancifolia Desf. subsp. *chermontiana* (Standl.) A. St.-Hil.	Nee	41361	s	
Clavija nutans (Vell.) B. Stahl	Killeen	5980	s	bsa
Clavija tarapotana Mez	Foster	13967	s	bsa
TILIACEAE				
Apeiba aspera Aubl.	Wallace	140	a	bsa bg
Apeiba tibourbou Aubl.	Guillén	1733	a	bi bri bsa bsd bl
Corchorus argutus Kunth	Guillén	1551	s	pi brp
Heliocarpus americanus L.	Saldias	2720	a	bsa
Luehea candicans C. Mart.	Guillén	1233	a	bsd
Luehea grandiflora C. Mart.	Guillén	1779	a	bp bsd
Lueheopsis duckeana Burret	Guillén	2473	a	pt bsd bsa
Lueheopsis hoehnei Burret	Guillén	4039	a	co
Mollia lepidota Spruce ex Benth.	Killeen	6050	a	br bdc bsa ce
Triumfetta abutiloides A. St.-Hil.	Castro	59	s	ce
Triumfetta althaeoides Lam.	Killeen	6341	h	maleza
Triumfetta grandiflora Vahl	Castro	59	s	bri
Triumfetta lappula L.	Guillén	1641	h	bl bg bsa

FAMILIA/ESPECIES FAMILY/SPECIES	COLECTOR/ COLLECTOR	NÚMERO/ NUMBER	F.V./ L.F.	HÁBITAT/ HABITAT
Triumfetta semitriloba Jacq.	Killeen	6341	h	bsa
TRIGONIACEAE				
Trigonia laevis Aubl.	Guillén	2400	l	bsa
Trigonia prancei Lleras	Guillén	1928	l	bri
Trigonia sericea Kunth	Soto	513	l	bl
TURNERACEAE				
Piriqueta sp.	Killeen	6996	h	pi
Turnera cf. *dasytricha* Pilg.	Peña	123	s	ce
Turnera opifera C. Mart.	Mostacedo	1681	h	ce
Turnera macrophylla Urb.	Guillén	1787	s	bp
Turnera melochioides A. St.-Hil. & Cambess.	Peña	332	s	bdc
ULMACEAE				
Ampelocera edentula Kuhlm.	Mostacedo	853	a	bsa
Ampelocera ruizii Klotzsch	Guillén	1945	a	bsa bsd bra
Celtis iguanea (Jacq.) Sarg.	Gentry	75572	l	bsa bsd
Celtis pubescens (Humb. & Bonpl.) Spreng.	Jardim	22	l	bsa
Celtis schippii Standl.	Arroyo	1245	a	bg
Trema micrantha (L.) Blume	Jardim	24	a	bsa
UMBELLIFERAE				
Eryngium canaliculatum Cham. & Schltdl.	Thomas	5743	h	
Eryngium ebracteatum Lam.	Killeen	5546	h	pt pi
Eryngium elegans Cham. & Schltdl.	Killeen	7056	h	pi
Eryngium pristis Cham. & Schltdl.	Foster	13819	h	ce cr
Hydrocotyle ranunculoides L. f.	Ritter	2448	ac	cu
URTICACEAE				
Pilea hyalina Fenzl	J. Guillén	246	h	bsd
Pouzolzia poeppigiana (Wedd.) Killip	J. Guillén	278	h	bsa
Urera baccifera (L.) Gaudich.	Killeen	5029	s	bg bsa bsd bdc
Urera caracasana (Jacq.) Gaudich. ex Griseb.	Guillén	2007	a	bsa br
VERBENACEAE				
Aegiphila boliviana Moldenke	J. Guillén	24	v	bri

FAMILIA/ESPECIES FAMILY/SPECIES	COLECTOR/ COLLECTOR	NÚMERO/ NUMBER	F.V./ L.F.	HÁBITAT/ HABITAT
Aegiphila crenata Moldenke	Saldias	3816	s	pt
Aegiphila integrifolia (Jacq.) Jacq. ex B.D. Jacks.	Guillén	3324	h	bra
Aegiphila sellowian Cham.	Guillén	1802	s	ce bri
Amasonia hirta Benth.	Killeen	4786	h	cr ce pt bp
Clerodendrum dichotomum	Nee	41129	h	
Lantana camara L.	Guillén	1298	s	bsa
Lantana cujabensis Schauer in DC.	Guillén	3523	s	bp pt
Lantana glutinosa Poepp.	Guillén	3683	l	bp
Lantana trifoliab L.	Jiménez	1155	s	ce
Lippia aff. *alba* (Miller) N. E. Brown	Guillén	1572	s	mi bp pt
Lippia gardneriana Schauer	Guillén	844	h	cr
Lippia lacunosa C. Mart. & Schauer	Gutiérrez	793	s	pt cc bdc
Lippia lupulina Cham.	Peña	340	s	bdc
Lippia mattogrossensis Moldenke	Gutiérrez	1158	s	pt
Lippia salviaefolia Cham.	Nee	41250	h	
Lippia velutina Schauer	Killeen	4908	s	bg lg
Petrea aff. *maynensis* Huber	Guillén	1992	l	bsa
Stachytarpheta cayennensis (Rich.) Vahl	Nee	41478	h	bsa
Stachytarpheta gesnerioides Cham.	Rodriguez	482	h	cr
Vitex cymosa Bertero ex Spreng.	Guillén	2026	a	bsa
Vitex duckei Huber	Quevedo	1380	a	bdc
Vitex gigantea Kunth	Killeen	5653	a	bsa bdc cc bg
VIOLACEAE				
Hybanthus communis (A. St.-Hil.) Taub.	Sánchez	350	h	bsa
Rinorea guianensis Aubl.	Foster	13748	a	bsa
Rinorea ovalifolia (Britton) Blake	Guillén	831	a	bsa bsd ca
Rinoreocarpus ulei (Melchior) Ducke	Arroyo	655	a	bg bsa
VISCACEAE				
Phoradendron bathyorycthum Eichler	Guardia	170	a	ce b
Phoradendron crassiflora Pohl ex Eichler	Guillén	1722	p	bi ce
Phoradendron mandonii Eichler	Guillén	1462	p	bsa bi

FAMILIA/ESPECIES FAMILY/SPECIES	COLECTOR/ COLLECTOR	NÚMERO/ NUMBER	F.V./ L.F.	HÁBITAT/ HABITAT
Phoradendron perrottetii (DC) Eichler in C. Martius	Guillén	1462	p	ib
Phoradendron platycaulon Eichler	Guillén	1884	p	pt
Phoradendron quadragulare (Kunth) Krug & Urban	Mostacedo	1756	p	ca
Phoradendron racemoseum (Aubl.) Krug & Urdban	P. Foster	517	p	bg
Phoradendron strongyloclados Eichler	Mostacedo	948	p	ce bdc
VITACEAE				
Cissus erosa Rich.	Nee	41436	v	
Cissus hasslerianus Chodat.	Nee	41437	v	
Cissus scabra (Baker) Planch.	Thomas	5589	v	
Cissus sicyoides L.	J. Guillén	240	v	bsd
VOCHYSIACEAE				
Callisthene fasciculata C. Mart.	Arroyo	694	a	ce ce pt bsd bdc
Callisthene microphylla Warming	Toledo	73	a	bdc
Erisma cf. *gracile* Ducke	Guillén	1750	a	bi
Erisma uncinatum Warm.	Jardim	3120	a	bsa bl bg
Qualea dichotoma War,. Ex Wille	J. Guillén	136	a	bsd
Qualea grandiflora C. Mart.	Mostacedo	1507	a	cr ce bsd
Qualea multiflora C. Mart.	Arroyo	735	s	ce pt bdc
Qualea multiflora subsp. *pubescens* (C. Mart.) Stafleu	Ritter	3108	a	bdc ce bg
Qualea paraensis Ducke	Foster	13919	a	bsa
Qualea parviflora C. Mart.	Jardim	62	a	cr ce
Qualea schomburgkiana Warm.	painter	110	a	bsa
Salvertia convallariodora A. St.-Hil.	Killeen	6461	a	ce cr
Vochysia citrifolia Poiret	Quevedo	2482	a	bsa bp
Vochysia divergens Pohl	Guillén	2044	a	brp
Vochysia ferruginea C. Mart.	Guardia	59	a	be
Vochysia haenkeana C. Mart.	Peña	271	a	bdc ce bg
Vochysia herbacea Pohl	Sánchez	326	a	ce
Vochysia mapirensis Rusby	wallace	142	a	bsa
Vochysia obidensis Ducke	Gonzales	79	a	bg bsa
Vochysia tucanorum C. Mart.	Saldias	3557	a	bg

FAMILIA/ESPECIES FAMILY/SPECIES	COLECTOR/ COLLECTOR	NÚMERO/ NUMBER	F.V./ L.F.	HÁBITAT/ HABITAT
LILIOPSIDA (monocotileónea)				
ALISMATACEAE				
Echinodorus bolivianus (Rusby) Holm-Nielsen	Ritter	3463	ac	pa
Echinodorus grandiflorus (Cham. & Scltdl.) Micheli subsp. *aureus* (Fassett) Haynes & Holm-Nielsen	Killeen	5506	h	ib
Echinodorus grisebachii Small	Guillén	1677	h	co cu
Echinodorus macrophyllus (Kunth) Micheli	Ritter	2432	ac	ac
Echinodorus paniculatus Micheli in DC	Guillén	1770	ac	cu vr ar pi
Echinodorus subulatus (Mart.) Grisebach	Ritter	2466	ac	co
Echinodorus tenellus (C. Mart.) Buchenau	Ritter	3504	ac	co
Sagittaria guayanensis Kunth subsp. *guayenensis*	Guillén	1247	ac	arroyo
Sagittaria rhombifolia Cham.	Jardim	124	ac	
AMARYLLIDACEAE				
Bomarea edulis (Tussac) Herb.	J. Guillén	250	l	bsd cc
Hippeastrum puniceum (Lam.) Kuntze	Killeen	6642	h	pi
ARACEAE				
Anthurium arenicolum Schultes & Maguire var. *thomasii* Croat	Thomas	5696	e/l	
Anthurium atropurpureum Schultes & Maguire var. *arenicola* Croat	Quevedo	1011	h	
Anthurium brevipedunculatum Madison	Guillén	4055	h	bp
Anthurium clavigerum Poepp.	Rodriguez	587	v	cr
Anthurium gracile (Rudge) Schott	Foster	13688	e	bsa
Anthurium paraguayense Engl.	Guillén	2830	a	bsa
Anthurium plowmanii Croat	Jardim	228	h	bdc bsd
Caladium cf. *bicolor* (Aiton) Vent.	Killeen	7075	h	cc
Dracontium sp.	Garvizu	330	e	bsd
Dieffenbachia sp.	Nee	41364	e	
Monstera adansonii Schott	P. Foster	538	e	bsa
Monstera obliqua Miq.	Vargas	4006	v	bsa bsd
Philodendron camposportoanum G. Barroso	Killeen	7081	e/l	bg

VASCULAR PLANTS (PLANTAS) OF PARQUE NACIONAL NOEL KEMPFF MERCADO

FAMILIA/ESPECIES FAMILY/SPECIES	COLECTOR/ COLLECTOR	NÚMERO/ NUMBER	F.V./ L.F.	HÁBITAT/ HABITAT
Philodendron distantilobum K. Krause	Garvizu	349	e	bsd bl
Philodendron imbe Schott	Killeen	6321	s	bsd bl
Philodendron megalopyllum Schott	R. Guillén	2115	e	pt
Philodendron pedatum (Hook.) Kunth	Arroyo	682	e	bg
Philodendron weddellianum Engl.	Nee	41193	v	co
Pistia stratioides L.	Ritter	3533	ac	co
Spathantheum orbigyanum Schott	Jardim	3032	h	bl
Spathiphyllum sp.	Foster	13685	h	bsa
Syngonium podophyllum Schott	P. Foster	759	e	bsa
Taccarum weddellianum Brongn. ex Schott	Killeen	7024	h	bsd
Urospatha sagittifolia (Rudge) Schott	Vargas	3911	h	arroyo
Xanthsoma sp.	Guillén	3041	h	bp
BROMELIACEAE				
Aechmea angustifolia Poepp. & Endl.	Quevedo	2439	e	
Aechmea araeococus	Vásquez	2447	e	bsa
Aechmea bromelifolia (Rudge) Baker	Vásquez	2246	e	br
Aechmea kuntzeana Mez	Guillén	1453	e	ib br
Aechmea cf. *setigera* Schult.f.	Nee	41498	e	
Aechmea tocantina Baker	Vásquez	1813	e	br
Ananas ananassoides (Baker) L. B. Smith	Vásquez	2029	h	ce cr
Ananus cf. *nanus* (L. B. Smith) L. B. Smith	Killeen	6122	h	bdc
Araeococcus flagellifolius Harms	Jardim	53	e	
Billbergia meyeri Mez	Guillén	1910	e	brp
Billbergia velascana Cardenas	Vásquez	2228	r	bsa
Bromelia balanzae Mez.	Vásquez	2300	h	cr
Bromelia cf. *hieronymii* Mez	Gentry	75147	h	
Bromelia serra Griseb	Vásquez	1812	h	
Deuterocohnia longipetala (Baker) Mez	Killeen	7031	r	lg
Dyckia leptostachya Baker	Killeen	7030	r	
Fosterella penduliflora (C. H. Wright) L. B. Smith	Killeen	7800	e	bsa
Fosterella sp. nov.	Killeen	6469	e	bsd

FAMILIA/ESPECIES FAMILY/SPECIES	COLECTOR/ COLLECTOR	NÚMERO/ NUMBER	F.V./ L.F.	HÁBITAT/ HABITAT
Guzmania ligulata (L.) Mez	Saldias	3572	e	bg
Pepinia caricifolia (C. Mart. ex Schult. f) Varad. & Gilmartin	Killeen	5448	e	
Pitcairnia caricifolia J. H. Schultes	Nee	41299	e	
Pitcairnia lanugiosa Ruiz & Pavón	Killeen	4782	h	cr
Pseudananas sagenarius (Arruda) Camargo	P. Foster	383	h	
Tillandsia adpressa André	Gutiérrez	584	e	ce
Tillandsia adpressiflora Mez	Vásquez	2304	e	bi
Tillandsia didisticha (E. Morren) Baker	Guillén	1234	e	bsd
Tillandsia paranaensis Mez	Vásquez	2457	e	bi
Tillandsia recurvata (L.) L.	Guillén	1452	e	ib
Tillandsia streptocarpa Baker	Vásquez	2214	e	bsd
Tillandsia tenuifolia L.	killeen	4889	e	bg
Tillandisia vernicosa Baker	Vásquez	2339	r	la
BURMANNIACEAE				
Burmannia bicolor C. Mart.	Killeen	7474	ac	lg
Burmannia flava C. Mart.	Gutiérrez	1068	s	bsa
Burmannia grandiflora Malme	Gutiérrez	740	ac	lg
Burmannia tenella Benth	Garvizu	197	ac	lg
CANNACEAE				
Canna glauca L.	Guillén	1548	h	pi
Canna indica L.	Saldias	2714	h	bsa
COMMELINACEAE				
Commelina diffusa Burm. f.	Killeen	5676	h	pt
Commelina obliqua Vahl	Killeen	6314	h	bsd
Commelina rufipes Seub. var. *glabrata* (D. R. Hunt) Faden & D. R. Hunt	Guillén	1425	h	br
Dichorisandra hexandra (Aubl.) Standl.	Guillén	1237	h	bsd
Dichorisandra cf. *ulei* J. F. Macbr.	J. Guillén	207	h	maleza
Floscopa glabrata (Kunth) Hassk.	Garvizu	153	ac	co
Gibasis geniculata (Jaq.) Rohweder	Arroyo	816	h	bg

FAMILIA/ESPECIES FAMILY/SPECIES	COLECTOR/ COLLECTOR	NÚMERO/ NUMBER	F.V./ L.F.	HÁBITAT/ HABITAT
CYPERACEAE				
Bulbostylis capillaris (L.) C. B. Clarke	Killeen	5710	g	pt
Bulbostylis conifera (Kunth) C. B. Clarke	Jardim	185	g	pi ch
Bulbostylis emmerichiae T. Koyama	Killeen	7200	g	cu
Bulbostylis junciformis (Kunth) C. B. Clarke	Gutiérrez	1216	g	pt ca
Bulbostylis paradoxa (Spreng.) Lindm.	Nee	41347	g	ce cl cr
Bulbostylis sphaerocephala (Boeck.) C. B. Clarke	Thomas	5585	g	ce
Bullostylis truncata (Nees) M.T. Strong	Saldias	3481	h	cc
Calyptrocarya glomerata (Brongn.) Urban	Nee	41312	g	bg
Calyptrocarya cf. *luzuliformis* T. Koyama	Ritter	3103	g	co
Calyptrocarya poeppigiana Kunth	Quevedo	2424	h	
Cyperus aggregatus (Willd.) Endl.	Jardim	195	g	pa
Cyperus gardneri Nees	Guillén	1934	g	co
Cyperus giganteus Vahl	Guillén	2335	g	bsa
Cyperus haspan L.	Gutiérrez	1187	g	pt lg
Cyperus laxus Lam.	Mostacedo	1647	g	bsa ce
Cyperus luzulae (L.) Rottb. ex Retz.	Guillén	3077	g	maleza
Cyperus odoratus L.	Ritter	2476	g	co, vr
Cyperus simplex Kunth	Ritter	3116	g	bi
Cyperus virens Michx.	Killeen	5798	g	pt
Eleocharis acutangula (Roxb.) Schultes	Ritter	3553	g	co
Eleocharis elegans (Kunth) Roemer & Schultes	Ritter	3539	g	co
Eleocharis filiculmis Kunth	Ritter	3609	g	arroyo
Eleocharis interstincta (Vahl) Roem. & Schult.	Guillén	1441	g	pi
Fimbristylis dichotoma (L.) Vahl	Jardim	172	g	bsa
Fuirena robusta Kunth	Killeen	7544	ac	bi
Fuirena umbellata Rottb.	Ritter	2395	g	co
Hyploytrum sp.	Jardim	210	g	br
Lagenocarpus verticillatus (Spreng) T. Koyama & Maguire	Jiménez	1330	g	ce
Oxycaryum cubensis (Poepp. & Kunth) C. B. Clarke	Guillén	1634	g	bri
Pycreus uniloides (R. Br.) Urban	Ritter	3048	g	co

FAMILIA/ESPECIES FAMILY/SPECIES	COLECTOR/ COLLECTOR	NÚMERO/ NUMBER	F.V./ L.F.	HÁBITAT/ HABITAT
Rhynchospora aremerioides J. Presl & C. Presl	Killeen	4804	g	cr
Rhynchospora barbata (Vahl) Kunth	Guillén	884	g	cr
Rhynchospora brevirostris Griseb.	Mostacedo	1558	g	pt
Rhynchospora cajennensis Boeck.	Killeen	5780	g	pt
Rhynchospora cephalotes (L.) Vahl	Arroyo	657	g	bg br
Rhynchospora consanguinea (Kunth) Boeck.	Thomas	5568	g	ce
Rhynchospora corymbosa (L.) Britton	Ritter	2487	g	co
Rhynchospora emaciata (Nees) Boeck.	Killeen	5418	g	bsd pt lg ch
Rhynchospora elegans (Nees) Kunth	Ritter	3556	g	co
Rhynchospora exaltata Kunth	Thomas	5608	g	ce
Rhynchospora filiformis Vahl	Killeen	5380	g	pt
Rhynchospora globosa (Kunth) Roem. & Schult.	Guillén	1531	g	pi ch cc
Rhynchospora aff. *hirta* (Nees) Boeck.	Gutiérrez	1188	g	pt
Rhynchospora holoschoenoides (Rich.) Herter	Killeen	5779	g	pt
Rhynchospora nervosa (Vahl) Boeck. subsp. *nervosa*	Thomas	5569	g	ce
Rhynchospora rugosa (Vahl) Gale	Gutiérrez	765	g	pt
Rhynchospora aff. *tenella* (nees) Boeck.	Guillén	1223	g	bsd lg
Rhynchospora tenuis Link	Thomas	5662	g	ce
Rhynchospora terminalis (Nees) Steud.	Thomas	5695	g	ce
Rhynchospora trichodes C. B. Clarke	Gutiérrez	1190	g	pt
Rhynchospora trispicata (Nees) Schrad. ex Steud.	Guillén	1376	g	pt pi
Rhynchospora velutina (Kunth) Boeckl.	Carrión	496	g	pa
Scleria cerradicola T. Koyama	Guillén	874	g	cr
Scleria comosa (Nees) Steud.	Gutiérrez	1305	g	pt
Scleria cuyabensis Pilger	Guillén	1224	g	bsd bsa lg
Scleria cyperina Kunth	Carrión	363	g	bi
Scleria cyperinoides C. B. Clarke	Jiménez	1236	h	cc pi bdc bsa
Scleria distans Poir.	R. Guillén	2765	g	cc
Scleria flagellum-nigrorum Bergins	Guillén	1635	g	bri
Scleria glabra Boeck.	Guillén	985	g	cc
Scleria hirtella Sw.	Guillén	2076	g	pa

FAMILIA/ESPECIES FAMILY/SPECIES	COLECTOR/ COLLECTOR	NÚMERO/ NUMBER	F.V./ L.F.	HÁBITAT/ HABITAT
Scleria macrophylla J. Presl & C. Presl	Quevedo	2388	h	bdc bsa
Scleria melaleuca Reichb. ex Schltdl. & Cham.	Guillén	1525	g	pi
Scleria microcarpa Nees ex Kunth	Jardim	241	g	bi co
Scleria panicoides Kunth	Mostacedo	1527	g	ce
Scleria purdiei C. B. Clarke	Gutiérrez	684	h	pt
Scleria aff. *pterota* C. Presl	R. Guillén	985	g	cc
Scleria reticularis Michx.	Gutiérrez	741	g	pt bsa
Scleria scabra Willd.	Jiménez	1287	g	cc
Scleria secans (L.) Urban	Killeen	4802	g	la
Scleria tenella Kunth	Gutiérrez	625	g	pt ce
DIOSCOREACEAE				
Dioscorea acanthogene Rusby	Guillén	1415	v	br bsa
Dioscorea amaranthoides J. Presl	Killeen	6637	s	bsa bdc ce
Dioscorea amazonum C. Mart. ex Griseb.	Guillén	2456	v	pt
Dioscorea coronata Hauman	Guillén	2502	v	bsa
Dioscorea decorticans C. Presl	Guillén	3592	v	bsd
Dioscorea hasslerana Chodat	Jiménez	1188	l	cc
Dioscorea nicolasensis Knuth	Sánchez	441	l	bsa
Dioscorea piperifolia Humb. & Bonpl. ex Willd.	Saldias	3830	v	bsa
Dioscorea polygonoides Humb. & Bonpl. ex Willd.	Jardim	86	v	cr
Dioscorea samydea Griseb.	Guillén	1217	v	bsd bsa
ERIOCAULACEAE				
Eriocaulon (sp nov.) 1	Arroyo	741	ac	vr
Eriocaulon (sp. nov.) 2	Killeen	7520	g	arroyo
Eriocaulon epapillosum Ruhland	Guillén	3846	g	b
Eriocaulon guyanense (Koern.) in C. Mart.	Killeen	6597	g	pt
Eriocaulon humboldtii Kunth	Killeen	5545	g	pt
Eriocaulon stramineum Körn.	Peña	67	h	pt
Paepalanthus chiquitensis Herzog	Guillén	3922	h	pt ch
Paepalanthus saxicola Körn.	Killeen	7522	h	arroyo
Paepalanthus speciosa Körn.	Mostacedo	1986	h	cl

FAMILIA/ESPECIES FAMILY/SPECIES	COLECTOR/ COLLECTOR	NÚMERO/ NUMBER	F.V./ L.F.	HÁBITAT/ HABITAT
Philodice hoffmannseggii C. Mart.	Gutiérrez	1155	g	pt
Syngonanthus aff. *bellus* Moldenke	Killeen	6587	g	pt
Syngonanthus cf. *caulescens* (Poir.) Ruhl.	Ritter	3049a	h	co
Syngonanthus densiflorus (Koern) Ruhland	Killeen	7475	h	ch
Syngonanthus gracilis (Bong.) Ruhland in Engler	Saldias	2886	h	ce
Syngonanthus nitens (Bong.) Ruhland	Guillén	3907	g	pt ch
Syngonanthus prob. sp. nov.	Peña	333	h	bdc
Syngonanthus spongiosus Hensold	Gutiérrez	1183	g	pt
Syngonanthus xeranthemoides (Bong.) Ruhland	Guillén	879	g	cr
Syngonunthus inundatus Ruhland	Peña	197	h	pa
GRAMINEAE				
Acroceras excavatum (Henrard) Zuloaga & Morrone	Guillén	1330	g	bsd
Acroceras fluminense (Hack.) Zuloaga & Morrone	Killeen	6322	g	bsd bsa
Actinocladum verticillatum (Nees) McClure ex Soderstrom	Killeen	4822	s	cc
Andropogon bicornis L.	Guillén	1437	g	pi
Andropogon carinatus Nees	Killeen	7728	g	cc
Andropogon fastigiatus Sw.	Gutiérrez	894	g	la
Andropogon hypogynus Hack.	Killeen	6989	g	pa
Andropogon lateralis Nees	Killeen	6999	g	pi
Andropogon leucostachyus H.B.K.	Mostacedo	775	g	cc
Andropogon sanlorenzanus Killeen	Mostacedo	1034	g	cc
Andropogon selloanus (Hack.) Hack.	Mostacedo	1040	g	cc
Andropogon virgatus Desv.	Mostacedo	1989	g	cc pt pi
Aristida capillacea Lam.	Nee	41098	g	pt ce
Aristida longifolia Trin.	Gutiérrez	1120	g	pt ch cc
Aristida recurvata Kunth	Gutiérrez	693	g	pt
Aristida riparia Trin.	Gutiérrez	1119	g	pt pa cc ce bdc
Aristida tincta Trin. & Rupr.	Nee	41096	g	
Axonopus aureus P. Beauv.	Uslar	659	g	cr
Axonopus aff. *barbigerous* (H.B.K.) A. Hitchc. & Chase	Guillén	1116	g	lg pt

FAMILIA/ESPECIES FAMILY/SPECIES	COLECTOR/ COLLECTOR	NÚMERO/ NUMBER	F.V./ L.F.	HÁBITAT/ HABITAT
Axonopus brasiliensis (Spreng.) Kuhlm.	Killeen	5728	g	pt cl cr
Axonopus canescens (Nees in Trin.) Pilg.	Killeen	6627	g	pt
Axonopus chrysoblepharis (Lag.) Chase	Gutiérrez	745	g	pt
Axonopus compressus (Sw.) P. Beauv.	Gutiérrez	722	g	pt pi
Axonopus fissifolius (Raddi) Kuhlm.	Gutiérrez	579	g	cc cr
Axonopus aff. *marginatus* (Trin.) Chase	Mostacedo	777	g	pa cc
Axonopus pulcher (Nees) Kuhlm.	Gutiérrez	897	g	pt
Bothriochloa sp.	Gutiérrez	654	g	
Chusquea ramosissima Lindman	Gentry	75665	l	cr
Ctenium chapadense (Trin.) Döll	Killeen	4724	g	cl cc
Digitaria dioica Killeen & Rugolo	Killeen	7236	g	ch pt pi
Echinochloa polystachya var. *spectabilis* (Nees ex Trin.) Mart. Crov.	Guillén	1938	g	co
Echinolaena gracilis Swallen	Mostacedo	2117	g	ch
Echinolaena inflexa (Poiret) Chase	Killeen	4930	g	cr cc pt
Elionurus muticus (Spreng.) Kuntze	Killeen	7726	g	
Eragrostis amabilis (L.) Hook. & Arn.	Nee	41476	g	
Eragrostis glomerata (Walter) L. H. Dewey	Arroyo	1353	g	bi
Eragrostis maypurensis (Kunth) Steud.	Nee	41115	g	
Eragrostis neesii Trin. var. *lindmannii* (Hack.) Ekman	Gutiérrez	1117	g	pt
Eragrostis secundiflora C. Presl	Mostacedo	1844	g	
Eriochloa distachya H.B.K.	Gutiérrez	1087	g	pt
Guadua paniculata Munro	Killeen	2763	a	bsa pt
Guadua paraguayana Döll	Killeen	2764	a	bsa
Gymnopogon fastigiatus Nees	Gutiérrez	1293	g	pt
Gymnopogon spicatus (Spreng.) Kuntze	Mostacedo	1849	g	cc
Homolepis aturensis (H.B.K.) Chase	Mostacedo	1532	g	ce
Hymenachne amplexicaulis (Rudge) Nees	Guillén	1535	g	pi co
Hymenachne donacifolia (Raddi) Chase	Ritter	3520	g	co
Hyparhenia rufa (Nees) Stapf	Garvizu	162	g	maleza
Ichnanthus breviscrobs Döll	Killeen	5809	g	bsa ce
Ichnanthus calvescens (Nees ex Trin.) Döll	Gutiérrez	902	g	pa bsd

CONSERVATION INTERNATIONAL

Rapid Assessment Program

FAMILIA/ESPECIES FAMILY/SPECIES	COLECTOR/ COLLECTOR	NÚMERO/ NUMBER	F.V./ L.F.	HÁBITAT/ HABITAT
Ichnanthus inconstans (Trin. ex Nees) Döll	Gutiérrez	968	g	bdc ca bg
Ichnanthus pallens (Sw.) Munro ex Benth.	Arroyo	645	h	bg bsd bsa
Ichnanthus procurrens (Nees ex Trin.) Swallen	Gutiérrez	721	g	pt pi ce cc
Ichnanthus procurrens (Nees ex Trin.) Swallen var. *subaequiglume* (Hack.) Killeen & Kirpes	Foster	13895	g	pt cc cr
Ichnanthus ruprechtii Doell	Carrión	74	h	be
Ichnanthus tenuis (J. Presl) A. Hitchc. & Chase	Guillén	1417	g	br
Imperata brasiliensis Trin.	P. Foster	386	g	
Isachne polygonoides (Lam.) Döll	Ritter	3084	g	co
Lasiacis ligulata A. Hitchc. & Chase	Jardim	457	h	bsd bsa br
Lasiacis sorghoidea (Desv.) A. Hitchc.	Killeen	6308	h	bsd bsa
Leersia hexandra Sw.	Guillén	1444	g	pi
Leptocoryphium lanatum (Kunth) Nees	Gutiérrez	1274	g	pt cl
Loudetia flammida (Trin.) C. E. Hubb.	Mostacedo	1991	g	cc pt
Loudetiopsis chrysothrix (Nees) Connert	Gutiérrez	878	g	pa cr
Luziola bahiensis (Steud.) A. Hitchc.	Ritter	2434	g	pa
Luziola subintegra Swallen	Guillén	1940	g	co
Melinis minutiflora P. Beauv.	Killeen	6216	g	bsd lg
Mesosetum loliiforme (Hochst. ex Steud.) Chase	Jiménez	1241	g	cc
Mesosetum rottboellioides (Kunth) Hitchc.	Jiménez	1180	h	cc
Olyra caudata Trin.	Arroyo	750	h	bg
Olyra ciliatifolia Raddi	Guillén	2021	h	bsa
Olyra fasciculata Trin.	Mostacedo	759	h	bsa
Olyra latifolia L.	Jardim	476	h	bsd bsa
Olyra longifolia Kunth	Nee	41293	h	br
Oplismenus hirtellus (L.) P. Beauv.	Mostacedo	760	h	bsa
Orthoclada laxa (Rich.) P. Beauv.	Mostacedo	765	g	bsa
Oryza grandiglumis (Döll) Prodoehl	Killeen	6891	g	br
Oryza rufipogon Griffiths	Guillén	1575	g	mi pi
Otachyrium versicolor (Döll) Henrard	Gutiérrez	902	g	pa
Panicum caricoides Nees ex Trin.	Killeen	6985	g	pi

FAMILIA/ESPECIES FAMILY/SPECIES	COLECTOR/ COLLECTOR	NÚMERO/ NUMBER	F.V./ L.F.	HÁBITAT/ HABITAT
Panicum cayennense Lam.	Killeen	5902	g	pt
Panicum cervicatum Chase	Killeen	4827	g	cc
Panicum cyanescens Nees ex Trin.	Mostacedo	1557	g	pt pa cc
Panicum discrepans Döll	Foster	13881	g	pt cc
Panicum granuliferum Kunth	J. Guillén	241	g	bsd
Panicum laxum Sw.	Guillén	1528	g	pi cu
Panicum mertensii Roth ex Roem. & Schult.	Guillén	1557	g	pi
Panicum olyroides Kunth	Thomas	5567	g	ce
Panicum parviflorum Lam.	Guillén	1222	g	bsd ce pt
Panicum peladoense Henrard	Killeen	5256	g	ce pt
Panicum pilosum Sw.	Guillén	1960	g	bsd ce
Panicum pyrularium A. Hitchc. & Chase	Gutiérrez	910	g	bdc
Panicum repens Berg.	Ritter	3531	g	co
Panicum rudgei Roem. & Schult.	Mostacedo	1534	g	ce pt pa ib
Panicum schwackeanum Mez	Gutiérrez	623	g	pt vh
Panicum stenodes Griseb.	Gutiérrez	1177	g	pt
Panicum stoniferum var. *major* (Trin.) Kunth	Rodriguez	604	s	cc
Pappaophorum sp.	Mostacedo	1790	g	ce
Pariana sp.	Fuentes	1699	g	bl br bsa
Paspalum aspidiotes Trin.	Killeen	6541	g	cr pi ce cc ch
Paspalum carinatum Humb. & Bonpl. ex Flügge	Guillén	870	g	cr pt
Paspalum conjugatum Bergius	Killeen	5973	g	maleza
Paspalum delicatum Swallen	Gutiérrez	1292	g	pt
Paspalum densum Swallen	Castro	107	g	mi pi
Paspalum ekmanianum Henrard	Killeen	4721	g	ch
Paspalum erianthum Nees ex Trin.	Killeen	7039	g	pt cc cl
Paspalum gardnerianum Nees	Killeen	6607	g	pt cr cc ce
Paspalum gemniflorum Steud.	Mostacedo	1421	g	ce ca
Paspalum lanciflorum Trin.	Killeen	4929	g	ch
Paspalum lenticulare Kunth	Guillén	1078	g	ce pt
Paspalum limbatum Henrard	Gutiérrez	578	g	curiche

FAMILIA/ESPECIES FAMILY/SPECIES	COLECTOR/ COLLECTOR	NÚMERO/ NUMBER	F.V./ L.F.	HÁBITAT/ HABITAT
Paspalum lineare Trin.	Gutiérrez	460	g	pt cc cl
Paspalum malacophyllum Trin.	Guillén	1115	g	bsd
Paspalum malmeanum Ekman	Gutiérrez	772	g	pt
Paspalum multicaule Poir.	Mostacedo	1537	g	ce pt
Paspalum multinervium A. G. Burman	Killeen	5645	g	ce
Paspalum pectinatum Nees ex Trin.	Mostacedo	780	g	cc
Paspalum pictum Ekman	Killeen	0	g	pt
Paspalum pilosum Lam.	Killeen	5451	g	bsa
Paspalum plicatulum Michx.	Mostacedo	1704	g	cc pt
Paspalum pumilum Nees	Killeen	6607	g	pt
Paspalum stellatum Humb. & Bonpl. ex Flügge	Killeen	6056	g	pt
Paspalum virgatum L.	Guillén	840	g	bsa
Pharus lappulaceus Aubl.	Guillén	2020	g	bsa
Raddiella esenbeckii (Steud.) Calder. & Soderstr.	Peña	315	h	bsd bdc
Reimarochloa acuta (Flügge) A. Hitchc.	Gutiérrez	598	g	pt
Rhipidocladum racemiflorum (Steud.) McClure	Mostacedo	766	g	bsa
Rottboellia cochinchinensis (Lour.) Clayton	Mostacedo	1528	g	maleza
Saccharum trinii (Hack.) Renvoize	Mostacedo	1790	g	
Sacciolepis angustissima (Hochst. ex Steud.) Kuhlm.	Gutiérrez	855	g	pt
Sacciolepis stachyrioides Judziewicz	Nee	41118	g	
Schizachyrium beckii Killeen	Gutiérrez	886	g	pa
Schizachyrium condensatum (Kunth) Nees	Jardim	117	g	
Schizachyrium microstachyum (Desv. ex Ham.) Roseng., Arrill. & Izag.	Guillén	1091	g	ce cc
Schizachyrium sanguineum (Retz) Alston	Gutiérrez	1371	g	ch pt cc ce ca
Schizachyrium tenerum Nees	Mostacedo	1246	g	cc
Setaria fiebrigii R. Herrm.	Jardim	382	g	
Setaria leiantha Hack.	Arroyo	856	g	
Setaria parviflora (Poir.) Kerguélen	Gutiérrez	742	g	pt pi ce
Setaria scandens Schard. ex Shult.	J. Guillén	301	h	bsd
Setaria vulpiseta (Lam.) Roem. & Schult.	Guillén	1961	g	bsd

FAMILIA/ESPECIES FAMILY/SPECIES	COLECTOR/ COLLECTOR	NÚMERO/ NUMBER	F.V./ L.F.	HÁBITAT/ HABITAT
Sorghastrum minarum (Nees) Hitchc.	Killeen	6544	g	ce cc ch
Sporobolus cubensis A. Hitchc.	Killeen	5493	g	ce
Sporobolus monandrus Roseng., Arrill. & Izag.	Killeen	6273	g	bsd
Streptochaeta spicata Schrad. ex Nees	Mostacedo	764	h	bsa
Streptogyna americana C.E. Hubb.	Nee	41201	h	bsd ib bsa
Thrasya petrosa (Trin.) Chase	Gutiérrez	514	g	pt ce ca bsd bg
Thrasya trinitensis Mez	Killeen	5721	g	pt
Trachypogon plumosus (Humb. & Bonpl. ex Willd.) Nees	Gutiérrez	601	g	pt ch
Trypogon spicatus (Nees) Ekman	J. Guillén	245	h	bsd
Tripsacum australe Cutler & E. S. Anderson	Gutiérrez	1179	g	pt
Trisetum sp.	Killeen	7074	g	cc
Tristachya chrysotrix Nees	Guardia	190	g	cc
HAEMODORACEAE				
Schiekia orinocensis (Kunth) Meisner	Peña	195	h	pa bdc
HELICONIACEAE				
Heliconia berryi Abalo & Morales	Vásquez	2294	h	br
Heliconia episcopalis Vell.	Vásquez	2292	h	br
Heliconia hirsuta L. f.	Vásquez	2290	h	br
Heliconia julianii Barreiros, vel aff.	Nee	41353	h	
Heliconia juruana Loes.	Guillén	3147	h	cu
Heliconia lasiocarchis L. Anders.	Vásquez	2289	h	bi
Heliconia lingulata Ruiz & Pavón	Vásquez	2032	h	br
Heliconia marginata (Griggs) Pitt.	Vásquez	2031	h	bi
Heliconia psittacorum L. f.	Vásquez	2293	h	bsa
Heliconia rostrata Ruiz & Pavón	Vásquez	2291	h	bi
Heliconia stricta Huber	Vásquez	2295	h	bg
Heliconia subulata Ruiz & Pavón subsp. *gracilis* (Petersen) L. Andersson	Guillén	2510	h	bsa
HYDROCHARITACEAE				
Apalanthe granatensis (Humb. & Bonpl.) Planch	Garvizu	157	ac	co

FAMILIA/ESPECIES FAMILY/SPECIES	COLECTOR/ COLLECTOR	NÚMERO/ NUMBER	F.V./ L.F.	HÁBITAT/ HABITAT
Limnobium laevigatum (Humb. & Bonpl. ex Willd.) Heine	Ritter	3537	h	co
IRIDACEAE				
Cipura sp.	Guillén	1249	g	arroyo
Cipura formosa Ravenna	Killeen	5237	h	bsa
Cipura paludosa Aubl.	Killeen	6153	h	bdc
Sisyrinchium vaginatum Spreng.	Saldias	2863	h	ce
Trimezia martinicensis Herbert	Saldias	3601	h	bsd
LEMNACEAE				
Lemna sp.	Ritter	2468	ac	co
Spirodela intermedia W. Kohl	Ritter	2450	ac	co
LIMNOCHARITACEAE				
Hydrocleys nymphoides (Willd.) Buchenau	Guillén	1929	ac	co
Hydrocleys parviflora Seub.	Ritter	3004	ac	co
MARANTACEAE				
Calathea capitata (Ruiz & Pav.) Lindl.	Sánchez	465	h	bsd
Calathea chrysoleuca (Poepp. & Endl.) Körn.	Guillén	3036	h	bsd bsa
Calathea loeseneri J.F. Macbr.	Guillén	3037	h	bsd
Calathea propingua (Poepp. & Endl.) Koern.	Jardim	472	h	bsa
Hylaenthe unilateralis (Poepp. Endl.) Jonker & Jonker	J. Guillén	308	g	bsd
Ischnosiphon leucophaeus (Poepp. & Endl.) Körn.	Foster	13747	h	bsa
Koernickanthe orbiculata (Koern.) L. Anderssen	J. Guillén	308	h	bsd
Maranta amazonica Andersson	Garvizu	314	h	bsd
Maranta arundinaceae L.	Sánchez	463	h	bsd
Maranta humilis Aubl.	Foster	13668	h	bsa
Maranta incrassata L. Anders.	Jardim	456	h	bsd
Maranta pohliana Körn.	Guillén	2860	h	bsd
Maranta ruiziana Körn.	Guillén	1104	h	bsd
Monotagma plurispicata K. Schum.	Arroyo	434	h	ib bsa
Myrosma cf. *cujabensis* (Körn.) K. Schum.	Thomas	5687	h	
Thalia geniculata L.	Guillén	3490	h	pi

FAMILIA/ESPECIES FAMILY/SPECIES	COLECTOR/ COLLECTOR	NÚMERO/ NUMBER	F.V./ L.F.	HÁBITAT/ HABITAT
NAYADACEAEA				
Mayaca fluviatilis Aublet	Ritter	3608	ac	arroyo
Najas arguta Kunth	Ritter	3526	ac	co
ORCHIDACEAE				
Acacallis cyanea Lindl.	Arroyo	793	e	ib bsa
Aspasia variegata Lindl.	Vásquez	2231	h	bg
Bletia catenulata Ruiz & Pavón	Mostacedo	1485	g	ce
Brassavola martiana Lindl.	Vásquez	2243	e	br
Brassia caudata (L.) Lindl.	Vásquez	2033	e	bsa
Bulbophyllum insectiferum Barb.& Rodr.	Vásquez	991	e	bsd
Campylocentrum micranthum (Lindl.) Rolfe	Vásquez	2233	e	bdc
Campylocentrum minutum C. Schweinf.	Vásquez	1620	e	bi
Campylocentrum neglectum (Rchb. f. & Warm.) Cogn.	Vásquez	2445	e	bsa
Campylocentrum poeppigii (Rchb. f.) Rolfe	Vásquez	2444	e	br
Catasetum barbatum Lindl.	Vásquez	1129	e	ce
Catasetum denticulata Miranda	Vásquez	2509	e	br
Catasetum discolor Lindl.	Vásquez	2506	h	cr
Catasetum justinianum Vásquez & Dodson (ined.)	Vásquez	2458	h	bsd
Catasetum rooseveltianum Hoehne	Vásquez	2505	e	bdc
Catasetum saccatum Lindl.	Vásquez	2226	e	br
Catasetum spitzii Hoehne	Vásquez	993	e	cr
Cattleya nobilior Rchb. f.	Vásquez	2034	l	bdc
Cattleya violacea (Kunth) Rolfe	Vásquez	2250	e	bdc
Chaubardia klugii (C. Schweinf.) Garay	Vásquez	3247	e	bsa
Cleistes paranaensis Hoehne	Jardim	125	g	ch
Corymborkis cf. *flava* (Sw.) Kuntze	Vásquez	1886	h	bsa
Cranichis muscosa Sw.	Vásquez	2265	h	bg
Cyclopogon milley (Schltr.) Garay	Vásquez	2183	h	bg
Cyclopogon sp.	Vásquez	2278	h	bg
Cycnoches haagii Barb. Rodr.	Vásquez	2268	e	br
Cyrtopodium eugenii Rchb. f.	Vásquez	2284	l	bg

FAMILIA/ESPECIES FAMILY/SPECIES	COLECTOR/ COLLECTOR	NÚMERO/ NUMBER	F.V./ L.F.	HÁBITAT/ HABITAT
Cyrtopodium paludicolum Hoehne	Guillén	1937	a	co
Cyrtopodium paniculatum (Ruiz & Pavón) Garay	Vásquez	2035	e	bsa
Cyrtopodium paranaense Schltr.	Vásquez	2262	r	lg
Dichaea panamensis Lindl.	Vásquez	2196	h	
Dichaea picta Rchb. f.	Vásquez	941	e	bsa
Dichaea sp.	Vásquez	2326	e	bi
Eltroplectris calcarata (Sw.) Garay & Sweet	Vásquez	2235	h	ib
Encyclia yauaperyensis (Barb. Rodr.) Porto & Brade	Vásquez	919	e	bsd
Encyclia pygmeae (Hook.) Dressler	Vásquez	2036	e	bg
Encyclia vespa (Vell.) Dressler & G. E. Pollard	Vásquez	2273	e	bg bsd
Epidendrum anceps Jacq.	Vásquez	2277	e	bg
Epidendrum cf. *paniculatum* Ruiz & Pavón	Arroyo	751	e	bg
Epidendrum coronatum Ruiz & Pavón	Vásquez	2037	e	bg
Epidendrum cristatum Ruiz & Pavón	Vásquez	986	e	bg
Epidendrum densiflorum Hook.	Rodriguez	556	e	bg
Epidendrum espiritu-santense Dodson & R. Vázquez	Garvizu	304	e	bi
Epidendrum flexuosum Meyer	Quevedo	1094	e	bsd, br
Epidendrum incisum Vell.	Vásquez	2188	e	br
Epidendrum mininocturnum Dodson	Vásquez	2256	e	bi
Epidendrum morenoi Vasquez	Vásquez	2501	e	bg
Epidendrum myrmecophorum Barb & Rodr.	Vásquez	2115	e	br
Epidendrum nocturnum Jacq.	Jardim	78	r	la cr bg
Epidendrum paniculatum Ruiz & Pavón	Arroyo	823	e	bg
Epidendrum rigidum Jacq.	Vásquez	2038	e	bg
Epidendrum smaragdinum Lindl.	Killeen	6204	e	bdc
Epidendrum sp. nov.	Vásquez	996	e	bsa
Epidendrum viviparum Lindl.	Vásquez	2039	e	br
Epistephium parviflorum Lindl.	Vásquez	2251	h	pa
Epistephium sclerophyllum Lindl.	Vásquez	2144	h	cl cc ca pt
Epistephium subrepens Hoehne	Gutiérrez	956	e	bdc
Erythrodes juruensis (Hoehne) Ames	Vásquez	2324	h	bdc

FAMILIA/ESPECIES FAMILY/SPECIES	COLECTOR/ COLLECTOR	NÚMERO/ NUMBER	F.V./ L.F.	HÁBITAT/ HABITAT
Eulophia alta (L.) Fawc. & Rendl.	Vásquez	2528	h	bi
Galeandra baueri Lindl.	Arroyo	785	e	ib cc ce bdc
Galeandra dives Rchb. f. vel. aff.	L. Marcus	s.n.	e	br
Galeandra junceoides Barb. Rodr.	H. Justiniano	s.n.	e	pt
Galeandra lacustris Barb. Rodr.	Vásquez	2475	e	br
Galeandra paraguayensis Cogn.	Mostacedo	1485	h	ce
Galeandra stangeana Rchb. f.	Vásquez	2046	e	br
Galeandra stillomisantha (Vell.) Hoehne	Peña	85	h	pt
Galeandra xerophila Hoehne	Vásquez	2436	h	pt ce
Galiotia ciliata (Morel) Dressler	H. Justiniano	s.n.	l	cr
Gongora quinquenervis Ruiz & Pavón	Vásquez	2040	e	bsa
Habenaria cf. *repens* Nutt.	Ritter	3558	ac	co
Habenaria glazoviana Kraenzl.	H. Justiniano	s.n.	h	pt
Habenaria guentheriana Kraenzl.	J. Guillén	261	e	bsd
Habenaria leprieuri Rchb. f. (l.c)	Soto	458	e	bi
Habenaria macronectar Hoehne	Garvizu	280	ac	co
Habenaria pratensis Rchb. f.	Guillén	2958	h	pi
Ionopsis satyroides (Sw.) Rchb. f.	Guillén	976	s	
Ionopsis utricularioides (Sw.) Lindl.	Vásquez	2225	e	br
Liparis nervosa (Thunb.) Lindl.	Vásquez	2238	h	bi pt bdc
Lockhartia ludibunda (Rchb. f.) Schult.	Guillén	1946	e	bsa
Lophiaris morenoi (Dodson & Dressler) Braem	Vásquez	2437	e	bsa
Lophiaris nana (Lindl.) Braem	Vásquez	2254	e	bg
Lycaste sp.	Vásquez	2435	e	bsa
Macradenia paranaensis Barb. Rodr.	Vásquez	920	e	bsa
Macroclinium chasei Dodson & Bennett	Vásquez	2440	e	bsa
Masdevallia gutierrezii Luer	Vásquez	982	e	bsa
Maxillaria alba (Hook.) Lindl.	Vásquez	952	e	bsa
Maxillaria camaridii Rchb. f.	Vásquez	2266	e	bg
Maxillaria equitans (Schltr.) Garay	Vásquez	2041	e	bsa
Maxillaria funicaulis C. Schweinf..	O. Moreno	s.n.	e	

FAMILIA/ESPECIES FAMILY/SPECIES	COLECTOR/ COLLECTOR	NÚMERO/ NUMBER	F.V./ L.F.	HÁBITAT/ HABITAT
Maxillaria juergensii Schltr.	Vásquez	2270	e	bg
Mesadenella cuspidata (Lindl.) Garay	Vásquez	2182	e	bg
Mormodes amazonicum Brade	Vásquez	2240	e	br
Mormodes elegans Miranda	Vásquez	912	h	cr
Notylia boliviensis Schltr.	H. Justiniano	s.n.	e	br
Notylia sp.	Vásquez	2234	e	bsa
Oeceoclades maculata Lindl.	Vásquez	2209	h	bsa
Oncidium baueri Lindl.	Vásquez	945	e	bsd
Oncidium boliviense Oppenheim	Vásquez	2042	e	bsd
Oncidium dactyliferum Garay & Dunst. vel. aff.	Saldias	3553	e	bsd
Oncidium morenoi Luer	Guillén	1956	e	bg bdc
Oncidium sprucei Lindl.	O. Moreno	s.n.	e	bg
Ornithocephalus gladiatus Hook.	Vásquez	930	e	bsa
Ornithocephalus kruegeri Rchb. f.	Vásquez	2185	e	br
Pamorchis sp.	Guillén	4688	h	bg
Plectrophora edwallii Cogn.	Vásquez	2204	e	br
Pleurothallis grobyi Lindl.	Vásquez	2272	e	bg
Pleurothallis picta Lindl.	Guillén	4710	e	bg
Polycycnis breviloba Summerh.	Vásquez	2275	h	bdc
Polystachya concreta (Jacq.) Garay & H.R. Sweet	Vásquez	2220	e	bsa ce
Ponthieva sp.	Jardim	175	h	cr
Prescottia oligantha (Sw.) Lindl.	Vásquez	2201	h	bg
Psygmorchis pusilla (L.) Dodson & Dressler	Vásquez	2299	e	bg br
Rodriguezia carnea Lindl.	Vásquez	2443	e	bg
Sacoila lanceolata (Aubl.) Garay	P. Foster	377	h	
Sarcoglottis acaulis (J.E. Sm.) Schltr.	Vásquez	2298	h	bsa
Sarcoglottis herzogii Schltr.	Vásquez	2200	h	bsa
Sauroglossum sp.	Vásquez	2434	h	ce
Scaphyglottis prolifera (R. Br. ex Lindl.) Cogn.	Mostacedo	2164	e	bsa
Scaphyglottis stellata (Lodd.) Lindl.	Vásquez	2198	e	bg
Schomburgkia sp.	Vásquez	2264	e	bg

FAMILIA/ESPECIES FAMILY/SPECIES	COLECTOR/ COLLECTOR	NÚMERO/ NUMBER	F.V./ L.F.	HÁBITAT/ HABITAT
Sobralia violacea Linden ex Lindl.	Vásquez	1121	g	bsa
Solenidium lunatum (Lindl.) Kraenzl.	Vásquez	2441	e	bg
Stelis sp.	Vásquez	2271	e	bg
Stenorrhynchos sp.	Killeen	7648	h	pi
Trichocentrum albococcineum Lindl.	Vásquez	895	e	bsa
Trichocentrum cornucopia Linden ex Rchb. f.	Vásquez	2232	e	bg
Trigonidium acuminatum Batem.	Vásquez	984	e	bg
Trizeuxis falcata Lindl.	Vásquez	2044	e	cultivado
Vanilla chamissonis Kl.	Vásquez	2045	v	bsd
Vanilla pompona Schiede	Vásquez	2263	v	bsa
Xylobium foveatum (Lindl.) Nickolson	Vásquez	2205	e	bsa
PALMAE				
Acrocomia aculeata (Jacq.) Lodd. ex Mart.	Nee	41521	a	ce
Allagoptera leucocalyx (C. Mart.) Kuntze	Guillén	1878	a	pa br ce
Astrocaryum aculeatum G. Meyer	Saldias	3371	a	bsa
Astrocaryum campestre C. Mart.	Mostacedo	1823	s	ce cc
Astrocaryum huaimi C. Mart.	Guillén	1881	a	bsd bi
Attalea maripa (Aubl.) C. Mart.	Moreno	s.n.	a	bsa bl
Attalea phalerata C. Mart. ex Sprengl.	Saldias	3733	a	bsd bsa bri
Attalea speciosa (Aubl.) C. Mart. ex Sprengl.	Guillén	4586	a	bsd
Bactris acanthocarpa C. Mart. var. *acanthocarpa*	Moreno	14	a	bri
Bactris brongniartii C. Mart.	Moreno	135	a	br
Bactris concinna (C. Mart.) var. *inundata* Spruce	Moreno	15	a	bri
Bactris glaucescens Drude	Guillén	2084	a	pt
Bactris macana (C. Mart.) Pittier	Saldias	3759	a	bsa
Bactris major Jacq. var. *socialis* Drude in C. mart.	Moreno	116	a	bri
Bactris maraja var. *jureuensis* (Trail.) Henderson	Guillén	3991	a	bsa
Bactris riparia C. Mart.	Guillén	2033	a	bp
Bactris simplicifrons C. Mart.	Moreno	134	a	bsa
Chamaedorea pinnatifrons (Jacq.) Oerst	Moreno	148	s	bsd
Desmoncus polyacanthus C. Mart. var. *polycanthus*	Moreno	144	l	bp

FAMILIA/ESPECIES FAMILY/SPECIES	COLECTOR/ COLLECTOR	NÚMERO/ NUMBER	F.V./ L.F.	HÁBITAT/ HABITAT
Desmoncus orthocanthus C. Mart.	Guillén	1517	a	pi mi br
Euterpe precatoria C. Mart. var. *precatoria*	Saldias	3026	a	bsa
Geonoma brevispatha Barb. Rodr. var. *brevispatha*	Moreno	137	s	bg bsa ib
Geonoma deversa (Poiteau) Kunth	Carrión	390	a	bg
Mauritia flexuosa L. f.	Guillén	4040	a	pa
Mauritiella armata (C. Mart.) Burret	Guillén	2574	a	cu pi bp bsa
Oenocarpus distichus C. Mart.	Saldias	2931	a	bp
Socratea exorrhiza (C. Mart.) H. L. Wendl.	Saldias	2690	a	bsa
Syagrus comosa C. Mart.	Saldias	3462	s	bg
Syagrus petraea (C. Mart.) Becc.	Killeen	4861	a	cc cr bg ib
Syagrus sancona Karsten	Guillén	1943	a	bsd
PONTEDERIACEAE				
Eichhornia azurea (Sw.) Kunth	Guillén	1560	a	mi vr
Eicchornia crassipes (Mart.) Solms-Laubach	Ritter	2426a	ac	co
Eichhornia diversifolia (Vahl) Urban	Guillén	1942	a	co
Heteranthera rotundifolia (Kunth) Griseb.	Garvizu	390	ac	cu
Pontederia cordata ssp. *ovalis* (C. Mart.) Solms-Laub.	Ritter	3010	ac	co
Pontaderia rotundifolia L.f.	Ritter	3008	ac	co
Pontederia subovata (Seub.) Lowden	Ritter	3008	ac	co
RAPATEACEAE				
Cephalostemon angustatus Malme	Peña	63	h	pt
Cephalostemon microglochin Sandwith	Gutiérrez	1283	h	pt ch
SMILACACEAE				
Smilax campestris Griseb.	Foster	13821	v	ce
Smilax elastica Griseb.	Guillén	1519	v	pa
Smilax goyazana C. DC.	Nee	41350	v	
Smilax odontoloma C. Mart.	Gutiérrez	1156	a	pt
Smilax ramiflora Griseb,	Soto	530	l	bg
Smilax rufescens Griseb.	Jardim	128	v	cr ce ca pt
Smilax aff. *syringoides* Griseb.	Killeen	5795	l	ib

FAMILIA/ESPECIES FAMILY/SPECIES	COLECTOR/ COLLECTOR	NÚMERO/ NUMBER	F.V./ L.F.	HÁBITAT/ HABITAT
STRELITZIACEAE				
Phenakospermum guianensis (Richard) Endl.	Saldias	2798	a	bsa bl
VELLOZIACEAE				
Barbacenia sp.	Guillén	1101	s	bsd
Vellozia caruncularis C. Mart. ex Seub.	Arroyo	737	s	
Vellozia sellowii Seub.	Peña	266	h	bdc
Vellozia tubiflora (A. Rich) Kunth	Quevedo	1110	h	lg
Vellozia variabilis C. Mart. ex Schultes f.	Guillén	865	h	cr cc
XYRIDACEAE				
Abolboda ciliata Maguire & Wurdack	Gutiérrez	619	g	pt
Abolboda grandis Griseb.	Guillén	4176	g	bg
Abolboda poarchon Seub.	Mostacedo	1988	g	
Xyris aquatica Idrobo & L.B. Sm.	Killeen	7524	ac	cu
Xyris atriceps subsp. *marahuacae* Kral & L.B. Sm.	Ritter	3598	ac	cu
Xyris aff. *goyazensis* Malme	Saldias	2888	h	pt
Xyris lacerata Pohl ex Seub.	Guardia	177	g	ch pt
Xyris laxifolia C. Mart.	Guillén	3228	g	bp co pi
Xyris paraensis (Poepp. & Endl.) var. *longiceps* (Malme) L.B. Smith & Downs	Peña	240	h	bdc
Xyris rigidiformis Malme	Killeen	6605	g	lg
Xyris savanensis Miq. var. *glabrata* Seub.	Thomas	5711	g	pt ch
Xyris tortula C. Mart.	Gutiérrez	871	h	pa pt cc
ZINGIBERACEAE				
Costus arabicus L.	Toledo	23	h	bi
Costus scaber Ruiz & Pavón	Jardim	56	h	
Costus spiralis (Jacq.) Roscoe	Saldias	2766	h	bsa
Costus subsessilis (Nees & C. Mart.) Maas	Foster	13658	h	bsa
Renealmia alpini (Rottb.) Maas	Foster	13707	h	bsa
Renealmia aromatica (Aubl.) Griseb. ex K. Schum.	Garvizu	208	h	cu
Renealmia breviscapa Poepp. & Endl.	Foster	13847	h	bi

Several different botanists have worked in the park. The majority have been young professionals and students affiliated with the Museo de Historia Natural Noel Kempff Mercado in Santa Cruz. The specimens cited as in the checklist only show the surname of the principal collector; however, almost all of the work was conducted by teams.

Algunos botánicos han trabajado en el parque. La mayoría son jovenes profesionales y estudiantes afliliados al Museo de Historia Natural Noel Kempff Mercado en Santa Cruz. Los especimenes mencionados en la lista muestran solamente el apellido del colector principal; sin embargo, casi todo el trabajo fue hecho por equipos de científicos.

The preliminary identification of plant material was achieved largely by comparison with herbarium specimens, by the students involved with the floristic project that was conducted jointly by the Missouri Botanical Garden and the Noel Kempff Mercado Natural History Museum. Specimens also were sent to specialists for verification of the determinations and the individuals who have graciously collaborated with their time are listed below, together with their taxonomic specialty and their institutional affiliation:

La identificación preliminar de las plantas fue hecho por los estudiantes involucrados con el proyecto floristico del Missouri Botanical Garden y el Museo de Historia Natural Noel Kempff Mercado. Los estudiantes compararon las plantas con especimenes del herbario. También mandaron especimenes a las especialistas para verificar las determinaciones. Los individuales quién contribuyieron de su tiempo están mencionados abajo, junto con su especialidad taxonomica e institución:

Acanthaceae (J. Wood, D. Wasshausen, US); **Adiantaceae** (H.v.d.Werff , MO; J. Valdespino, STRI); **Alismataceae** (G. Proctor; R. R. Haynes, UNA); **Anacardiaceae** (J. D. Mitchell, NY); **Annonaceae** (G. Schatz, MO; P. Maas and L. Chatron, U; Rainer and Morawetz); **Apocynaceae** (B. F. Hansen, USF; A. Fuentes, USZ; A. J. M. Leeuwenberg, WAG; J. F. Morales; W. D. Stevens, MO); **Araceae** (Thomas Croat, MO); **Araliaceae** (D. Frodin, K); **Asclepiadaceae** (W. D. Stevens, MO); **Bignoniaceae** (A. Gentry, MO; A. Jardim, USZ; L. Lohman, MO); **Bombacaceae** (P. Gibbs, STA; W. Alverson, WIS); **Boraginaceae** (J. Miller, MO); **Bromeliaceae** (B. Holst, MO; H. Luther, SEL; I. Ramirez, MO; R. Vasquéz); **Burseraceae** (D. C. Daly, NY); **Cactaceae** (R. Vasquéz, USZ); **Campanulaceae** (T. G. Lammers, F); **Capparidaceae** (H. Iltis, WIS); **Caryocaraceae** (G. T Prance, K); **Chrysobalanaceae** (G. T. Prance, K); **Combretaceae** (C. A. Stace, LTR); **Commelinaceae** (R. B. Faden, US); **Compositae** (H. Robinson, US; J. Pruski, US); **Cucurbitaceae** (M. Nee, NY); **Cyperaceae** (G. C. Tucker, NYS; G. Davidse, MO; R. Kral, VDR; N. Ritter, UNH; M. Strong, US; W. Thomas, NY); **Dioscoriaceae** (O. Telleza, MEXU); **Dialypetalanthaceae**

(C. M. Taylor, MO); **Dilleniaceae** (G. Aymard, MO); **Eriocaulaceae** (N. Hensold, F); **Erythroxylaceae** (R. Rinker, F; N. Henshold, F); **Euphorbiaceae** (G. L. Webster, DAV; M. Huft, F; S. Ginzbarg); **Gentianaceae** (A. Jacobs Brawer; P. Maas, U); **Gesneriaceae** (L. Skog, US); **Gramineae** (G. Davidse, MO; F. Zuloaga, SI; T. J. Killeen, MO); **Guttiferae** (N. Robson, BM); **Heliconiaceae** (L. Andresson, GB; R. Vasquéz, USZ); **Hernandiaceae** (K. Kubitzki, HBG); **Hippocrateaceae** (J. P. Hedin, MO); **Hydrocharitaceae** (R. R. Haynes, UNA); **Hydrophyllaceae** (N. Ritter, NHA); **Iridaceae** (P. Goldblatt, MO); **Labiatae** (R. Harley, K); **Lacistemataceae** (I. G. Vargas, USZ); **Lauraceae** (Henk van der Werff, MO); **Lecythidaceae** (S. Mori, NY); **Leguminosae** (R. Leisner, MO; J. Zarruchi, MO; R. Barneby, NY; R. Fortunato, BAB; T. D. Pennington, K; L. Rico, K; J. Grimes, NY; O. Poncy; V. Rudd; D. Neill, MO; R. H. Maxell; O. Tellez, MEXU; E. C. Vargas, LPB); **Lentibulariaceae** (G. Crow, NHA; P. Taylor, MO); **Limnocharitaceae** (R. R. Haynes, UNA); **Linaceae** (P. E. Berry, MO); **Lentibulariaceae** (G. Crow, NHA); **Loganiaceae** (A. Brant, MO); **Loranthaceae** (J. Kuijt, UVIC); **Lythraceae** (S. Graham, KE); **Malpighiaceae** (B. Gates, MICH; C. Anderson, MICH; W. R. Anderson, MICH); **Malvaceae** (A. Krapovickas, CTES; P. Fryxell); **Najadaceae** (N. Ritter, NHA); **Marantaceae** (L. Andersson, GB); **Melastomataceae** (J. Wurdack, US; T. Morley, MIN); **Meliaceae** (T. Pennington, K); **Menispermaceae** (R. Barneby, NY); **Monimiaceae** (S. Renner, MO); **Moraceae** (C. Reynel, MO; C. C. Berg, BG; J. P. P. Garanta); **Myristicaceae** (W. A. Rodrigues, UPCB); **Myrsinaceae** (J. Pipoly, BRIT); **Myrtaceae** (L. R. Landrum, ASU; B. K. Holst, SEL); **Nymphaceae** (J. Wiersema, MARY; R. R. Haynes, UNA); **Ochnaceae** (C. Sastre, P); **Onagraceae** (E. Zardini, MO); **Orchidaceae** (G. Carnevali, MO; J. Atwood, SEL; R. Vasquéz, USZ); **Oxalidaceae** (A. Lourtig, P); **Palmae** (A. Henderson, NY; E. Ferreira, NY; L. Moreno, USZ); **Passifloraceae** (P. M. Jorgensen, MO; R. Vasquéz, USZ); **Piperaceae** (R. Callejas); **Polygalaceae** (J. Wurdack, US); **Polygonaceae** (R. Howard, GH); **Pontedariaceae** (R. R. Haynes); **Portulacaceae** (D. Ford); **Potamagetonaceae** (R. R. Haynes, UNA); **Pteridophyta** (R. Stolze, F; B. Leon; R. Moran, MO, AAU; A. Smith, UC; J. Garrison; I. A. Valdespino); **Rapateaceae** (P. E. Berry, MO); **Rubiaceae** (C. M. Taylor, MO; E. Cabral, CTES); **Rutaceae** (C. Reynel, MO; J. Kallunki, NY); **Sapindaceae** (H. Beck, NY; M. S. Ferrucci, CTES; P. Acevedo, US; T. Pennington, K); **Sapotaceae** (T. D. Pennington, K); **Simaroubaceae** (W. Thomas, NY); **Simplocaceae** (B. Stahl, QCA); **Solanaceae** (L. Bohs, UT; M. Nee, NY); **Sterculiaceae** (L. J. Dorr, US); **Theophrastaceae** (B. Stahl, QCA); **Tiliaceae** (M. S. Ferrucci, CTES; W. Meijer, KY); **Turneraceae** (M. Arbo, CTES); **Ulmaceae** (S. Dahlberg, BG); **Umbelliferae** (L. Constance, UC); **Urticaceae** (M. Vasquéz, SI); **Velloziaceae** (R. Mello-Silva, R); **Verbenaceae** (R. Liesner, MO); **Violaceae** (W. H. A. Hekking, U); **Viscaceae** (J. Kuijt, UVIC); **Vochysiaceae** (Kawasaki, F); **Xyridaceae** (R. Kral, VDR); **Zingiberaceae** (P. Maas, U).

The avifauna of Parque Nacional Noel Kempff Mercado and surrounding areas

APPENDIX 2

Aves del Parque Nacional Noel Kempff Mercado y sus alrededores

APÉNDICE 2

John M. Bates and Theodore A. Parker III

LEGEND / LEYENDA

Localities/Localidades		Habitat/Hábitat	
EC	El Encanto	fh	Evergreen Upland Forest/ Bosque siempreverde tierra firma
LF/F	Los Fierros / Forest	ft	Seasonally Inundated Forest/ Bosque inundado estacionalmente
LF/cp	Los Fierros / campo (grassland)	fd	Deciduous Forest/Bosque Deciduo
FL	Florida	fg	Gallery Forest/Bosque de Galeria
FO	Flor de Oro	fe	Forest edge/Margen del Bosque
LT	Los Torres	cd	Cerrado/Arbolera
H1	Forest fragments / northern Serrania (Huanchaca I)	cs	Campo sujo/Sabana arbustiva (unflooded grassland with scattered trees and shrubs)
H2	Forest fragments / southern Serranía (Huanchaca II)	cp	Campo limpo/Sabana abierta (open, unflooded grassland)
PM1	Forests 86 km ESE Florida	cf	Seasonally flooded grassland/ Sabana inundada
PM2	Forests 60 km ESE Florida	ma	Marsh/Pantano
MP	Mouth of the Río Paucerna	rm	River margins/Margen del Río
PF	Piso Firme and vicinity	sm	Stream margins/Margen del Arroyo
LC	Lago Caiman	sg	Second growth/Bosque secundario
ER	El Refugio	ri	Rivers/Rios
		0	Overhead/En el Aire

Relative abundances (where available)/Abundancia relative (donde sea disponible)

The local abundance of some resident species (especially those of aquatic habitats) varies seasonally. Where possible, our abundance ratings are based on the season of greatest relative abundance; some species may be much less abundant at a given site at other times of the year.

La abundancia local de algunas especies residentes (especialmente las de los hábitats acuáticos) varia estacionalmente. Donde posible, las clasificaciones de abundancia están basadas en la estación de abundancia mayor; algunas especies pueden ser menos abundante en un sitio durante otros periodos del año.

C	Common (several to many seen seen daily)/ Común (algunos a muchos observadas cada día)
F	Fairly common (almost every day, or daily in small numbers)/ Mas o menos común (casi cada día, o pocos individuos diariamente)
U	Uncommon (seen infrequently, in small numbers)/ no común, (observadas infrecuentemente, pocos individuos)
R	Rare (reported only a few times) / Raras (observadas solo pocas veces)
X	Species present, relative abundance not determined/ Especies presentes, abundancias relativas desconocidas

Migratory status/ Estatus migratorio

R	Resident/ Residente
AM	Austral Migrant/ Migrante Austral
BM	Boreal Migrant / Migrante Boreal
AM/R	Both residents and austral migrants may occur/ Residentes y migrantes australes pueden ocurir
?	Uncertain, possible local migrant/ Incierto, migrantes locales posibles

Evidence/ Evidencia

sp	Specimen/ espécimen
t	tape recorded/ grabada en cinta
si	sight identification/ observada

	Localities															Migratory		
	EC	LF/F	LF/cp	FL	FO	LT	H1	H2	PM1	PM2	MP	PF	LC	LG	ER	Habitat	Status	Evidence
Rheidae (1)																		
Rhea americana			R													cp	R	si
Tinamidae (12)																		
Tinamus major		F		X	U	X			X	X			U			ft	R	t
Tinamus tao	F	F	?		R		R	R	X	X	R		F			fh	R	t, si
Tinamus guttatus	?											R				fh	R	sp
Crypturellus cinereus	R	F		X	R	X			X	X	R		F			ft, fh	R	sp, t
Crypturellus obsoletus	R	R							X							ft	R	t
Crypturellus parvirostris			C		C	X	R	U					R		X	cd, cs, cf, cp	R	sp, t, si
Crypturellus soui	F	F		X	F	X	F		X	X	F	F	F		X	fh, ft, fe	R	sp, t
Crypturellus strigulosus	R	C			R						U		R		X	fh	R	sp, t
Crypturellus tataupa															X	fd	R	si
Crypturellus undulatus		F		X	C	X	R	R			R		C	X	X	fh, ft	R	sp,
Crypturellus variegatus					R												R	t
Rhynchotus rufescens			U		?	X	C	C						X		cd, cd, cl	R	sp, t, si
Phalacrocoracidae (1)																		
Phalacrocorax brasilianus				X	C	X							U		X	ri, rm	R	si
Anhingidae (1)																		
Anhinga anhinga				X	C	X							R		X	ri, rm	R	si
Ardeidae (13)																		
Zebrilus undulatus											R					ft		sp
Tigrisoma lineatum	R	R		X	F	X					R	R	U		X	ri, rm, sm	R	sp, si
Nycticorax nycticorax					F								R		X	rm	R	si
Nycticorax pileatus		R		X	F	X				X		R			X	rm	R	si
Cochlearius cochlearius	R				U					X	R		R		X	rm, sm	R	sp, si
Bubulcus ibis		R		X	C	X						R	R		X	rm, cf	R	si
Syrigma sibilatrix					R							R				cf	R	si
Butorides striatus				X	C	X					U	R	F		X	rm, ma	R	sp, si
Egretta thula				X	U	X					U		R		X	rm, ma	R	sp, si
Egretta alba				X	F	X					R		R		X	rm, ma	R	si
Ardea cocoi				X	F	X					U		R		X	rm, sm	R	sp, si
Agamia agami					R						R		R			rm	R	sp, si

	EC	LF/F	LF/cp	FL	FO	LT	H1	H2	PM1	PM2	MP	PF	LC	LG	ER	Habitat	Migratory Status	Evidence
Ixobrychus exilis					X										X	rm, ma	?	si
Ciconiidae (3)																		
Mycteria americana		R		X	F	X						R	R		X	cf, ma, rm	?	si
Ciconia maguari				X	F							R			X	cf	?	si
Jabiru mycteria					U										X	cf, rm, ma	R	si
Threskiornithidae (3)																		
Theristicus caudatus			R		F		R								X	cf, cp	R	si
Mesembrinibis cayennensis		R		X	F	X				R			U		X	cf, rm, ma	R	si, t
Ajaia ajaja				X	U										X	cf, ma	?	si
Anhimidae (2)																		
Anhima cornuta					R	X		X							X	rm	R	si, t
Chauna torquata					C	X				X		F			X	rm, ma	R	si, t
Anatidae (3)																		
Dendrocygna autumnalis					U										X	rm, ma		si
Cairina moschata				X	C	X						F			X	rm, ma	R	si
Amazonetta brasiliensis		R			R											rm, ma	R	si
Cathartidae (5)																		
Cathartes aura	U	C	C	X	C	X	F	F			U	U	F	X	X	fd, fe, cd, cf, sg	R	si
Cathartes burrovianus			U		C	X	R	R					R		X	cf, cp, ma	R	si
Cathartes melambrotus	R	R		X	R			X	X	U		R	R			fh	R	si
Coragyps atratus	R	R	R	X	C	X	R	R	X	X			F		X	fh, ft, fd, cd, sg	R	si
Sarcoramphus papa	R	R			R	X	R	R	X	X		R	F		X	fh	R	si
Accipitridae (34)																		
Pandion haliaetus		R		X	F								R		X	rm, ma	BM	si
Leptodon cayanensis	R	R			R							R			X	fh, fd	R	sp, si
Chondrohierax uncinatus		R			R			X								fh, ft, fd	R	si
Elanoides forficatus	U	R		X	U	X			X	X		F	R		X	fh, ft, fd	R	si
Gampsonyx swainsonii				X	R					X		U	R		X	cf	R	sp, si
Elanus leucurus			R		U										X	cf	R	si
Rostrhamus sociabilis					C								U		X	rm, ma	R	si
Harpagus bidentatus	R	R			R			R	X			R	R			fh, ft, fd	R	sp, si

	Localities															Migratory		
	EC	LF/F	LF/cp	FL	FO	LT	H1	H2	PM1	PM2	MP	PF	LC	LG	ER	Habitat	Status	Evidence
Harpagus diodon				X												fh?	AM	si
Ictinia mississippiensis	R	R														o	BM	si
Ictinia plumbea	R	C		X	F	X	R	R		X		F	X		X	fh, fd, fe	AM/R	si
Geranospiza caerulescens					R	X						R				ft	R	si
Circus buffoni					X										X	cf, ma	?	si
Accipiter bicolor		R														fh	R	si
Accipiter poliogaster		R														fh	R	si
Accipiter striatus		R						X								?	?	sp, si
Accipiter superciliosus	R											R				fh	R	sp, si
Leucopternis albicollis		R						X					R		X	fh	R	si
Leucopternis kuhli	R	?			R							R				fh	R	si
Leucopternis schistacea					R											ft	R	si
Buteogallus urubitinga				X	R	X	R			R		R			X	ft	R	sp, si
Heterospizias meridionalis			F		F	X	R	R							X	cd, cs, cf, cp	R	si
Busarellus nigricollis				X	C	X						F			X	rm, ma	R	si
Geranoaetus melanoleucus								R								o	?	si
Parabuteo unicinctus			R													cf	R	si
Buteo magnirostris	U	F		X	C	X			X	X		F			X	fe, fd	R	sp, si
Buteo brachyurus		R					R	X							X	fh	R?	si
Buteo nitidus					R	X					R					fh, ft, fd	R	si
Buteo albicaudatus			F		R		R	R							X	cd, cs, cf, cp	R	si
Morphnus guianensis	R	R														fh	R	si
Harpia harpyja		R	R		R							R				fh	R	si
Spizastur melanoleucus					R											ft, rm	R	si
Spizaetus ornatus	R	R					R					R				fh	R	si
Spizaetus tyrannus	R	U			R	X										fh	R	si, t
Falconidae (11)																		
Daptrius americanus	U	F							X	X	U		U			fh, ft	R	sp, t, si
Daptrius ater	F	F		X	U	X			X	X	U	U	F		X	ft	R	sp, t, si
Polyborus plancus			U		F		R	R							X	cd, cs, cp	R	si
Milvago chimachima		R			R	X	R	R								cd, cp	R	sp, si

	Localities																Migratory	
	EC	LF/F	LF/cp	FL	FO	LT	H1	H2	PM1	PM2	MP	PF	LC	LG	ER	Habitat	Status	Evidence
Herpetotheres cachinnans	R	R	R	X	C	X	R	R	X				F		X	fe, cf, cs, cp	R	si, t
Micrastur gilvicollis	R	R						X			U	?	R		X	fh	R	sp, t
Micrastur ruficollis	R	F			U	X	R	R	X	X						fh, ft	R	sp, t
Micrastur semitorquatus															X	?	?	t
Falco femoralis			U		U	X	R	R				R		X		cd, cs, cp	R	sp, si
Falco rufigularis	U	U		X	U	X	R	R			R	R	F		X	fh, fe	R	sp, si
Falco sparverius			R													cd	R?	si
Cracidae (7)																		
Ortalis guttata			R	X	F	X						R	F		X	ft, fd, fe	R	si, t
Penelope jacquacu	F	F		X	R	?	U	U	X	X	U	C	F			fh, ft	R	si
Penelope superciliaris	R	R			R	X		R					U			fg, fe	R	sp, si
Aburria cujubi	C	C			C	X	R	U	X	X	U		C		X	fh, ft	R	sp, si
Aburria pipile	R	U		X	U			X	X			R			X	fh, ft	R	si
Crax fasciolata				X	R	X							U			ft, fd	R	si, t
Crax tuberosa	R	C		X	F	X		R	X	X	R	R	F		X	fh	R	si, t
Phasianidae (2)																		
Odontophorus gujanensis	R	R		X	R	X	?		X	X	R	F	U			fh	R	sp, si, t
Odontophorus stellatus		?						?								fh	?	sp
Aramidae (1)																		
Aramus guarauna				X	U	X							R		X	rm, ma	R	si, t
Psophiidae (1)																		
Psophia viridis					R											fh	R	si
Rallidae (8)																		
Aramides cajanea				X	R	X				X	R	U	R		X	ft, rm	R	si, t
Porzana albicollis			R		F	X		R							X	cf, ma	R	sp
Laterallus viridis						X	R						?			cd, cf	R	si
Laterallus exilis					R								R		X	cf, ma	R	t
Laterallus melanophaius				X	F										X	rm	R	t
Micropygia schomburgkii			C		F	X	U	F								cs, cp, cf	R	t
Porphyrula flavirostris					X										X	ma	?	si
Porphyrula martinica					R											rm, ma	R	si

CONSERVATION INTERNATIONAL   **Rapid Assessment Program**

	Localities															Habitat	Migratory Status	Evidence
	EC	LF/F	LF/cp	FL	FO	LT	H1	H2	PM1	PM2	MP	PF	LC	LG	ER			
Heliornithidae (1)																		
Heliornis fulica				X	R	X	R						F		?	rm, ma	R	si
Eurypygidae (1)																		
Eurypyga helias	R			X	F	X			X				R		X	rm, sm	R	si
Cariamidae (1)																		
Cariama cristata								R						X		cd	R	si, t
Jacanidae (1)																		
Jacana jacana					C	X							C		X	rm, ma	R	sp, si
Recurvirostridae (1)																		
Himantopus mexicanus			R													cf	AM?	si
Charadriidae (4)																		
Vanellus cayanus					C					R						cf, rm	R	sp, si
Vanellus chilensis			R		C									X		cf, rm	R	si
Pluvialis dominicus			R		R			R						X		cd, cf, cp	BM	sp, si
Charadrius collaris					F	X										rm		si
Scolopacidae (9)																		
Bartramia longicauda	R	F			R			R						X		cd, cp	BM	sp, si
Tringa melanoleuca			R		U											cf, rm	BM	si
Tringa flavipes					U											cf, rm	BM	si
Tringa solitaria			R		U											cf, rm	BM	si
Actitis macularia					U											rm	BM	si
Gallinago paraguaiae			R		U											cf	R?	si
Gallinago undulata					X												?	si
Calidris fuscicollis					U											cf, rm	BM	si
Calidris melanotos			R		R											cf, rm	BM	si
Laridae (2)																		
Phaetusa simplex				X	F	X							R			rm, ri	R?	si
Sterna superciliaris				X	U	X										rm, ri	R?	si
Rhynchopidae (1)																		
Rhynchops niger					U	X									X	rm, ri	R	si

	EC	LF/F	LF/cp	FL	FO	LT	H1	H2	PM1	PM2	MP	PF	LC	LG	ER	Habitat	Migratory Status	Evidence
Columbidae (14)																		
Columba cayennensis			C	X	C	X				X		C	U		X	fg, fe, cf, cp	R	sp, si
Columba picazuro			R		R											fg	R?	si
Columba plumbea	U	C			R		U	U	X	X	U	U	R			fh	R	sp, si, t
Columba speciosa	C	F		X	R	X	C	U	X	X		U	C		X	fh, ft, fd	R	sp, si, t
Columba subvinacea	F	C		X	F	X				F	?	F			X	fh, ft	R	si, t
Zenaida auriculata			R													cp	R?	si
Columbina minuta			?													cp	?	si
Columbina picui		C	U	X	C										X	fe, sg	AM/R	si
Columbina talpacoti			C	X	F			R		X					X	fe, cp, cs, sg	R	sp, si
Claravis pretiosa	U	C		X	F		R		X	X	F	F	F		X	fh, ft	R	sp, si
Leptotila verreauxi															X	fd	?	t
Leptotila rufaxilla	U	U		X	F	X			X	X	R		F		X	fh, ft, fd, fe	R	sp, si, t
Geotrygon violacea	R							X								fh	?	si
Geotrygon montana	U	U		X	U		R		X		U	U	R			fh, ft	R	sp, si
Psittacidae (21)																		
Anodorhynchus hyacinthinus					?											fg	?	si
Ara ararauna	F	C	U	X	F	X	U	U	X	X	F	C	F	X	X	fh, ft, fd, fg	R	si
Ara chloroptera	R	R		X	U			R	X		R	U	C			fh	R	si
Ara macao	R	R		X	F			X	X		R	F			X	fh, ft	R	si
Ara manilata		R		X	U	X		X				F				ft	R	si
Ara severa	U	C		X	C	X		X	X	?		R			X	fh, ft	R	si
Ara nobilis		R	R			X	F	F							X	fg	R	si
Aratinga aurea			U		C	X	C	C							X	fg, cd	R	sp, si, t
Aratinga leucophthalmus	U	C	R	X	F	X	C	C	X	X	C	U	R		X	ft, fg	R	sp, si, t
Pyrrhura perlata	F	U			R		U		X	X					X	fh	R	sp, si, t
Pyrrhura picta	?	?			R							F	R			ft	R	sp, si
Brotogeris cyanoptera	U?	R		X	R				X				U		X	ft	R	si
Brotogeris chiriri				X	C	X					C	R	R		X	fg, fe, fh	R	sp, si
Pionites leucogaster											R					fh	R	si, t
Pionopsitta barrabandi					R	X										fh	R	si

	Localities															Habitat	Migratory Status	Evidence
	EC	LF/F	LF/cp	FL	FO	LT	H1	H2	PM1	PM2	MP	PF	LC	LG	ER			
Pionus maximiliani			U													fd	?	si
Pionus menstruus	C	C		X	C	X	U	U	X	X	C	C	C	X	X	fh	R	sp, si, t
Amazona aestiva			R												X	cd	R	si
Amazona amazonica		F			C								U		X	fh, ft	R	sp, si, t
Amazona farinosa	?	?		X	R						U	?	R			fh, ft	R	si, t
Amazona ochrocephala		R	R	X	R	X					X	U				ft	R	sp, si
Cuculidae (13)																		
Coccyzus americanus		X															BM	si
Coccyzus cinereus			R		R			R								fg, cd	AM	sp
Coccyzus melacoryphus		R	R		R									X		fg, fe	AM/R?	sp, si
Piaya cayana	F	F		X	F	X	R	R	X	X	F	C	F		X	fh, ft	R	sp, si
Piaya melanogaster		R														fh	R	sp, si, t
Piaya minuta		R		X	U	X						R	R		X	fe	R	sp, si, t
Crotophaga ani	R	F	U		C	X			X			R	F		X	fe, cf, ma, rm, sg	R	sp, si
Crotophaga major		C			C		R						U		X	ma, rm, sm	AM/R?	si
Guira guira				X											X	cf	R	si
Tapera naevia	R	R	R	X	R	X				X		R	R		X	fe	R	sp, si
Dromococcyx pavoninus		R		X								R				fh, ft	R	sp, si
Dromococcyx phasianellus	R	F		X	R	X	F		X	X		R				fh	R	sp, si
Neomorphus geoffroyi	R?											?				fh	R	si
Opisthocomidae (1)																		
Opisthocomus hoazin					C								C		X	rm	R	si
Tytonidae (1)																		
Tyto alba				U		R	R						U		X	cd, cs, cp	R	si, t
Strigidae (11)																		
Otus choliba			U		U	X	U	U					R			fg, cd	R	sp, si, t
Otus watsonii	U	F		X	F		?	?	X	X		F	F		X	fh, ft	R	sp, t
Lophostrix cristata	F	F			R				X	X	R	R	F			fh	R	t
Bubo virginianus			R													cd	R	si
Pulsatrix perspicillata	R	F		X	F	X		X				R	F			fh	R	si, t
Glaucidium brasilianum	R	R	R	X	R	X	R	R	X						X	fd, fe	R	sp, si, t

	Localities															Migratory		
	EC	LF/F	LF/cp	FL	FO	LT	H1	H2	PM1	PM2	MP	PF	LC	LG	ER	Habitat	Status	Evidence
Glaucidium hardyi		F														fh	R	t
Speotyto cunicularia			R													cp	R	si
Ciccaba virgata	R	F									R					fh	R	t
Rhinoptynx clamator			R													cd, cp	R	si
Asio stygius							R							R		cd	R	sp, si
Nyctibiidae (3)																		
Nyctibius aethereus		U														fh	R	t
Nyctibius grandis	R	F		X	U			X	X	R	R	F				fh, fd	R	sp, si, t
Nyctibius griseus		F		X	F	X						F			X	fh, ft	R	si, t
Caprimulgidae (14)																		
Lurocalis semitorquatus	R	U		X												fh, fe	R	si
Chordeiles minor		R	R													o	BM	si
Chordeiles pusillus			R				R	R								cd, cs, cp	R	sp, si, t
Chordeiles rupestris				R	X								R			rm	R	si
Nyctiprogne leucopyga				U	X										X	rm, ri	R	si
Podager nacunda			R	C				U							X	cp, ri	R	sp, si
Nyctidromus albicollis	R	C		X	C	X	R	U		X	R	F			X	fg, fe	R	sp, si, t
Nyctiphrynus ocellatus	R	F		X			R		X	X	R	F				fh	R	sp, si, t
Caprimulgus maculicaudus			C		R	X		F								cd, cs, cp	AM/R	sp, si, t
Caprimulgus parvulus			U		U					X					X	fg, fe	R	sp, si, t
Caprimulgus rufus		F			R								R			fe, fh	AM/R	t
Caprimulgus sericocaudatus		R														fe	?	t
Hydropsalis brasiliana		R	F		R?		U	R							X	cp, cs, cf	R?	sp, si
Hydropsalis climacocerca					R											rm	R	si
Apodidae (9)																		
Streptoprocne zonaris	R	R	C		C	X	R	U	X	X				X	X	o	R	si
Cypseloides (senex)					R			?								o	?	si
Chaetura andrei		U	U									R				o	AM	si
Chaetura brachyura		U	U		F	X			X	X	U		C		X	o	R	si
Chaetura chapmani			R	X												o	?	si
Chaetura cinereiventris	R	U		X			?		X		U					o	R	sp, si

CONSERVATION INTERNATIONAL

Rapid Assessment Program

	Localities																Migratory	
	EC	LF/F	LF/cp	FL	FO	LT	H1	H2	PM1	PM2	MP	PF	LC	LG	ER	Habitat	Status	Evidence
Chaetura egregia	R	C			R								R			o	R	sp, si
Panyptila cayennensis		R														o	R	si
Tachornis squamata			R		R	X										cf	R	si
Trochilidae (28)																		
Glaucis hirsuta				X	R	X	U				U	R	F		X	fh	R	sp, si
Threnetes leucurus		R						X								ft	R	sp, si
Phaethornis hispidus	U	U		X	R	X			X	X		U	F			fh, ft	R	sp, si
Phaethornis philippii					U							R				fh, ft	R	si
Phaethornis ruber	C	C		X	F	X	C	U	X	X	F	C	C	X	X	fe	R	sp, si
Phaethornis pretrei							U	U								fg	R	sp, si
Phaethornis nattereri									?	R						fg, fe?	R	sp
Campylopterus largipennis	?	?										R				fh, ft	R	si
Eupetomena macroura			U		R		F	U								fg, cd, cs, cp	R	sp, si
Florisuga mellivora		X									R	R				fh, ft	R	si
Colibri serrirostris							C	U				R				cd, cs	R	sp, si
Chrysolampis mosquitus			?													cd, cs, cp	R	si
Lophornis sp.	R															fh	R	si
Anthracothorax nigricollis		R		X	C	X					U	U	F	X	X	fh, ft, fe	R	sp, si
Chlorostilbon mellisugus								R					C			fd	R	sp, si
Thalurania furcata	U	U		X	F	X	C	F		X	U	C	C			fh, ft	R	sp, si, t
Hylocharis chrysura		R	R													fg	R	sp, si
Hylocharis cyanus	U	F		X	R		U	U	X	X	C	U	C			ft	R	sp, si
Hylocharis sapphirina	R	R									R					ft	R	sp
Polytmus guainumbi			C		C							R				cf	R	sp, si
Amazilia fimbriata		R			R										X	fe	R	si
Amazilia lactea		R			C							F				fe	R	sp, si
Amazilia versicolor	R	R										R			X	fh	R	si
Heliothryx aurita	R	R										R				ft	R	si
Heliactin bilophum			U		U		U	R								cd	R	sp, si
Heliomaster furcifer		R			R		U									cd, cs, cp	R	sp, si
Heliomaster longirostris	R	R			R				X			R			X	fe	R	sp, si

	Localities															Habitat	Migratory Status	Evidence
	EC	LF/F	LF/cp	FL	FO	LT	H1	H2	PM1	PM2	MP	PF	LC	LG	ER			
Calliphlox amethystina	R	R											R			fh, ft	R	si
Trogonidae (5)																		
Trogon collaris	U	R			R				X	X	U	U	R			fh	R	sp, si, t
Trogon curucui	R	U		X	R	X	R	?					U		X	fh, ft	R	sp, si, t
Trogon melanurus	U	C		X	C	X	R	R	X	X	U	C	C		X	fh, ft	R	sp, si, t
Trogon violaceus	R	R			R				X	X						fh, ft	R	si, t
Trogon viridis	U	F		X	U	X	C	U	X	X	U	C	U		X	fh, ft	R	sp, si, t
Alcedinidae (5)																		
Ceryle torquata		R		X	C	X					F		F		X	rm	R	si
Chloroceryle aenea	R				U						F		R		X	rm, sm	R	sp, si
Chloroceryle amazona				X	F	X					F		R		X	rm	R	si
Chloroceryle americana				X	F	X					F		F		X	rm, ma	R	sp, si
Chloroceryle inda	R	R			F		R		X		R		R		X	rm, sm	R	sp, si
Momotidae (2)																		
Baryphthengus martii											R					ft	R	sp
Momotus momota	R	C		X	F	X	U	U	X	X	U	F	C		X	fh, ft	R	sp, si, t
Galbulidae (3)																		
Brachygalba lugubris					X		R					F	R		X	ft	R	sp, si
Galbula ruficauda	R	F		X	C	X		R	X	X			F		X	fh, fd, fe	R	sp, si, t
Galbula dea	R?															fh	?	t
Bucconidae (10)																		
Malacoptila rufa	R							X								fh	R	sp
Nonnula ruficapilla	R	R			R		R		X	X	U	R	U		X	ft, fe	R	sp, si
Monasa morphoeus	F	F			R	X	R	R	X	X		U	C			fh	R	sp, si, t
Monasa nigrifrons		U			C	X				X	F				X	ft	R	sp, si, t
Chelidoptera tenebrosa		F		X	R	X		R				F	R		X	fe, rm	R	sp, si
Notharchus macrorhynchos	R	R		X	R		R									fh	R	sp, si
Notharchus tectus	R	R			R?		R	R				R				fh	R	sp, si, t
Bucco tamatia		R				X	R						R			fh, ft	R	sp
Nystalus chacuru			U		U		R	R							X	cd, cs, cp	R	sp, si
Nystalus striolatus		R														fd, fe	R	si

CONSERVATION INTERNATIONAL   **Rapid Assessment Program**

	Localities															Habitat	Migratory Status	Evidence
	EC	LF/F	LF/cp	FL	FO	LT	H1	H2	PM1	PM2	MP	PF	LC	LG	ER			
Capitonidae (1)																		
Capito dayi	R								X				R			fh	R	sp, si, t
Ramphastidae (7)																		
Pteroglossus bitorquatus	U	U			R				X	X	R	R	R			fh	R	sp, si
Pteroglossus castanotis	U	F		X	C	X	R	R	X	X		U	C		X	fh, ft	R	sp, si
Pteroglossus inscriptus	U	F		X	R				X	X	R	U	U		X	fh	R	sp, si
Selenidera gouldii	U	U				U	R		X	X	R					fh	R	sp, si, tsi
Ramphastos toco			F		C	X	R	U					R		X	fg, cf	R	si
Ramphastos tucanus	F	C		X	F	X	R		X	X	F	U	C			fh, ft	R	sp, si, t
Ramphastos vitellinus	F	C		X	U	X			X	X	F	U	F			fh, ft	R	si, t
Picidae (18)																		
Picumnus albosquamatus		R			R								R		X	ft	R	si
Picumnus aurifrons	U	U		X	R		R	U	X	X	U	F	F			fh, ft	R	sp, si
Picumnus fuscus					R											ft	R	si
Melanerpes candidus			U		F		R								X	cd	R	si
Melanerpes cruentatus	F	C		X	C	X			X	X	F	C	C		X	fe	R	sp, si, t
Picoides mixtus		R														fd	R	si
Veniliornis affinis	U	U		X	R	X	U	U	X	X	U	U	U		X	fh, ft	R	sp, si
Veniliornis passerinus		R		X	U	X						U			X	fg, fe	R	si
Piculus chrysochloros	R	R		X	R		R		X		R		R			fh, ft	R	sp, si
Piculus flavigula	R	R			R				X		R	R	R			ft	R	sp, si
Colaptes punctigula					R											ft	R	si
Celeus elegans	R	R		X	R				X				R		X	ft, fh	R	si, t
Celeus elegans x lugubris									X							fd	R	sp
Celeus grammicus	?											R	R			ft	R	sp
Celeus flavus				X	U	X					R					ft	R	si
Celeus torquatus	R	R			R	X	R	R			R	R	R			fh, ft	R	sp, si
Dryocopus lineatus	R	R		X	R	X	R	R					R		X	fe, fg	R	si
Campephilus melanoleucos					?	?										fe	R	si
Campephilus rubricollis	U	F		X	F		U		X	X	R	U	F		X	fh, ft	R	sp, si, t

| | Localities | | | | | | | | | | | | | | | | Migratory | |
	EC	LF/F	LF/cp	FL	FO	LT	H1	H2	PM1	PM2	MP	PF	LC	LG	ER	Habitat	Status	Evidence
Dendrocolaptidae (16)																		
Dendrocincla fuliginosa	F	F		X	R		C	F	X	X	F	C	U			fh, ft	R	sp, si, t
Dendrocincla merula	U	U					R		X	X	U	U				fh	R	sp, si
Deconychura longicauda					R?											fh	R	t
Sittasomus griseicapillus			R		R	X	U	U					R		X	cd, fg, fd	R	sp, si
Glyphorynchus spirurus	U	F		X	R	X	F	F	X	X	U	C	U			fh, ft	R	sp, si
Nasica longirostris					U	X				X		R	R		X	ft	R	si, t
Dendrexetastes rufigula	R								X							fh	R	sp, si, t
Hylexetastes perrotii	R	R					R	R	X							fh	R	sp
Xiphocolaptes promeropirhynchus		U							X						X	fh	R	t
Dendrocolaptes concolor	R	U			U		U	R	X			R				fh, ft	R	sp, si, t
Xiphorhynchus guttatus	U	C		X	C	X	R	R	X	X	R		C		X	fh, ft, fd	R	sp, si, t
Xiphorhynchus obsoletus					U	X					R		U			ft	R	sp, si, t
Xiphorhynchus picus		R		X	C	X					U		F		X	ft, fe	R	sp, si, t
Xiphorhynchus elegans	F	F		X	R	X	U	U	X	X	U	C	R			fh	R	sp, si, t
Lepidocolaptes albolineatus	R	U					R	R	X	X		R	U			fh	R	sp, si
Lepidocolaptes angustirostris			U		R		U	U							X	cd	R	sp, si, t
Furnariidae (16)																		
Geobates poecilopterus								R								cp	R?	sp, si, t
Furnarius rufus												R				sg	R	si
Synallaxis albescens			U		F		F	F				R			X	cs, cd	R	sp, si
Synallaxis gujanensis				X	U	X					R					ft	R	sp, si
Synallaxis rutilans	U	U					R		X		F	C	F			fh, ft	R	si
Cranioleuca vulpina					R										X	ft, rm	R	si
Cranioleuca gutturata					R											ft	R	si
Phacellodomus ruber				X											X	ma	R	si
Certhiaxis cinnamomea					U										X	ma	R	sp, si
Philydor pyrrhodes	R				R						R					fh	R	sp
Automolus ochrolaemus	U	C		X	R		U	U	X	X	R	C	F		X	fh, ft	R	sp, si, t
Xenops minutus	U	U		X	R	X	R	R	X	X	U	U	U			fh, ft	R	sp, si, t
Xenops tenuirostris	R	R			R				X	X		R				fh, ft	R	sp, si

CONSERVATION INTERNATIONAL

Rapid Assessment Program

	Localities																Migratory	
	EC	LF/F	LF/cp	FL	FO	LT	H1	H2	PM1	PM2	MP	PF	LC	LG	ER	Habitat	Status	Evidence
Xenops rutilans								R?	X							fg	R	sp, si
Sclerurus albigularis	R							X								fh	R	sp
Sclerurus rufigularis	R					R						R				fh	R	sp
Formicariidae (40)																		
Cymbilaimus lineatus	R	R			R			X								fh	R	sp, t
Taraba major				X	C	X					U		R		X	fd, ft, fe	R	sp, si, t
Thamnophilus aethiops	F	F					R	R	X	X	U	F	F			fh	R	sp, si, t
Thamnophilus amazonicus	U	U		X	U	X			X	X	U	F	F		X	fh	R	sp, si, t
Thamnophilus doliatus			F		C	X	F	F					R	X	X	fe, cd, cs, sg	R	sp, si, t
Thamnophilus palliatus					R											ft	R	t
Thamnophilus punctatus							C	F					U		X	fg, fd	R	sp, si, t
Thamnophilus schistaceus	R	C		X	R	X	U	R	X	X	R	F	C		X	fh	R	sp, si, t
Thamnophilus torquatus							R	R								cd, cs	R	sp, si, t
Pygiptila stellaris	R	R			R			X			R		U			fh, ft	R	sp, si, t
Dysithamnus mentalis								C								fg	R	sp, si, t
Thamnomanes saturninus	U	U			R		R				R	R	R			fh	R	sp, si, t
Thamnomanes caesius								X							X	fh	R	sp, si, t
Myrmotherula assimilis					R											ft	R	si, t
Myrmotherula axillaris	U	F		X	F	X			X		U	F	F		X	fh, ft	R	sp, si, t
Myrmotherula brachyura	R	R			?				X	X			U		X	fh, fe	R	si, t
Myrmotherula hauxwelli	U	R							X	X						fh	R	sp, si, t
Myrmotherula leucophthalma	R	U			R		U	R	X				R			fh	R	sp, si, t
Myrmotherula menetriesii	R	R		X	R		U	X					U			fh, ft	R	sp, si, t
Myrmotherula sclateri	R	U						X								fh	R	sp, si, t
Myrmotherula surinamensis					R							R				ft	R	sp, si, t
Herpsilochmus longirostris								R								fg	R	sp, si, t
Herpsilochmus rufimarginatus	R	F		X	R	X	F	F	X	X			R		X	ft, fg	R	sp, si, t
Formicivora grisea			R		R	X	R	R				R	C			fe, fd	R	sp, si
Formicivora rufa			U		C	X	C	C						X		cd, cs	R	sp, si, t
Drymophila devillei										X						ft	R	sp, si, t
Cercomacra cinerascens	U	C		X	C	X	R	R	X	X	F	U	C		X	fh, ft	R	sp, si, t

| | Localities | | | | | | | | | | | | | | | Migratory | | |
	EC	LF/F	LF/cp	FL	FO	LT	H1	H2	PM1	PM2	MP	PF	LC	LG	ER	Habitat	Status	Evidence
Cercomacra nigrescens	U	C		X	C	X	R	R	X	X	F		C		X	fh, ft	R	sp, si, t
Pyriglena leuconota	R	R		X				X	X	R			F			fh, ft	R	sp, si, t
Myrmoborus leucophrys					R					R			F			ft	R	sp, si, t
Hypocnemis cantator	F	U		X	R	X	C		X	X	F	C	F		X	fh, ft	R	sp, si, t
Hypocnemoides maculicauda		R			U	X				X	U		F		X	ft, sm	R	sp, si, t
Sclateria naevia	R				F	X			X	X	U		F		X	ft, sm	R	sp, si, t
Myrmeciza atrothorax	F	C		X	C	X	C	F	X	X	U	C	C	X	X	fh, ft, fg	R	sp, si, t
Myrmeciza hemimelaena	C	C		X	R		C	C	X	X	C	C	C		X	fh, ft	R	sp, si, t
Hylophylax poecilinota	F	U	·	X	R	X	C	C	X	X	F	C	U			fh, ft	R	sp, si, t
Hylophylax punctulata	U	U				X			X	X						fh, sm	R	sp, si, t
Phlegopsis nigromaculata	R	U							X	X			F			fh	R	sp, si, t
Formicarius colma		R			R								R		X	fh	R	sp, si, t
Hylopezus berlepschi		R			R								U		X	ft	R	sp, si, t
Rhinocryptidae (1)																		
Melanopareia torquata			F		F	X	F	F						X	X	cs, cp	R	sp, si, t
Tyrannidae (92)																		
Phyllomyias fasciatus			R				R	R								fg	R	sp, si, t
Zimmerius gracilipes	R	U		X	U		R				R		U			fh, ft	R	si, t
Ornithion inerme	F	F		X		X	R	R	X	X	U	F	F		X	fh	R	sp, si, t
Camptostoma obsoletum	R	U	U	X	C	X	R	R			U	R	R		X	fe, fg	R	sp, si, t
Phaeomyias murina			F		U											fg, fe	R	sp, si
Sublegatus modestus			R		R				X							cd, cs, fe	AM/R?	sp, si
Suiriri (suiriri) affinis			F										F			cd	R	sp, si, t
Tyrannulus elatus		R			C	X					R	?	C			fh, ft	R	sp, si, t
Myiopagis caniceps	R				R								U			fh	R	si
Myiopagis gaimardii	C	C		X	U	X	C	F	X	X	C		C		X	fh, ft	R	sp, si, t
Myiopagis viridicata	R	R		X	R	X		R	X				R			fh, ft	R	sp, si, t
Elaenia chiriquensis			U		R		C	C					U			cs, cd	R?	sp, si, t
Elaenia cristata			F		U		C						R			cd, cs	R?	sp, si, t
Elaenia flavogaster			C		C	X	C	C						X	X	cd, cs	R	sp, si, t
Elaenia parvirostris		R	R		U		U	R	X			U	R			fh, ft, fe	AM	sp, si

| | Localities | | | | | | | | | | | | | | | | Migratory | |
	EC	LF/F	LF/cp	FL	FO	LT	H1	H2	PM1	PM2	MP	PF	LC	LG	ER	Habitat	Status	Evidence
Elaenia spectabilis		U	R		R		R						R			fg, cd	AM/R?	sp, si
Serpophaga subcristata															X	?	R	si
Inezia inornata	R	F	R	X	U	X			X			R	U		X	fh, ft, fe	R	sp, si
Inezia subflava					R					R						ft	R	sp, si
Culicivora caudacuta							R	R								cp, cs	R	sp, si, t
Euscarthmus meloryphus	R	U	R	X						X			R		X	fe	AM/R?	sp, si
Euscarthmus rufomarginatus			X				R	R								cs	R	sp, si, t
Mionectes oleagineus	U	U			R		U	U	X	X	R	F				fh, ft	R	sp, si
Leptopogon amaurocephalus	U	U		X	R	X	C	F	X	X	U	F	F			fh, ft	R	sp, si, t
Corythopis torquata	U	U			R		R		X	X	U	F				fh, ft	R	sp, si, t
Myiornis ecaudatus	R	F		X	R				X	X		F	F		X	fe	R	sp, si, t
Hemitriccus flammulatus	U	U			R		C	U	X	X	R	U	C			fh, ft	R	sp, si, t
Hemitriccus margaritaceiventer					F								U		X	cd, cs	R	sp, si
Hemitriccus minimus		R			U										X	fh	R	sp, si, t
Hemitriccus minor	C	F		X	R		C	U	X	X	C	U	C			fh	R	sp, si, t
Hemitriccus striaticollis		R			C	X	R		X		R					ft, fg	R	sp, si
Todirostrum chrysocrotaphum		R		X	R				X							fh	R	sp, si, t
Todirostrum cinereum			R		U		R									fg	R	sp, si
Todirostrum latirostre		R		X	U		R					R			X	ft, fe	R	sp, si
Ramphotrigon megacephala									X	X						fh, ft	R	sp, si, t
Ramphotrigon fuscicauda									X	X			F			fh, ft	R	sp, si, t
Ramphotrigon ruficauda	R	U		X			U		X		R					fh, ft	R	sp, si, t
Tolmomyias assimilis	U	C					R	U	X	X	R	U	C		X	fh, ft	R	sp, si, t
Tolmomyias flaviventris		R					R	R	X				C			fg, fd	R	sp, si
Tolmomyias sulphurescens					U	X							R		X	ft	R	si, t
Tolmomyias poliocephalus	R	R											U			fh	R	si, t
Platyrinchus platyrhynchos	R	R					R		X	X						fh	R	sp, si, t
Onychorhynchus coronatus	R	R					?		X		R					fh	R	sp, si
Terenotriccus erythrurus	R	R		X	R	X	U		X	X	F					fh	R	sp, si, t
Myiophobus fasciatus		R		X	U	X	U									fe	R	sp, si
Empidonax alnorum															X	fe	BM	si

| | Localities | | | | | | | | | | | | | | | | Migratory | |
	EC	LF/F	LF/cp	FL	FO	LT	H1	H2	PM1	PM2	MP	PF	LC	LG	ER	Habitat	Status	Evidence
Lathrotriccus euleri	U	U			R	X	R		X	X		U	R			fh, ft	AM?	sp, si, t
Cnemotriccus fuscatus	U	U		X	C	X	R			X	F	R	C		X	fh, ft	R	sp, si, t
Pyrocephalus rubinus		U	F	X	C	X	R				U	R	R		X	fe, cf	AM/R	sp, si
Xolmis cinerea			R		U			R								cd, cs	R	sp, si
Xolmis irupero			X													cd	?	si
Hymenops perspicillata			R													cp	AM	si
Knipolegus sp.			R													fg, cp	AM	si
Fluvicola pica				X	R							R				rm, ma	R?	sp, si
Fluvicola leucocephala															X	ma	?	si
Colonia colonus				X												fe	R?	si
Satrapa icterophrys			R		R							R	R		X	fg, fe, ma	AM	sp, si
Hirundinea ferruginea	R						R						C			cd	R	sp, si
Machetornis rixosus					R										X	cp	R?	si
Attila bolivianus				X	R				X	X					X	ft	R	sp, si, t
Attila cinnamomeus					C								R		X	ft	R	si, t
Attila spadiceus	U	U			R				X	X		R	R			fh, ft	R	sp, si, t
Pseudattila phoenicurus								R								fg	AM	t
Casiornis rufa	F	F	R	X	U		R		X	X	U	U	F		X	fe, fg	AM/R?	sp, si, t
Rhytipterna simplex	R	F					R	R	X	X	R	U			X	fh, ft	R	sp, si, t
Laniocera hypopyrra	R	R					R	R	X		R	R				fh, ft	R	sp, si, t
Sirystes sibilator		?														fh	AM/R?	si
Myiarchus ferox		R			C	X							R		X	cs, cd, fe	R	sp, si
Myiarchus swainsoni		R	R									R	R			cp, fe	AM/R?	sp, si
Myiarchus tuberculifer	U	F					R		X	X		R	C			fe, ft, fh	R	sp, si, t
Myiarchus tyrannulus	F	F		X	C	X	U	U	X	X	F	C	C		X	fh, ft, fe	AM/R	sp, si, t
Pitangus lictor					C	X						R	C		X	rm, ma	R	si, t
Pitangus sulphuratus		F		X	C	X						U	F		X	fe, rm, sg	R	sp, si, t
Megarynchus pitangua	F	C		X	F	X	U		X	X	U	C	F		X	fh, ft, fe	R	sp, si, t
Myiozetetes cayanensis		R		X	C	X						R	C		X	ft, fe, rm	R	sp, si, t
Myiozetetes luteiventris													R		X	fe	R	si, t
Myiodynastes (maculatus) solitarius	R	F		X	R	X		R	X	X	R	R	F		X	fh, ft, fg	AM/R	sp, si

CONSERVATION INTERNATIONAL

Rapid Assessment Program

	Localities																Migratory	
	EC	LF/F	LF/cp	FL	FO	LT	H1	H2	PM1	PM2	MP	PF	LC	LG	ER	Habitat	Status	Evidence
Legatus leucophaius	R	F		X	F	X				X			F			fh, ft	AM/R	sp, si
Empidonomus aurantioatrocristatus		R	R	X	R			R							X	fh, ft, fg	AM/R?	sp, si
Empidonomus varius		U	R	X	R	X		R				F			X	fh, ft, fg	AM/R?	sp, si
Tyrannopsis sulphurea						X										rm	R	si
Tyrannus albogularis					U			R							X	fg	AM/R?	sp, si, t
Tyrannus melancholicus			C	X	C	X		U			R		C	X	X	fe, cd, sg	AM/R	sp, si, t
Tyrannus savana			C		C			U					U			rm, cp, cs, cd	AM/R	sp, si, t
Pachyramphus marginatus	R	R		X	R											fh	R	sp, si, t
Pachyramphus minor	R	U						R	X	X	R		U			fh	R	sp, si
Pachyramphus polychopterus	R	R		X	U	X			X			F				fh, ft	R	sp, si, t
Pachyramphus validus		R														fh	AM/R?	sp
Pachyramphus viridis		R			U		R				R	R	R			fh, ft	R	sp, si
Tityra cayana	F	F		X	C	X			X	X	R	U			X	fh, ft	R	sp, si
Tityra inquisitor		R							X	X			R			fh	R	si
Tityra semifasciata	R	U			U		F		X	X			F			fh, ft, fg	R	sp, si
Pipridae (15)																		
Schiffornis major				R	X								R			ft	R	si, t
Schiffornis turdinus	U	U					F	U	X		U	R	R			fh, ft	R	sp, si, t
Piprites chloris	R	R						X								fh	R	si, t
Xenopipo atronitens							R					R				fg, fe	R	sp
Antilophia galeatus							R	F						X		fg	R	sp, si, t
Tyranneutes stolzmanni		R											U			fh	R	sp, si, t
Neopelma pallescens							R	R					R			fg	R	sp, si
Neopelma sulphureiventer					R						U					fh, ft	R	sp, si
Heterocercus linteatus		U			R		R				U					ft	R	sp, si
Machaeropterus pyrocephalus		C		X	U	X	C	C	X	X	C	F				fh, ft	R	sp, si, t
Manacus manacus	R	F		X	R		U	F	X		R	F	R			fe, fd	R	sp, si, t
Chiroxiphia pareola	?	R														fh	R	sp
Pipra fasciicauda	C	U		X	U	X			X	X	C	R	C		X	fh, ft	R	sp, si, t
Pipra nattereri	U	C					C	U	X		U	F	R			fh	R	sp, si, t
Pipra rubrocapilla	U	C		X	R	X	F	F	X	X	U	C	R			fh, ft	R	sp, si, t

| | Localities | | | | | | | | | | | | | | | Migratory | | |
	EC	LF/F	LF/cp	FL	FO	LT	H1	H2	PM1	PM2	MP	PF	LC	LG	ER	Habitat	Status	Evidence
Cotingidae (6)																		
Lipaugus vociferans	F	C		X	R	X	C	F	X	X	R	U	R		X	fh, ft	R	sp, si, t
Cotinga cayana	R	R														fh	R	si
Xipholena punicea		R							?							fh	R	sp, si
Querula purpurata												R				ft	R	si, t
Gymnoderus foetidus	R	U		X	F				X	X	R	U	F			fh, ft	R	sp, si
Cephalopterus ornatus		U			F	X	R			X	R		R			fh, ft	R	sp, si, t
Hirundinidae (12)																		
Tachycineta albiventer				X	U	X					U		U		X	rm, ri	R	sp, si
Tachycineta leucorrhoa			R		U											cp	AM/R?	si
Progne chalybea		U	U	X	U	X		U								o, rm	R	si
Progne subis					C											o, rm	BM	si
Progne tapera		U	U	X	C	X					C	U				o, rm	AM/R?	si
Notiochelidon cyanoleuca			R		R	X										rm, cp	AM	si
Atticora fasciata					U	X					F		R			ri, rm	R	sp, si
Alopochelidon fucata			R		R		R	R								o, cp	AM	si
Stelgidopteryx ruficollis			R	X	C	X					F	R	C		X	ri, rm, cp	AM/R	sp, si
Riparia riparia		R	U													ri, rm, cp	BM	si
Hirundo rustica			R		C			U					R			ri, rm, o	BM	si
Hirundo pyrrhonóta			C		C			C					U			o	BM	sp, si
Motacillidae (1)																		
Anthus lutescens			R		C											cp	R?	si, t
Troglodytidae (8)																		
Donacobius atricapillus				X	C	X					R		C		X	rm, ma	R	sp, si, t
Campylorhynchus turdinus		R		X	R	X				X			C		X	fe, fd	R	si, t
Odontorchilus cinereus	R	R							X	X	R	U				fh	R	sp, si, t
Cistothorus platensis			R													cf	R	sp, si
Thryothorus genibarbis	C	C		X	C	X	R	R	X	X	C	C	C		X	fh, ft	R	sp, si, t
Thryothorus guarayanus		U		X	C	X					R		U	X	X	ft	R	sp, si, t
Troglodytes aedon		R	F	X	F	X	C	C	X				U		X	fe, sg, fg	R	sp, si, t
Microcerculus marginatus					R											fh	R	si, t

| | Localities | | | | | | | | | | | | | | Migratory | | |
	EC	LF/F	LF/cp	FL	FO	LT	H1	H2	PM1	PM2	MP	PF	LC	LG	ER	Habitat	Status	Evidence
Mimidae (1)																		
Mimus saturninus			C				R								X	cd, cs	R	sp, si, t
Turdinae (5)																		
Turdus albicollis	R	R			R		?		X	X		F	F			fh	R	sp, si
Turdus amaurochalinus	C	C		X	C	X	C	R	X	X	C	C	C	X	X	fh, ft, fe, fg	AM/R?	sp, si, t
Turdus hauxwelli	R	R		X	R	X	?		X	X		U	R		X	fh, ft	R	sp, si
Turdus leucomelas					R		U	F								fg	R	sp, si, t
Catharus fuscescens					?											fh	BM	si
Polioptilinae (2)																		
Ramphocaenus melanurus	R	R		X	R		?			X	R	R	F			fh, ft	R	sp, si, t
Polioptila dumicola			R				C	C							X	cd, cs	R	sp, si, t
Emberizinae (21)																		
Zonotrichia capensis					R		R	R								cd, cs	?	sp, si
Ammodramus humeralis			F		C	X	F	F							X	cp	R	sp, si, t
Sicalis citrina			R				R	R								cd	R?	sp, si
Sicalis luteola					F											sg, fe	AM	si
Emberizoides herbicola			F		C	X	C	C							X	cp, cd	R	sp, si, t
Volatinia jacarina		U	C	X	C	X	R	R	X				R		X	cd, cf, cs, cp	AM	sp, si, t
Sporophila schistacea											C	C				ft	R?	sp, si, t
Sporophila collaris												R			X	ma	AM/R?	sp
Sporophila caerulescens		U	C	X	U	X		U							X	fe, cs, cp	AM	sp, si
Sporophila hypochroma			R		F											cs, cp	AM/R?	sp, si
Sporophila hypoxantha			F		F											cs, cp	AM/R?	sp, si
Sporophila lineola			R	X	U											cs	AM	si
Sporophila nigrorufa			R		C	X										cp, cf	AM/R	si, t
Sporophila plumbea			U	X	F		U	U								cd, cs, cp	R	sp, si, t
Sporophila ruficollis		R	U		F			U								cs, cp	AM	sp, si
Oryzoborus angolensis					R	X	R	R		X		R	R		X	fh, ft	R	sp, si
Tiaris fuliginosa	R															fh?	AM?	sp
Arremon taciturnus	R	R		X	R		R	R	X	X	R					fh, ft	R	sp, si, t
Charitospiza eucosma							R									cd	R?	sp, si

| | Localities | | | | | | | | | | | | | | | Migratory | | |
---	EC	LF/F	LF/cp	FL	FO	LT	H1	H2	PM1	PM2	MP	PF	LC	LG	ER	Habitat	Status	Evidence
Coryphospingus cucullatus		C		X	R	X			X				C			fe, sg, cp	R	sp, si
Paroaria gularis					U	X							U		X	rm, sg	R	sp, si, t
Cardinalinae (8)																		
Pheucticus aureoventris		U		X									R		X	fe, sg	AM/R	si
Pitylus grossus	R	R						X					U			fh	R	sp, si, t
Saltator atricollis							F	F								cd	R	sp, si, t
Saltator coerulescens				X	U	X									X	fh, ft, fe	R	sp, si, t
Saltator maximus	R	R		X	R	X	U	R			R		U			fe, fh, ft	R	sp, si, t
Saltator similis							R									fg	R	sp, si, t
Cyanocompsa cyanoides	R	R		X	R		R		X	X	F	R	R			fh, ft	R	sp, si
Porphyrospiza caerulescens							R	F								cd	R	sp, si, t
Thraupinae (35)																		
Schistochlamys melanopis			C		C	C	C					F		X	X	fg, cp	R	sp, si, t
Neothraupis fasciata							U	U								cd	R	sp, si, t
Cypsnagra hirundinacea			C				U	F								cd	R	sp, si, t
Thlypopsis sordida				X	R										X	ft, fe	R	si
Hemithraupis flavicollis	R	R					U	R	X				R			fh, ft	R	sp, si, t
Hemithraupis guira	R	F			?		R		X	X	F		R		X	fh, ft	R?	sp, si, t
Nemosia pileata	R	U			R				X			F				fh, ft	R	si
Eucometis penicillata	F	R		X			?			X	U	U				fd, ft	R	sp, si, t
Tachyphonus cristatus	R	U					U	R	X	X	R	F	U			fh	R	sp, si, t
Tachyphonus luctuosus	U	U		X	R		R	U	X	X		F	U			fh, ft	R	sp, si, t
Tachyphonus phoenicius			R				R	R								fg, fe	R	sp, si
Habia rubica	R	R					U	F	X	X	U					fh, ft, fd	R	sp, si, t
Piranga flava								R								cd	R	sp, si, t
Ramphocelus carbo	U	C		X	C	X	C	C	X	X	C	F	C	X	X	fe, sg	R	sp, si, t
Thraupis palmarum	F	R		X	R	X	R				U	U	R		X	fe, sg	R	sp, si, t
Thraupis sayaca	U	C		X	C	X	U	U	X	X	R	F	C		X	fe, sg, ft	R	sp, si, t
Euphonia chlorotica	R	C		X	C	X	U	U	X				C		X	cp, cd, fe	R	sp, si, t
Euphonia musica											R					ft?	R?	sp, si
Euphonia chrysopasta	R	U							X			U				fh	R	sp, si

Rapid Assessment Program

	Localities															Habitat	Migratory Status	Evidence
	EC	LF/F	LF/cp	FL	FO	LT	H1	H2	PM1	PM2	MP	PF	LC	LG	ER			
Euphonia laniirostris	R	R			R		?	R	X			U	F			fh, ft	R	sp, si, t
Euphonia minuta		R						R			U	U	R			fh, ft	R	sp, si, t
Euphonia rufiventris	R	R			R				X						X	fh	R	sp, si, t
Tangara cayana			R		C	X	U	U						X		fg, cd, cs	R	sp, si, t
Tangara chilensis	F	C		X	R	X	F	R	X	X	R	R	R			fh, ft	R	sp, si, t
Tangara cyanicollis	R	U		X			U	R	X			U	U	X		fh, ft		sp, si
Tangara gyrola	R	R					U	R	X		R	R	R			fh, ft	R	sp, si
Tangara mexicana	U	U		X	U	X			X	X	R	U	C		X	fh, ft	R	sp, si, t
Tangara nigrocincta	R	R					F					R				fh, ft		sp, si
Dacnis cayana	F	F		X	U	X	U	U				U	C		F	fh, ft	R	sp, si, t
Dacnis flaviventer					R	X			X	X			R			ft	R	si
Dacnis lineata	F	C					U		X	X	R	U	U			fh, ft		sp, si
Chlorophanes spiza	F	U		X	R	X	U	R	X			U	R			fh, ft	R	sp, si, t
Cyanerpes caeruleus	R	R					R					R				fh, ft		sp, si
Cyanerpes cyaneus	R	U			R						R		R			fh, ft	R	sp, si, t
Tersina viridis		F			F		R		X		U	F	R			fe, rm	R?	sp, si
Parulinae (8)																		
Parula pitiayumi	U	F		X	U		R		X	X		U		X	X	fh, fd	R	sp, si, t
Geothlypis aequinoctialis							R	R						X	X	cf, fg	R	sp, si, t
Basileuterus culicivorus	U						R	C	X	X			R			fg, fd	R	sp, si, t
Basileuterus flaveolus						X	R						R			fd	R	sp, si, t
Phaeothlypis fulvicauda	U				R		U		X							fh, sm	R	sp, si, t
Granatellus pelzelni	R				R				X	R			R			fh, ft	R	sp, si, t
Conirostrum speciosum	R	R							X						X	fh, ft	R	sp, si, t
Coereba flaveola	R	R			F		C	C	X			U	U			cd, fe, sg	R	sp, si, t
Vireonidae (5)																		
Cyclarhis gujanensis	U	F	U	X	U	X	C	F	X			F		X	X	fh, ft, fd	R	sp, si, t
Vireo (olivaceus) chivi	C	C	C	X	F	X	C	F	X	X	C	U	C		X	fh, ft, fd	AM/R?	sp, si, t
Hylophilus muscicapinus	F	U		X	R		U	R	X		R	R	R			fh	R	sp, si, t
Hylophilus pectoralis	R	R			R							F				fh, ft	R	sp, si, t
Hylophilus semicinereus	R	R							X	X	U					ft	R	sp, si, t

	Localities																Migratory	
	EC	LF/F	LF/cp	FL	FO	LT	H1	H2	PM1	PM2	MP	PF	LC	LG	ER	Habitat	Status	Evidence
Icteridae (12)																		
Icterus cayanensis	R	R										R	R		X	fe	R	sp, si, t
Icterus icterus				R											X	fd	R	si
Psarocolius bifasciatus	C	C		X	R	X	C	F	X	X	U	C	C			fh	B	sp, si, t
Psarocolius decumanus		R		R						X			C	U		ft, fd	R	si, t
Cacicus cela		F		X	C	X			X	X	F		C		X	ft, fe	R	sp, si, t
Cacicus haemorrhous	R			R					X	X						fh, ft	R	sp, si, t
Cacicus solitarius				?											X	ft, fe	R	si
Sturnella superciliaris		R		R												cf, cp	AM/R?	si
Agelaius cyanopus												R				cf	AM/R?	sp, si
Molothrus bonariensis				X												sg	R?	si
Scaphidura oryzivora		F		X	R	X				X			C		X	fh, fd, fe	R	sp, si
Dolichonyx oryzivorus				R												cf	BM	si
Fringillidae (1)																		
Carduelis sp. (*magellanicus/olivacea*)							R									cd	R	sp
Corvidae (2)																		
Cyanocorax cyanomelas			R	X									R		X	fd	R	si
Cyanocorax cristatellus			R				R	U					R			cd	R	sp, si, t

Mammal species of Parque Nacional Noel Kempff Mercado

Mamíferos del Parque Nacional Noel Kempff Mercado

Louise H. Emmons

Preliminary list of the mammal species known from Parque Nacional Noel Kempff Mercado; information from all sources. X = specimen collected or salvaged during the 1995 training course or during the 1997 visit to El Refugio and the meseta by Emmons, Rojas, and Santivañez; x = specimen from prior surveys; O = observed; T = recorded from tracks; ? = locality, habitat or species record to be verified. Boldface = new records for Santa Cruz. * = known from fewer than 15 Bolivian specimens as listed in Anderson (1997). Meseta = top of Serranía Huanchaca (Caparuch). Semievergreen forest includes such forest from all localities, and also riverine habitats. We thank Sydney Anderson for providing a list of previous specimen records from the park, and Michael D. Carleton for identifying species of *Oecomys*. Some localities on the edge of the park are included (from Anderson 1997). A few species names differ from the usage in Anderson (1997).

Lista preliminar de especies de mamíferos conocidas del Parque Nacional Noel Kempff Mercado; información de todas fuentes; X= espécimen colectado en el curso de 1995 o durante la visita a El Refugio en el 1997 y a la meseta por Emmons, Rojas, y Santivañez; x = espécimen de inventarios anteriores; O = observado; T = registrado por huellas; ? = Registros de lugares, hábitat o especies necesitan verificación; En negritas: = records nuevos por Santa Cruz. + = conocido por menos de 15 especímenes bolivianos reportados en Anderson (1997). Meseta = la cima de la Serranía Huanchaca (Caparuch). Bosque semi-siempreverde incluye bosque de todas localidades, y también los habitats fluviales. Agradecemos a Sydney Anderson por la lista de especimenes del parque, y a Michael D. Carleton por las identificaciones de especies de *Oecomys*. Algunas localidades al margen del parque están incluidas (de Anderson 1997). Algunas de los nombres de especies son diferentes a los de Anderson (1997).

SPECIES/ESPECIES	FLOR DE ORO	SAVANNA/SABANA LOS FIERROS/ EL REFUGIO	MESETA	SEMI-EVERGREEN FORESTS/BOSQUE SEMI-SIEMPREVERDE
MARSUPIALS/MARSUPIALES				
Didelphidae				
Caluromys lanatus				O
Caluromys philander*			O	
Didelphis marsupialis				O
Glironia venusta*			X	X
Marmosa murina		X		X
Marmosops c.f. *dorothea*				X
Micoureus c.f. *constantiae*	X	X		X
Metachirus nudicaudatus				x?
Monodelphis domestica	X		X	
Monodelphis kunsi*	X			X
Philander opossum				X
ANTEATERS and ARMADILLOS/				
OSOS HORMIGUEROS y ARMADILLOS				
Dasypodidae				
Cabassous unicinctus*		x		
Dasypus kappleri*				x O
Dasypus novemcinctus[1]				O
Dasypus septemcinctus[1]*	O	x (Moira)		
Euphractus sexcinctus[1]	O			
Priodontes maximus[1]	O			O
Myrmecophagidae				
Myrmecopahga tridactyla	O	O		
Tamandua tetradactyla	x ?			
Cyclopes didactylus				O
BATS/MURCIÉLAGOS				
Emballonuridae				
Rhynchonycteris naso				X x
Saccopteryx canescens*	X			
Saccopteryx leptura*	X			

SPECIES/ESPECIES	FLOR DE ORO	SAVANNA/SABANA LOS FIERROS/ EL REFUGIO	MESETA	SEMI-EVERGREEN FORESTS/BOSQUE SEMI-SIEMPREVERDE
Noctilionidae				
Noctilio albiventris	X	X		X x
Mormoopidae				
*Pteronotus gymnonotus**				x
*Pteronotus parnellii**	X			X x
*Pteronotus personatus**				x (La Florida)
Phyllostomidae				
Anoura caudifer				x
Artibeus anderseni				X x
Artibeus gnomus				X
Artibeus glaucus				X
Artibeus lituratus	X			X x
Artibeus obscurus				X x
Artibeus planirostris	X			X x
Carollia brevicauda				X x
Carollia perspicillata	X			X x
Chiroderma trinitatum				X x
Chiroderma villosum				X x
*Chrotopterus auritus**				X
Desmodus rotundus		x		X
Glossophaga soricina	X			X x
Mesophylla macconnelli				x
*Mimon crenulatum**		X		
Micronycteris microtis*		X		
*Micronycteris minuta**				x
Micronycteris sp.		X x		
Platyrrhinus helleri				X x
Platyrrhinus lineatus				x
*Phylloderma stenops**				x
Phyllostomus hastatus	X			X x
Sturnira lilium				X x
Sturnira tildae				x

| | SAVANNA/SABANA | | | SEMI-EVERGREEN |
SPECIES/ESPECIES	FLOR DE ORO	LOS FIERROS/ EL REFUGIO	MESETA	FORESTS/BOSQUE SEMI-SIEMPREVERDE
Tonatia brasiliense*				X
Trachops cirrhosus				X x
Uroderma bilobatum				X x
Uroderma magnirostrum				X x
Vampyressa pusilla*		x		
Natalidae				
Natalus stramineus*²	X			
Thyropteridae				
Thyroptera discifera	X			
Vespertillionidae				
Eptesicus furinalis	X			
Lasiurus blossevillii	X	x (Moira)		
Myotis nigricans		X		X x (Moira)
Myotis simus				X
Molossidae				
Eumops hansae*		x ?		
Molossus molossus	X			X
Molossus rufus	X			
Nyctinomops laticaudatus		X x (Moira)		
PRIMATES / PRIMATES				
Callitrichidae				
Callithrix argentata melanura	O			O x
Cebidae				
Aotus cf. *infulatus*	O			O
Alouatta caraya	O			O
Alouatta seniculus ?				O?
Ateles belzebul chamek			O	O x
Cebus apella			O	O x
CARNIVORES / CARNÍVOROS				
Canidae				
Atelocynus microtis*				O

SPECIES/ESPECIES	SAVANNA/SABANA			SEMI-EVERGREEN FORESTS/BOSQUE SEMI-SIEMPREVERDE
	FLOR DE ORO	LOS FIERROS/ EL REFUGIO	MESETA	
Cerdocyon thous	O	O		O
Chrysocyon brachyurus*		X O	O	
Speothos venaticus*				O
Felidae				
Herpailurus yaguarondi	O			O
Leopardus pardalis				O x (Moira)
Panthera onca	O	O		O
Puma concolor				O
Mustelidae				
Mustela africana*				O?
Eira barbara				O
Lontra longicaudis				O
Pteronura brasiliensis*				O
Procyonidae				
Nasua nasua				O x
Potos flavus				O
Procyon cancrivorus	O?	T		
DOLPHINS / DELFÍNES				
Platanistidae				
Inia geoffrensis				O
TAPIR / TAPIR				
Tapiridae				
Tapirus terrestris	O	O	O	O
ARTIODACTYLS				
Tayassuidae				
Tayassu pecari		T	O	O
Tayassu tajacu				O X x
Cervidae				
Blastocerus dichotomus		T		
Mazama americana				O x (Moira)
Mazama gouazoubira	O			O

| SPECIES/ESPECIES | SAVANNA/SABANA | | | SEMI-EVERGREEN FORESTS/BOSQUE SEMI-SIEMPREVERDE |
	FLOR DE ORO	LOS FIERROS/ EL REFUGIO	MESETA	
Ozotoceros bezoarticus *			O x	
RODENTS / ROEDORES				
Sciuridae				
Sciurus spadiceus				O x
Sciurus sp. *(aestuanslike)*			O	
Muridae				
Akodon cf. *dayi*	X			X
Akodon cf. *toba*			X	
Bolomys lasiurus	X	X		
Holochilus brasiliensis	X	X		
Kunsia tomentosus *		x (Moira)	X	
Neacomys sp.				X
Oecomys bicolor				X
Oecomys cf. *concolor*		X		X
**Oecomys cf. trinitatus* **				X
Oecomys sp.				X
Oligoryzomys microtis	X	X	X	
Oryzomys megacephalus				X
Oryzomys nitidus				X x
Oryzomys yunganus ?*				X
**Juscelinomys sp. ?* **	X		X	
Erethizontidae				
Coendou prehensilis		O		
Caviidae				
Cavia aperea		X x		
Hydrochoeridae				
Hydrochoerus hydrochaeris		T		O
Cuniculus Agoutidae				
Agouti paca				O x
Dasyproctidae				
Dasyprocta azarae			O	O x

| SPECIES/ESPECIES | SAVANNA/SABANA | | | SEMI-EVERGREEN FORESTS/BOSQUE SEMI-SIEMPREVERDE |
	FLOR DE ORO	LOS FIERROS/ EL REFUGIO	MESETA	
Myocastoridae				
*Myocastor coypus**		T		
Echimyidae				
Dactylomys dactylinus				O
Makalata didelphoides				X
Mesomys* cf. *hispidus				X
Proechimys longicaudatus			O	X
RABBITS/ CONEJOS				
Leporidae				
Sylvilagus brasiliensis	X	X		

1 Recorded from measurements of burrows / Registrado por medidas de madrigueras.

2 First record for Bolivia was made during the RAP course, but other specimens recently have been collected in the Department of Santa Cruz / El primer registro por Bolivia fue hecho durante el curso del RAP, pero otros especímenes han estado colectados recientemente en el Departamento de Santa Cruz.

Reptile and amphibian species of Parque Nacional Noel Kempff Mercado

Reptiles y anfibios del Parque Nacional Noel Kempff Mercado.

Michael B. Harvey, James Aparicio E., Claudia Cortez, Lucindo González A., Juan Fernando Guerra S., María Esther Montaño, and María Esther Pérez B.

Where identifications are questionable, specific epithets are preceded by "cf."; genera of specimens not yet identified to species are followed by "sp."; species new to science are followed by "new species." The names of species not reported previously from Bolivia are printed in bold face. Habitats are those where the species was collected or observed rather than habitats where the species is likely to occur. Under "Conservation Status", the designations refer to the listing of that species in CITES Appendix 1 or CITES Appendix 2, respectively. CITES listings refer to potential consequences of unregulated international trade of species.

Cuando las identificaciones son dudosas o cuestionables, los epítetos específicos serán precedidos por "cf."; los géneros de aquellos especímenes que aún no se han identificado hasta el nivel de especie serán seguidos por "sp."; las especies nuevas para la ciencia serán seguidas por "especie nueva" o "new species". El hábitat se refiere al lugar donde la especie fue colectada u observada y no a los hábitats en los que es posible que la especie ocurra. Bajo el título de "Situación o Estado de Conservación", las especies amenazadas (CITES Apéndice II) o en peligro (CITES Apéndice I) se indican por medio de "Amenazada" y "En Peligro". Las listas de CITES indican especies que pueden estar en peligro sin regulación del comercio internacional. Las especies que no habían sido registradas previamente en Bolivia se identifican en negrita.

SPECIES/ESPECIES	HABITAT/HABITAT	CONSERVATION STATUS
ANURA		
Bufonidae		
Bufo paracnemis	Human habitation; Áreas antropogénicas	
Bufo granulosus mirandaribeiroi	Savanna, river edge; Sabanas, margin de ríos	
Bufo "typhonius"	Forest; Bosque	
Centrolenidae		
Cochranella sp.	Seasonal stream; Arroyo estacional	
Dendrobatidae		
Epipedobates pictus	Seasonally inundated forest; Bosque inundado estacionalmente	
Hylidae		
Hyla bifurca	River, marsh; Río, curiches	
*Hyla cf. faber***		
Hyla fasciata	Stream, river; Arroyo, ríos	
Hyla geographica	River, marsh; Ríos, curiches	
*Hyla marmorata**	Inselberg; alforamientos de roca	
*Hyla melanargyrea**	Inselberg; alforamientos de roca	
Hyla cf. minuta	River; Río	
Hyla cf. nana	River; Río	
Hyla punctata	River; Río	
Hyla raniceps	River; Río	
Hyla sp. 1	River; Río	
Hyla sp. 2	Marsh; curiche	
Osteocephalus taurinus	Forest, inselberg; Bosque, alforamiento de roca	
Osteocephalus sp. 1	Stream, marsh; Arroyo, curiche	
Phyllomedusa vaillanti	Seasonal stream; Arroyo estacional	

SPECIES/ESPECIES	HABITAT/HABITAT	CONSERVATION STATUS
Phrynohyas venulosus	Forest, human habitation; Bosque, área antropogénica	
Scinax fuscomarginatus	Marsh, river; Curiche, río	
*Scinax fuscovarius**		
Scinax ruber	Marsh; Curiche	
Scinax cf. *nasicus***		
Scinax nebulosus	River; Río	
Scinax sp.	Marsh, human habitation; Curiche, área antropogénica	
*Sphaenorhynchus lacteus***		
Leptodactylidae		
Adenomera sp.	Seasonal stream; Arroyo estacional	
*Adenomera hylaedactyla**	Forest edge; Margen del bosque	
Eleutherodactylus cf. *fenestratus*	Seasonally inundated forest, river, Huanchaca Plateau; Bosque, estacionalmente inundado, río, Serranía de Huanchaca	
*Leptodactylus bolivianus***		
Leptodactylus chaquensis	River; Río	
*Leptodactylus elenae***		
*Leptodactylus fuscus**	Inselberg; Afloramiento de rocas	
Leptodactylus labyrinthicus	River, inselberg; Río, afloramiento de roca	
Leptodactylus leptodactyloides	Marsh, forest, river, stream; Curiche, bosque, río, arroyo	
*Leptodactylus mystaceus***		
Leptodactylus cf. *podicipinus*	River, marsh; Río, curiche	
*Leptodactylus syphax**	Inselberg; Alforamiento de roca	
Leptodactylus sp.	Seasonally inundated forest; Bosque estacionalmente inundado	
Lithodytes lineatus	Seasonally inundated forest; Bosque estacionalmente inundado	

SPECIES/ESPECIES	HABITAT/HABITAT	CONSERVATION STATUS
Physalaemus cf. *albonotatus*	Forest; Bosque	
Physalaemus sp.	Forest; Bosque	
Pseudopaludicola bolivianus	River; Río	
Pseudopaludicola mysticalis	Huanchaca Plateau (stream); Serranía de Huanchaca (arroyo)	
Microhylidae		
Elachistocleis ovalis	Forest; Bosque	
Hamptophryne boliviana	Evergreen high forest; Bosque allto siempeverde	
Pipidae		
Pipa pipa	River, permanent stream; Río, arroyo perenne	
Pseudidae		
Lysapsus limellus	River; Río	
Ranidae		
Rana palmipes	River, marsh; Río, curiche	
CROCODYLIA		
Alligatoridae		
Caiman crocodilus yacare	River, marsh; Río, curiche	CITES Appendix II
Melanosuchus niger	River; Río	CITES Appendix I
Paleosuchus palpebrosus	Permanent forest stream; Arroyo del bosque perenne	CITES Appendix II
SERPENTES		
Boidae		
*Boa constrictor***		CITES Appendix II
Corallus hortulanus	Forest; Bosque	CITES Appendix II
Epicrates cenchria	Forest; Bosque	CITES Appendix II
Eunectes murinus	River; Río	CITES Appendix II
Eunectes notaeus	Forest; Bosque	CITES Appendix II
Colubridae		
Apostolepis intermedia	Fossorial (human habitation); Subterráneo (área antropogénica)	

SPECIES/ESPECIES	HABITAT/HABITAT	CONSERVATION STATUS
*Atractus elaps***		
Chironius exoletus	Forest edge; Margen del bosque	
Chironius scurrulus	High evergreen forest; Bosque alto siempreverde	
*Clelia equatoriana***		
Dipsas indica	High evergreen forest; Bosque alto siempreverde	
*Drymarchon corais***		
*Drymoluber dichrous***		
*Helicops angulatus***		
Helicops leopardinus	River, marsh, Río, curiche	
*Hydrodynastes gigas***		
Imantodes cenchoa	High evergreen forest; Bosque alto siempreverde	
Leptodeira annulata	River, marsh; Río, curiche	
Leptophis ahaetulla	High evergreen forest; Bosque alto siempreverde	
Liophis almadensis	Savanna, human habitation; Sabana, área antropogénica	
Liophis poecilogyrus	River, human habitation; Río, área antropogénica	
Liophis sp. 1	Human habitation; Área antropogénica	
Liophis sp. 2	Human habitation; Área antropogénica	
*Mastigodryas boddaerti***		
Oxybelis cf. *fulgidus***		
*Oxyrhopus petola***		
***Oxyrhopus* sp.**	Human habitation; Área antropogénica	
*Pseudoeryx plicatilis***		
*Pseustes sulphureus***		
Rhinobothryum lentiginosum		

CONSERVATION INTERNATIONAL   **Rapid Assessment Program**

SPECIES/ESPECIES	HABITAT/HABITAT	CONSERVATION STATUS
Spilotes pullatus	Forest edge; Margen del bosque	
Thamnodynastes sp.	Forest edge; Margen del bosque	
Tripanurgos compressus	Forest; Bosque	
Waglerophis merremii	Forest; Bosque	
*Xenodon severus***		
Xenopholis scalaris	Evergreen high forest; Boque alto siempreverde	
Elapidae		
Micrurus diana	Huanchaca Plateau	
*Micrurus surinamensis***		
*Micrurus spixii***		
Viperidae		
*Bothrops atrox***		
Bothrops moojeni		
Lachesis muta		
Crotalus durissus		
AMPHISBAENIA		
Amphisbaenidae		
*Amphisbaena fuliginosa***		
Cercolophia steindachneri	Fossorial (human habitation); Subterráneo (área antropogénica)	
SAURIA		
Gekkonidae		
Gonatodes humeralis	Forest, Huanchaca Plateau; Bosque, Serranía de Huanchaca	
Hemidactylus mabouia	Human habitation; Área antropogénica	
Hoplocercidae		
Hoplocercus spinosus	Rock outcrops; Alforamiento de rocas	
Iguanidae		
Iguana iguana	River; Río	CITES Appendix II

SPECIES/ESPECIES	HABITAT/HABITAT	CONSERVATION STATUS
Polychridae		
Anolis sp.	Savanna; Sabana	
Scincidae		
Mabuya guaporicola	Human habitation; Área antropogénica	
Mabuya nigropunctata	All terrestrial habitats; Todos los habitats terrestres	
Teiidae		
Ameiva ameiva	All terrestrial habitats; Todos los habitats terrestres	
Dracaena sp.	River, savanna; Río, sabana	CITES Appendix II
Iphisia elegans	Seasonally inundated forest; Bosque estacionalmente inundado	
*Kentropyx calcarata***		
*Kentropyx vanzoi***		
Pantodactylus schreibersi	Forest, Huanchaca Plateau; Bosque, Serranía de Huanchaca	
Tupinambis merianae	Forest, savanna; Bosque, sabana	CITES Appendix II
Tropiduridae		
Stenocercus caducus	Inselberg, forest; Alforamiento de roca, bosque	
Tropidurus umbra	Forest; Bosque	
***Tropidurus* sp. nov. A**	Human habitation; Área antropogénica	
***Tropidurus* sp. nov. B**	Inselberg, Huanchaca Plateau; Afloramiento de roca, Serranía de Huanchaca	
***Tropidurus* sp. nov. C**	Huanchaca Plateau; Serranía de Huanchaca	
TESTUDINES		
Chelidae		
*Chelus fimbriatus***		
Phrynops geoffroanus	River; Río	
Phrynops gibbus	Permanent forest streams, Arroyos perennes del bosque	

SPECIES/ESPECIES	HABITAT/HABITAT	CONSERVATION STATUS
*Platemys platycephala***		
Kinosternidae		
*Kinosternon scorpioides***		
Pelomedusidae		
Podocnemis unifilis	River; Río	CITES Appendix I
Podocnemis expansa	River; Río	CITES Appendix I
Testudinidae		
*Geochelone carbonaria***		CITES Appendix I
Geochelone denticulata	Forest; Bosque	CITES Appendix I

* Taxa reported from inselbergs by Köhler and Böhme (1996).

** Species collected at various localities within the study area by Scrocchi and González (1996); these specimens have not been examined by the senior author.

A preliminary list of the fish species of Parque Nacional Noel Kempff Mercado

Lista preliminar de los Peces del Parque Nacional Noel Kempff Mercado

Jaime Sarmiento

LEGEND / LEYENDA

Locality / Localidad	
1	Flor de Oro: Río Iténez
2	Playa Alta: Río Iténez
3	Huanchaca I: Río Paucerna
4	Boca Paucerna
5	Las Torres: first stream / primer arroyo
6	Las Torres: second stream / segundo arroyo
7	El Refugio: Río Paraguá
8	San Martín: Río Tarvo
9	Los Fierros San Martín: A° Chico
10	Arroyo El Encanto
11	El Chore: Arroyo El Chore
12	Los Fierros: Arroyo Las Londras
13	Los Fierros: Arroyo Chico
14	Flor de Oro: flooded savanna / sabana inundada
L	Río Iténez downstream from the park / Río Iténez abajo del parque

LEGEND / LEYENDA

Aquatic System / Sistema Acuatica

rgan	Large black water river / Rio grande de aguas negras
ran	Black water river / Rio de aguas negras
rab-c	Crystal-white water river / Rio de aguas blancas-cristalinas
aac-m	Crystal clear water stream on Huanchaca Plateau / Arroyo de aguas claras en la Meseta de Huanchaca
aac-p	Crystal clear water stream on plain / Arroyo de aguas claras en la planicie
aan	Black water stream / Arroyo de aguas negras
s	Seasonally flooded savanna / Sabana de inundación estacional
c	Curiche / Curiche

Abundance / Abundancia [A]

c	Common / Común
f	Frequent / Frecuente
r	Rare / Raro
e	Exceptional / Excepcional

Special Characteristics / Caracteristicas Especiales

Aq	Currently used in aquaria / Actualmente usado en acuariofilia
Aq*	Potential to use in aquaria / Potencial para acuariofilia
C	Charismatic / Carismática
Pc	Commercial fishing / Pesca comercial
DR	Restricted distribution / Distribución restringida en Bolivia
E	Endemic / Endémica
ST	Monotypic family or genus / Familia o género monotipicos
PI	Population of scientific interest / Población de interés científico
LR (VU)	Vertebrate Red Book (Vulnerable) / Libro Rojo de Vertebrados de Bolivia
LR (DD)	Vertebrate Red Book (Insufficient Data) / Libro Rojo (Insuficiente información)

Evidence / Referencias

1-14	Collected specimen at that locality / Espécimen coleccionado en este localidad
L	Lauzanne et al. 1991 / Lauzanne et al., 1991
M	Specimen deposited in the museum / Espécimen depositado en el MHN-NKM
rl	Local reference / Referencia local

Other Symbols / Otros Simbolos

*	Species restricted to the Río Iténez / Especie registrada solo en la cuenca del Río Iténez
+	New record for Bolivia / Nuevo registro para Bolivia

FAMILIA / ESPECIES	LOCALITY/ LOCALIDAD	AQUATIC SYSTEM/ SISTEMA ACUATICO	A	SPECIAL CHARACTERISTICS/ CARACTERISTICAS ESPECIALES
ELASMOBRANCHIOMORPHI **Potamotrygonidae**				
Potamotrygon cf. *motoro*	L	rgan, ran, rab-c		Aq
Potamotrygon sp.	L			
Potamotrygonidae	L			
TELEOSTEMI: DIPNOI **Lepidosirenidae**				
Lepidosiren paradoxa	7	ran	r(e)	Aq*, C, DR, ST, LR(DD[VU])
TELEOSTEMI: ACTINPTERYGII **CLUPEIFORMES** **Clupeidae**				
Pellona castelnaeana	L	rgan		
Pellona flavipinnis	L	rgan		
Engraulidae				
Engraulidae sp. 1	L	rgan		
CHARACIFORMES **Characidae**				
Acestrorhynchus altus	L			
Acestrorhynchus falcirostris *	L			DR

FAMILIA / ESPECIES	LOCALITY/ LOCALIDAD	AQUATIC SYSTEM/ SISTEMA ACUATICO	A	SPECIAL CHARACTERISTICS/ CARACTERISTICAS ESPECIALES
Acestrorhynchus heterolepis *	L			DR
Acestrorhynchus microlepis	L			
Acestrorhynchus minimus *	4	rab-c	r	DR
Acetrorhynchus sp.	1, 13	rgan, aan	f	
Aphyocharax alburnus	1, 2	rgan	r	
Aphyocharax rathbuni *	11	aan	r	Aq*, C,
Astyanax bimaculatus	L			
Astyanax gr. *daguae* *	L			DR
Astyanax sp. 1	5, 6	aac-p	r	
Astyanax sp. 2	5	aac-p	r	
Brycon cephalus	L	rgan		
Bryconops cf. *caudomaculatus* * +	6	aac-p	r	DR
Bryconops gr. *alburnoides*	L			
Bryconops melanurus *	2, 4, 5, 8	rgan, rab-c, aac-p, ran	f	DR
Bryconops sp. * +	3	aac-m	r(e)	C, DR, E?, PI
Catoprion mento *	L			Aq, DR, LR(DD[VU])
Chalceus macrolepidotus *	L			DR
Charax gibbosus	7	rgan, ran	f	
Cheirodon spp.	4, 7	rab-c		
Cheirodontinae sp. (Ch. sensu stricto)	1, 7	rgan, ran	f	DR
Cheirodontinae sp. (gr. Aphyodite) *+	4	rab-c	r	DR
Colossoma macropomum	L	rgan, ran, rab-c		Aq, Pc,
Ctenobrycon spilurus	7	ran	r(f)	
Eucynopotamus sp. 2 *	L			DR
Gnathocharax steindachneri *	2, 4, 7, 11	rgan, rab-c, ran, aan	c	Aq*, DR, LR(DD[VU])
Gymnocorimbus ternetzi	L			Aq
Hemigrammus cf. *bellottii* * +	4	rab-c	r	DR
Hemigrammus cf. *tridens* * +	4	rab-c	r	DR
Hemigrammus cf. *unilineatus*	1, 7	rgan, ran	r	
Hemigrammus lunatus	1, 2, 4, 7, 10, 11	rgan, rab-c, aac-p, ran, aan	c	
Hemigrammus ocellifer * +	1, 4, 7, 11	rgan, rab-c, ran, aan	f	Aq, DR

FAMILIA / ESPECIES	LOCALITY/ LOCALIDAD	AQUATIC SYSTEM/ SISTEMA ACUATICO	A	SPECIAL CHARACTERISTICS/ CARACTERISTICAS ESPECIALES
Holobrycon pesu *	L			
Hyphessobrycon callistus	7	ran	r(f)	Aq
Hyphessobrycon cf. *bentosi*	1	rgan	r(f)	
Hyphessobrycon cf. *herbertaxelrodi* *+	5	aac-p	r	Aq*, DR
Hyphessobrycon cf. *tukunai* * +	5, 11	aac-p, aan	r(f)	Aq*, DR
Hyphessobrycon sp. (ca. *scholzei*) * +	4	rab-c	r	Aq*, DR
Hyphessobrycon sp. (gr. *heterorhabdus*) * +	7, 13	ran, aan	r(f)	Aq*, DR
Hyphessobrycon sp. (gr. *minimus*) * +	4	rab-c	r	DR
Iguanodectes spilurus *	1, 2, 4, 7	rgan, rab-c, ran	f	DR
Knodus sp. 1	4		r	
Knodus sp. 2 *	L			DR
Markiana nigripinnis	L			
Megalamphodus megalopterus * +	4, 7, 11	rab-c, ran, aan	f	C, DR
Megalamphodus sp.	1, 4, 7	rgan, rab-c, ran		
Metynnis hypsauchen	L			DR
Metynnis sp. (cf. *hypsauchen*) *	L			
Metynnis sp. 1 (gr. *maculatus*) *	L			DR
Metynnis sp. 2 (gr. *maculatus*) *	L			DR
Moenkhausia cf. *cotinho*	L			
Moenkhausia collettii	1, 4, 13	rgan, rab-c, aan	f	
Moenkhausia dichroura	4, 5, 7, 11	rab-c, aac-p, ran, aan	f	Aq
Moenkhausia grandisquamis *	L			DR
Moenkhausia jamesi	L			
Moenkhausia lepidura *	4, 5	rab-c, aac-p	r(f)	DR
Moenkhausia oligolepis	1, 2, 5	rgan, aac-p	f	
Moenkhausia sanctaefilomenae	8	ran	r	Aq
Moenkhausia sp.	1	rgan	r?	
Myleus tiete	L			
Mylossoma duriventre	L	rgan, ran		Aq
Parecbasis microlepis	L			
Phenacogaster sp.	4	rab-c, rgan	f?	
Piabucus melanostomus	L			

FAMILIA / ESPECIES	LOCALITY/ LOCALIDAD	AQUATIC SYSTEM/ SISTEMA ACUATICO	A	SPECIAL CHARACTERISTICS/ CARACTERISTICAS ESPECIALES
Poptella orbicularis	1, 4	rgan, rab-c	f	
Pseudocheirodon sp. (cf.) * +	1, 1	rgan, aan	r(f)	DR
Roeboides affinis	L			
Roeboides myersi	L			
Roeboides sp.	L			
Roestes molossus	L	rgan, ran		
Serrasalmus compressus	L	rgan, ran		
Serrasalmus eigenmanni	L	rgan, ran		Aq
Serrasalmus elongatus	L	rgan, ran		Aq
Serrasalmus hollandi	L	rgan, ran		Aq
Serrasalmus nattereri	L	rgan, ran		
Serrasalmus rhombeus	L	rgan, ran		
Serrasalmus sp.	1, 7	rgan, ran		
Serrasalmus spilopleura	L	rgan, ran		
Stethaprion crenatum	M			
Tetragonopterus argenteus	L			Aq
Tetragonopterus cf. *chalceus* *	L			DR
Thayeria boehlkei *	1, 2	rgan	r(f)	DR
Triportheus albus	L	rgan, ran		
Triportheus angulatus	7	rgan, ran	f	Aq
Triportheus culter	L	rgan, ran		
Tyttocharax madeirae	4	rab-c	r	
Gasteropelecidae				
Carnegiella schereri (= *marthae*) *	5, 8	rab-c, ran	r	Aq, C, DR
Carnegiella strigata	8, 1	ran	r	Aq*, C, DR, LR(DD[VU])
Gasteropelecus sternicla	M		r	Aq, C
Cynodontidae				
Cynodon gibbus	L			
Hydrolicus scomberoides	L			
Hemiodontidae				
Hemiodopsis cf. *microlepis* *	L			DR
Hemiodopsis semitaeniatus *	L			DR
Hemiodus unimaculatus	L			

FAMILIA / ESPECIES	LOCALITY / LOCALIDAD	AQUATIC SYSTEM / SISTEMA ACUATICO	A	SPECIAL CHARACTERISTICS / CARACTERISTICAS ESPECIALES
ERYTHRINIDAE				
Hoplias malabaricus	2, 7, 8	rgan, rab-c, ran	f	Aq
Erythrinus sp.	3, 6, 12, 13	aacc-m, aac-p, aan	f	PI
Hoplerythrinus unitaeniatus	7, 13, 14	ran, aan, s	f	
CHARACIDIIDAE				
Characidium sp (gr. *fasciatum*)	2, 3, 8, 1	rgan, aac-m, ran	f	
Jobertina lateralis * +	7	ran	r	Aq*, DR
LEBIASINIDAE				
Nannostomus unifasciatus *	L			Aq*, C, DR
Nannostomus trifasciatus *	1, 4, 11	rgan, rab-c, aan	f	Aq*, C, DR, LR(DD[VU])
Nannostomus sp.	6	aac-p	r	
Poecilobrycon harrisoni (= *Nannostomus h.*) * +	4	rab-c	e	Aq*, C, DR
Pyrrhulina australis	7, 11	ran, aan	r(f)	
Pyrrhulina vittata	L			
Pyrrhulina brevis * +	1, 4, 5, 6	rgan, rab-c, aac-p	f(c)	
PROCHILODONTIDAE				
Prochilodus nigricans	L	rgan		Pc
Prochilodus sp. 1 *	L	rgan		DR
CURIMATIDAE				
Chilodus punctatus *	4			DR
Cyphocharax notatus * +	4	rab-c	r(f)	DR
Cyphocharax cf. *plumbea* *	L			DR
Cyphocharax cf. *spilura*	1, 2, 13	rgan, aan	f	
Cyphocharax cf. *spiluropsis* * +	4, 5	rab-c, aac-p	r	DR
Cyphocharax sp. nov. *	L			DR
Curimata roseni *	L			DR
Curimatta vittata *	L			DR
Curimatella alburna *	L			DR
Curimatella dorsalis	L			
Curimatella inmaculata	L			
Curimatella meyeri	L			
Curimatopsis macrolepis * +	5	aac-p	r	DR

CONSERVATION INTERNATIONAL

Rapid Assessment Program

FAMILIA / ESPECIES	LOCALITY/ LOCALIDAD	AQUATIC SYSTEM/ SISTEMA ACUATICO	A	SPECIAL CHARACTERISTICS/ CARACTERISTICAS ESPECIALES
Eigenmannina melanopogon	L	rgan		
Potamorhina altamazonica	L	rgan		
Potamorhina latior	L	rgan		
Psectrogaster curviventris	L	rgan		
Psectrogaster essequibensis *	L	rgan		DR
Psectrogaster rutiloides	1	rgan		
Steindachnerina sp.	1	rgan		
Anostomidae				
Anostomus cf. *gracilis* *	L			Aq*, DR
Anostomus cf. *plicatus*	L			
Anostomus proximus *	L			Aq*, DR
Anostomus taeniatus *	L			Aq*, DR
Leporinus fasciatus *	L			DR
Leporinus sp. (gr. *friderici*)	7	ran	f	
Leporinus sp. (gr. *cylindriformis*) * +	4	rab-c	r	DR
Rhytiodus argenteofuscus	L	rgan, ran		
Rhytiodus microlepis	L	rgan, ran		
Schizodon fasciatum	1, 8	rgan, ran	f	
GYMNOTIFORMES				
Gymnotidae				
Gymnotus carapo	2, 3, 7, 8	rgan, aac-p, ran	f	Aq, PI
Apteronotidae				
Apteronotus sp.	L			Aq*
Sternopygidae				
Eigenmannia virescens	7	ran	r(f)	Aq
Sternopygus macrurus	7	ran	r(f)	
Hypopomidae				
Hypopomus sp. 1	2, 5, 7	rgan, aac-p, ran	f	
Hypopomus sp. 2	7	ran	r	
Hypopygus lepturus	5, 7	aac-p, ran	r	C, DR, LR(DD[VU])
Gymnotiforme	2	rgan	r	
Rhamphichthyidae				
Rhamphichthys rostratus	7	ran	r	Aq

FAMILIA / ESPECIES	LOCALITY / LOCALIDAD	AQUATIC SYSTEM / SISTEMA ACUATICO	A	SPECIAL CHARACTERISTICS / CARACTERISTICAS ESPECIALES
SILURIFORMES				
Doradidae				
Acanthodoras spinosissimus * +	7	ran	r(f)	DR
Amblydoras hancocki	7	ran	f	Aq
Doras punctatus	L			
Opsodoras sp. 2	L			
Platydoras costatus	L			
Pseudodoras niger	L			
Trachydoras atripes	L			
Auchenipteridae				
Auchenipterichthys thoracatus	L			
Auchenipterus nigripinnis	L			
Auchenipterus nuchalis	L			
Entomocorus benjamini	L			
Epapterus dispilurus	L			
Tatia aulopygia	7	ran	r?	Aq
Tatia cf. *intermedia* * +	10	aac-p	r	DR
Tatia sp.	6	aac-p		
Auchenipteridae (ca. *Pseudotatia*)	4	rab-c	r	DR
Ageneiosidae				
Ageneiosus madeirensis	L			
Tympanopleura sp.	L			
Aspredinidae				
Bunocephalus sp.	2	rgan	r	Aq*
Pimelodidae				
Brachyplatystoma filamentosum	L	rgan		Pc
Callophysus macropterus	L	rgan, ran		
Hemisorubim platyrhynchus	L	rgan, ran		Aq
Imparfinis cf. *stictonotus*	4, 7	rab-c, aac-p	f	
Phractocephalus hemioliopterus	L	rgan, ran		Aq, Pc
Pimelodella sp. *	L	rgan, ran		
Pimelodus sp (gr. *maculatus-blochii*)	L	rgan, ran		
Pinirampus pirinampu	L	rgan		

FAMILIA / ESPECIES	LOCALITY/ LOCALIDAD	AQUATIC SYSTEM/ SISTEMA ACUATICO	A	SPECIAL CHARACTERISTICS/ CARACTERISTICAS ESPECIALES
Pseudoplatystoma fasciatum	RL	rgan, ran, rab-c		Pc
Pseudoplatystoma tigrinum	L	rgan, ran, rab-c		Pc
Rhamdia sp.	5, 10	aac-p	r	
Sorubim lima	L	rgan, ran		Aq, Pc
Pimelodidae spp.	5, 13	aac-p, aan		
Trichomycteridae				
Ochmacanthus sp.	2, 4	rgan, rab-c	f	
Trichomycterus sp. (cf.)	5	aac-p	r	
Trichomycteridae sp.	7	ran	r(f)	
Helogenidae				
Helogenes marmoratus	5	aac-p	r	Aq*, DR, LR(DD[VU])
Callichthyidae				
Callichthys callichthys	1, 3	rgan, aac-m	r(f)	Aq, PI
Corydoras aeneus	10	aac-p	r(f)	Aq
Corydoras hastatus	7	ran	r(f)	Aq
Corydoras sp. 1 *	L			Aq*, DR
Corydoras sp.	4	rab-c		Aq*
Dianema longibarbis	L			Aq
Hoplosternum littorale	7	ran	r(f)	
Loricariidae				
Ancistrus cf. *tenminckii*	L			
Ancistrus sp.	1, 9, 10	rgan, ran, aac-p	f	
Hypoptopoma joberti	2	rgan	f(r)	
Hypoptopoma thoracatum	1, 2	rgan	f(r)	
Otocinclus cf. *mariae*	1, 2, 4, 8, 12	rgan, rab-c, ran, aan	c	Aq
Hypoptopomatinae	4	rab-c	r	
Hypostomus emarginatus	L			
Hypostomus cf. *popoi*	L			
Hypostomus sp. 4 *	L			DR
Hypostomus sp.	1	rgan	f	
Hypostomus sp. 2	1	rgan	r(f)	
Hypostomus sp. 3	1	rgan	r(f)	
Glyptoperichthys lituratus	L			Aq*

FAMILIA / ESPECIES	LOCALITY / LOCALIDAD	AQUATIC SYSTEM / SISTEMA ACUATICO	A	SPECIAL CHARACTERISTICS / CARACTERISTICAS ESPECIALES
Pterygoplichthys sp.	1, 2, 4, 7	rgan, rab-c, ran	f	Aq*
Farlowella sp.	4	rab-c	r	C?
Hemiodontichthys acipenserinus	L			
Loricaria sp.	4, 5	rab-c, aac-p	r(f)	
Loricariichthys cf. *maculatus*	L			
Rineloricaria beni	4, 12			
Rineloricaria lanceolata	10, 12	aac-p, aan	f	Aq
Rineloricaria sp.	1, 2, 6	rgan, aac-p	f	
Loricariinae sp.	4	rab-c	r	
ATHERINIFORMES **Belonidae**				
Potamorrhphis cf. *eigenmanni*	1, 2, 11	rgan, ran, aan	f	
Rivulidae				
Cynolebias sp.	7, 10	ran, aac-p	f	Aq*, C
Rivulus sp.	6	aac-p	r(f)	
Rivulidae sp.	1	rgan	r	
SYNBRANCHIFORMES **Synbranchidae**				
Synbranchus marmoratus	1, 7	rgan, ran, c	f	
PERCIFORMES **Scianidae**				
Plagioscion squamosissimus	L			
Cichlidae				
Aequidens viridis *	5	aac-p	f	DR
Aequidens cf. *tetramerus*	1	rgan	f	Aq
Apistogramma inconspicua *	L			DR
Apistogramma sp. 1	7, 11	ran, aan	r(f)	
Apistogramma sp. 2	7, 11	ran, aan	r(f)	
Astronotus crassipinnis	1	rgan	f	Aq
Batrachops sp.	L			
Biotodoma cupido *	4	rab-c	r	DR
Chaetobranchiopsis orbicularis	L			Aq*, C
Chaetobranchus flavescens	1	rgan	r	

FAMILIA / ESPECIES	LOCALITY/ LOCALIDAD	AQUATIC SYSTEM/ SISTEMA ACUATICO	A	SPECIAL CHARACTERISTICS/ CARACTERISTICAS ESPECIALES
Cichla monoculus	1, 2	rgan	f	Aq
Cichlasoma boliviense	L			
Crenicara sp. *	L			DR
Crenicichla johanna	L			
Crenicichla lepidota *	L			DR
Crenicichla sp. *	L			DR
Crenicichla sp.	3, 5	aac-m, aac-p	r(f)	PI
Geophagus megasema *	L			DR
Heros sp.	7, 10, 11	ran, aac-p, aan	f	Aq, C
Laetacara dorsigera	11	aan	f(r)	
Mesonauta festivus	1, 2, 4, 7, 11	rgan, rab-c, ran, aan	c	Aq, C
Papiliochromis altispinosa	L			Aq, C, LR(VU)
Satanoperca pappaterra *	L			DR
PLEURONECTIFORMES **Soleidae**				
Achirus achirus	M			Aq, C

APPENDIX 6   **Scarabaeinae beetle species and counts of individuals captured in Parque Nacional Noel Kempff Mercado**

APÉNDICE 6   **Especies de escarabajos Scarabaeinae y números de individuos capturados en el Parque Nacional Noel Kempff Mercado**

Adrian Forsyth, Sacha Spector, Bruce Gill, Fernando Guerra, and Sergio Ayzama

Location / Localidad	
A	Lago Caiman; Mesic Forest/Bosque mésico
B	Lago Caiman; Liana Forest/Bosque de Liana
C	Lago Caiman; Dwarf Evergreen Forest/Bosque Enano Siempreverde
D	Lago Caiman; Deciduous Forest/Bosque Deciduo
E	Lago Caiman; Rocky Outcrop/Afloramiento de Roca
F	Los Fierros; Seasonally Inundated Forest/Bosque Inundado Estacionalmente
G	Los Fierros; Mesic Forest/Bosque mésico
H	Los Fierros; Low Forest/Bosque Bajo
I	Los Fierros; Transect-Forest/Transecto-Bosque
J	Los Fierros; Transect-Edge/Transecto-Margen
K	Los Fierros; Transect-Open/Transecto-Abierta
L	Los Fierros; Termite Savanna/Sabana Termitero
M	Los Fierros; Cerrado/Cerrado
N	Los Fierros; Disturbed/Pertubado
O	El Refugio; Riparian Forest/Bosque Ribereño
P	Los Fierros; Mesic Forest-dry season/Bosque mésico-epoca seca

SPECIES/ESPECIES		LOCATION/LOCALIDAD															
		A	B	C	D	E	F	G	H	I	J	K	L	M	N	O	P
Anomiopus	*virescens* Westwood	0	0	0	0	0	0	0	0	0	0	0	0	0	0	0	0
Ateuchus	*connexus* Harold	0	0	1	0	0	3	6	0	0	0	0	0	0	0	0	5
Ateuchus	*pygidialis* Harold	8	0	20	12	0	2	7	0	0	0	0	0	0	0	4	2
Ateuchus	*viduum* (Blanchard)	0	0	2	5	1	0	0	0	0	0	0	0	5	0	0	0
Ateuchus	*vividus* (German)	0	0	0	0	0	0	0	0	0	0	0	0	1	0	0	0
Canthidium	*gerstaeckeri* Harold	6	12	21	15	3	12	38	3	8	0	0	0	0	0	0	1
Canthidium	sp. A	9	0	70	29	3	4	45	3	4	0	0	0	0	0	0	0
Canthidium	*barbacenicum* P. deBorre	0	0	0	0	0	17	5	0	0	0	21	0	19	77	0	0
Canthidium	sp. C	0	0	0	0	1	0	0	0	0	0	11	3	66	0	0	0
Canthidium	sp. D	0	0	0	0	0	0	0	0	0	0	0	1	0	0	0	0
Canthidium	*basipuntatum* Balthasar	3	27	0	0	0	27	10	2	0	0	0	0	0	0	0	0
Canthidium	sp. F	1	103	12	9	4	0	2	0	0	0	0	0	0	0	0	0
Canthidium	sp. H	0	5	0	9	41	0	0	0	0	0	4	0	0	0	0	0
Canthidium	sp. I	0	1	0	0	1	0	0	0	0	0	0	0	0	0	0	0
Canthidium	sp. K	0	0	0	0	0	0	0	0	0	0	0	0	14	0	0	0
Canthidium	*angulicolle* Balthasar	0	0	0	0	0	0	0	0	0	0	0	0	65	0	0	0
Canthidium	*multipunctatum* Balthasar	0	0	0	0	0	0	0	0	0	0	0	0	11	0	0	0
Canthidium	sp. N	0	0	0	0	0	0	0	0	0	0	0	0	354	0	0	0
Canthidium	sp. O	0	0	0	0	0	0	0	0	0	0	0	0	2	0	0	0
Canthidium	sp. P	0	0	0	0	0	0	0	0	0	0	0	0	0	0	0	0
Canthon	*chiriguano* Martínez and Halffter	3	2	0	0	0	0	1	2	1	0	0	0	0	0	0	1
Canthon	*semiopacus* Harold	52	0	0	0	0	2	3	1	10	0	0	0	0	0	0	0
Canthon	*septemmaculatus-histrio* (Serville)	0	2	0	15	0	0	0	0	0	3	93	18	5	8	0	0
Canthon	*dives* Harold	0	0	0	0	0	0	0	7	0	0	0	1	0	0	0	0
Canthon	*subhyalinus* Harold	0	0	0	0	0	0	1	0	0	0	0	0	0	0	3	0
Canthon	*variabilis* (Martínez)	0	0	0	0	0	0	0	0	0	0	1	0	0	0	0	0
Canthon	*curvodilatatus* Schmidt	0	0	0	0	0	0	0	0	1	0	0	0	0	0	0	0
Canthon	*bimaculatus* Schmidt	0	3	0	0	0	0	0	0	0	0	0	0	0	0	0	0
Canthon	sp. G	0	0	0	0	0	0	0	0	2	0	0	0	0	0	0	0

SPECIES/ESPECIES		LOCATION/LOCALIDAD															
		A	B	C	D	E	F	G	H	I	J	K	L	M	N	O	P
Canthonella	*lenkoi* (Pereira and Martínez)	0	0	0	2	1	0	0	0	0	0	0	0	0	0	0	0
Coprophanaeus	*telamon* (Erichson)	20	22	0	0	0	3	5	4	14	3	0	0	0	0	0	0
Coprophanaeus	*ensifer* (Germar)	2	0	0	0	0	5	19	13	2	0	0	0	0	0	0	0
Coprophanaeus	*milon* (Blanchard)	0	0	0	0	0	0	0	0	0	0	12	51	3	0	0	0
Coprophanaeus	*jasius* (Olivier)	0	0	0	0	0	0	0	0	0	0	0	0	5	0	3	5
Cryptocanthon	*peckorum* Howen	1	0	0	0	0	0	0	0	0	0	0	0	0	0	0	0
Deltochilum	*amazonicum* Bates	15	21	4	0	0	27	43	79	70	2	0	0	0	0	0	3
Deltochilum	*enceladus* Kolbe	4	7	0	0	0	0	0	0	0	0	0	0	0	0	13	0
Deltochilum	*orbiculare* Lansberge	32	2	9	0	0	17	30	9	31	0	0	0	0	0	0	13
Deltochilum	*komareki* Balthasar	0	0	0	0	0	5	1	0	1	0	0	0	3	0	0	0
Deltochilum	*pseudoicarus* Balthasar	0	0	0	0	0	0	0	0	0	0	5	23	14	0	0	0
Deltochilum	*sextuberculatus* Bates	0	0	0	10	1	1	0	0	0	0	0	0	0	0	0	0
Deltorhinum	*batesi* Harold	0	0	1	0	0	0	0	0	0	0	0	0	0	0	0	0
Diabroctis	*mimas* (Linné)	0	0	0	0	0	0	0	0	0	0	0	0	0	1	1	0
Dichotomius	*carbonarius* (Mannerheim)	0	2	0	5	1	0	0	0	0	0	0	0	0	0	127	1
Dichotomius	*carinatus* (Luederwaldt)	1	3	0	0	0	0	0	0	0	0	0	0	0	0	0	1
Dichotomius	*cuprinus* (Felsche)	0	0	0	7	4	0	0	0	0	0	0	17	0	27	0	
Dichotomius	*melzeri* (Luederwaldt)	22	52	2	3	0	16	8	4	6	7	0	0	0	0	0	0
Dichotomius	*podalirius* (Felsche)	1	18	0	0	0	3	0	0	0	0	0	0	0	0	0	3
Dichotomius	*lucasi* (Harold)	12	33	10	2	0	166	480	221	94	10	0	0	0	0	0	0
Dichotomius	*worontzowi* (Pereira)	2	2	0	0	0	5	2	7	6	0	0	0	0	0	0	0
Dichotomius	sp. C	1	2	0	0	0	20	14	0	6	0	0	0	0	0	0	0
Dichotomius	*nimuendajui* (Wederwaldt)	0	0	1	0	0	2	0	0	2	0	0	0	0	0	0	0
Dichotomius	*imitator* (Felsche)	1	1	0	0	0	0	2	0	3	0	0	0	0	0	0	0
Dichotomius	*anaglypticus* (Mannerheim)	0	0	0	0	0	0	0	0	0	0	1	0	3	0	0	0
Eurysternus	*caribaeus* Herbst	12	37	22	20	2	9	7	4	3	0	0	0	0	0	2	0
Eurysternus	*foedus* (Guerín)	1	0	0	0	0	0	0	0	0	0	0	0	0	0	0	0
Eurysternus	*inflexus* (Germar)	5	5	2	0	0	4	8	1	5	0	0	0	0	0	0	0
Eurysternus	sp. D	1	4	11	4	0	0	0	0	0	0	0	0	0	0	0	0
Eurysternus	*velutinus* Bates	1	1	0	0	2	6	3	0	8	0	0	0	0	0	0	5
Eurysternus	sp. A	0	0	0	2	0	19	1	0	1	0	0	0	0	0	0	0
Eurysternus	sp. B	0	0	0	3	1	18	2	0	1	0	0	0	0	0	0	0

SPECIES/ESPECIES		LOCATION/LOCALIDAD															
		A	B	C	D	E	F	G	H	I	J	K	L	M	N	O	P
Eurysternus	sp. C	1	0	0	0	1	0	0	0	0	0	0	0	0	0	0	0
Ontherus	*azteca* Harold	0	0	0	0	0	1	0	1	1	0	0	0	0	0	1	0
Ontherus	*aphodioides* Burmeister	0	0	2	0	0	0	0	0	0	0	2	0	0	0	0	0
Onthophagus	*haematopus* Harold	56	13	2	1	0	20	87	32	20	0	0	0	0	0	0	0
Onthophagus	*onthochromus* Arrow	0	4	2	1	0	0	1	1	0	0	0	0	0	0	6	2
Onthophagus	*rubrescens* Blanchard	0	31	0	1	0	4	3	7	1	0	0	0	0	0	16	26
Onthophagus	*hirculus* Mannerheim	0	0	0	0	0	1	0	0	0	0	0	2	1	0	0	0
Onthophagus	sp. B	36	0	0	0	2	0	0	0	0	0	0	0	0	0	0	0
Oxysternon	*conspicillatum* (Weber)	0	92	2	4	0	13	10	3	2	0	0	0	0	0	19	0
Oxysternon	*palaemo* Laporte	0	0	0	3	3	0	0	0	0	0	0	0	112	0	0	0
Oxysternon	*silenus* Laporte	2	6	16	13	12	17	0	0	26	5	0	0	24	0	0	0
Pedaridium	*mansosotoi* Martinez	0	0	1	0	0	0	0	0	0	0	0	0	1	0	0	0
Phanaeus	*alvarengai* Arnaud	0	1	1	1	0	0	0	0	0	0	0	0	0	0	0	0
Phanaeus	*bispinus* Bates	0	2	1	0	0	6	1	0	6	0	0	0	0	0	0	1
Phanaeus	*chalcomelas* (Perty)	2	15	64	0	0	7	6	4	9	0	0	0	0	0	0	5
Phanaeus	*kirbyi* Vigors	0	0	0	0	0	0	0	0	0	0	0	1	0	0	0	0
Phanaeus	*palaeno* Blanchard	0	0	0	0	0	0	0	0	0	0	1	0	15	0	0	0
Pseudocanthon	*perplexus* (LeConte)	0	0	0	0	0	0	0	0	0	0	2	8	3	2	0	0
Scybalocanthon	*nigriceps* (Harold)	0	0	0	0	0	0	0	0	4	5	0	0	0	0	0	0
Sulcophanaeus	*faunus* (Fabricius)	3	17	3	1	2	5	2	1	12	1	0	0	0	0	0	0
Sylvicanthon	*candezei* (Harold)	8	9	31	8	1	38	184	104	51	6	0	0	0	0	0	0
Trichillum	sp. A	0	0	0	0	0	0	0	0	0	0	0	6	58	0	0	0
Trichillum	*arrowi* Saylor	0	0	0	0	0	0	0	0	0	0	1	0	0	0	0	0
Uroxys	sp. A	0	66	0	0	2	33	3	0	6	6	0	3	0	13	0	0
Uroxys	sp. B	0	0	0	0	0	1	0	0	0	0	0	0	41	0	0	0

Additional species from dry season sampling/

Especies adicionales de las coleciones de la temporada seca

SPECIES/ESPECIES		LOCATION/LOCALIDAD															
		A	B	C	D	E	F	G	H	I	J	K	L	M	N	O	P
Canthidium	sp. A	0	0	0	0	0	0	0	0	0	0	0	0	0	0	1	10
Canthon	*quinquemaculatus*	0	0	0	0	0	0	0	0	0	0	0	0	0	0	0	2
Canthon	*triangularis*	0	0	0	0	0	0	0	0	0	0	0	0	0	0	10	0
Dichotomius	*coenosus*	0	0	0	0	0	0	0	0	0	0	0	0	0	0	4	1
Dichotomius	sp. A	0	0	0	0	0	0	0	0	0	0	0	0	0	0	11	28
Dichotomius	sp. B	0	0	0	0	0	0	0	0	0	0	0	0	0	0	0	2
Dichotomius	sp. C	0	0	0	0	0	0	0	0	0	0	0	0	0	0	1	0
Eurysternus	sp. A	0	0	0	0	0	0	0	0	0	0	0	0	0	0	3	10
Gromphas	*lacordairei*	0	0	0	0	0	0	0	0	0	0	0	0	0	0	1	0
Pedaridium	*quadridens*	0	0	0	0	0	0	0	0	0	0	0	0	0	0	1	0
Sylvicanthon	*bridarolli*	0	0	0	0	0	0	0	0	0	0	0	0	0	0	1	0
Trichillum	sp.	0	0	0	0	0	0	0	0	0	0	0	0	0	0	1	0
Uroxys	sp.	0	0	0	0	0	0	0	0	0	0	0	0	0	0	1	0
Sum of individuals/habitat Suma de los individuos por hábitat		324	623	313	185	89	539	1040	513	417	48	154	116	843	101	257	127